Ein Handbuch der fotografischen Chemie, einschließlich der Praxis des Kollodiumprozesses

T. Frederick Hardwich

Writat

Diese Ausgabe erschien im Jahr 2024

ISBN: 9789359947792

Herausgegeben von
Writat
E-Mail: info@writat.com

Inhalt

VORWORT ZUR DRITTEN AUFLAGE.

ES eine Quelle großer Befriedigung, dass er aufgefordert wird, in weniger als vierzehn Monaten nach der Erstveröffentlichung eine dritte Auflage seines Handbuchs vorzubereiten. Es hätte keinen besseren Beweis für den raschen Fortschritt geben können, den die Fotokunst jetzt in diesem Land macht.

Als der Verfasser erneut mit der Aufgabe der Überarbeitung begann, musste er darüber nachdenken, auf welche Weise der Nutzen des Werkes gefördert werden könnte; und aufgrund zahlreicher Untersuchungen glaubt er, dass dieses Ergebnis am besten dadurch erreicht werden kann, dass man sorgfältig alles weglässt, was nicht sowohl von *praktischem* als auch wissenschaftlichem Interesse ist. Die meisten Fotografen erwarten von der Kunst sowohl Unterhaltung als auch Unterricht, und sie werden davon abgeschreckt, sich auf ein Studium einzulassen, das viele technische Details zu beinhalten scheint: Diese Bemerkungen sollen jedoch nicht von der Gewohnheit der Beharrlichkeit abhalten und sorgfältige Beobachtung, sondern einfach um zwischen dem Wesentlichen und dem Unwesentlichen in der Theorie des Subjekts zu unterscheiden.

Die vorliegende Ausgabe unterscheidet sich in vielen wichtigen Einzelheiten von den vorangegangenen. Es wurde durchgehend eine neue Gestaltung erfahren. An einigen Stellen ist es verdichtet, an anderen vergrößert. Die Kapitel über den Fotodruck wurden komplett neu geschrieben und umfassen die gesamten Untersuchungen des Autors, wie sie im Journal der Gesellschaft veröffentlicht wurden. Die detaillierten Anweisungen in diesem Teil des Werks werden zeigen, wie sehr der Erfolg in der Fotografie von der sorgfältigen Beachtung kleinerer Einzelheiten abhängt.

Ein weiterer Punkt, der im Auge behalten wurde, besteht darin, so weit wie möglich den Einsatz chemischer Wirkstoffe zu empfehlen, die in der Medizin verwendet und von allen Apothekern im gesamten Vereinigten Königreich verkauft werden . Für den Amateur ist es oft von Vorteil, seine Materialien in unmittelbarer Nähe kaufen zu können; und wenn man auf die üblichen Verunreinigungen der Handelsartikel hinweist und Anweisungen für deren Entfernung gibt, wird man feststellen, dass das „Londoner Arzneibuch " fast alle für die Ausübung der Kunst erforderlichen Chemikalien enthält.

Der Inhaltsverzeichnis der vorliegenden Ausgabe wurde erheblich erweitert und ist nun so vollständig, dass ein Verweis darauf sofort auf die wichtigsten Fakten zu jedem Thema und auf die verschiedenen Teile des Werkes, in denen sie beschrieben werden, hinweisen wird.

Abschließend wird die Hoffnung zum Ausdruck gebracht, dass dieses „Handbuch der fotografischen Chemie" ein vollständiger und vertrauenswürdiger Leitfaden zu allen Punkten im Zusammenhang mit der Theorie und Praxis des Collodion-Prozesses sein wird.

London, 2. Juni 1856.

VORWORT ZUR VIERTEN AUFLAGE.

DER Autor hat sich bemüht , mit den Verbesserungen Schritt zu halten, die täglich in der Wissenschaft und Kunst der Fotografie eingeführt werden. In der vorliegenden Ausgabe wurden Änderungen am Stil und der allgemeinen Anordnung des Werkes vorgenommen und zusätzliche Inhalte eingefügt.

Seit der Veröffentlichung der dritten Auflage wurde eine Reihe von Experimenten zur Herstellung von Kollodium durchgeführt, deren Ergebnisse weitere Erkenntnisse über die Bedingungen lieferten, die die Empfindlichkeit des angeregten Films beeinflussen, und es dem Autor ermöglichten, eine organische Substanz einzuführen , „ Glycyrrhizin “, das sich bei der Anfertigung fotografischer Kopien von Gravuren und ähnlichen Kunstwerken als nützlich erweisen wird.

Dr. Norris aus Birmingham hat in den letzten Monaten eine Arbeit über *trockenes Collodion veröffentlicht* , die die Theorie dieses Themas auf eine bessere Grundlage stellt als zuvor. Auch der Oxymel-Konservierungsprozess ist mittlerweile vollständig verstanden und kann als gesichert gelten.

Darüber hinaus ist in dieser Ausgabe das „Albuminisierte Collodion“ von M. Taupenot enthalten, das erfahrungsgemäß eines der besten derzeit bekannten Trockenverfahren ist.

King's College, London, 6. April 1857.

EINFÜHRUNG.

BEIM Versuch, Wissen zu irgendeinem Thema zu vermitteln, reicht es nicht aus, dass der Autor selbst mit dem vertraut ist, was er zu lehren vorgibt. Selbst wenn man davon ausgeht, dass dies der Fall ist, muss der Erfolg seiner Bemühungen doch zu einem großen Teil von der Art und Weise abhängen, wie die Informationen übermittelt werden. Denn so wie einerseits ein System von extremer Kürze immer seinen Zweck verfehlt, führt andererseits eine bloße Zusammenstellung unvollständig erklärter Tatsachen nur dazu, den Leser zu verwirren.

Ein Mittelweg zwischen diesen Extremen ist vielleicht der beste Weg; Das heißt, bestimmte grundlegende Punkte auszuwählen und sie mit einer gewissen Genauigkeit zu erklären, während andere weniger wichtige Punkte eher zusammenfassend behandelt oder ganz weggelassen werden müssen.

Unabhängig von Beobachtungen dieser Art, die für den Bildungsunterricht im Allgemeinen gelten, kann jedoch festgestellt werden, dass manchmal noch schwerwiegendere Schwierigkeiten zu überwinden sind. Wenn man beispielsweise eine Wissenschaft wie die Fotografie behandelt, von der man sagen kann, dass sie vergleichsweise neu und unerforscht ist , besteht die große Gefahr, fälschlicherweise Wirkungen den falschen Ursachen zuzuschreiben! Vielleicht kann niemand außer dem, der selbst im Labor gearbeitet hat, diesen Punkt im richtigen Licht beurteilen. Bei einem Experiment, bei dem die Mengen des einwirkenden Materials verschwindend klein sind und die damit verbundenen chemischen Veränderungen äußerst verfeinert und subtil sind, stellt man bald fest, dass die geringste Änderung der üblichen Bedingungen ausreicht, um das Ergebnis zu verändern.

Dennoch ist die Fotografie wirklich *eine Wissenschaft*, die festen Gesetzen unterliegt; und daher können wir mit zunehmendem Wissen durchaus hoffen, dass die Unsicherheit aufhört und endlich die gleiche Präzision erreicht wird, mit der chemische Operationen normalerweise durchgeführt werden.

Die Absicht des Autors, dieses Werk zu schreiben, besteht darin, ein gründliches Wissen über die sogenannten „Ersten Prinzipien der Fotografie" zu vermitteln, damit sich der Amateur mit einer theoretischen Vertrautheit mit dem Thema ausstatten kann, bevor er mit der praktischen Umsetzung fortfährt. Um dieses Ziel zu erreichen, wird darauf geachtet, unnötige Komplexität in den Formeln zu vermeiden , und alle Zutaten werden weggelassen, die sich nachweislich nicht als nützlich erweisen.

Auf chemische Verunreinigungen wird soweit möglich hingewiesen und es werden besondere Hinweise zu deren Entfernung gegeben.

Aus der Vielfalt der entwickelten fotografischen Verfahren werden nur diejenigen ausgewählt, die theoretisch richtig sind und sich in der Praxis als erfolgreich erweisen.

Da sich die Arbeit an jemanden richtet, der weder mit Chemie noch mit Fotografie vertraut ist, wird darauf geachtet, die Verwendung aller Fachbegriffe zu vermeiden, für die zuvor keine Erklärung gegeben wurde.

EINE SKIZZE DER WICHTIGSTEN ABTEILUNGEN, DIE ANGENOMMEN WERDEN KÖNNEN, MIT DEN HAUPTGEGENSTÄNDEN DER JEWEILS.

Der Titel des Werks lautet „Ein Handbuch der fotografischen Chemie", und es wird vorgeschlagen, darin eine vertraute Erklärung der Natur der verschiedenen chemischen Mittel, die in der Kunst der Fotografie eingesetzt werden, sowie eine Begründung für die Art und Weise, wie sie eingesetzt werden, aufzunehmen sollen handeln.

Die angenommene Aufteilung ist dreifach:

TEIL I geht eingehend auf die *Theorie* fotografischer Prozesse ein; TEIL II. behandelt die *Praxis* der Fotografie auf Kollodium; TEIL III. umfasst eine einfache Darstellung der Hauptgesetze der Chemie mit den Haupteigenschaften der verschiedenen Substanzen, ob elementar oder zusammengesetzt, die von Fotografen verwendet werden.

TEIL I. oder „Die Wissenschaft der Fotografie" enthält eine vollständige Beschreibung der chemischen Wirkung von Licht auf die Silbersalze und ihre Anwendung für künstlerische Zwecke. jegliche Erwähnung manipulativer Einzelheiten und der Mengen der Zutaten wird in der Regel weggelassen.

In dieser Unterteilung des Werkes finden sich neun Kapitel mit folgendem Inhalt :

Kapitel I. ist ein Abriss der Geschichte der Fotografie, der einen allgemeinen Überblick über den Ursprung und den Fortschritt der Kunst vermitteln soll, ohne sich auf kleinste Einzelheiten einzulassen.

Kapitel II. beschreibt die Chemie der von Fotografen verwendeten Silbersalze; ihre Herstellung und Eigenschaften; die Phänomene der Lichteinwirkung auf sie, mit Experimenten, die dies veranschaulichen.

Kapitel III. führt uns weiter zur Bildung eines *unsichtbaren Bildes* auf einer empfindlichen Oberfläche mit der Entwicklung oder dem Sichtbarmachen desselben mittels chemischer Reagenzien. Da dieser Punkt von elementarer

Bedeutung ist, wird er sorgfältig beschrieben: Die Reduktion von Metalloxiden, die Eigenschaften der zur Reduktion eingesetzten Körper und die Hypothesen, die über die Natur der Lichtwirkung aufgestellt wurden, werden alle ausführlich erklärt.

Kapitel IV. behandelt die Fixierung fotografischer Eindrücke, um sie durch diffuses Licht unzerstörbar zu machen.

Kapitel V. enthält eine Skizze der *Optik* der Fotografie – die Zerlegung des weißen Lichts in seine Elementarstrahlen, die fotografischen Eigenschaften der verschiedenen Farben , die Lichtbrechung und die Konstruktion von Linsen. Im letzten Abschnitt desselben Kapitels finden Sie eine kurze Skizze der Geschichte und Verwendung des Stereoskops.

Kapitel VI. umfasst eine detailliertere Beschreibung der sensiblen fotografischen Prozesse auf Collodion. Darin wird die Chemie von Pyroxylin mit seiner Lösung in alkoholisiertem Ether oder *Kollodium erklärt* ; auch die photographischen Eigenschaften von Silberjodid auf Kollodium, mit den Ursachen, die seine Lichtempfindlichkeit beeinflussen, und der Wirkung der Entwicklungslösungen bei der Hervorhebung des Bildes.

Kapitel VII. setzt das gleiche Thema fort und beschreibt die Klassifizierung von Kollodiumfotografien in Positiv- und Negativfotografien mit den jeweiligen Besonderheiten.

Kapitel VIII. enthält die Theorie der Herstellung positiver Fotografien auf Papier. In diesem Kapitel finden Sie eine Erklärung der recht komplexen chemischen Veränderungen, die beim Drucken von Positiven auftreten, sowie der Vorsichtsmaßnahmen, die erforderlich sind, um die Dauerhaftigkeit der Probeabzüge sicherzustellen.

Kapitel IX. ist eine Ergänzung zu den anderen, und ein kurzer Hinweis darauf genügt. Es erklärt die Theorie der fotografischen Prozesse von Daguerre und Talbot; Besonders hervorzuheben sind die Punkte, in denen sie mit der Fotografie auf Collodion kontrastiert werden könnten, wobei jedoch jegliche Beschreibung manipulativer Details weggelassen wurde, die, wenn sie einbezogen würden, das Werk über seine vorgeschlagenen Grenzen hinaus erweitern würden.

Der Titel des zweiten Hauptabschnitts des Werkes, nämlich. „Die Praxis der Fotografie auf Kollodium", erklärt sich von selbst. Aufmerksamkeit sei jedoch auf das fünfte Kapitel gelenkt, in dem eine Klassifizierung der wichtigsten Mängel in Fotografien sowie kurze Anweisungen zu deren Beseitigung gegeben werden. und zu Kapitel VI., das die Erhaltung der Empfindlichkeit von Kollodiumplatten und die Art und Weise der Bearbeitung von Filmen aus albumenisiertem Kollodium beschreibt.

In Teil III. Zusätzlich zu einer Darstellung der Gesetze der chemischen Kombination usw. findet sich eine alphabetisch geordnete Liste fotografischer Chemikalien, einschließlich ihrer Herstellung und Eigenschaften, soweit sie für ihre Verwendung im Sinne der Kunst erforderlich sind.

Der Leser wird aus dieser Inhaltsskizze des vor ihm liegenden Bandes sofort erkennen, dass zwar die allgemeine Theorie jedes fotografischen Prozesses beschrieben wird, mit der Vorbereitung und den Eigenschaften der verwendeten Chemikalien, aber in den kleineren Punkten der Manipulation nur auf winzige Anweisungen beschränkt ist zur Fotografie auf Kollodium, diesem Zweig der Kunst, dem der Autor seine Zeit und Aufmerksamkeit besonders gewidmet hat. Collodium wird allgemein als das derzeit beste Vehikel für die empfindlichen Silbersalze angesehen, und erfolgreiche Ergebnisse können mit sehr geringem Zeit- und Mühenaufwand erzielt werden, wenn die bei dem Verfahren verwendeten Lösungen in einem Zustand von hergestellt werden Reinheit.

TEIL I

DIE WISSENSCHAFT DER FOTOGRAFIE

KAPITEL I.

HISTORISCHE SKIZZE DER FOTOGRAFIE.

DIE Kunst der Fotografie, die mittlerweile eine solche Perfektion erreicht hat und in allen Klassen so beliebt geworden ist, ist eine verhältnismäßig junge Kunst.

Das Wort Fotografie bedeutet wörtlich „Schreiben mittels Licht"; und es umfasst alle Prozesse, durch die durch die chemische Wirkung des Lichts irgendeine Art von Bild erhalten werden kann, ohne Rücksicht auf die Natur der empfindlichen Oberfläche, auf die es einwirkt.

Die Philosophen der Antike scheinen ihre Aufmerksamkeit nicht auf sie gerichtet zu haben, obwohl ihnen ständig chemische Veränderungen aufgrund des Einflusses von Licht vor Augen gingen. Einige der *Alchemisten* bemerkten tatsächlich die Tatsache, dass eine Substanz, die sie „Hornsilber" nannten und bei der es sich wahrscheinlich um ein geschmolzenes Silberchlorid handelte, durch Lichteinwirkung *geschwärzt wurde;* Da ihre Vorstellungen zu solchen Themen jedoch höchst fehlerhaft waren, ergab sich aus der Entdeckung nichts.

Die erste philosophische Untersuchung der zersetzenden Wirkung von Licht auf Silber enthaltende Verbindungen wurde von dem berühmten Scheele vor nicht mehr als einem Dreivierteljahrhundert durchgeführt, nämlich. im Jahr 1777. Er bemerkte auch, dass einige der farbigen Lichtstrahlen den Wandel besonders aktiv förderten.

Frühzeitige Anwendung dieser Tatsachen auf Zwecke des Art. – Die ersten Versuche, die Schwärzung von Silbersalzen durch Licht für künstlerische Zwecke nutzbar zu machen, wurden von Wedgwood und Davy um 1802 n. CHR. GEMACHT . Ein Blatt weißes Papier oder weißes Leder wurde mit einer Lösung von Silbernitrat getränkt und der *Schatten* von die darauf projizierte Figur, die kopiert werden sollte. Unter diesen Umständen blieb der Teil, auf den der Schatten fiel, weiß, während die umgebenden freiliegenden Teile unter dem Einfluss der Sonnenstrahlen allmählich dunkler wurden.

Leider wurden diese und ähnliche Experimente, die zunächst vielversprechend zu sein schienen, dadurch vereitelt, dass die Experimentatoren keine Möglichkeit fanden, die Bilder so zu befestigen, dass sie durch diffuses Licht unzerstörbar gemacht würden. Das unveränderte Silbersalz, das in den weißen Teilen des Papiers verblieb, führte natürlich dazu, dass die Probeabzüge überall schwarz wurden, sofern sie nicht sorgfältig im Dunkeln aufbewahrt wurden.

Einführung der Camera Obscura und andere Verbesserungen in der Fotografie. — Die „Camera Obscura", die abgedunkelte Kammer, mit deren Hilfe ein leuchtendes Bild eines Objekts erzeugt werden kann, wurde von Baptista Porta aus Padua erfunden; aber die von Wedgwood verwendeten Präparate waren nicht empfindlich genug, um durch das gedämpfte Licht dieses Instruments leicht beeinflusst zu werden.

Im Jahr 1814 jedoch, zwölf Jahre nach der Veröffentlichung von Wedgwoods Aufsatz, gelang es M. Niépce aus Chalons , nachdem er seine Aufmerksamkeit auf das Thema gelenkt hatte, ein Verfahren zu perfektionieren, in dem die Kamera eingesetzt werden konnte, obwohl die Sensibilität still war so niedrig, dass eine Belichtungszeit von mehreren Stunden erforderlich war, um den Effekt hervorzurufen.

Im Verfahren von M. Niépce , das als „Heliographie" oder „Sonnenzeichnung" bezeichnet wurde, wurde die Verwendung von Silbersalzen verworfen und durch eine harzige Substanz, bekannt als „Bitumen von Judäa ", ersetzt. Dieses Harz wurde auf die Oberfläche einer Metallplatte gestrichen und dem leuchtenden Bild ausgesetzt. Durch die Einwirkung des Lichts veränderten sich seine Eigenschaften so sehr, dass es in bestimmten ätherischen Ölen *unlöslich wurde*. Daher lösten sich bei der anschließenden Behandlung mit dem ölhaltigen Lösungsmittel die Schatten auf und die *Lichter* wurden durch das auf der Platte verbleibende unveränderte Harz dargestellt.

Die Entdeckungen von M. Daguerre. — MM. Niépce und Daguerre scheinen einst als Partner verbunden gewesen zu sein, um ihre Forschungen gegenseitig voranzutreiben. aber erst nach dem Tod des ersteren, nämlich. 1839 wurde das Verfahren namens Daguerreotypie der Welt vorgestellt. Daguerre war mit der Langsamkeit der Wirkung der bitumenempfindlichen Oberfläche unzufrieden und richtete seine Aufmerksamkeit hauptsächlich auf die Verwendung der Silbersalze, die uns daher erneut zur Kenntnis gebracht werden.

Sogar die früheren Exemplare der Daguerreotypie besaßen, obwohl sie den später hergestellten Exemplaren weit unterlegen waren, eine Schönheit, die vor dieser Zeit auf keiner Fotografie erreicht worden war.

Die empfindlichen Platten von Daguerre wurden hergestellt, indem eine versilberte Tablette der Wirkung von Joddampf ausgesetzt wurde, so dass sich auf der *Oberfläche* eine Schicht aus Jodsilber bildete. Durch eine kurze Belichtung in der Kamera wurde ein Effekt erzeugt, der für das Auge nicht sichtbar war, der jedoch auftrat, wenn die Platte dem Quecksilberdampf ausgesetzt wurde . Diese Funktion, nämlich. Die Erzeugung eines *latenten* Bildes auf Jodsilber und dessen anschließende Entwicklung durch ein chemisches Reagens ist von größter Bedeutung. Seine Entdeckung verkürzte sofort die Zeit für die Aufnahme eines Bildes von Stunden auf Minuten und förderte den Nutzen der Kunst.

Daguerre gelang es auch, seine Beweise zu verbessern, indem er das unveränderte Jodid des Silbers aus den Schatten entfernte. Die angewandten Verfahren waren jedoch unvollkommen, und die Angelegenheit wurde erst durch die Veröffentlichung eines Artikels von Sir John Herschel über die Eigenschaft von „ Hyposulfiten ", die in Wasser unlöslichen Silbersalze aufzulösen, geklärt .

Über ein Mittel zur Multiplikation fotografischer Eindrücke und andere Entdeckungen von Mr. Fox Talbot. – Die erste Mitteilung, die Mr. Fox Talbot im Januar 1839 an die Royal Society richtete, beinhaltete lediglich die Vorbereitung eines sensiblen Papiers zum Kopieren von Objekten auf Antrag. Es wurde angeordnet, dass das Papier zuerst in eine Lösung von Chlornatrium und dann in eine Lösung von salpetersaurem Silber getaucht werden sollte. Auf diese Weise entsteht eine weiße Substanz namens Silberchlorid, die lichtempfindlicher ist als das ursprünglich von Wedgwood und Davy verwendete Silbernitrat. Das Objekt wird mit dem vorbereiteten Papier in Kontakt gebracht, und wenn man es dem Licht aussetzt, erhält man eine Kopie, die negativ ist, *d . h .* mit umgekehrtem Licht und Schatten. Dann wird ein zweites Blatt Papier vorbereitet und der erste oder Negativabdruck darauf gelegt, damit das Sonnenlicht durch die transparenten Teile dringen kann. Wenn unter diesen Umständen das Negativ erhoben wird, findet sich unten eine natürliche Darstellung des Objekts; Die Farbtöne wurden durch die zweite Operation wieder umgekehrt.

Diese Herstellung eines Negativfotos, von dem eine beliebige Anzahl positiver Kopien erhalten werden kann, ist ein Kardinalpunkt in Mr. Talbots Erfindung und von großer Bedeutung.

Das für das Verfahren namens Talbotypie oder Kalotypie erteilte Patent stammt aus dem Februar 1841. Ein Blatt Papier wird zunächst mit Jodid von Silber beschichtet, indem es abwechselnd in Jodid von Kalium und Nitrat von Silber getränkt wird; Anschließend wird es mit einer Lösung von Gallussäure gewaschen, die Silbernitrat enthält (manchmal auch als Gallonitrat von Silber bezeichnet), wodurch die Lichtempfindlichkeit erheblich erhöht wird. Eine Belichtung in der Kamera von einigen Sekunden oder Minuten, je nach der Helligkeit des Lichts, prägt ein unsichtbares Bild ein, das durch Behandeln der Platte mit einer frischen Portion der zur Anregung verwendeten Mischung aus Gallussäure und salpetersaurem Silber entsteht.

Über die Verwendung von Glasplatten zur Aufbewahrung empfindlicher Filme . – Die Hauptmängel des Kalotypieverfahrens sind auf die grobe und unregelmäßige Struktur der Papierfasern zurückzuführen , selbst wenn diese mit größter Sorgfalt und ausdrücklich für fotografische Zwecke hergestellt wurden. Infolgedessen kann nicht das gleiche Maß an exquisiter Definition und Konturenschärfe erreicht werden, wie es durch die Verwendung von Metallplatten erreicht wird .

Sir John Herschel verdanken wir den ersten Einsatz von Glasplatten zur Aufnahme empfindlicher Fotofilme.

Das Silberjodid kann durch eine Schicht aus Albumin oder Eiweiß auf dem Glas zurückgehalten werden, wie von M. Niépce de Saint-Victor, dem Neffen des gleichnamigen ursprünglichen Entdeckers, vorgeschlagen.

Eine noch wichtigere Verbesserung ist die Verwendung von „Collodion" für einen ähnlichen Zweck.

Kollodium ist eine ätherische Lösung einer Substanz, die fast identisch mit Gun-Cotton ist. Beim Verdampfen hinterlässt es eine transparente Schicht, die der Haut eines Goldschlägers ähnelt und mit einiger Zähigkeit am Glas haftet. M. Le Gray aus Paris schlug ursprünglich vor, dass diese Substanz möglicherweise in der Fotografie verfügbar gemacht werden könnte, aber unser eigener Landsmann, Herr Archer, war der erste, der die Idee praktisch umsetzte. In einer Mitteilung an „The Chemist" im Herbst 1851 gab dieser Herr eine Beschreibung des Collodion-Prozesses in seiner jetzigen Form; Gleichzeitig schlug er den Ersatz der zuvor bei der Bildentwicklung verwendeten Gallussäure durch *Pyro* -Gallussäure vor.

Damals konnte man sich noch nicht vorstellen, welchen Anstoß diese Entdeckung für den Fortschritt der Kunst geben würde; Aber die Erfahrung hat mittlerweile reichlich bewiesen, dass, soweit es alle wünschenswerten Eigenschaften eines fotografischen Prozesses betrifft, keiner der derzeit bekannten den Collodion-Prozess übertreffen oder ihm vielleicht gleichkommen kann.

KAPITEL II.

DIE IN DER FOTOGRAFIE VERWENDETEN SILBERSALZE.

UNTER dem Begriff Silbersalz verstehen wir, dass die betreffende Verbindung Silber enthält, jedoch nicht in seiner elementaren Form ; Das Metall befindet sich tatsächlich in einem Zustand chemischer Verbindung mit anderen Elementen, die seine physikalischen Eigenschaften verschleiern, so dass das Salz keine der äußeren Eigenschaften des Silbers besitzt, aus dem es hergestellt wurde.

Silber ist nicht das einzige Metall, das Salze bildet; Es gibt Salze aus Blei, Kupfer, Eisen usw. Bleizucker ist ein bekanntes Beispiel für ein Bleisalz. Es handelt sich um einen weißen, kristallinen Körper, der in Wasser leicht löslich ist und dessen Lösung einen intensiv süßen Geschmack besitzt; Chemische Tests beweisen, dass es Blei enthält, obwohl aus der Betrachtung seiner allgemeinen Eigenschaften kein Verdacht auf eine solche Tatsache abgeleitet werden kann.

Gemeines Salz oder Natriumchlorid, die Art der Salze im Allgemeinen, ist auf ähnliche Weise zusammengesetzt; das heißt, es enthält eine metallische Substanz, deren Eigenschaften maskiert sind und in der Verbindung verborgen liegen.

Der Inhalt dieses Kapitels kann in drei Abschnitte gegliedert werden: Der erste beschreibt die Chemie der Silbersalze; das zweite, die Wirkung des Lichts auf sie; die dritte, die Vorbereitung einer empfindlichen Oberfläche, mit Experimenten, die die Entstehung des fotografischen Bildes veranschaulichen.

ABSCHNITT I.

Chemie der Silbersalze.

Die wichtigsten Silbersalze, die in den fotografischen Prozessen verwendet werden, sind vier an der Zahl, nämlich: Silbernitrat, Silberchlorid, Silberjodid und Silberbromid. Darüber hinaus müssen die Silberoxide beschrieben werden.

DIE HERSTELLUNG UND EIGENSCHAFTEN DES NITRATS VON SILBER.

Silbernitrat wird durch Auflösen von metallischem Silber in Salpetersäure hergestellt. Salpetersäure ist eine stark saure und ätzende Substanz, die zwei in bestimmten Verhältnissen vereinte Elementarkörper enthält. Dies sind Stickstoff und Sauerstoff; Letzteres ist in größter Menge vorhanden.

Salpetersäure ist im Allgemeinen ein starkes Lösungsmittel für metallische Körper. Um ihre Wirkung in dieser Hinsicht im Gegensatz zu anderen Säuren zu veranschaulichen, legen Sie Silberfolienstücke in zwei Reagenzgläser, von denen das eine verdünnte Schwefelsäure und das andere verdünnte Salpetersäure enthält. Bei der Anwendung von Hitze setzt im letzteren bald eine heftige Wirkung ein, das erstere bleibt jedoch unberührt. Um dies zu verstehen, muss man bedenken, dass sich die Lösung beim Auflösen einer metallischen Substanz in einer Säure von der einer wässrigen Salz- oder Zuckerlösung unterscheidet. Wenn man Salzwasser so lange einkocht, bis das gesamte Wasser verdampft ist, erhält man das Salz mit den gleichen Eigenschaften wie zuvor; Wenn jedoch ein ähnlicher Versuch mit einer Lösung von Silber in Salpetersäure durchgeführt wird, ist das Ergebnis ein anderes: In diesem Fall wird beim Verdampfen kein metallisches Silber erhalten, sondern Silber wird mit Sauerstoff und Salpetersäure kombiniert, die beide stark zurückgehalten werden tatsächlich in einem Zustand chemischer Verbindung mit dem Metall.

Wenn wir die durch die Behandlung von Silber mit Salpetersäure erzeugten Wirkungen genau untersuchen, stellen wir fest, dass sie folgender Natur sind: Erstens wird dem Metall eine bestimmte Menge Sauerstoff zugeführt, um ein *Oxid zu bilden* , das sich in einem anderen Oxid auflöst Teil der Salpetersäure, wodurch *Oxydnitrat* oder, wie es kurz genannt wird, Silbernitrat entsteht. [1]

[1] Die Herstellung von Silbernitrat aus der Standardmünze des Reiches ist in Teil III., Art. 1, beschrieben. "Silber."

Es ist daher die Instabilität der Salpetersäure – ihre Neigung, sich von Sauerstoff zu trennen –, die sie der Schwefelsäure und den meisten Säuren beim Auflösen von Silber und verschiedenen anderen organischen und anorganischen Substanzen überlegen macht.

Eigenschaften von Silbernitrat . – Bei der Herstellung von salpetersaurem Silber wird die Lösung nach der Auflösung des Metalls eingekocht und zum Kristallisieren beiseite gestellt. Das so erhaltene Salz ist jedoch gegenüber Testpapier immer noch sauer und erfordert entweder Umkristallisation oder vorsichtiges Erhitzen auf etwa 300° Fahrenheit. Es ist diese Zurückhaltung kleiner Mengen Salpetersäure und manchmal wahrscheinlich auch salpetriger Säure, die einen Großteil des handelsüblichen Silbernitrats für die Photographie unbrauchbar macht, bis es durch Schmelzen und eine zweite Kristallisation neutral gemacht wird.

Reines Silbernitrat liegt in Form weißer Kristallplättchen vor, die sehr schwer sind und sich leicht in der gleichen Menge kaltem Wasser auflösen. Die Löslichkeit wird durch die Anwesenheit von freier Salpetersäure erheblich verringert, und in der *konzentrierten* Salpetersäure sind die Kristalle fast unlöslich. Kochender Alkohol nimmt etwa ein Viertel seines Gewichts an kristallisiertem Nitrat auf, scheidet aber beim Abkühlen fast den gesamten Teil aus. Silbernitrat hat einen intensiv bitteren und ekelerregenden Geschmack; Wirkt ätzend und ätzt die Haut bei längerer Anwendung. Seine wässrige Lösung rötet blaues Lackmuspapier nicht.

In einem Tiegel erhitzt, schmilzt das Salz, und wenn es in eine Form gegossen wird und erstarrt, entsteht die weiße, handelsübliche *Mondlauge*. Bei einer noch höheren Temperatur zersetzt es sich und es bilden sich Blasen aus Sauerstoffgas: Die geschmolzene Masse kühlt ab und löst sich in Wasser auf, wobei ein schwarzes Pulver zurückbleibt und eine Lösung entsteht, die aufgrund der Anwesenheit von winzigem Wasser gegenüber Testpapier schwach alkalisch ist Mengen an Nitrit oder basischem Silbernitrit. [2]

[2] Silbernitrit unterscheidet sich vom Nitrat dadurch, dass es weniger Sauerstoff enthält, und wird daraus durch die Abstraktion von zwei Atomen dieses Elements gebildet; es wird im Vokabular, Teil III, beschrieben.

Die Chemie der Silberchloride.

Herstellung von Silberprotochlorid . – Das gewöhnliche weiße Chlorsilber kann auf zwei Arten hergestellt werden: durch direkte Einwirkung von Chlor auf metallisches Silber und durch doppelte Zersetzung zwischen zwei Salzen.

Wenn eine Platte aus poliertem Silber einem Chlorgasstrom ausgesetzt wird, [3] wird sie nach kurzer Zeit auf der Oberfläche mit einem oberflächlichen Film aus weißem Pulver überzogen. Dieses Pulver ist Silberchlorid und enthält die beiden Elemente Chlor und Silber in einzelnen Äquivalenten.

[3] Zu den Eigenschaften des Elements „Chlor" siehe den dritten Teil des Werkes.

Herstellung von Silberchlorid durch doppelte Zersetzung. – Um dies zu veranschaulichen, nehmen Sie eine Lösung von Natriumchlorid oder „Kochsalz" in Wasser und mischen Sie sie mit einer Lösung, die salpetersaures Silber enthält; Sofort fällt ein dichter, geronnener, weißer Niederschlag, bei dem es sich um die betreffende Substanz handelt.

Bei dieser Reaktion tauschen die Elemente ihre Plätze; das Chlor verlässt das Natrium, mit dem es zuvor verbunden war, und geht in das Silber über;

Sauerstoff und Salpetersäure werden aus dem Silber freigesetzt und vereinigen sich mit dem Natrium. daher

Natriumchlorid *Plus* Silbernitrat

gleicht Silberchlorid   *Plus* Nitrat von Soda.

Dieser Austausch von Elementen wird von Chemikern als doppelte Zersetzung bezeichnet; Weitere Erläuterungen dazu sowie die für die ordnungsgemäße Einrichtung des Prozesses erforderlichen Bedingungen finden Sie im ersten Kapitel von Teil III.

Die wesentlichen Anforderungen an zwei Salze, die zur Herstellung von Chlorsilber bestimmt sind, bestehen einfach darin, dass das erste Chlor und das zweite Silber enthalten und dass beide in Wasser löslich sein sollten; Daher kann das Chlorid des Natriums durch Kalium- oder Ammoniumchlorid und das Silbernitrat durch Sulfat oder Acetat ersetzt werden.

Bei der Herstellung von Chlorsilber durch doppelte Zersetzung müssen die weißen, klumpigen Massen, die sich zuerst bilden, wiederholt mit Wasser gewaschen werden, um sie von löslichem salpetersaurem Natron, dem anderen Produkt der Umwandlung, zu befreien. Wenn dies geschehen ist, liegt das Salz in einem reinen Zustand vor und kann auf übliche Weise getrocknet usw. werden.

Eigenschaften von Silberchlorid . — Silberchlorid unterscheidet sich im Aussehen vom Silbernitrat. Es ist normalerweise nicht kristallin, sondern bildet ein weiches weißes Pulver, das gewöhnlicher Kreide oder Wittling ähnelt. Es ist geschmacklos und wasserunlöslich; wird durch Kochen mit der stärksten Salpetersäure nicht beeinflusst, wird aber durch konzentrierte Salzsäure nur sparsam aufgelöst.

Ammoniak löst Silberchlorid frei auf, ebenso wie Lösungen von Hyposulfitnatron und Kaliumcyanid. Konzentrierte Lösungen alkalischer Chloride, Jodide und Bromide sind ebenfalls Lösungsmittel für Silberchlorid, jedoch in begrenztem Ausmaß, wie in Kapitel IV ausführlicher gezeigt wird, wenn die Arten der Fixierung der photographischen Beweise behandelt werden.

Trockenes Silberchlorid, das sorgfältig erhitzt wird, bis es rot wird, schmilzt und verfestigt sich beim Abkühlen zu einer zähen und halbtransparenten Substanz, die *Hornsilber* oder *Luna Cornea genannt wird* .

Bei Kontakt mit metallischem Zink oder Eisen, angesäuert mit verdünnter Schwefelsäure , wird Silberchlorid in den metallischen Zustand reduziert, wobei das Chlor unter dem zersetzenden Einfluss des entstehenden galvanischen Stroms auf das andere Metall übergeht.

Herstellung und Eigenschaften des Silbersubchlorids . – Wenn eine Platte aus poliertem Silber in eine Lösung von Eisenperchlorid oder Quecksilberbichlorid getaucht wird, entsteht ein *schwarzer Fleck* , *wobei das Eisen- oder Quecksilbersalz einen Teil Chlor verliert, das auf das Silber übergeht und es oberflächlich in Subchlorid umwandelt* aus Silber. Diese Verbindung unterscheidet sich vom weißen Silberchlorid dadurch, dass sie weniger Chlor enthält; Die Zusammensetzung des letzteren wird durch die Formel AgCl dargestellt, die des ersteren kann vielleicht als Ag$_2$Cl(?) geschrieben werden.

Silbersubchlorid ist für den Fotografen interessant, da es in seinen Eigenschaften und seiner Zusammensetzung dem gewöhnlichen, durch Licht geschwärzten Silberchlorid entspricht. Es ist eine pulverförmige Substanz von bläulich-schwarzer Farbe, die durch Salpetersäure nicht leicht angegriffen wird, aber durch Fixiermittel wie Ammoniak, Sodahyposulfit oder Kaliumcyanid in Silberchlorid zersetzt wird, das sich auflöst, und in unlösliches metallisches Silber.

Die Chemie des Silberjodids.

Die Eigenschaften von *Jod* werden im dritten Teil des Werkes beschrieben: Sie sind denen von Chlor und Brom analog, wobei auch die von diesen Elementen gebildeten Silbersalze eine starke Ähnlichkeit zueinander aufweisen.

Herstellung und Eigenschaften von Silberjodid . — Silberjodid kann auf analoge Weise wie Chlorid gebildet werden, nämlich. durch direkte Einwirkung des Joddampfes auf metallisches Silber oder durch doppelte Zersetzung zwischen Lösungen von Jodkalium und salpetersaurem Silber.

Bei der letztgenannten Art bildet es ein nicht fühlbares Pulver, dessen Farbe je nach Art der Fällung leicht variiert. Wenn das Kaliumiodid im Überschuss vorhanden ist, fällt das Silberjodid fast weiß auf den Boden des Gefäßes; aber bei einem Überschuss an salpetersaurem Silber hat es eine strohgelbe Färbung. Dieser Punkt kann bemerkt werden, da das gelbe Salz zum einen für den photographischen Gebrauch geeignet ist, während das andere gegenüber dem Einfluss von Licht unempfindlich ist.

Silberjodid ist geschmacks- und geruchlos; unlöslich in Wasser und verdünnter Salpetersäure. Es wird kaum durch Ammoniak aufgelöst, was dazu dient, es vom Chlorsilber zu unterscheiden, das in dieser Flüssigkeit frei löslich ist. Hyposulfit von Soda und Cyanid von Kalium lösen beide Jodsilber auf; Es ist auch in Lösungen der alkalischen Bromide und Iodide löslich, wie in Kapitel IV näher erläutert wird.

Silberjodid wird durch metallisches Zink auf die gleiche Weise wie Silberchlorid reduziert, wobei lösliches Zinkjodid entsteht und ein schwarzes Pulver zurückbleibt.

DIE HERSTELLUNG UND EIGENSCHAFTEN VON SILBERBROMID.

Diese Substanz ähnelt so sehr den entsprechenden Salzen, die Chlor und Jod enthalten, dass ein kurzer Hinweis darauf ausreicht.

Silberbromid wird hergestellt, indem man eine versilberte Platte dem Bromdampf aussetzt oder indem man eine Lösung von Kaliumbromid zu Silbernitrat hinzufügt. Es handelt sich um eine unlösliche Substanz von leicht gelber Farbe , die sich vom Silberjodid dadurch unterscheidet, dass sie sich in starkem Ammoniak und in Ammoniumchlorid auflöst. Es ist in Hyposulfit von Soda und in Cyanid von Kalium frei löslich.

Die Eigenschaften des Elements Brom werden in Teil III beschrieben.

CHEMIE DER SILBEROXIDE.

Das Protoxid des Silbers (AgO). – Wenn man einer Lösung von salpetersaurem Silber etwas Kali oder Ammoniak hinzufügt, entsteht eine olivbraune Substanz, die sich beim Stehenlassen am Boden des Gefäßes sammelt. Dabei handelt es sich um Silberoxid, das aus seinem vorherigen Zustand der Verbindung mit Salpetersäure durch das stärkere Oxid verdrängt wird. Pottasche. Silberoxid ist in reinem Wasser in sehr geringem Maße löslich, die Lösung reagiert alkalisch auf Lackmus; es lässt sich leicht durch Salpeter- oder Essigsäure auflösen und bildet ein neutrales Nitrat oder Acetat; auch löslich in Ammoniak (Ammonio -Nitrat von Silber) und in Salpeter von Ammoniak, Hyposulfit von Soda und Cyanid von Kalium. Bei längerer Lichteinwirkung entsteht eine schwarze Substanz, bei der es sich wahrscheinlich um ein Suboxid handelt.

Das Silbersuboxid (Ag $_2$ O?) – Diese Substanz wurde von Faraday erhalten, indem er eine Lösung von Ammoniumnitrat von Silber der Einwirkung von Luft aussetzte. Es hat eine ähnliche Beziehung zum gewöhnlichen braunen Silberprotoxid wie das Subchlorid zum Silberprotochlorid.

Silbersuboxid ist ein schwarzes oder graues Pulver, das beim Reiben einen metallischen Glanz annimmt und bei Behandlung mit verdünnten Säuren in sich auflösendes Silberprotoxid und metallisches Silber aufgelöst wird.

ABSCHNITT II.

Über die photographischen Eigenschaften der Silbersalze.

Zusätzlich zu den im ersten Abschnitt dieses Kapitels beschriebenen Silbersalzen gibt es viele andere, die den Chemikern wohlbekannt sind, wie das Acetat des Silbers, das Sulfat, das Citrat des Silbers usw. Einige kommen in Kristallen vor, die in Wasser löslich sind. während andere pulverförmig und unlöslich sind.

farblose Säuren gebildeten Silbersalze sind bei der ersten Zubereitung weiß und bleiben es auch, wenn sie an einem dunklen Ort aufbewahrt werden. aber sie besitzen die bemerkenswerte Besonderheit, dass sie durch Lichteinwirkung ihre Farbe verdunkeln .

Einwirkung von Licht auf das Silbernitrat. Das Silbernitrat ist eines der beständigsten Silbersalze. Es kann in kristalliner Form oder in Lösung in destilliertem Wasser für unbegrenzte Zeit unverändert aufbewahrt werden, selbst wenn es ständig dem diffusen Tageslicht ausgesetzt wird. Dies lässt sich zum Teil durch die Natur der Säure erklären, mit der das Silberoxid im Salz verbunden ist; Salpetersäure besitzt starke oxidierende Eigenschaften und wirkt dem verdunkelnden Einfluss von Licht auf die Silberverbindungen entgegen.

Nitratsilber kann jedoch anfällig für den Einfluss von Licht gemacht werden, indem man seiner Lösung *organische Substanzen* pflanzlicher oder tierischer Herkunft hinzufügt. Die in diesem Fall hervorgerufenen Phänomene lassen sich gut veranschaulichen, indem man einen Wattebausch oder ein Blatt weißes Papier in eine Lösung von salpetersaurem Silber taucht und es den direkten Sonnenstrahlen aussetzt; es wird langsam dunkler, bis es fast schwarz wird. Die Flecken auf der Haut, die durch den Umgang mit Silbernitrat entstehen, werden auf die gleiche Weise verursacht und sind am deutlichsten sichtbar, wenn der Teil dem Licht ausgesetzt wurde.

Die Arten organischer Stoffe, die besonders die Schwärzung von salpetersaurem Silber begünstigen, sind solche, die dazu neigen, *Sauerstoff zu absorbieren* ; Daher werden reine Pflanzenfasern , die frei von Chloriden sind, wie z. B. das schwedische Filterpapier, nicht sehr empfindlich gemacht, wenn sie einfach mit einer Lösung des Salpeters bestrichen werden, aber ein wenig hinzugefügter Traubenzucker bewirkt bald die Zersetzung.

Zersetzung von Chlorid, Bromid und Jodid von Silber durch Licht. — Reines, feuchtes Silberchlorid [4] verändert sich bei Lichteinwirkung langsam von weiß nach violett. Silberbromid nimmt eine graue Farbe an , ist jedoch weniger betroffen als das Chlorid. Silberjodid (sofern es keinen Überschuss an Silbernitrat enthält) verändert sein Aussehen auch bei Sonneneinstrahlung nicht, behält aber seinen gelben Farbton unverändert. Von diesen drei Verbindungen wirkt Licht daher am leichtesten auf *Silberchlorid* , und Papiere, die mit diesem Salz hergestellt wurden, werden bei Belichtung viel dunkler als andere, die mit Silberbromid oder Jodid beschichtet sind.

[4] Das hier erwähnte Chlorid ist die Verbindung, die durch Zugabe eines löslichen Chlorids zu einer Lösung von Silbernitrat hergestellt wird: Das Produkt der direkten Einwirkung von Chlor auf metallisches Silber ist manchmal lichtunempfindlich.

Es gibt bestimmte Bedingungen, die die Wirkung von Licht auf das Silberchlorid beschleunigen. Dies sind erstens *ein Überschuss an Silbernitrat* und zweitens *das Vorhandensein organischer Stoffe* . Reines Silberchlorid wäre als fotografisches Mittel unbrauchbar, aber ein Chlorid mit einem Überschuss an Nitrat ist sehr empfindlich. Sogar Jodsilber, das normalerweise unbeeinflusst bleibt, wird durch Licht geschwärzt, wenn es mit einer Lösung von salpetersaurem Silber befeuchtet wird. [5]

[5] Der Leser wird verstehen, dass das Nitrat in diesem Experiment durch Acetat, Sulfat oder jedes andere lösliche Silbersalz ersetzt werden könnte.

Organisches Material in Verbindung mit Chlorid und Silbernitrat ergibt einen noch höheren Grad an Empfindlichkeit, und auf diese Weise werden die photographischen Papiere hergestellt.

Die Schwärzung von Silberchlorid durch Licht erklärt. – Dies kann untersucht werden, indem man reines Chlorsilber in destilliertem Wasser suspendiert und es mehrere Tage lang den Sonnenstrahlen aussetzt. Wenn der Verdunkelungsprozess einigermaßen fortgeschritten ist, stellt man fest, dass die überstehende Flüssigkeit *freies Chlor* oder an dessen Stelle enthält. *Salzsäure* (HCl), das Ergebnis einer anschließenden Einwirkung von Chlor auf das Wasser.

Die Lichtstrahlen scheinen die Affinität der Elemente Chlor und Silber zueinander aufzulockern; Dadurch wird ein Teil des Chlors abgetrennt und das weiße Protochlorid in das violette *Silberchlorid* umgewandelt . Wenn ein Atom salpetersauren Silbers vorhanden ist, verbindet sich das freigesetzte Chlor mit diesem, verdrängt Salpetersäure und bildet wieder Silberchlorid, das seinerseits zersetzt wird. Der Überschuss an salpetersaurem Silber übt somit einen beschleunigenden Einfluss auf die Verdunkelung des Chlorsilbers aus, indem es die Kette der chemischen Verwandtschaften vervollständigt und eine Ansammlung von Chlor in der Flüssigkeit verhindert, die die Fortsetzung der Wirkung behindern würde .

Einwirkung von Licht auf organische Silbersalze . – Bei der Zugabe von verdünntem Albumin oder Eiweiß zu einer Lösung von Silbernitrat bildet sich ein flockiger Niederschlag, der eine Verbindung der tierischen Substanz mit Silberprotoxid darstellt und als „Silberalbuminat" bekannt ist. Diese Substanz ist zunächst ganz weiß, nimmt aber bei Lichteinwirkung eine ziegelrote Farbe an . Die stattfindende Veränderung ist eine *Desoxidation* , wobei das Silberprotoxid einen Teil seines Sauerstoffs verliert und ein Silbersuboxid, das Produkt der Reduktion, in Verbindung mit dem oxidierten Eiweiß verbleibt. Die rote Verbindung kann daher grob als Albuminat von Silbersuboxid bezeichnet werden.

Gelatine präzipitiert nitrathaltiges Silber nicht auf die gleiche Weise wie Albumin. Lässt man jedoch ein Blatt transparenter Gelatine eine Lösung des Salpeters aufsaugen, erhält es bei Lichteinwirkung eine klare rubinrote Färbung und ist eine echte chemische Verbindung Es entsteht Gelatine oder ein Produkt ihrer Oxidation mit einem geringen Silberoxidgehalt.

Kasein , der tierische Bestandteil der Milch, wird durch Silbernitrat koaguliert, und die rote Substanz, die sich beim Aussetzen des Quarks gegenüber Licht bildet, kann in ihrer Zusammensetzung als analog zu den entsprechenden Verbindungen mit Albumin und Gelatine angesehen werden .

Viele andere organische Silbersalze werden durch Licht dunkler. Das weiße Citrat von Silberprotoxid verwandelt sich in eine rote Substanz und reagiert bei chemischen Tests auf die gleiche Weise wie Wöhlers Citrat von Silbersuboxid, das er durch Reduktion des gewöhnlichen Citrats in Wasserstoffgas erhielt. Glycyrrhizin, der Zucker der Lakritze , bildet mit Silberoxid ebenfalls eine weiße Verbindung, die in der Sonneneinstrahlung braun oder rot wird. [6]

[6] Weitere Einzelheiten zur Wirkung von Licht auf die mit organischem Material verbundenen Silbersalze finden Sie im achten Kapitel des Artikels des Autors über die Zusammensetzung des fotografischen Bildes.

Einfache Experimente, die die Wirkung von Licht auf eine empfindliche Schicht aus Silberchlorid auf Papier veranschaulichen.

Bei der Durchführung der einfachsten Experimente zur Zersetzung von Silbersalzen durch Licht kann der Schüler gewöhnliche Reagenzgläser verwenden, in denen kleine Mengen der beiden für die doppelte Zersetzung erforderlichen Flüssigkeiten miteinander vermischt werden können.

Wenn jedoch konzentrierte Lösungen auf diese Weise verwendet werden, fällt das unlösliche Silbersalz in dichte und klumpige Massen, die, wenn sie den Sonnenstrahlen ausgesetzt werden, an der Außenseite schnell schwarz werden, während die Innenseite geschützt ist und weiß bleibt. Daher ist es in der Fotografie wichtig, dass das empfindliche Material in Form einer

Oberfläche vorliegt , damit die verschiedenen Partikel, aus denen es besteht, jeweils einzeln mit der störenden Kraft in Beziehung gesetzt werden können.

Vollständige Anweisungen zur Vorbereitung von empfindlichem Fotopapier finden Sie im zweiten Teil dieser Arbeit. Das Folgende ist die Theorie des Prozesses: – Ein Blatt Papier wird mit einer Lösung von Natriumchlorid oder Ammonium und anschließend mit Silbernitrat behandelt; Daraus ergibt sich die Bildung von Chlorsilber in einem fein verteilten Zustand mit einem Überschuss an Silbernitrat, wobei das Silberbad im Verhältnis zur Salzlösung absichtlich stärker gemacht wurde.

Illustratives Experiment Nr. I. – Legen Sie ein Quadrat aus empfindlichem Papier (vorbereitet gemäß den Anweisungen im zweiten Teil der Arbeit) in die direkten Sonnenstrahlen und beobachten Sie den allmählichen Prozess der Verdunkelung, der stattfindet; Die Oberfläche durchläuft verschiedene Farbveränderungen, bis sie ein tiefes Schokoladenbraun annimmt. Wenn das Licht einigermaßen intensiv ist, werden die Brauntöne wahrscheinlich in drei bis fünf Minuten erreicht; aber die Empfindlichkeit des Papiers und auch die Natur der Farbtöne werden stark mit dem Charakter der vorhandenen organischen Substanz variieren.

Experiment Nr. II. — Legen Sie ein aus schwarzem Papier ausgeschnittenes Gerät auf ein Blatt empfindliches Papier und drücken Sie beide mit einer Glasplatte zusammen. Nach einer angemessenen Belichtungsdauer wird die Figur exakt kopiert, der Farbton ist jedoch umgekehrt: Das schwarze Papier, das das empfindliche Chlorid darunter schützt, erzeugt eine *weiße* Figur auf dunklem Grund.

Experiment Nr. III. — Wiederholen Sie das letzte Experiment und ersetzen Sie das Papiergerät durch ein Stück Spitze oder Mulldraht. Dies soll zeigen, wie genau Objekte kopiert werden können, da der kleinste Faden deutlich dargestellt wird.

Experiment Nr. IV. — Nehmen Sie einen Stich, bei dem der Kontrast von Licht und Schatten einigermaßen deutlich ausgeprägt ist, legen Sie ihn in engen Kontakt mit dem empfindlichen Papier und belichten Sie ihn wie zuvor. Dieses Experiment zeigt, dass die Oberfläche proportional zur Intensität des Lichts stufenweise dunkler wird, so dass die *Halbschatten* der Gravur genau erhalten bleiben und eine angenehme Tonabstufung entsteht.

Bei der Verdunkelung von Fotopapieren ist die Wirkung des Lichts recht oberflächlich, und obwohl die schwarze Farbe intensiv sein mag, ist die Menge an reduziertem Silber, die sie bildet, so gering, dass sie mit chemischen Reagenzien nicht bequem abgeschätzt werden kann. Dies wird durch die Ergebnisse einer vom Autor durchgeführten Analyse deutlich, bei der das

Gesamtgewicht des aus einem geschwärzten Blech mit einer Größe von fast 24 x 18 Zoll gewonnenen Silbers weniger als *ein halbes Korn betrug* . Daher ist es bei der Vorbereitung von empfindlichem Papier von großer Bedeutung, auf den Zustand der Oberflächenschicht der Partikel zu achten, da sich die Wirkung selten auf die darunter liegenden Partikel auswirkt. Die Verwendung von Albumin, Gelatine usw., die im achten Kapitel erläutert wird, weist neben anderen Vorteilen darauf hin und sorgt für einen besseren und schärferen Druck.

KAPITEL III.

Über die Entwicklung eines unsichtbaren Bildes mittels eines Reduktionsmittels.

WURDE GEZEIGT, DASS DIE Farbe der meisten organischen und anorganischen Silbersalze bei Lichteinwirkung dunkler wird und durch den Verlust von Sauerstoff, Chlor usw. auf den Zustand reduziert wird *Subsalze* .

Viele der gleichen Verbindungen unterliegen auch einer Veränderung unter dem Einfluss von Licht, was noch bemerkenswerter ist. Diese Veränderung findet nach einer verhältnismäßig kurzen Belichtung statt, und da sie das Aussehen der empfindlichen Schicht nicht beeinträchtigt, blieb sie eine Zeit lang unbemerkt; später wurde jedoch entdeckt, dass durch die Behandlung der Platte ein Eindruck entstehen konnte, der vorher unsichtbar war mit bestimmten chemischen Mitteln, die keinen Einfluss auf das ursprünglich unveränderte Salz haben, es aber nach der Einwirkung schnell schwärzen.

Es ist eine bemerkenswerte Tatsache, dass die Silberverbindungen , die am leichtesten durch Licht allein beeinflusst werden, nicht besonders empfindlich auf die Aufnahme des unsichtbaren Bildes reagieren. So nehmen die ersteren von den photographischen Papieren, die mit Chlorid, Bromid oder Jodsilber hergestellt wurden, unter dem Einfluss der Sonnenstrahlen die tiefste Farbtönung an , aber wenn alle *für einen Moment belichtet* und dann entfernt werden, wird der größte Effekt erzielt entwickelt auf dem Iodidpapier. Jodid von Silber ist daher das Salz, das üblicherweise verwendet wird, wenn es um die Sensibilität geht, aber es sollte beachtet werden, dass Bilder, die fast oder ganz latent sind, auf viele andere Silberverbindungen eingeprägt werden können, einschließlich derjenigen, die zum Tier- und Pflanzenreich gehören.

Experimente zur Veranschaulichung der Entstehung eines unsichtbaren Bildes. – Nehmen Sie ein Blatt empfindliches Papier, das mit Jodsilber nach der im vierten Kapitel von Teil II angegebenen Methode vorbereitet wurde, teilen Sie es in zwei Teile und setzen Sie einen davon einige Sekunden lang den Lichtstrahlen aus. Es findet keine sichtbare Zersetzung statt, aber wenn man die Stücke in einen schwach beleuchteten Raum bringt und sie mit einer Gallussäurelösung bepinselt , wird man einen offensichtlichen Unterschied beobachten; das eine bleibt unberührt, während das andere allmählich dunkler wird, bis es schwarz wird.

Experiment II. – Ein vorbereitetes Blatt wird an bestimmten Stellen mit einer undurchsichtigen Substanz abgeschirmt und dann nach der erforderlichen Belichtung, die durch einige Versuche leicht festgestellt werden kann, wie zuvor mit Gallussäure behandelt; In diesem Fall bleibt der geschützte Teil weiß, während der andere mehr oder weniger stark nachdunkelt.

Auf die gleiche Weise können Kopien von Blättern, Gravuren usw. angefertigt werden, die in der Schattierung sehr korrekt sind und denjenigen sehr ähneln, die durch die längere Einwirkung von Licht allein auf das Chlorid des Silbers erzeugt werden.

Der Zweck der Verwendung einer Substanz wie Gallussäure, um ein unsichtbares Bild zu *entwickeln* oder sichtbar zu machen, anstatt das Bild durch die direkte Einwirkung von Licht ohne die Unterstützung eines Entwicklers zu erzeugen, ist die dadurch erzielte *Zeitersparnis* . Dies wird durch die Ergebnisse einiger von M. Claudet im Daguerreotypie-Verfahren durchgeführten Experimente deutlich : Er fand heraus, dass bei einer empfindlichen Schicht aus Bromjodid von Silber eine dreitausendmal höhere Lichtintensität erforderlich war, wenn ein Entwickler verwendet wurde wurde weggelassen und die Belichtung fortgesetzt, bis das Bild auf der Platte sichtbar wurde.

Die Empfindlichkeit fotografischer Präparate zu erhöhen ist ein Punkt von großer Bedeutung; und tatsächlich wäre bei Verwendung der Kamera aufgrund der geringen Intensität des in diesem Instrument erzeugten Lichtbildes kein anderer Plan als der oben beschriebene praktikabel. Daher kann der Fortschritt und tatsächlich der Ursprung der fotografischen Kunst auf die erste Entdeckung eines Verfahrens zurückgeführt werden, mit dem ein unsichtbares Bild mithilfe eines Reduktionsmittels sichtbar gemacht werden kann.

Das vorliegende Kapitel ist in drei Abschnitte unterteilt : – erstens die chemischen Eigenschaften der üblicherweise als Entwickler verwendeten Substanzen; – zweitens ihre Wirkungsweise bei der Reduktion der Silbersalze; – drittens Hypothesen über die Wirkung von Licht bei der Einprägung eines Latents Bild.

ABSCHNITT I.

Chemie der verschiedenen als Entwickler eingesetzten Stoffe.

Entwicklung ist im Wesentlichen ein Prozess der *Reduktion* oder mit anderen Worten der *Desoxidation* . Wenn wir ein bestimmtes Metall nehmen, können wir ihm mittels Salpetersäure Sauerstoff verleihen, so dass es zunächst zu einem Oxid und anschließend durch Lösung des Oxids im

Überschuss an Säure zu einem *Salz wird* . Wenn dieses Salz gebildet wird, kann ihm durch eine Reihe chemischer Vorgänge in umgekehrter Reihenfolge der gesamte Sauerstoff entzogen und das metallische Element wieder isoliert werden.

Der Grad der Leichtigkeit, mit der sowohl Oxidation als auch Reduktion durchgeführt werden, hängt von der Affinität zu Sauerstoff ab, die das jeweilige zu behandelnde Metall besitzt. In dieser Hinsicht gibt es erhebliche Unterschiede, wie ein Hinweis auf die beiden bekannten Metalle Eisen und Gold zeigt. Wie schnell wird das erste trüb und mit Rost bedeckt, während das andere selbst im Feuer hell bleibt! Es ist tatsächlich möglich, durch einen sorgfältigen Prozess Goldoxid zu bilden; aber es behält seinen Sauerstoff so locker, dass die bloße Anwendung von Wärme ausreicht, um ihn auszutreiben und das Metall in einem reinen Zustand zu belassen.

Silber, Gold und Platin gehören alle zur Klasse der *Edelmetalle* und haben die geringste Affinität zu Sauerstoff. Daher sind ihre Oxide instabil und jeder Körper , der stark dazu neigt, Sauerstoff zu absorbieren, reduziert sie in den metallischen Zustand.

Beachten Sie daher, dass die Substanzen, die der Fotograf zur Unterstützung der Lichtwirkung und zur Entwicklung des Bildes verwendet, durch die Entfernung von Sauerstoff wirken. Das empfindliche Silbersalz wird dadurch in den vom Licht berührten Teilen mehr oder weniger vollständig *reduziert* , und es entsteht ein undurchsichtiger Niederschlag , der das Bild bildet. [7]

[7] Diese Bemerkungen gelten nicht für den Quecksilberdampf , der als Entwicklungsmittel bei der Daguerreotypie verwendet wird. Die Chemie dieses Prozesses wird in einem separaten Kapitel erläutert.

Die wichtigsten Entwickler sind : Gallussäure, Pyrogallussäure und die *Protosalze des* Eisens .

CHEMIE DER GALLUS- UND PYROGALLSÄUREN.

A. *Von Gallussäure.* — Gallussäure wird aus *Gallnüssen gewonnen* , bei denen es sich um eigentümliche Auswüchse handelt, die sich an den Zweigen und Trieben des *Quercus infectoria* durch das Einstechen einer Insektenart bilden. Die beste Sorte wird aus der Türkei importiert und im Handel als Aleppo Galls verkauft. Gallnüsse enthalten keine fertig geformte Gallussäure, sondern ein analoges chemisches Prinzip namens *Gerbsäure* , das für seine adstringierenden Eigenschaften und seinen Einsatz beim Gerben von Rohhäuten bekannt ist.

Gallussäure entsteht durch *Zersetzung und Oxidation* von Gerbsäure, wenn pulverisierte Gallen längere Zeit in feuchtem Zustand der Einwirkung von Luft ausgesetzt werden. Durch Kochen der Masse mit Wasser und Filtrieren im heißen Zustand wird die Säure extrahiert und kristallisiert beim Abkühlen aufgrund ihrer geringen Löslichkeit in kaltem Wasser.

Gallussäure kommt in Form langer, seidiger Nadeln vor und ist in 100 Teilen kaltem und 3 Teilen kochendem Wasser löslich; Sie sind auch in Alkohol gut löslich, in Äther jedoch kaum löslich. Die wässrige Lösung wird beim Aufbewahren schimmelig . Um dies zu verhindern, wird die Zugabe von Essigsäure oder ein oder zwei Tropfen Nelkenöl empfohlen.

Gallussäure ist eine schwache Säure, die Lackmus kaum rötet; Es bildet Salze mit alkalischen und erdigen Basen wie Kali, Kalk usw., nicht jedoch mit den Oxiden der Edelmetalle. Bei Zugabe zu Silberoxid wird das metallische Element abgetrennt und der Sauerstoff absorbiert.

B. *Pyrogallussäure* . — Der Begriff „Pyro" , der der Gallussäure vorangestellt ist, impliziert, dass die neue Substanz durch die *Einwirkung von Hitze* auf diesen Körper gewonnen wird. Bei einer Temperatur von etwa 410° Fahrenheit zersetzt sich Gallussäure und es bildet sich ein weißes Sublimat, das in lamellaren Kristallen kondensiert; das ist Pyrogallussäure.

Pyrogallussäure ist in kaltem Wasser sowie in Alkohol und Äther sehr gut löslich; Die Lösung zersetzt sich und wird an der Luft braun. Es ergibt eine indigoblaue Farbe mit Eisenprotosulfat , die sich in dunkelgrün ändert, wenn Persulfat vorhanden ist.

Obwohl dieser Stoff als Säure bezeichnet wird, ist er streng *neutral* ; es rötet Lackmuspapier nicht und bildet keine Salze. Die Zugabe von Kali oder Soda zersetzt Pyrogallussäure und erhöht gleichzeitig die Anziehungskraft für Sauerstoff; Daher kann diese Mischung bequem zum Absorbieren des in der atmosphärischen Luft enthaltenen Sauerstoffs verwendet werden. Die Silber- und Goldverbindungen werden durch Pyrogallussäure noch schneller reduziert als durch Gallussäure, wobei das Reduktionsmittel den Sauerstoff absorbiert und in Kohlensäure und eine wasserunlösliche braune Substanz umgewandelt wird.

Kommerzielle Pyrogallussäure ist häufig mit empyreumatischem Öl und auch mit einer schwarzen unlöslichen Substanz namens Metagallussäure verunreinigt , *die* entsteht, wenn die Hitze im Herstellungsprozess über die richtige Temperatur erhöht wird.

CHEMIE DER PROTOSALZE DES EISEN.

Die Kombinationen von Eisen mit Sauerstoff sind recht zahlreich. Es gibt zwei verschiedene Oxide, die Salze bilden, nämlich: das Eisenoxid, das ein Sauerstoffatom und ein Metallatom enthält; und das Peroxid, mit eineinhalb Atomen Sauerstoff und einem Atom Metall. Da *Halbatome* in der chemischen Sprache jedoch nicht erlaubt sind, wird üblicherweise gesagt, dass das Eisenperoxid drei Äquivalente Sauerstoff zu zwei Äquivalenten metallischen Eisens enthält.

In Symbolen ausgedrückt ist die Zusammensetzung wie folgt:

$$\text{Eisenprotoxid, Fe O.}$$
$$\text{Eisenperoxid, Fe}_2\text{O}_3.$$

Die Proto- und Persalze des Eisens ähneln einander in ihren physikalischen und chemischen Eigenschaften nicht. Erstere haben meist eine apfelgrüne Farbe und die wässrigen Lösungen sind nahezu farblos , wenn nicht sogar hochkonzentriert. Letztere hingegen sind dunkel und ergeben eine gelbe oder sogar blutrote Lösung.

Die Protosalze des Eisens sind nur in der Fotografie nützlich; Aber das folgende Experiment wird dazu dienen, die Eigenschaften beider Salzklassen zu veranschaulichen : Nehmen Sie einen Kristall von Eisensulfat , zerkleinern Sie ihn zu Pulver und gießen Sie in einem Reagenzglas etwas Salpetersäure darüber. Bei der Anwendung von Hitze werden reichlich Dämpfe freigesetzt und es entsteht eine rote Lösung. Die Salpetersäure gibt bei dieser Reaktion Sauerstoff ab und wandelt das Protosulfat *vollständig* in *Persulfat* von Eisen um. Es ist diese Funktion, nämlich. die Tendenz, Sauerstoff zu absorbieren und in den Zustand von Persalzen überzugehen, was die Protosalze des Eisens als Entwickler nützlich macht.

Es gibt zwei Protosalze aus Eisen, die üblicherweise von Fotografen verwendet werden: das Protosulfat und das Protonitrat des Eisens.

A. *Protosulfat von Eisen.* — Dieses Salz, oft als *Copperas* oder *grünes Vitriol bezeichnet* , ist eine reichlich vorhandene Substanz und wird in der Kunst für vielfältige Zwecke verwendet. Kommerzielles Eisensulfat wird jedoch in großem Maßstab hergestellt und erfordert eine Umkristallisierung, um es für fotografische Zwecke ausreichend rein zu machen.

Reines Eisensulfat kommt in Form großer transparenter, prismatischer Kristalle von zartgrüner Farbe vor : Durch den Kontakt mit der Luft absorbieren sie nach und nach Sauerstoff und verrosten an der Oberfläche. Lösung von sulfatiertem Eisen, zunächst farblos , färbt sich später rot und scheidet ein braunes Pulver ab; Dieses Pulver ist ein *basisches* Eisenpersulfat, das heißt ein Persulfat, das einen Überschuss an Oxid oder *Base enthält* . Durch die Zugabe von Schwefel- oder Essigsäure zur Lösung wird die

Bildung von Ablagerungen verhindert, da das braune Pulver in sauren Flüssigkeiten löslich ist.

Die Eisensulfatkristalle enthalten eine große Menge Kristallwasser, von dem sie einen Teil verlieren, wenn sie trockener Luft ausgesetzt werden. Durch eine höhere Temperatur kann das Salz völlig *wasserfrei gemacht werden* und in diesem Zustand ein weißes Pulver bilden.

B. *Protonitrat von Eisen.* — Dieses Salz wird durch doppelte Zersetzung von Barytnitrat oder Bleinitrat und Eisensulfat hergestellt. Es ist eine instabile Substanz und kristallisiert nur sehr schwer; seine wässrige Lösung ist zunächst blassgrün, neigt aber sehr stark zur Zersetzung, noch stärker als das entsprechende Eisensulfat.

ABSCHNITT II.

Die Reduktion von Silbersalzen durch Entwicklungsmittel.

Nachdem die allgemeine Theorie der Reduktion von Metalloxiden erklärt wurde, ist es möglicherweise wünschenswert, detaillierter auf die genaue Natur des Prozesses einzugehen, der auf die Silberverbindungen angewendet wird.

Zunächst wird die Reduktion des Silberoxids als einfachste Veranschaulichung herangezogen; dann das der durch Sauerstoffsäuren gebildeten Silbersalze; und schließlich das Chlorid, Jodid und Bromid des Silbers, das keinen Sauerstoff enthält.

Reduktion von Silberoxid . – Um dies bequem zu veranschaulichen: Das Silberoxid sollte sich in einem gelösten Zustand befinden; Wasser löst Silberoxid nur sehr wenig, ist aber in Ammoniak frei löslich und bildet die Flüssigkeit, die als Ammoniumnitrat von Silber bekannt ist. Wenn man also etwas Ammoniumnitratsilber in ein Reagenzglas gibt und Eisensulfatlösung hinzufügt, verfärbt es sich sofort und es setzt sich ein Niederschlag am Boden ab.

Bei dieser Ablagerung handelt es sich um metallisches Silber, das dadurch entsteht, dass sich das Reduktionsmittel den zuvor mit dem Metall verbundenen Sauerstoff aneignet. Da sich metallisches Silber in Ammoniak nicht löst, wird die Flüssigkeit trübe und das Metall fällt in Form eines voluminösen Niederschlags aus.

Reduktion der Oxysäuresalze von Silber. — Der Begriff *Oxyacid* umfasst jene Salze, die das Silberoxid in enger Verbindung mit Sauerstoffsäuren enthalten; wie *z. B.* das Nitrat von Silber, das Sulfat, das Acetat von Silber usw.

Diese wasserlöslichen Salze werden durch Entwickler auf die gleiche Weise wie Silberoxid reduziert, jedoch langsamer. Das Vorhandensein einer mit der Base verbundenen Säure ist ein Hindernis für den Prozess und neigt dazu, das Oxid in Lösung zu halten, insbesondere wenn diese Säure starke Affinitäten aufweist. Um die Wirkung des sauren Bestandteils des Salzes bei der Verzögerung der Reduktion zu veranschaulichen, nehmen Sie zwei Reagenzgläser, eines mit Ammoniumnitrat und das andere mit gewöhnlichem Silbernitrat – ein einziger Tropfen einer zu jedem hinzugefügten Eisensulfatlösung wird dies anzeigen ein offensichtlicher Unterschied in der Geschwindigkeit der Ablagerung.

Der Niederschlag von metallischem Silber, der durch die Einwirkung von Reduktionsmitteln auf das Nitrat entsteht, variiert stark in der Farbe und im allgemeinen Aussehen. Wenn Gallus- oder Pyrogallussäure verwendet wird, handelt es sich um ein schwarzes Pulver; [8] während die Salze des Eisens, und insbesondere diese mit zugesetzter freier Salpetersäure, einen glitzernden Niederschlag erzeugen, der dem ähnelt, was man als *gefrostetes Silber bezeichnet* . Traubenzucker und viele ätherische Öle wie das Nelkenöl usw. trennen das Metall vom Ammoniumnitrat des Silbers in Form eines glänzenden Spiegelfilms und werden häufig zum Versilbern von Glas verwendet.

[8] Mit Gallus- oder Pyrogallussäure ausgefälltes Silber scheint nicht frei von organischen Stoffen zu sein und enthält wahrscheinlich auch einen geringen Anteil an Sauerstoff.

Bei der Betrachtung dieser Besonderheiten im molekularen Zustand von ausgefälltem Silber ist zu beachten, dass das Aussehen eines Metalls in Masse kein Hinweis auf seine Farbe im Zustand von feinem Pulver ist. Platin und Eisen, beides helle Metalle, die hochglanzpoliert werden können, sind in einem feinen Verteilungszustand matt und intensiv schwarz; Gold ist violett oder gelbbraun; Merkur ein schmutziges Grau.

Reduktion der Hydracidsalze von Silber. — Mit dem Begriff *Hydracid* sind Silbersalze gemeint, die keinen Sauerstoff oder Sauerstoffsäuren, sondern lediglich Elemente wie Chlor oder Jod in Kombination mit Silber enthalten. Diese Elemente zeichnen sich dadurch aus, dass sie mit Wasserstoff Säuren bilden, die daher als *Hydrsäuren bezeichnet werden* . Ein Beispiel ist Salzsäure (HCl); Dies gilt auch für Jodwasserstoffsäure (HI).

Die Reduktion der Hydracid-Salze muss gesondert besprochen werden, da sie sich offensichtlich von der bereits beschriebenen unterscheidet; Das Reduktionsmittel neigt lediglich dazu, *Sauerstoff zu absorbieren* , der in diesen Salzen nicht vorhanden ist. Die Erklärung lautet wie folgt: Wenn ein Chlorid eines Edelmetalls durch einen Entwickler reduziert wird, nimmt *ein*

Wasseratom, bestehend aus Sauerstoff und Wasserstoff, an der Reaktion teil. Der Sauerstoff des Wassers gelangt zum Entwickler, der Wasserstoff zum Chlor.

Um dies zu veranschaulichen, nehmen Sie eine Lösung von Goldchlorid und geben Sie etwas Eisensulfat hinzu. Bald bildet sich ein gelber Niederschlag aus metallischem Gold, und die überstehende Flüssigkeit erweist sich durch Tests als Säure aus freier Salzsäure. Das folgende einfache Diagramm, in dem jedoch die *Anzahl* der beteiligten Atome weggelassen wird, kann zum Verständnis der Änderung beitragen.

Zusammengesetztes Atom von   Zusammengesetztes   Atom aus
Goldchlorid.   Wasseratom.   Eisensulfat.

Das Symbol Au steht für Gold, Cl, Chlor, H, Wasserstoff und O, Sauerstoff. Beachten Sie, dass sich die Moleküle H und O voneinander trennen und in entgegengesetzte Richtungen wandern: Letzteres verbindet sich mit dem Eisensulfat; Ersteres trifft auf Cl und erzeugt Salzsäure (HCl), während das Goldatom in Ruhe gelassen wird.

Daher besteht keine theoretische Schwierigkeit darin, eine Reduktion von Silberjodid durch einen Entwickler anzunehmen, wenn wir mit dem Jodid ein Wasseratom verbinden, um den Sauerstoff zu liefern. Sofern die empfindliche Platte jedoch nicht dem Licht ausgesetzt wurde, findet die Reduktion nicht ohne weiteres statt; Es kann auch unter keinen Umständen, mit oder ohne Licht, erzeugt werden, wenn das gesamte freie salpetersaure Silber von der Platte abgewaschen wurde. Reines Silberjodid wird daher von einem Entwickler nicht beeinflusst, und die Verbindung, die bei der Anwendung von Eisensulfat oder Pyrogallussäure schwarz wird, ist ein Jodid mit einem Überschuss an Silbernitrat.

Zusammengesetztes Atom   Zusammengesetztes Atom   Atom aus
von   von   Eisensulfat.
Jodid aus Silber.   Silbernitrat.

Die Art und Weise, wie ein in Wasser lösliches Silbersalz, z. B. das Nitrat, bei der Erleichterung der Reduktion von Silberjodid wirken kann, ist im vorhergehenden Diagramm gezeigt, das dem letzten sehr ähnlich ist.

Beachten Sie, dass das zusammengesetzte Atom von Silbernitrat ein Sauerstoffmolekül für den Entwickler, eines von Silber (Ag) für das abgetrennte Jod und ein Atom von Salpetersäure (NO_5) enthält, das freigesetzt wird und nicht weiter daran beteiligt ist der Wechsel.

Die Kette der chemischen Affinitäten ist in diesem Diagramm vollständiger als im letzten, wo nur ein Wasseratom vorhanden war, wobei die Affinität von Jod zu Silber größer war als die von Jod zu Wasserstoff. Daher ist es möglich, dass ein Überschuss an salpetersaurem Silber, indem er eine elementare Basis liefert, auf die Jod eine Anziehungskraft ausübt, dazu beitragen kann, dieses Element sozusagen aus dem ursprünglichen, mit Licht berührten Jodsilberteilchen herauszuziehen. [9]

[9] Der Leser darf aufgrund der in diesem Abschnitt gemachten Bemerkungen nicht annehmen, dass durch Entwicklung erhaltene Bilder ausnahmslos aus reinem metallischem Silber bestehen. Es kann gezeigt werden, dass dies nicht der Fall ist – dass der Reduktionsprozess in vielen Fällen unterbrochen wird, wenn nur ein Teil des Sauerstoffs entfernt wurde; und daraus resultiert ein *Untersalz*, das dem durch die direkte Einwirkung von Licht auf organische Silberverbindungen erzeugten ähnelt und sich in seinen Eigenschaften von metallischem Silber unterscheidet. Weitere Einzelheiten finden Sie in den fotografischen Untersuchungen des Autors im achten Kapitel.

ABSCHNITT III.

Die Entstehung und Entwicklung des latenten Bildes.

Im zweiten Kapitel wurde gezeigt, dass die fortgesetzte Einwirkung von weißem Licht auf bestimmte Silbersalze zur Trennung von Elementen wie Chlor und Sauerstoff und zur teilweisen Reduktion der Verbindung führte. Wir haben auch gesehen, dass Körper mit einer Affinität zu Sauerstoff, wie z. B. Eisensulfat und Pyrogallussäure, dazu neigen, eine ähnliche Wirkung hervorzurufen; wirken teilweise mit großer Energie und fällen metallisches Silber in reinem Zustand aus.

Bei der Aufstellung einer spontanen Theorie über die Erzeugung des latenten Bildes in der Kamera wäre es daher naheliegend anzunehmen, dass der Prozess darin besteht, mittels Licht eine reduzierende Wirkung auf die empfindliche Oberfläche auszuüben, die anschließend durch die Anwendung von Licht fortgesetzt wird die Entwicklungslösung. Diese Idee ist bis zu einem gewissen Grad richtig, bedarf jedoch einer Erklärung. Die durch Licht und Entwickler hervorgerufenen Wirkungen ähneln sich nicht so genau, dass das eine immer durch das andere ersetzt werden kann: Eine unzureichende Belichtung in der Kamera kann nicht durch eine Verlängerung der Bildentwicklung behoben werden. Bei den fotografischen Prozessen auf Papier lässt sich zwar ein gewisser Spielraum zulassen; aber als Regel sollte festgestellt werden, dass für die Entstehung des unsichtbaren Bildes eine bestimmte Zeit in Anspruch genommen wird, die nicht ungestraft verkürzt oder über ihre eigentlichen Grenzen hinaus verlängert werden darf. Es gibt einen Höchstpunkt, über den hinaus kein Fortschritt erfolgt; Wenn daher die Platte nicht aus der Kamera entfernt wird, werden die durch die hellsten Lichter erzeugten Teile des Bildes schnell von den „Halbtönen" überholt, so dass beim Entwickeln ein Bild ohne den Kontrast zwischen Licht und Schatten erscheint, der vorhanden ist wesentlich für die künstlerische Wirkung. Andererseits können bei unzureichender Belichtung, da die schwachen Lichtstrahlen keine Zeit hatten, auf die Platte einzudringen, die Halbschatten bei der anschließenden Behandlung mit dem Entwickler nicht mehr zum Vorschein gebracht werden.

Eine sorgfältige Untersuchung der in diesem Teil des Prozesses involvierten Phänomene kann nicht umhin zu zeigen, dass der Lichtstrahl eine *molekulare* Veränderung irgendeiner Art in den Silberjodidpartikeln verursacht, die die empfindliche Oberfläche bilden. Diese Änderung ist nicht geeignet, die Zusammensetzung oder die chemischen Eigenschaften des Salzes zu verändern. Das Jod verlässt die Oberfläche nicht, sonst würde sich das Aussehen des Films oder seine Löslichkeit in Hyposulfit von Soda unterscheiden.

Die folgenden Diagramme können möglicherweise hilfreich sein, um mechanisch zu veranschaulichen, was unter einer molekularen Veränderung zu verstehen ist.

Abb. 1 stellt ein zusammengesetztes Molekül von Silberjodid dar, dessen Atome eng miteinander verbunden sind.

Abb. 2. Das Gleiche nach Einwirkung einer Störkraft. Die einfachen Moleküle haben sich nicht vollständig getrennt, aber sie sind dazu bereit, indem sie sich nur an einem einzigen Punkt berühren.

Abb. 1.   Abb. 2.

Nun verstehen wir die Wirkung, die ein Entwickler auf diese Verbindung hervorruft, wenn wir annehmen, dass im ersten Fall die Affinität des Jods zu Silber zu groß ist, um seine Trennung zu ermöglichen; aber im zweiten Fall, nachdem diese Affinität gelockert wurde, gibt die Struktur nach und metallisches Silber ist das Ergebnis.

Diese Hypothese hat den Vorzug der Einfachheit und steht nicht im Widerspruch zu bekannten Tatsachen; es kann daher vorerst angenommen werden. Der Punkt, an dem jedoch Zweifel bestehen müssen, ist, ob die durch Licht auf Jodsilber erzeugte molekulare Störung zu einer Reduktion dieses Salzes durch den Entwickler führt. Bei der Anwendung von Pyrogallussäure kann kein Bild erzeugt werden, *es sei denn, die Jodidteilchen kommen mit salpetersaurem Silber in Kontakt;* und daher kann es sein, dass das Nitrat und nicht das Jodid reduziert wird – das heißt, das eingeprägte Jodidmolekül kann die Zersetzung eines angrenzenden Nitratteilchens bestimmen, während es selbst unverändert bleibt. Diese Ansicht wird bis zu einem gewissen Grad durch Mosers Experimente gestützt, die gleich zitiert werden; und auch durch die Tatsache, dass das zuerst erzeugte empfindliche Bild durch Behandlung mit einer Mischung aus der Entwicklerlösung und salpetersaurem Silber *intensiviert werden kann, selbst nachdem das Jodid durch ein Fixiermittel entfernt wurde.* Das folgende Experiment soll dies veranschaulichen:

Nehmen Sie eine empfindliche Kollodiumplatte, und nachdem Sie durch geeignete Belichtung in der Kamera ein unsichtbares Bild darauf eingeprägt haben, bringen Sie sie in den dunklen Raum und gießen Sie die Lösung von Pyrogallussäure darüber. Wenn das Bild vollständig erschienen ist, stoppen

Sie den Vorgang, indem Sie die Platte mit Wasser waschen und das unveränderte Jodsilber durch Kaliumcyanid entfernen. Eine Untersuchung des Bildes in diesem Stadium zeigt, dass es in den Details perfekt ist, aber blass und durchscheinend. Anschließend wird die Platte wieder in den dunklen Raum gebracht und mit frischer Pyrogallussäure, *der salpetersaures Silber* zugesetzt wurde, behandelt; Sofort wird das Bild viel schwärzer und wird immer dunkler, bis es völlig undurchsichtig wird, wenn die Zufuhr von Nitrat aufrechterhalten wird.

Bei diesem Experiment ist es nun offensichtlich, dass die zusätzliche Ablagerung auf dem Bild durch das salpetersaure Silber erzeugt wird, nachdem das gesamte Jodid zuvor entfernt wurde. Beachten Sie auch, *dass es sich nur auf dem Bild und nicht auf den transparenten Teilen der Platte bildet* . Auch wenn das Jodid vom Licht unberührt bleibt, gilt die gleiche Regel : Die Pyrogallussäure und das salpetersaure Silber reagieren miteinander und erzeugen einen metallischen Niederschlag; Dieser Niederschlag hat jedoch keine Affinität zum unveränderten Jodid auf dem Teil der Platte, der den Schatten des Bildes entspricht, sondern heftet sich bevorzugt an das bereits durch Licht geschwärzte Jodid.

Diese zweite Stufe der Entwicklung, durch die ein schwaches Bild gestärkt und undurchsichtiger gemacht werden kann , wird manchmal als „Entwicklung durch Niederschlag" bezeichnet und sollte vom praktischen Anwender richtig verstanden werden.

Forschungen von M. Moser. — Die 1842 veröffentlichten Arbeiten von M. Ludwig Moser „Über die Entstehung und Entwicklung unsichtbarer Bilder" erklären viele bemerkenswerte Phänomene, die gelegentlich im Collodion- und Papierprozess auftreten, so deutlich, dass es keiner Entschuldigung für die Bezugnahme auf sie bedarf ausführlich.

Sein erster Satz könnte so formuliert werden : „Wenn eine polierte Oberfläche an bestimmten Stellen von irgendjemandem berührt wurde, erlangt sie die Eigenschaft, an diesen Stellen bestimmte Dämpfe niederzuschlagen , anders als an den anderen unberührten Teilen." Um dies zu veranschaulichen, nehmen Sie eine dünne Metallplatte, auf der Zeichen *ausgeschnitten sind* ; Erwärmen Sie es vorsichtig und legen Sie es einige Minuten lang auf die Oberfläche eines sauberen Spiegelglases. Nehmen Sie es dann heraus, lassen Sie es abkühlen und *atmen Sie* auf das Glas, bis die Umrisse des Geräts deutlich sichtbar sind. Das Glas kann durch eine Platte aus poliertem Silber ersetzt werden, und anstatt das Bild durch den Atem zu entwickeln, kann es durch Quecksilberdampf hervorgebracht werden .

Der zweite Satz von M. Moser lautet wie folgt: „ *Licht* wirkt auf Körper, und sein Einfluss kann durch Dämpfe überprüft werden , die an der Substanz haften." – Eine Spiegelglasplatte wird in der Kamera einem hellen und intensiven Licht ausgesetzt ; Es wird dann entfernt und angehaucht, wodurch ein Bild entsteht, bevor es unsichtbar wird, wobei sich der Atem am stärksten auf den Teilen niederlässt, auf die das Licht eingewirkt hat. Anstelle von Glas kann wie zuvor eine Platte aus poliertem Silber verwendet werden, wobei zur Entwicklung des Bildes Quecksilber- oder Wasserdampf verwendet wird . Eine *jodierte Silberplatte reagiert noch empfindlicher auf den Einfluss* des Lichts und erhält unter der Einwirkung des Merkur einen sehr scharfen und vollkommenen Eindruck.

Aus diesen und anderen, nicht zitierten Experimenten geht daher hervor, dass die Oberflächen verschiedener Körper durch Kontakt miteinander oder durch Kontakt mit einem Lichtstrahl so verändert werden können, dass sie eine Affinität zu einem Dampf verleihen ; und außerdem, dass viele der Silbersalze in der Liste der Substanzen aufgeführt sind, die eine solche Modifikation zulassen. Es ist aber auch offensichtlich, dass derselbe Zustand der Oberfläche, der dazu führt, dass sich ein Dampf auf besondere Weise absetzt, auch das Verhalten des Silbersalzes beeinflusst, wenn es mit einem Reduktionsmittel behandelt wird. Wenn also eine saubere Glasplatte an bestimmten Stellen mit dem warmen Finger berührt wird, verschwindet der Eindruck bald, wird aber beim Anhauchen auf das Glas wieder sichtbar; und wenn dieselbe Platte mit einer sehr dünnen Schicht jodierten Kollodiums überzogen und durch das Nitratbad geführt wird, wird die Lösung von Pyrogallussäure gewöhnlich einen wohldefinierten Umriss der Figur erzeugen, noch bevor die Platte dem Licht ausgesetzt wurde. Obwohl dieses Experiment nicht immer gelingt, ist es dennoch lehrreich und zeigt die Notwendigkeit, die in der Fotografie verwendeten Platten sorgfältig zu reinigen. Wenn es irgendeine Unregelmäßigkeit in der Art und Weise gibt, in der sich der Atem beim Anhauchen auf dem Glas niederschlägt, liegt an dieser Stelle ein Oberflächenzustand vor, der die Schicht aus Jodsilber wahrscheinlich so verändert, dass die Wirkung der sich entwickelnden Flüssigkeit dies bewirkt in irgendeiner Weise gestört werden.

Es sei noch eine weitere bemerkenswerte Tatsache zitiert, die M. Moser beobachtet hat. Er stellt fest, dass die Wirkung des Lichts auf die Daguerreotypieplatte abwechselnder *Natur ist* : Es verleiht zunächst eine Affinität zu Merkur und entfernt sie dann. „Wenn Licht auf Silberjodid einwirkt", sagt er, „verleiht es ihm die Kraft, Quecksilberdämpfe zu kondensieren ; wenn es jedoch über eine bestimmte Zeit hinaus einwirkt, verringert es diese Kraft und nimmt sie schließlich ganz auf." Dies stimmt genau mit den Phänomenen überein, die auch beim Kollodiumprozess beobachtet werden, wo die Ablagerung von metallischem Silber manchmal weniger ausgeprägt ist als üblich, wenn die Platte über die angemessene Zeitspanne hinaus in der Kamera belichtet wurde.

Gelegentlich trifft man auf eine merkwürdige Perversion des Entwicklungsprozesses, bei der bei der Anwendung der Pyrogallussäure die Ablagerung von Silber auf den *Schatten* des Bildes und nicht auf den Lichtern stattfindet; Daher ist bei Betrachtung des Bildes im Durchlicht das übliche Erscheinungsbild umgekehrt. Dies kann möglicherweise durch eine alternierende Wirkung des Lichts erklärt werden, wie oben vorgeschlagen.

Es ist ein auf den ersten Blick noch bemerkenswerteres Phänomen aufgetreten, bei dem beim Entwickeln der Platte *zwei* Bilder anstelle eines entstehen. Das sekundäre Bild ist in einem solchen Fall wahrscheinlich der Rest eines früheren Abdrucks, der, obwohl er offenbar durch Waschen entfernt wurde, dennoch die Oberfläche des Glases so verändert hatte, dass er die Schicht aus Jodsilber beeinflusste; und wenn man das Glas anhauchte, *bevor* man es erneut mit Kollodium überzieht, gibt es allen Grund anzunehmen, dass die Umrisse des zufälligen Bildes sichtbar wären. [10]

[10] Seit ich das Obige geschrieben habe, hat der Autor mit Vergnügen einen Artikel von Herrn Grove über die Erzeugung latenter Bilder durch Elektrizität und eine Methode zu deren Fixierung gelesen. In den beschriebenen Experimenten wurde eine Glasplatte, die nur in bestimmten Teilen elektrisiert war, angehaucht oder den Dämpfen von Flusssäure ausgesetzt. In beiden Fällen setzte sich der Dampf ausschließlich auf dem nichtelektrischen Teil des Glases ab und entwickelte so ein latentes Bild. Als die Platte zuerst einer Elektrisierung unterzogen und dann mit Silberjodid auf Kollodium überzogen und dem Licht ausgesetzt wurde, bewirkte eine Lösung von Pyrogallussäure eine Reduktion von Silber nur auf den Teilen des Glases, die denen entsprachen, auf denen sich der Atem niederließ das vorherige Experiment; Dies deutet darauf hin, dass die Elektrizität die Wirkung des Lichts auf das empfindliche Jodid des Silbers neutralisierte.

KAPITEL IV.

ZUM FIXIEREN DES FOTOGRAFISCHEN BILDES.

EINE EMPFINDLICHE Schicht aus Chlorid oder Jodid von Silber, auf der ein Bild, entweder mit oder ohne Hilfe eines Entwicklungsmittels, erzeugt wurde, muss einer weiteren Behandlung unterzogen werden, um sie durch diffuses Licht unzerstörbar zu machen.

einer Korrektur bedarf ; aber das unveränderte Silbersalz, das es umgibt, ist immer noch lichtempfindlich und neigt dazu, sich wiederum zu zersetzen, und so geht das Bild verloren. Daher ist es notwendig, dieses Salz durch die Anwendung eines chemischen Mittels zu entfernen, das es auflösen kann. Die Liste der Lösungsmittel für Chlorid und Jodsilber wurde im Kapitel II aufgeführt, einige eignen sich jedoch besser zum Fixieren als andere. Damit ein Körper mit Erfolg als Fixiermittel verwendet werden kann, ist es nicht nur erforderlich, dass er unverändertes Chlor- oder Jodsilber auflöst, sondern dass er auch keine schädliche Wirkung auf dieselben durch Licht reduzierten Salze ausübt.

Diese *Lösungsmittelwirkung auf das Bild* sowie auf die Teile, die es umgeben, tritt am wahrscheinlichsten auf, wenn die Wirkung von Licht allein ohne Entwickler eingesetzt wird. In diesem Fall bleibt die verdunkelte Oberfläche, da sie nicht vollständig in den metallischen Zustand gebracht wird, bis zu einem gewissen Grad in der Fixierflüssigkeit löslich.

CHEMIE DER VERSCHIEDENEN FIXIERMITTEL.

Folgendes wird erwähnt: – Ammoniak – alkalische Chloride – alkalische Jodide – alkalisches Hyposulfit – alkalische Cyanide.

AMMONIAK.

Die Eigenschaften der alkalischen Flüssigkeit „Ammoniak" sind in Teil III angegeben. Ammoniak löst Chlorsilber leicht auf, nicht jedoch Jodsilber; daher ist seine Verwendung notwendigerweise auf die Papierabzüge über Chlorsilber beschränkt. Selbst diese lassen sich jedoch nicht vorteilhaft in Ammoniak fixieren, es sei denn, es wurde zuvor durch einen „Tonungsprozess" eine Ablagerung von Gold auf der Oberfläche erzeugt, was gleich erklärt werden soll: Ein eigenartiger und unangenehmer roter Farbton wird immer dadurch verursacht, dass Ammoniak auf das verdunkelte Material einwirkt eines Sonnenbildes, wie es aus dem Druckrahmen kommt: Dies wird jedoch durch die Verwendung des Goldes vermieden.

Alkalische Chloride, Jodide und Bromide.

Die Chloride von Kalium, Ammonium und Natrium besitzen die Eigenschaft, einen kleinen Teil des Silberchlorids aufzulösen. Beim Lösungsvorgang entsteht ein Doppelsalz; das heißt, eine Verbindung von Natriumchlorid mit Silberchlorid, die durch spontanes Verdampfen der Flüssigkeit auskristallisiert werden kann.

Die früheren Fotografen verwendeten eine gesättigte Kochsalzlösung zum Fixieren von Papierabzügen; aber die Fixierwirkung der alkalischen Chloride ist langsam und unvollkommen, und ihre Verwendung kann heute als überholt angesehen werden.

Sowohl das Jodid als auch das Bromid des Kaliums wurden als Fixiermittel verwendet. Sie lösen Jodsilber auf und bilden damit in der zuvor beschriebenen Weise ein Doppelsalz.

Bei der Lösung der unlöslichen Silbersalze durch alkalische Chloride, Jodide usw. ist es wichtig zu beachten, dass die gelöste Menge nicht im Verhältnis zur *Menge* des Lösungsmittels, sondern zum Konzentrationsgrad seiner wässrigen Lösung steht. Dies ist bei Lösungsmitteln, die eine chemische Verbindung mit dem gelösten Stoff eingehen, nicht üblich. Im Allgemeinen löst ein bestimmtes Gewicht des einen Salzes ein bestimmtes Gewicht des anderen Salzes, unabhängig von der vorhandenen Wassermenge. Die Besonderheit im vorliegenden Fall beruht auf der Tatsache, dass das gebildete Doppelsalz durch eine große Menge Wasser *zersetzt wird*. Daher ist es eine *gesättigte* Lösung von Natriumchlorid, die die größte Kraft zur Fixierung von Papierabdrücken besitzt; und mit dem Bromid oder Jodid des Kaliums gilt die gleiche Regel: Je stärker die Lösung, desto mehr Jodid des Silbers wird aufgenommen. Durch die Zugabe von Wasser entsteht eine Milchigkeit und eine Ablagerung des zuvor gelösten Silbersalzes.

ALKALISCHE HYPOSULFITE.

Hyposchwefelige Säure ist eines der Schwefeloxide. Es ist, wie der Name schon sagt, saurer Natur und steht auf der Liste direkt unter der Schwefeligen Säure („ υϱο ", unter).

Das von Fotografen häufig verwendete Hyposulfit von Soda ist eine neutrale Kombination aus hyposchwefeliger Säure und alkalischem Soda. Es wurde ausgewählt, da es in der Herstellung wirtschaftlicher ist als jedes andere zur Fixierung geeignete Hyposulfit .

Hyposulfit von Soda kommt in Form großer durchscheinender Kristallgruppen vor, die fünf Wasseratome enthalten. Diese Krystalle sind in fast jedem Ausmaß in Wasser löslich, wobei die Lösung mit der Erzeugung von Kälte einhergeht; sie haben einen ekelerregenden und bitteren Geschmack.

Bei der Lösung von Silberverbindungen durch hyposulfitisches Natron findet immer eine *doppelte Zersetzung* statt; daher:-

Hyposulfit von Soda + Silberchlorid

= Hyposulfit von Silber + Natriumchlorid.

Das Hyposulfit von Silber bildet mit einem Überschuss an Hyposulfit von Natron ein lösliches Doppelsalz, das durch Eindampfen der Lösung auskristallisiert werden kann. Es besitzt einen intensiv süßen Geschmack und enthält ein Atom Hyposulfit von Silber, chemisch verbunden mit zwei Atomen Hyposulfit von Soda. Darüber hinaus gibt es noch ein zweites Doppelsalz, das sich vom ersten dadurch unterscheidet, dass es in Wasser *nur sehr schwer* löslich ist. Es wird gebildet, indem man auf Chlorsilber mit einer Lösung von Hyposulfitnatron einwirkt , die bereits oder nahezu mit Silbersalzen gesättigt ist; und enthält einzelne Atome jedes Bestandteils.

Die Tatsache, dass das in einem gewöhnlichen Fixierbad enthaltene Silber im Zustand von *Hyposulfit vorliegt* , muss berücksichtigt werden, da dieses Salz besonderen chemischen Veränderungen unterliegt, wie in Kapitel VIII besser gezeigt wird.

Jodsilber wird durch Hyposulfitnatron langsamer aufgelöst als Silberchlorid, und die schließlich aufgenommene Menge ist geringer. Dies wird wie folgt erklärt : Während der Lösung von Silberjodid entsteht *Natriumjodid* , und dieses alkalische Jodid hat eine nachteilige Wirkung auf den Fortgang des Prozesses. *Natriumchlorid* hat nicht die gleiche Wirkung, ebenso wenig wie Natriumbromid, weshalb sich die entsprechenden Silbersalze stärker auflösen als das Jodid.

Alkalische Cyanide.

Die Chemie von Cyanogen wird in Teil III skizziert.

Das Kaliumcyanid ist das am häufigsten zum Fixieren verwendete Salz. Im Handel kommt es in Form von zusammengewachsenen Klumpen von beträchtlicher Größe vor. In diesem Zustand ist es meist mit einem hohen Anteil an Kalikarbonat verunreinigt, der in manchen Fällen mehr als die Hälfte seines Gewichts ausmacht. Durch Kochen in Spiritus kann das Cyanid extrahiert und kristallisiert werden, aber dieser Vorgang ist für seine Verwendung in der Fotografie kaum erforderlich.

Kaliumcyanid absorbiert Feuchtigkeit, wenn es der Luft ausgesetzt wird. Es ist in Wasser sehr gut löslich, aber die Lösung zersetzt sich beim Aufbewahren; Es verändert seine Farbe und entwickelt den Geruch von *Blausäure* , einem Wasserstoffcyanid. Kaliumcyanid ist hochgiftig und muss mit Vorsicht verwendet werden.

Eine Lösung von Cyanidkalium ist ein äußerst energisches Mittel zur Auflösung der unlöslichen Silbersalze: im Verhältnis zur verwendeten Menge weitaus wirksamer als das Hyposulfit von Soda. Die Salze werden in allen Fällen in Cyanide umgewandelt und liegen in der Lösung in Form löslicher Doppelsalze vor, die im Gegensatz zu den Doppeliodiden durch Verdünnung mit Wasser nicht beeinträchtigt werden. Kaliumcyanid eignet sich nicht zur Feststellung positiver Beweise auf Chlorsilber; Und selbst wenn ein Entwickler verwendet wurde, besteht die Gefahr, dass die Lösung das Bild angreift und auflöst, sofern die Lösung nicht ausreichend verdünnt ist.

KAPITEL V.

ÜBER DIE NATUR UND EIGENSCHAFTEN DES LICHTS.

DAS vorliegende Kapitel ist einer Diskussion der bemerkenswerteren Eigenschaften des Lichts gewidmet; Das Ziel besteht darin, bestimmte hervorstechende Punkte auszuwählen und sie so klar wie möglich darzulegen, wobei für umfassendere Informationen auf anerkannte Werke zum Thema Optik verwiesen wird.

Das Kapitel wird in fünf Abschnitte unterteilt: erstens die zusammengesetzte Natur des Lichts; zweitens die Gesetze der Lichtbrechung; drittens die Konstruktion von Objektiven und der Kamera; viertens die fotografische Wirkung des farbigen Lichts; Fünftens über binokulares Sehen und das Stereoskop.

ABSCHNITT I.

Die zusammengesetzte Natur des Lichts.

Die Vorstellungen, die man vor Sir Isaac Newton zum Thema Licht hatte, waren vage und unbefriedigend. Dieser bedeutende Philosoph zeigte, dass ein Sonnenstrahl nicht wie angenommen *homogen war, sondern aus mehreren Strahlen lebendiger* Farben bestand , die vereint und vermischt waren.

Diese Tatsache lässt sich demonstrieren, indem man einen Strahl Sonnenlicht auf einen Winkel eines *Prismas wirft* und das so entstandene längliche Bild auf einem weißen Schirm empfängt.

gefärbte Raum wird „Sonnenspektrum" genannt. Die Wirkung eines Prismas bei der Zerlegung von weißem Licht wird im nächsten Abschnitt ausführlicher erläutert. Derzeit bemerken wir nur, dass im Sonnenspektrum sieben Hauptfarben unterschieden werden können, nämlich : Rot, Orange, Gelb, Grün, Blau, Indigo und Violett. Sir David Brewster hat Beobachtungen gemacht, die ihn zu der Annahme veranlassen, dass es sich um die *primäre handelt* In Wirklichkeit gibt es nur drei Farben , nämlich Rot, Gelb und Blau, und dass die anderen *zusammengesetzt sind* und dadurch entstehen, dass zwei oder mehr davon einander überlappen; so ergeben die vermischten roten und gelben Räume *Orange* ; die gelben und blauen Räume, *grün* .

Die Zusammensetzung des weißen Lichts aus den sieben prismatischen Farben lässt sich grob beweisen, indem man sie auf die Oberfläche eines Rades malt und es schnell rotieren lässt; Dadurch vermischen sie sich und es entsteht eine Art Grauweiß. Das Weiß ist unvollkommen, weil die verwendeten Farben unmöglich in den richtigen Farbtönen erhalten oder in den exakten Proportionen aufgetragen werden können.

Die Zerlegung des Lichts erfolgt auf andere Weise als bereits angegeben:

entstehen durch *Reflexion die Oberflächen* farbiger Körper. Alle Substanzen senden Lichtstrahlen aus, die auf die Netzhaut des Auges treffen und die Phänomene des Sehens hervorrufen. Farbe entsteht dadurch, dass *nur ein Teil* und nicht die Gesamtheit der Elementarstrahlen auf diese Weise projiziert wird. Als *weiß* bezeichnete Flächen reflektieren alle Strahlen; Farbige Oberflächen absorbieren einige und reflektieren andere: also *Rote* Substanzen reflektieren nur rote Strahlen, *gelbe* Substanzen, gelbe Strahlen usw. , wobei der reflektierte Strahl in jedem Fall über die Farbe der Substanz entscheidet.

die Übertragung durch Medien zersetzt werden, die für bestimmte Strahlen transparent, für andere jedoch undurchsichtig sind.

Gewöhnliches transparentes Glas lässt alle Strahlen, aus denen weißes Licht besteht, durch; aber durch die Zugabe bestimmter Metalloxide im Schmelzzustand werden seine Eigenschaften verändert und es wird *gefärbt* . Mit Kobaltoxid gefärbtes Glas ist nur für blaue Strahlen durchlässig. Silberoxid verleiht einen rein gelben Farbton; Goldoxid oder Kupfersuboxid in Rubinrot usw.

Aufteilung der elementaren Strahlen des weißen Lichts in leuchtende, wärmeerzeugende und chemische Strahlen. STRAHLEN.

Die Wirkung des Lichts erzeugt eine Vielzahl unterschiedlicher Wirkungen auf die Körper, die uns umgeben. Diese können als

Eigenschaften des Lichts zusammengefasst werden. Es gibt drei Arten: die Phänomene der Farbe und des Sehens, der Wärme und der chemischen Wirkung.

Indem wir weißes Licht in seine einzelnen Strahlen auflösen, stellen wir fest, dass diese Eigenschaften jeweils mit bestimmten Elementarfarben verbunden sind .

Der *gelbe Strahl* ist zweifellos der leuchtendste. Bei der Untersuchung des Sonnenspektrums erkennt man, dass der hellste Teil der ist, der vom Gelben eingenommen wird, und dass das Licht auf beiden Seiten schnell abnimmt. So wirken Räume, die mit gelbem Glas verglast sind, immer reichlich beleuchtet, während rotes oder blaues Glas dunkel und düster wirkt . Die gelbe Farbe stellt also den Anteil des weißen Lichts dar, durch den umliegende Objekte sichtbar gemacht werden; es ist im Wesentlichen der *Sehstrahl* .

Die *wärmenden Eigenschaften* des Sonnenlichts liegen hauptsächlich im roten Strahl, wie die Ausdehnung eines Quecksilberthermometers in diesem Teil des Spektrums zeigt.

Die chemische Wirkung des Lichts entspricht eher den Indigo- und Violettstrahlen und fehlt hinsichtlich ihres Einflusses auf Jodsilber sowohl im Roten als auch im Gelben. Streng genommen kann es jedoch in keinem der farbigen Räume lokalisiert werden, wie im vierten Abschnitt dieses Kapitels, auf den der Leser verwiesen wird, ausführlicher gezeigt wird.

ABSCHNITT II.

Die Lichtbrechung.

Ein Lichtstrahl breitet sich bei seinem Durchgang durch ein transparentes Medium geradlinig aus, solange die Dichte des Mediums unverändert bleibt. Ändert sich jedoch die Dichte, wird sie entweder größer oder kleiner, so wird der Strahl *gebrochen* oder aus der ursprünglich eingeschlagenen Richtung abgelenkt. Der Grad der Brechung oder Biegung hängt von der Beschaffenheit des neuen Mediums und insbesondere von seiner *Dichte* im Vergleich zu der des Mediums ab, das der Strahl zuvor durchquert hatte. Daher bricht Wasser das Licht stärker als Luft und Glas stärker als Wasser.

Das folgende Diagramm veranschaulicht die Brechung eines Lichtstrahls.

Die gestrichelte Linie ist senkrecht zur Oberfläche gezeichnet, und es ist zu erkennen, dass der Lichtstrahl beim Eintritt in Richtung dieser Linie gebogen wird. Beim Auftauchen hingegen wird es in gleichem Maße *von der Senkrechten weggebogen* , so dass es einen Kurs parallel zu seiner ursprünglichen Richtung einschlägt, aber nicht mit dieser übereinstimmt. Wenn wir annehmen, dass das neue Medium nicht dichter als das alte, sondern weniger *dicht ist* , dann sind die Bedingungen genau umgekehrt: Der Strahl wird beim Eintritt von der Senkrechten weggebeugt und beim Austritt darauf zu.

Es muss beachtet werden, dass die Brechungsgesetze nur für Lichtstrahlen gelten, die *in einem Winkel auf das Medium fallen:* Wenn sie senkrecht eintreten – in der Richtung der gestrichelten Linien in der letzten Abbildung –, gehen sie direkt hindurch, ohne Brechung zu erleiden.

Beachten Sie auch, dass die Ablenkungskraft *an den Oberflächen von Körpern wirkt.* Der Strahl wird beim Eintritt gebogen und beim Verlassen wieder gebogen; aber innerhalb des Mediums geht es geradlinig weiter. Daher ist es offensichtlich, dass durch verschiedene Modifizierung der Oberflächen brechender Medien die Lichtstrahlen fast nach Belieben abgelenkt werden können. Dies soll anhand einiger einfacher Diagramme verdeutlicht werden.

In den nachstehenden Abbildungen und auf der folgenden Seite stellen die gestrichelten Linien Senkrechte zur Oberfläche an dem Punkt dar, an dem der Strahl einfällt, und es ist ersichtlich, dass das übliche Gesetz der Biegung in *Richtung* der Senkrechten beim Eintritt und von ihr weg beim Verlassen gilt B. das dichte Medium, jeweils korrekt beobachtet wird.

Abb. 1.   Abb. 2.

Abb. 2, Prisma genannt, beugt den Strahl dauerhaft zu einer Seite; Feige. 3, bestehend aus zwei Prismen, die Grundfläche an Grundfläche angeordnet sind, bewirkt, dass sich parallel verlaufende Strahlen in einem Punkt treffen; und umgekehrt, Abb. 4, bei dem die Prismen Kante an Kante angeordnet sind, lenkt sie weiter auseinander.

Abb. 3.   Abb. 4.

Die verschiedenen Formen von Linsen. — Die Phänomene der Lichtbrechung treten bei gekrümmten Flächen in gleicher Weise auf wie bei ebenen.

Gläser mit krummliniger Form werden als *Linsen bezeichnet* . Im Folgenden finden Sie Beispiele.

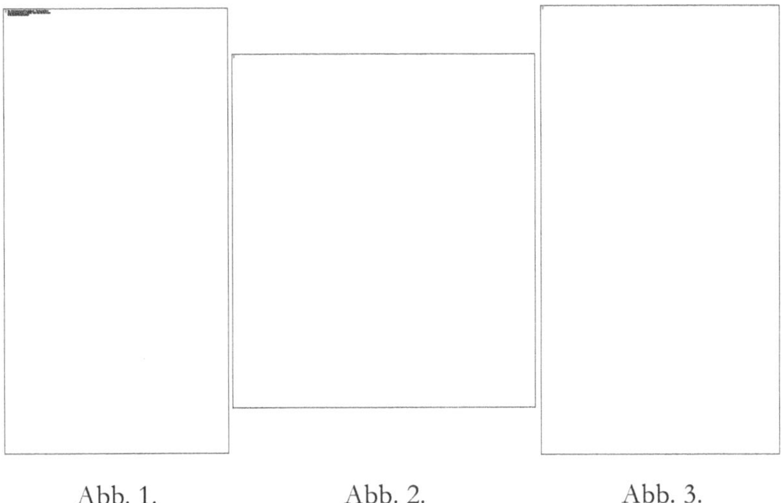

Abb. 1.   Abb. 2.   Abb. 3.

Abb. 1 ist eine bikonvexe Linse; Feige. 2 eine bikonkave Linse; und Abb. 3, eine *Meniskuslinse* .

Was ihre Brechkraft angeht, können solche Figuren nahezu durch andere dargestellt werden, die durch gerade Linien begrenzt sind, und so wird deutlich, dass eine bikonvexe Linse dazu neigt, Lichtstrahlen zu einem Punkt zu verdichten, und eine bikonkave Linse dazu neigt, sie zu zerstreuen. Ein Meniskus vereint beide Wirkungen, aber die Strahlen werden schließlich zusammengebogen, wobei die konvexe Krümmung einer Meniskuslinse immer größer ist als die konkave.

Die Brennpunkte der Linsen. — Es hat sich gezeigt, dass konvexe Linsen dazu neigen, Lichtstrahlen zu bündeln und zu einem Punkt zusammenzuführen. Dieser Punkt wird als „Fokus" der Linse bezeichnet.

Folgende Schwerpunktgesetze können festgelegt werden :

Lichtstrahlen, die zum Zeitpunkt ihres Eintritts in die Linse einen parallelen Weg verfolgen, werden an einem Punkt näher an der Linse gebündelt als divergierende Strahlen. Die Strahlen, die von weit entfernten Objekten ausgehen, sind parallel; diejenigen von Objekten in der Nähe weichen voneinander ab. Die Sonnenstrahlen sind immer parallel und die Divergenz der anderen wird umso größer, je geringer der Abstand von der Linse ist.

Der Fokus einer Linse für parallele Strahlen wird als „Hauptfokus" bezeichnet und unterliegt keinen Schwankungen; Auf diesen Punkt bezieht man sich, wenn man von der *Brennweite* eines Objektivs spricht. Wenn die

Strahlen nicht parallel sind, sondern von einem Punkt abweichen, wird dieser
Punkt dem Brennpunkt zugeordnet und die beiden werden als „konjugierte
Brennpunkte" bezeichnet.

Im obigen Diagramm ist A der Hauptbrennpunkt und B und C sind
konjugierte Brennpunkte. Jedes bei B platzierte Objekt hat seinen Fokus bei
G, und umgekehrt, wenn es bei C platziert ist, ist es bei B fokussiert.

Obwohl der Hauptfokus einer Linse (bestimmt durch den Grad ihrer
Konvexität) immer derselbe ist, variiert der Fokus für Objekte in der Nähe
und wird länger, je näher sie an die Linse herankommen.

Bildung eines leuchtenden Bildes durch eine Linse. – Wie die von einem Punkt
ausgehenden Lichtstrahlen durch eine Linse auf einen Brennpunkt gebracht
werden, so werden sie auch, wenn sie von einem Gegenstand ausgehen, in
einen Brennpunkt gebracht, und in diesem Fall entsteht *ein Bild des
Gegenstandes* .

Die obige Abbildung verdeutlicht dies. Die Größe des Bildes variiert mit
der Entfernung des Pfeils vom Glas – es wird größer und entsteht an einem

Punkt, der weiter von der Linse entfernt ist, je näher das Objekt kommt. Auch die Brechkraft des Objektivs beeinflusst das Ergebnis – Objektive mit kurzer Brennweite, *d. e.* konvexer, wodurch ein kleineres Bild entsteht.

Um den Verlauf der von einem Objekt ausgehenden Strahlenbüschel leicht verfolgen zu können, sind die Linien von der Spitze des Pfeils in der letzten Abbildung *gepunktet*. Beachten Sie, dass das Objekt notwendigerweise *auf den Kopf gestellt ist* und dass diejenigen Strahlen, die den Mittelpunkt der Linse oder den Mittelpunkt der *Achse* , wie es genannt wird, durchqueren, nicht weggelenkt werden, sondern einen Kurs verfolgen, der entweder mit ihm zusammenfällt oder parallel dazu ist , das Original, wie im Fall brechender Medien mit parallelen Oberflächen.

ABSCHNITT III.

Die Fotokamera.

Die Fotokamera ist ihrem Wesen nach ein äußerst einfaches Instrument. Es besteht lediglich aus einer *dunklen Kammer* mit einer Öffnung an der Vorderseite, in die eine Linse eingesetzt ist. Die nebenstehende Abbildung zeigt die einfachste Form einer Kamera.

Der Körper wird als aus zwei Teilen bestehend dargestellt, die ineinander gleiten; aber das gleiche Ziel der Verlängerung oder Verkürzung der Brennweite kann erreicht werden, indem man die Linse selbst beweglich macht. Mithilfe der Linse wird ein leuchtendes Bild eines vor der Kamera platzierten Objekts erzeugt und auf einer Mattglasoberfläche im hinteren Teil des Instruments empfangen. Wenn die Kamera verwendet werden soll, wird das Objekt auf die Mattscheibe *fokussiert , diese dann entfernt und an ihrer Stelle ein Objektträger mit der empfindlichen Schicht eingesetzt.*

Das auf der Mattscheibe erzeugte leuchtende Bild wird als „Feld" der Kamera bezeichnet. man sagt, sie sei flach oder gebogen, scharf oder undeutlich usw. Diese und andere Besonderheiten, die von der Konstruktion der Linse abhängen, werden nun erklärt.

Chromatische Aberration von Linsen. — Die Außenseite einer bikonvexen Linse ist genau mit der scharfen Kante eines *Prismas vergleichbar* und führt daher notwendigerweise zu einer Zersetzung des weißen Lichts, das durch sie hindurchgeht.

Die Wirkung eines Prismas bei der Zerlegung von weißem Licht in seine einzelnen Strahlen kann einfach erklärt werden: Alle farbigen Strahlen sind brechbar, jedoch nicht im gleichen Ausmaß. Indigo und Violett sind stärker ausgeprägt als Gelb und Rot und werden daher von diesen getrennt und nehmen eine höhere Position im Spektrum ein. (Siehe Diagramm auf S. 47.)

Eine kleine Überlegung wird zeigen, dass weißes Licht infolge dieser ungleichen Brechbarkeit der farbigen Strahlen beim Eintritt in ein dichtes Medium unweigerlich zerlegt werden muss. Dies ist tatsächlich der Fall; Wenn die Oberflächen des Mediums jedoch *parallel zueinander sind*, ist dieser Effekt nicht zu sehen, da sich die Strahlen bei ihrem Austritt wieder vereinigen und im gleichen Maße in die entgegengesetzte Richtung gebogen werden. Daher wird Licht farblos durch eine gewöhnliche Glasscheibe übertragen, erzeugt aber beim Durchgang durch ein Prisma oder eine Linse, bei der die beiden Oberflächen in einem spitzen Winkel zueinander geneigt sind, die Farbtöne des Spektrums.

Die chromatische Aberration wird durch die Kombination zweier Linsen aus verschiedenen Glasarten korrigiert, die sich in ihrer Fähigkeit zur Trennung der Farbstrahlen unterscheiden . Dies sind das dichte Feuersteinglas, das Bleioxid enthält, und das helle Kronglas. Von den beiden Linsen ist die eine *bikonvex* und die andere *bikonkav* ; so dass, wenn sie zusammengefügt werden, eine zusammengesetzte achromatische Linse in Meniskusform entsteht, also:

Die erste Linse in dieser Abbildung ist das Feuersteinglas und die zweite das Kronglas. Von den beiden ist die bikonvexe die stärkste, um die andere zu überwinden und eine Gesamtbrechung im erforderlichen Ausmaß zu erzeugen. Jede der Linsen erzeugt ein Spektrum unterschiedlicher Länge; und die Wirkung, wenn die Strahlen durch beide hindurchgehen, besteht darin, durch Überlappung der farbigen Räume die komplementären Farbtöne zu vereinen und wieder weißes Licht zu bilden.

Sphärische Aberration von Linsen. – Das Bildfeld einer Kamera ist oft nicht an allen Stellen gleich scharf und deutlich. Wenn das Zentrum klar und klar definiert ist, ist das Äußere neblig; Durch eine geringfügige Änderung der Position der Mattscheibe, um den äußeren Teil scharf abzugrenzen, wird die Mitte hingegen unscharf. Optiker drücken dies aus, indem sie sagen, dass es an einer angemessenen Ebenheit des Bildfeldes mangelt; Es können zwei Ursachen genannt werden, die zusammenwirken, um es hervorzubringen.

Die erste ist die „sphärische Aberration", womit die Eigenschaft gemeint ist, die Linsen, die Segmente von Kugeln sind, besitzen und Lichtstrahlen an verschiedenen Stellen ihrer Oberfläche ungleich brechen. Das folgende Diagramm zeigt dies:—

Beachten Sie, dass die gepunkteten Linien, die auf den Umfang der Linse fallen, an einem Punkt fokussiert werden, der näher an der Linse liegt als diejenigen, die durch die Mitte verlaufen . Mit anderen Worten: Die Außenseite der Linse bricht das Licht am stärksten. Dies führt zu einer gewissen Verwirrung und Unschärfe im Bild, da sich verschiedene Strahlen kreuzen und gegenseitig stören.

Sphärische Aberration kann vermieden werden, indem die Konvexität des mittleren Teils der Linse erhöht wird, um so ihre Brechkraft an diesem bestimmten Punkt zu erhöhen. Die Oberfläche ist dann nicht mehr ein Segment einer Kugel, sondern einer Ellipse und bricht das Licht gleichmäßiger. Die Schwierigkeit, Linsen zu einer elliptischen Form zu schleifen, ist jedoch so groß, dass die sphärische Linse immer noch verwendet wird, wobei die Aberration auf andere Weise korrigiert wird.

Eine zweite Ursache, die die Deutlichkeit der äußeren Teile des Bildes in der Kamera beeinträchtigt, ist die Schrägheit einiger vom Objekt ausgehender Strahlen; Infolgedessen hat das Bild eine gekrümmte Form mit der Konkavität nach innen, wie aus der Abbildung auf Seite 53 hervorgeht . Das folgende Diagramm soll die Krümmung des Bildes erklären.

Die Mittellinie , die im rechten Winkel zur allgemeinen Richtung der Linse verläuft, ist die Achse; eine imaginäre Linie, auf der sich die Linse so dreht, wie sich ein Rad um seine Achse dreht. Die Linien A A stellen Lichtstrahlen dar, die parallel zur Achse fallen; und die gestrichelten Linien, andere, die eine schräge Richtung haben; B und C zeigen die Punkte, an denen sich die beiden Brennpunkte bilden. Beachten Sie, dass diese Punkte, obwohl sie von der Mitte der Linse gleich weit entfernt sind, nicht in derselben vertikalen Ebene liegen und daher nicht beide deutlich auf der Mattscheibe der Kamera aufgenommen werden können, die die Position der senkrechten Doppellinie einnehmen würde Das Diagramm. Daher ist es bei den meisten Objektiven so, dass nach der Fokussierung auf die Bildmitte das Glas ein wenig nach vorne verschoben werden muss, um den Außenbereich scharf abzubilden.

Die Verwendung von Blenden in Objektiven. — Die Krümmung des Bildes und die Unschärfe der Umrisse aufgrund sphärischer Aberration werden weitgehend dadurch behoben, dass vor der Linse eine Blende mit einer kleinen zentralen Apertur angebracht wird. Das Diagramm zeigt eine Schnittansicht einer Linse mit angebrachtem „Anschlag". Die genaue Position, die es in Bezug auf die Linse einnehmen sollte, ist ein wichtiger Punkt und beeinflusst die Ebenheit des Feldes.

Durch die Verwendung einer Blende wird die in die Kamera einfallende Lichtmenge proportional zur Größe der Blende verringert. Das Bild ist dadurch weniger brillant und eine längere Belichtung der empfindlichen Platte ist erforderlich. In anderer Hinsicht wird das Ergebnis jedoch verbessert; Die sphärische Aberration wird verringert, indem die Außenseite der Linse abgeschnitten wird und ein Teil der schrägen Strahlen abgefangen wird. Der Fokus des Rests wird verlängert und das Bild wird flacher und in der Schärfe verbessert. Wenn daher eine kleine Blende an einer Linse angebracht wird, werden eine Vielzahl von Objekten, die sich in unterschiedlichen Entfernungen befinden, alle gleichzeitig scharfgestellt; wohingegen bei voller Öffnung der Linse nahegelegene Objekte auf der Mattscheibe nicht gleichzeitig mit entfernten Objekten deutlich dargestellt werden können, *oder umgekehrt* .

Die Doppel- oder Porträtkombination achromatischer Linsen. – Die Helligkeit der Beleuchtung eines durch eine Linse erzeugten Bildes ist proportional zum Durchmesser der Linse, d. h. zur Größe der Öffnung, durch die das Licht einfällt. Die *Klarheit oder Deutlichkeit der Umrisse* ist jedoch unabhängig davon und wird durch die Verwendung eines Anschlags verbessert, der den Durchmesser verringert.

Die Portrait-Linsenkombination ist so konstruiert, dass sie eine schnelle Wirkung gewährleistet, indem sie eine große Lichtmenge durchlässt. Das folgende Diagramm zeigt einen Schnitt.

In dieser Kombination ist die vordere Linse eine achromatische plankonvexe Linse, wobei die konvexe Seite dem Objekt zugewandt ist; und die zweite, die die Strahlen aufnimmt und weiter bricht, ist eine zusammengesetzte bikonvexe Linse; Es sind also insgesamt vier verschiedene Gläser an der Bilderzeugung beteiligt, was auf den ersten Blick wie eine unnötig komplexe Anordnung erscheinen mag. Es zeigt sich jedoch, dass mit der Verwendung einer einzelnen Linse kein gutes Ergebnis erzielt werden kann, wenn ein „Stopp" unzulässig ist. Durch die Kombination zweier Gläser mit unterschiedlichen Krümmungen werden die Aberrationen des einen in hohem Maße von denen des anderen korrigiert, und das Bildfeld ist sowohl flacher als auch deutlicher als bei einem achromatischen Meniskus ohne Blende.

Die Herstellung von Porträtobjektiven ist ein sehr schwieriger Punkt, da die Gläser mit äußerster Sorgfalt geschliffen werden müssen, um Bildverzerrungen zu vermeiden. *Daher* sind die schnellsten Porträtobjektive mit großer Blende und kurzer Brennweite oft nutzlos, wenn sie nicht gekauft werden eines guten Machers.

Die Variation zwischen den visuellen und aktinischen Brennpunkten in Linsen. — Die gleichen Ursachen, die chromatische Aberration in einer Linse hervorrufen, neigen auch dazu, den chemischen Fokus vom visuellen Fokus zu trennen.

Die violetten und indigofarbenen Strahlen sind stärker eingebogen als die gelben und noch stärker als die roten; Folglich liegt der Fokus für jede dieser Farben an einem anderen Punkt. Das folgende Diagramm zeigt dies.

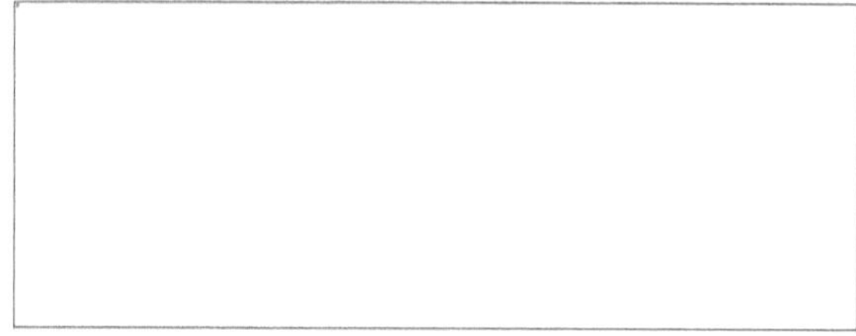

V stellt den Fokus des violetten Strahls dar, Y den gelben und E den roten.

Da die chemische Wirkung also eher dem Violett entspricht, würde der stärkste aktinische Effekt bei V erzeugt. Der leuchtende Teil des Spektrums ist jedoch *gelb* , folglich liegt der visuelle Fokus bei Y.

Fotografen haben diesen Punkt schon lange erkannt; und daher werden bei gewöhnlichen, nicht farbkorrigierten Objektiven Regeln festgelegt, wie genau die empfindliche Platte vom visuellen Brennpunkt weg verschoben werden sollte, um die größtmögliche Deutlichkeit der Umrisse in dem durch Chemikalien eingeprägten Bild zu erzielen Aktion.

Diese Regeln gelten nicht für die kürzlich beschriebenen achromatischen Linsen. Da die farbigen Strahlen in diesem Fall wieder zusammengebogen und wieder vereint sind, stimmen auch die beiden Brennpunkte nahezu überein. Durch eine kleine weitere Korrektur zu einem Punkt weiter oben im Spektrum werden sie dazu gebracht, dies perfekt zu tun.

ABSCHNITT IV.

Zur fotografischen Wirkung farbigen Lichts.

Im ersten Abschnitt dieses Kapitels wurde bereits erwähnt, dass bestimmte Grundfarben des weißen Lichts, nämlich das Veilchen und das Indigo sind besonders aktiv bei der Zersetzung der photographischen Silbersalze; Es gibt jedoch einige wichtige Punkte im Zusammenhang mit demselben Thema, die einer weiteren Beachtung bedürfen.

Der Begriff „ Aktinismus " (gr. ἀ κτ ὶ ς , ein Strahl oder Blitz) wurde als zweckmäßig zur Bezeichnung der Eigenschaft von Licht vorgeschlagen, chemische Veränderungen hervorzurufen; Die Strahlen, auf die die Wirkung besonders zurückzuführen ist, werden als aktinische Strahlen bezeichnet.

Wenn man das reine Sonnenspektrum, das durch prismatische Analyse in der auf <u>Seite 47 dargestellten Weise</u> gebildet wird, auf eine vorbereitete empfindliche Oberfläche aus Jodsilber trifft und das latente Bild anschließend durch ein Reduktionsmittel entwickelt, wird die erzeugte Wirkung in etwa dieser ähneln im folgenden Diagramm dargestellt:—

Abb. 1.   Abb. 2.

Abb. 1 zeigt das sichtbare Spektrum, wie es dem Auge erscheint; Der hellste Teil befindet sich im gelben Raum, und das Licht wird allmählich abgeschwächt, bis es nicht mehr sichtbar ist. Abb. 2 stellt die chemische Wirkung dar, die durch das Werfen des Spektrums auf Silberjodid erzeugt wird. Beachten Sie, dass die Verdunkelungscharakteristik der chemischen Wirkung am deutlichsten in den oberen Räumen auftritt, wo das Licht schwach ist, und an der Stelle, die dem hellgelben Fleck des sichtbaren Spektrums entspricht, überhaupt nicht vorhanden ist. Die aktinischen und leuchtenden Spektren unterscheiden sich daher völlig voneinander, und das

Wort „Fotografie", das den Prozess des Fotografierens mit Licht bezeichnet, ist in Wirklichkeit ungenau.

Für diejenigen, die nicht die Möglichkeit haben, mit dem Sonnenspektrum zu arbeiten, werden die folgenden Experimente nützlich sein, um den fotografischen Wert von farbigem Licht zu veranschaulichen.

Experiment I. – Nehmen Sie ein mit Silberchlorid präpariertes Blatt empfindliches Papier und legen Sie darauf Streifen aus blauem, gelbem und rotem Glas. Bei Einwirkung der Sonnenstrahlen für einige Minuten verdunkelt sich der Teil unter dem blauen Glas schnell, während der Teil unter dem roten und gelben Glas perfekt geschützt ist. Dieses Ergebnis ist aufgrund der extremen *Transparenz* des gelben Glases umso auffälliger , was den Eindruck erweckt, dass das Chlorid zu diesem Zeitpunkt sicherlich zuerst geschwärzt würde. Andererseits erscheint das blaue Glas sehr dunkel und verbirgt effektiv den Blick auf das Papiergewebe.

Experiment II. — Wählen Sie eine Vase mit Blumen in verschiedenen Scharlach-, Blau- und Gelbtönen aus und erstellen Sie durch Entwicklung auf Silberjodid eine fotografische Kopie davon. Es wird sich herausstellen, dass die blauen Farbtöne am heftigsten auf die empfindliche Verbindung einwirken, während die roten und gelben Farbtöne kaum sichtbar sind; Wäre es nicht schwierig, in der Natur reine und homogene Farbtöne zu erhalten, die frei von Beimischungen mit anderen Farben sind, würden sie auf dem Teller überhaupt keinen Eindruck hinterlassen.

Um die Bedeutung der Unterscheidung zwischen visuellen und aktinischen Lichtstrahlen weiter zu veranschaulichen, können wir beobachten, dass die beiden in jeder Hinsicht gleich wären. Fotografie muss als Kunst aufhören zu existieren. Aufgrund der Schwierigkeiten, die mit der vorherigen Vorbereitung und anschließenden Entwicklung der Platten verbunden wären, wäre es unmöglich, die empfindlicheren chemischen Präparate zu verwenden. Diese Operationen werden jetzt in einem sogenannten Dunkelraum durchgeführt; Aber es ist nur im *fotografischen* Sinne dunkel, da es mit gelbem Licht beleuchtet wird, das es dem Bediener zwar ermöglicht, den Fortschritt der Arbeit leicht zu beobachten, aber keine schädliche Wirkung auf die empfindlichen Oberflächen hat. Wenn die Fenster des Raumes mit *blauem* statt mit gelbem Glas verglast wären, dann wäre es streng genommen ein „dunkler Raum", aber einer, der für den beabsichtigten Zweck völlig ungeeignet wäre.

Ein weiterer Punkt, der mit demselben Thema zusammenhängt und bemerkenswert ist, ist das Ausmaß, in dem die Empfindlichkeit der fotografischen Kompositionen durch atmosphärische Bedingungen beeinflusst wird, die die *Helligkeit* des Lichts nicht sichtbar beeinträchtigen. Man kann natürlich annehmen, dass die Tage, an denen die Sonnenstrahlen am stärksten sind, sich am besten für einen schnellen Eindruck eignen, aber das ist keineswegs der Fall. Wenn das Licht überhaupt einen Gelbstich aufweist, ist seine aktinische Kraft gering, egal wie hell es ist.

Bei der Arbeit gegen Abend wird man auch häufig beobachten, dass eine plötzliche Abnahme der Empfindlichkeit der Platten zu einer Zeit wahrnehmbar zu werden beginnt, in der nur ein geringer Unterschied in der Helligkeit des Lichts festgestellt werden kann; Die untergehende Sonne ist hinter einer goldenen Wolke versunken und alle chemische Wirkung hat bald ein Ende.

Auf die gleiche Weise wird die Schwierigkeit erklärt, im strahlenden Licht tropischer Klimazonen Fotos zu machen; die Überlegenheit der ersten Frühlingsmonate gegenüber denen des Hochsommers; von der Morgensonne bis zur Nachmittagssonne usw. April und Mai gelten in diesem Land normalerweise als die besten Monate für schnelle Eindrücke; aber das Licht bleibt bis Ende Juli gut. Im August und September ist eine längere Belichtung der Platten erforderlich.

Die überlegene Empfindlichkeit von Silberbromid gegenüber farbigem Licht.

Wenn wir das Sonnenspektrum abwechselnd auf eine Oberfläche aus Jodid und Bromid von Silber kopieren, bemerken wir einen Unterschied in den photographischen Eigenschaften dieser beiden Salze. Letzteres ist stärker betroffen, und zwar bis zu einem tieferen Punkt im Spektrum als Ersteres. Im Fall des Silberjodids hört die Wirkung im blauen Raum auf; aber mit dem Bromid reicht es bis zum Grün. Dies wird in den folgenden Diagrammen gezeigt, die den Beobachtungen von Herrn Crookes („Photographic Journal", Bd. I , S. 100) entnommen sind :

Abb. 1.Abb. 2. Abb. 3.

Abb. 1 stellt das chemische Spektrum von Silberbromid dar; Feige. 2, das Gleiche gilt für Jodid von Silber; und Abb. 3, das sichtbare Spektrum.

Man könnte vielleicht annehmen, dass die überlegene Empfindlichkeit des Silberbromids gegenüber grünen Lichtstrahlen dieses Salz für den Fotografen beim Kopieren von Landschaftslandschaften nützlich machen würde; und in der Tat ist es die Meinung vieler, dass beim *Kalotypie*-Papierverfahren die dunkle Farbe des Blattwerks durch eine Mischung aus Bromid und Jodid von Silber besser wiedergegeben wird als durch das letztere Salz allein. Dies kann jedoch nicht auf der größeren Empfindlichkeit des Bromids gegenüber farbigem Licht beruhen, wie leicht bewiesen werden kann.

Die oben angegebenen Diagramme sind schattiert, um nahezu die relative Intensität der chemischen Wirkung darzustellen, die von den Strahlen an verschiedenen Punkten des Spektrums ausgeübt wird. und wenn man sich auf sie bezieht, wird man sehen, dass der maximale Punkt der Schwärze im indigoblauen und violetten Raum liegt, während die Wirkung im blauen Raum weiter unten schwächer ist; Es gibt auch stark brechbare

Strahlen, die weit über die sichtbaren Farben hinaus nach oben reichen , und diese unsichtbaren Strahlen sind aktiv an der Entstehung des Bildes beteiligt.

Es ist daher offensichtlich, dass der Effekt, den ein reines Grün oder sogar ein heller Blauton auf einer Oberfläche aus Bromsilber hervorruft, im Vergleich zu dem eines Indigos oder Violetts sehr gering ist; und da daher beim Kopieren natürlicher Objekte Strahlungen aller Art gleichzeitig vorhanden sind, haben die grünen Farbtöne keine Zeit zu wirken, bevor das Bild von den brechbareren Strahlen geprägt wird.

farbiges Licht in der Fotografie besser verfügbar zu machen , indem man die aktinischen Strahlen mit hoher Brechbarkeit trennt und nur mit denen arbeitet, die den blauen und grünen Bereichen im Spektrum entsprechen. Dies kann dadurch erfolgen, dass man vor der Kamera eine vertikale Glaswanne mit einer Lösung von Chininsulfat aufstellt. Professor Stokes hat gezeigt, dass diese Flüssigkeit merkwürdige Eigenschaften besitzt. Indem es Lichtstrahlen durchlässt, verändert *es* diese so, dass sie *eine geringere Brechbarkeit aufweisen* und nicht in der Lage sind, die gleiche aktinische Wirkung hervorzurufen. Chininsulfat ist, wenn wir diesen Ausdruck gebrauchen dürfen, für alle aktinischen Strahlen oberhalb des blau gefärbten Raumes *undurchsichtig* . Der oben erwähnte Vorschlag von Sir John Herschel bestand daher darin, ein Bad aus sulfatiertem Chinin zu verwenden und nach Eliminierung der aktinischen Strahlen mit hoher Brechbarkeit auf Silberbromid mit denjenigen zu wirken, die den Räumen mit niedrigerer Farbe entsprechen. Auf diese Weise glaubte er, eine natürlichere Wirkung erzielen zu können.

Sollten fotografische Verbindungen entdeckt werden, die eine größere Empfindlichkeit besitzen als alle , die wir derzeit besitzen, wird man vielleicht das Chininbad anwenden; aber gegenwärtig vertrauen wir auf die überlegene Intensität der unsichtbaren Strahlen für die Bildung des Bildes, und daher ist die Verwendung von Silberbromid weniger stark angezeigt.

Diese Hinweise gelten für Fotografien, die bei Sonnenlicht aufgenommen wurden. Herr Crookes gibt an, dass die Sache bei der Arbeit mit künstlichem Licht wie Gas oder Camphin anders sei. Aktinische Strahlen von hoher Brechbarkeit fehlen im Gaslicht verhältnismäßig, da die große Masse der photographischen Strahlen innerhalb der Grenzen des sichtbaren Spektrums liegt und daher auf Bromid stärker einwirkt als auf Jodid von Silber.

Erläuterung der Art und Weise, wie farbige Objekte den empfindlichen Film beeindrucken. – Die Tatsache, von der wir gesprochen haben, nämlich. Dass die natürlichen Farben in der Fotografie nicht immer korrekt dargestellt werden, wird oft als Abwertung der Kunst geltend gemacht. „Wenn Lichter durch Schatten dargestellt werden", heißt es, „wie kann dann ein wahrheitsgetreues Bild erwartet werden?" Die Unempfindlichkeit des Jodsilbers gegenüber den Farben, die den unteren Teil des Spektrums einnehmen, würde in der Tat eine unüberwindliche Schwierigkeit darstellen, *wenn die Farbtöne der Natur rein und homogen wären;* dies ist jedoch nicht der Fall. Selbst die düstersten Farben werden von gestreuten weißen Lichtstrahlen begleitet, deren Menge ausreichend ist, um den empfindlichen Film zu beeinflussen.

Dies ist insbesondere dann zu erkennen, wenn der farbige Körper *eine gut reflektierende Oberfläche besitzt;* und daher lassen sich einige Laubarten, wie zum Beispiel der Efeu mit seinen glatten und polierten Blättern, leichter fotografieren als andere. Auch im Hinblick auf die Drapierung in der Porträtabteilung muss nicht nur auf die Farbe geachtet werden , sondern auch auf das Material, aus dem sie besteht. Seide und Satin sind günstig , da sie viel Licht reflektieren, während Samt und grobe Stoffe aller Art, wenn überhaupt dunkel, nur eine sehr geringe Wirkung auf den empfindlichen Film haben.

ABSCHNITT V.

Über binokulares Sehen und das Stereoskop.

Ein Objekt wird als „stereoskopisch" (στρεο ς solide und σκο πεω, wie ich sehe) bezeichnet, wenn es als Relief hervorsteht und dem Auge den Eindruck von Solidität vermittelt.

Dieses Thema wurde erstmals von Professor Wheatstone in einer Abhandlung über binokulares Sehen erläutert, die 1838 in den „Philosophical Transactions" veröffentlicht wurde; Darin zeigt er, dass feste Körper unterschiedliche perspektivische Figuren auf jede Netzhaut projizieren und dass die Illusion von Festigkeit mithilfe des „Stereoskops" künstlich erzeugt werden kann.

Die Phänomene des binokularen Sehens lassen sich einfach wie folgt skizzieren: Wenn ein Würfel oder ein kleiner Kasten von länglicher Form in geringer Entfernung vor dem Beobachter platziert wird und aufmerksam mit dem rechten und dem linken Auge getrennt und nach innen betrachtet wird Nacheinander wird man feststellen, dass die wahrgenommene Figur in beiden Fällen unterschiedlich ist; dass jedes Auge mehr von einer Seite der Box sieht und weniger von der anderen; und dass in keinem Fall die Wirkung genau die gleiche ist wie die, die durch die gemeinsame Verwendung der beiden Augen erzielt wird.

Zur Veranschaulichung desselben Sachverhalts kann ein silbernes Federmäppchen oder ein Stifthalter verwendet werden. Er sollte etwa 15 bis 20 cm von der Nasenwurzel entfernt und im rechten Winkel zum Gesicht gehalten werden, so dass die Länge des Bleistifts von der Spitze verdeckt wird. Während er in dieser Position fixiert bleibt, werden dann abwechselnd das linke und das rechte Auge geschlossen: Dabei wird jeweils ein Teil der gegenüberliegenden Seite des Bleistifts sichtbar gemacht.

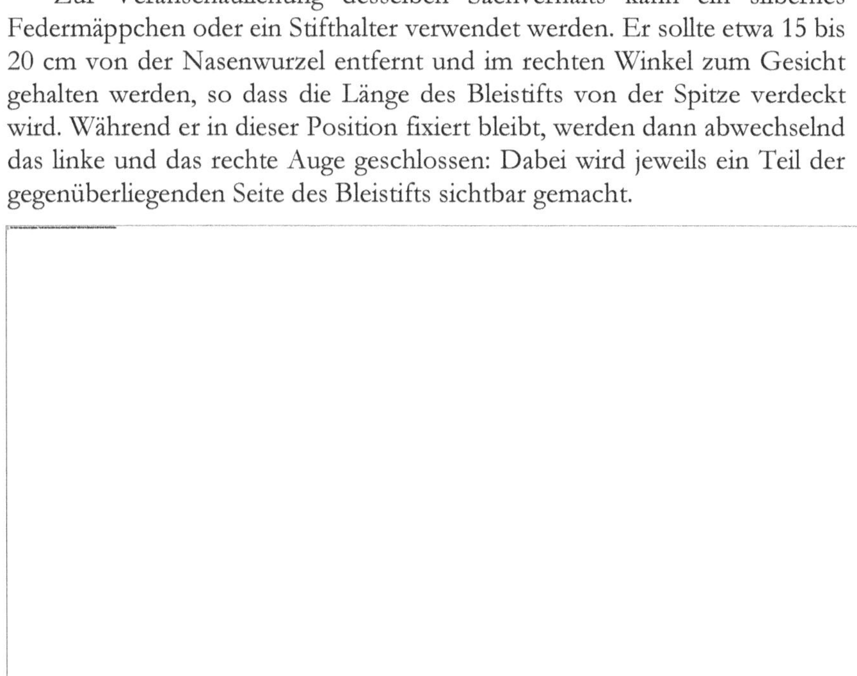

Abb. 1. Abb. 2.

Die vorhergehenden Diagramme zeigen das Aussehen einer Büste, wie sie von jedem Auge nacheinander gesehen wird.

Beachten Sie, dass die zweite Figur, die den Eindruck darstellt, den das rechte Auge erhält, eher einem Vollgesicht ähnelt als Abb. 1, das, von einem etwas weiter links entfernten Punkt aus betrachtet, den Charakter eines Profils annimmt.

Zoll , also bis zu 2 $_{5/8}$ ^{Zoll} , voneinander entfernt; Daraus folgt, dass bei der Trennung der Blickpunkte von jedem Auge ein *unterschiedliches* Bild eines festen Gegenstandes entsteht. Wir sehen jedoch nicht zwei Bilder, sondern ein einziges, das stereoskopisch ist.

Beim Betrachten eines auf eine ebene Fläche gemalten Bildes ist der Fall anders: Die Augen formen nach wie vor zwei Bilder, aber diese Bilder sind in jeder Hinsicht ähnlich; Folglich fehlt der Eindruck von Solidität. Ein einzelnes Bild kann daher nicht stereoskopisch erscheinen. Um die Illusion zu vermitteln, müssen *zwei* Bilder verwendet werden, das eine ist eine rechts-

und das andere eine linksperspektivische Projektion des Objekts. Die Bilder müssen auch so angeordnet sein, dass jedes für sich sichtbar ist und dass es so aussieht, als ob die beiden von derselben Stelle ausgehen.

Zweck eingesetzte reflektierende Stereoskop erzeugt *leuchtende Bilder* der binokularen Bilder und wirft diese Bilder zusammen, so dass man beim Blick in das Instrument nur ein einziges Bild in zentraler Position sieht. Es sollte jedoch klar sein, dass keine optische Anordnung irgendeiner Art unbedingt erforderlich ist, da es durchaus möglich ist, die beiden Bilder mit ein wenig Aufwand mit den bloßen Sehorganen zu kombinieren. Das folgende Diagramm macht dies deutlich:

Die Kreise A und B stellen zwei Oblaten dar, die im Abstand von etwa drei Zoll voneinander auf Papier geklebt sind. Sie werden dann betrachtet, indem man stark *schielt* oder die Augen nach innen zur Nase dreht, bis das rechte Auge auf die linke Scheibe schaut und das linke Auge auf die rechte Scheibe. Jeder Wafer scheint dann doppelt zu sein, es sind vier Bilder zu sehen, von denen sich die beiden mittleren Bilder allmählich einander annähern, bis sie miteinander verschmelzen. Stereoskopische Bilder können, richtig angeordnet, auf die gleiche Weise untersucht werden; und man wird feststellen, dass das resultierende feste Bild in der Mitte entsteht, an einem Punkt, an dem zwei Linien, die von den Augen zu den Bildern gezogen werden, einander schneiden. Das hier erwähnte Experiment ist manchmal schmerzhaft und kann nicht ohne weiteres durchgeführt werden, wenn die Augen nicht die gleiche Stärke haben; aber es wird dazu dienen, zu zeigen, dass das wesentliche Prinzip in der binokularen Darstellung des Objekts liegt und nicht in dem Instrument, mit dem man es betrachtet.

In Mr. Wheatstones reflektierenden Stereoskopspiegeln *werden Spiegel* verwendet. Das Prinzip des Instruments ist wie folgt: – Objekte, die vor einem Spiegel platziert werden, haben ihre reflektierten Bilder scheinbar *hinter* dem Spiegel. Indem man zwei Spiegel in einer bestimmten Neigung zueinander anordnet, kann man die Bilder des Doppelbildes so lange annähern, bis sie zusammenwachsen und das Auge nur noch ein einziges Bild wahrnimmt. Das folgende Diagramm soll dies verdeutlichen.

Die vom Stern auf beiden Seiten ausgehenden Strahlen verlaufen in Richtung der Pfeile, werden vom Spiegel abgeworfen (dargestellt durch die dicke schwarze Linie) und treten bei R und L in die Augen ein. Die reflektierten Bilder erscheinen hinter dem Spiegel und vereinigen sich bei der Punkt A.

Das reflektierende Stereoskop ist hauptsächlich für die Betrachtung großer Bilder geeignet. Es ist ein sehr perfektes Instrument und ermöglicht eine Vielzahl von Einstellungen, mit denen die scheinbare Größe und Entfernung des stereoskopischen Bildes fast nach Belieben variiert werden kann.

Das „Lentikular"-Stereoskop von Sir David Brewster ist eine tragbarere Geräteform. Eine Schnittansicht ist im Diagramm dargestellt.

Die Messingrohre, an denen die Augen des Beobachters angebracht sind, enthalten jeweils eine Halblinse, die durch Teilen einer gemeinsamen Linse in der Mitte und Schneiden jeder Hälfte in eine kreisförmige Form entsteht (Abb. 1 auf der folgenden Seite). Die im Schnitt betrachtete Halblinse (Abb. 2) hat daher eine prismatische Form und ändert, wenn sie wie in der Abbildung oben mit ihrer scharfen Kante platziert wird, die Richtung der vom Bild ausgehenden Lichtstrahlen und beugt sie nach außen oder weg von der Mitte aus, so dass sie in Übereinstimmung mit bekannten optischen Gesetzen in Richtung der gestrichelten Linien im Diagramm (auf der letzten Seite) zu kommen scheinen und die beiden Bilder an ihrem Verbindungspunkt verschmelzen. Bei dem Instrument, wie es oft verkauft wird, ist eine der Linsen beweglich gemacht, und wenn man sie mit Finger und Daumen dreht, kann man sehen, dass die Positionen der Bilder nach Belieben verschoben werden können.

Abb. 1.

Abb. 2.

Regeln für das Fotografieren mit dem Fernglas. — Bei der Betrachtung sehr weit entfernter Gegenstände mit den Augen sind die auf der Netzhaut erzeugten Bilder nicht unähnlich genug, um einen sehr stereoskopischen Effekt hervorzurufen; Daher ist es beim Aufnehmen binokularer Bilder oft erforderlich, die Kameras weiter voneinander zu trennen, als die beiden Augen voneinander entfernt sind, um einen ausreichenden Eindruck von Erleichterung zu vermitteln. Mr. Wheatstones ursprüngliche Anweisung lautete, für jeweils 25 Fuß Entfernung einen Abstand von etwa einem Fuß zuzulassen, es kann jedoch auch ein beträchtlicher Spielraum zugelassen werden.

Wenn die Kameras nicht weit genug voneinander entfernt sind, sind die Abmessungen des stereoskopischen Bildes von vorne nach hinten zu klein: Statuen sehen aus wie Basreliefs und die runden Baumstämme erscheinen oval, wobei der lange Durchmesser quer verläuft. Ist der Abstand hingegen zu groß, ist das Gegenteil der Fall: Objekte, die beispielsweise quadratisch sind, nehmen eine längliche Form an, die zum Betrachter zeigt.

Um die Ursache hierfür zu verstehen, sollte das folgende Gesetz der Optik untersucht werden: „Die Entfernung von Objekten wird anhand des Ausmaßes geschätzt, in dem die Augenachsen konvergiert werden müssen, um sie betrachten zu können." Wenn wir unseren Blick stark nach innen richten müssen, beurteilen wir das Objekt als nahe; aber wenn die Augen nahezu parallel bleiben, nehmen wir an, dass es sich um eine Ferne handelt.

Die obigen Figuren stellen sechsseitige Pyramidenstümpfe dar, deren Spitze jeweils zum Betrachter zeigt, wobei die Mittelpunkte der beiden kleineren Innensechsecke weiter voneinander entfernt sind als die der größeren Außensechsecke. Durch die Konvergenz der Augen auf sie, um die zentralen Bilder in der auf Seite 68 dargestellten Weise zu vereinen , ist ein größerer Grad an Konvergenz erforderlich, um die beiden Gipfel zusammenzubringen als die Basen, und daher erscheinen die Gipfel dem Auge am nächsten; Das heißt, die resultierende zentrale Figur erhält die zusätzliche Dimension der *Höhe* und erscheint als massiver Kegel, der senkrecht auf seiner Basis steht. Je weiter die Spitzen im Verhältnis zu den Basen voneinander entfernt sind, desto höher wird der Kegel sein, obwohl ein größerer Aufwand erforderlich sein wird, um die Zahlen zusammenzuführen.

Fernglasfotografien, die mit zu großer Trennung der Kameras aufgenommen wurden, sind aus einem ähnlichen Grund verzerrt: Um sie zu vereinen, ist eine so starke Konvergenz erforderlich, dass bestimmte Teile des Bildes dem Auge nahe zu kommen scheinen; und die Tiefe des Volltonbildes wird erhöht.

Dieser Effekt ist am deutlichsten zu beobachten, wenn das Bild eine Vielzahl von Objekten umfasst, die sich auf unterschiedlichen Ebenen befinden. Bei weit entfernten Ansichten, bei denen keine nahen Objekte zugelassen sind, können die Kameras mit besonderem Bezug auf diese sogar bis zu einem Abstand von zwölf Fuß aufgestellt werden, ohne dass es zu Verzerrungen kommt.

Beim Betrachten stereoskopischer Bilder ist manchmal zu beobachten, dass sie einen falschen Eindruck von der tatsächlichen Größe und Entfernung des Objekts vermitteln. Wenn zum Beispiel bei der Verwendung des großen reflektierenden Stereoskops die beiden Bilder langsam vorwärts bewegt werden, nachdem die Einstellungen vorgenommen und die Bilder ordnungsgemäß vereint wurden und die Augen auf die Spiegel gerichtet bleiben, ändert sich allmählich der Charakter des stereoskopischen Bildes Verschiedene Objekte, die es umfasst, scheinen kleiner zu werden und sich dem Betrachter zu nähern. Wenn die Bilder dagegen nach *hinten verschoben werden* , vergrößert sich das Bild und tritt in die Ferne zurück. Wenn also wiederum ein gewöhnlicher Schlitten für das Linsenstereoskop in der Mitte geteilt wird und beim Blick in das Instrument, bis die Bilder zusammenwachsen, die beiden Hälften langsam voneinander getrennt werden, scheint das feste Bild größer zu werden und zurückzutreten aus dem Auge.

Die Ursache dafür ist leicht zu verstehen. Wenn die Bilder im reflektierenden Stereoskop *nach vorne bewegt werden* , erhöht sich die Konvergenz der optischen Achsen: Das Bild erscheint daher gemäß dem letztgenannten Gesetz *näher*. Aber den Eindruck von Nähe zu vermitteln, ist gleichbedeutend mit einer scheinbaren Verkleinerung, denn wir beurteilen die Abmessungen eines Körpers sehr stark im Verhältnis zu seiner vermeintlichen Entfernung. Von zwei Figuren, die beispielsweise gleich groß erscheinen, könnte die eine, von der man weiß, dass sie hundert Meter entfernt ist, als kolossal angesehen werden, während die andere, die offensichtlich in der Nähe ist, als Statuette betrachtet werden würde.

Diese Tatsachen sind, abgesehen von anderen, die nicht erwähnt werden, von großem Interesse und großer Bedeutung, aber ihre weitere Betrachtung fällt nicht in den Rahmen, der uns ursprünglich vorgegeben wurde. Die praktischen Einzelheiten der stereoskopischen Fotografie sind in einem eigenen Abschnitt zusammengefasst und im zweiten Teil des Werks enthalten. [11]

[11]   Eine ausführlichere und detailliertere Erklärung der stereoskopischen Phänomene finden Sie in einer Zusammenfassung der Vorlesungen von Professor Tyndall im dritten Band des „Photographic Journal".

KAPITEL VI.

Die fotografischen Eigenschaften von Silberjodid auf Kollodion.

IM vorangehenden Teil dieser Arbeit wurden die physikalischen und chemischen Eigenschaften von Silberchlorid und Jodid sowie die Veränderungen beschrieben, die sie durch die Einwirkung von Licht erfahren. Es wurde jedoch nichts über die Oberfläche gesagt, die dazu diente, das Jodsilber zu tragen und es in fein verteiltem Zustand dem Einfluss der aktinischen Strahlung auszusetzen. Diese Auslassung wird nun nachgeholt und die Verwendung von Kollodium wird unsere Aufmerksamkeit fesseln.

Die Empfindlichkeit von Jodsilber auf Kollodium ist der des gleichen Salzes, das in Verbindung mit jedem anderen derzeit bekannten Träger verwendet wird, weit überlegen. Daher ersetzt der Collodio -Iodid-Film die Papier- und Albumin-Verfahren in allen Fällen, in denen bewegliche Objekte kopiert werden sollen. Die Ursachen dieser überlegenen Empfindlichkeit können, soweit ermittelt, auf den Zustand der *lockeren Koagulation* eines Kollodiumfilms und andere derzeit zu beachtende Einzelheiten zurückgeführt werden. Es muss jedoch zugegeben werden, dass es noch einige Punkte gibt, die die Empfindlichkeit von Jodsilber beeinflussen, sowohl mechanische als auch chemische, deren genaue Natur wir nicht kennen.

Abschnitte unterteilt werden : – die Natur des Collodions; die Chemie des Nitratbades; die Ursachen, die die Bildung und Entwicklung des Bildes auf Kollodium beeinflussen; die verschiedenen Unregelmäßigkeiten in der Entwicklung des Bildes.

ABSCHNITT I.

Kollodium.

Kollodium (so benannt nach dem griechischen Wort κολλ ά ω , „ *kleben* ") ist eine klebrige, durchsichtige Flüssigkeit, die, wie allgemein gesagt, durch Auflösen von Schießbaumwolle in Äther gewonnen wird. Ursprünglich wurde es nur für chirurgische Zwecke verwendet und auf Wunden und offene Oberflächen geschmiert, um diese durch den zähen Film, den es beim Verdunsten hinterlässt, vor dem Kontakt mit der Luft zu schützen. Fotografen verwenden es, um einen zarten Film aus Jodsilber auf der Oberfläche einer glatten Glasplatte zu tragen.

In der Zusammensetzung von Collodion sind zwei Elemente enthalten: erstens die Gun-Cotton; zweitens die Flüssigkeiten, die zum Auflösen verwendet werden. Diese werden jeweils nacheinander behandelt.

CHEMIE VON PYROXYLIN.

Schießbaumwolle oder *Pyroxylin* ist Baumwolle oder Papier, deren Zusammensetzung und Eigenschaften durch Behandlung mit starken Säuren verändert wurden.

Sowohl Baumwolle als auch Papier sind chemisch gesehen gleich. Sie bestehen aus Fasern , die bei der Analyse eine konstante Zusammensetzung aufweisen und drei Elementarkörper enthalten: Kohlenstoff, Wasserstoff und Sauerstoff, die in festen Verhältnissen miteinander verbunden sind. Für diese Kombination wurde der Begriff *Lignin* oder *Cellulose* [12] verwendet.

[12] Lignin und Cellulose sind keine genau identischen Substanzen. Letzteres ist das Material, aus dem die Zellwand besteht; Ersteres, die in der Zelle enthaltene Materie.

Cellulose ist eine bestimmte chemische Verbindung im gleichen Sinne wie Stärke oder Zucker und weist daher bei Behandlung mit verschiedenen Reagenzien eigene Eigenschaften auf. Es ist in den meisten Flüssigkeiten wie Wasser, Alkohol, Äther usw. und auch in verdünnten Säuren unlöslich; Wenn jedoch Salpetersäure einer bestimmten Stärke darauf einwirkt, verflüssigt sie sich und löst sich auf.

Es wurde bereits gezeigt (S. 12), dass, wenn sich ein Körper in Salpetersäure auflöst, die Lösung normalerweise nicht von der gleichen Art ist wie eine wässrige Lösung; und in diesem Fall gibt die Salpetersäure zunächst Sauerstoff an die Baumwolle ab und löst ihn anschließend auf.

Herstellung von Pyroxylin . — Wenn, statt Baumwolle mit Salpetersäure zu behandeln, eine Mischung aus Salpeter- und Schwefelsäure in bestimmten Verhältnissen verwendet wird, ist die Wirkung eigenartig. Die Fasern ziehen sich leicht zusammen, erfahren aber sonst keine sichtbare Veränderung. Daher neigen wir zunächst dazu, die gemischten Säuren für unwirksam zu halten. Diese Idee ist jedoch nicht richtig, da sich bei der Durchführung des Experiments herausstellt, dass sich die Eigenschaften der Baumwolle verändern. Sein Gewicht hat sich um mehr als die Hälfte erhöht; Es ist in verschiedenen Flüssigkeiten löslich geworden, wie Essigsäureäther, Äther und Alkohol usw., und was noch bemerkenswerter ist, es brennt nicht mehr leise in der Luft, sondern explodiert bei der Anwendung einer Flamme mit mehr oder weniger Heftigkeit.

Diese Änderung der Eigenschaften zeigt deutlich, dass die Faserstruktur des Materials zwar unverändert bleibt, es sich jedoch nicht mehr um denselben Stoff handelt, weshalb Chemiker ihm einen anderen Namen gegeben haben, nämlich Pyroxylin .

Pyroxylin herbeizuführen , sind in der Regel sowohl Salpeter- als auch Schwefelsäure erforderlich; aber von den beiden ist ersteres das wichtigste. Bei der Analyse von Pyroxylin wird Salpetersäure oder ein dazu analoger Körper in beträchtlicher Menge nachgewiesen, nicht jedoch Schwefelsäure . Die letztere Säure dient tatsächlich nur einem vorübergehenden Zweck, nämlich. um zu verhindern, dass die Salpetersäure das Pyroxylin auflöst , was bei alleiniger Verwendung wahrscheinlich der Fall wäre. Die Schwefelsäure verhindert die Lösung, indem sie der Salpetersäure Wasser entzieht und so einen höheren Konzentrationsgrad erzeugt; Obwohl Pyroxylin in verdünnter Form löslich ist, ist dies in der starken Säure nicht der Fall und bleibt daher erhalten.

Die Fähigkeit des Vitriolöls, Wasser aus anderen Körpern zu entfernen, ist etwas, mit dem es gut vertraut sein sollte. Ein einfaches Experiment soll dies veranschaulichen. Füllen Sie ein kleines Gefäß zu etwa zwei Dritteln mit Vitriolöl und stellen Sie es einige Tage lang beiseite. Am Ende dieser Zeit, und insbesondere wenn die Atmosphäre feucht ist, hat es ausreichend Feuchtigkeit aufgenommen, um über den Rand zu fließen.

Selbst die stärksten in der Chemie eingesetzten Reagenzien enthalten fast ausnahmslos mehr oder weniger Wasser. Reine wasserfreie Salpetersäure ist eine weiße, feste Substanz; Salzsäure ist ein Gas: und die unter diesen Namen verkauften Flüssigkeiten sind lediglich Lösungen. Die Wirkung des Mischens von starkem Vitriolöl mit wässriger Salpetersäure besteht darin, Wasser im Verhältnis zur verwendeten Menge zu entfernen und eine Flüssigkeit zu erzeugen, die Salpetersäure in einem hohen Konzentrationszustand und mehr oder weniger verdünnte Schwefelsäure enthält . Diese Flüssigkeit ist die Nitroschwefelsäure, die bei der Herstellung von Pyroxylin verwendet wird .

Verschiedene Formen von Pyroxylin . – Sehr bald nach der ersten Ankündigung der Entdeckung von Pyroxylin kam es unter Chemikern zu lebhaften Diskussionen über seine Löslichkeit und seine allgemeinen Eigenschaften. Einige sprachen von einer „Lösung von Gun-Cotton in Ether"; während andere seine Löslichkeit in diesem Menstruationszyklus bestritten; Eine dritte Klasse erhielt durch die Befolgung des beschriebenen Verfahrens eine Substanz, die nicht explosiv war und daher kaum als Schießbaumwolle bezeichnet werden konnte.

Bei weiteren Untersuchungen konnten einige dieser Anomalien aufgeklärt werden, und es wurde festgestellt, dass es Varianten von Pyroxylin gab , die hauptsächlich von der Stärke der bei der Zubereitung verwendeten Nitroschwefelsäure abhingen . Dennoch blieb das Thema bis zur

Veröffentlichung der Forschungsergebnisse von Herrn EA Hadow im Dunkeln . Diese im Labor des King's College in London durchgeführten Untersuchungen wurden im Journal of the Chemical Society veröffentlicht. Auf sie wird in den folgenden Ausführungen immer wieder Bezug genommen.

Wir bemerken zunächst die chemische Konstitution von Pyroxylin ; zweitens seine Sorten; und drittens die Mittel zur Herstellung einer Nitroschwefelsäure mit der richtigen Stärke.

A. *Konstitution von Pyroxylin* . — Pyroxylin wurde manchmal als Salz der Salpetersäure, als Nitrat von Lignin bezeichnet . Diese Ansicht ist jedoch falsch, da gezeigt werden kann, dass es sich bei der vorhandenen Substanz nicht um Salpetersäure handelt, obwohl diese analog ist. Es handelt sich um das Stickstoffperoxid, dessen Zusammensetzung zwischen salpetriger Säure (NO_3) und Salpetersäure (NO_5) liegt. Stickstoffperoxid (NO_4) ist ein gasförmiger Körper von dunkelroter Farbe ; Es besitzt keine sauren Eigenschaften und ist nicht in der Lage, eine Salzklasse zu bilden. Um zu verstehen, in welchem Zustand sich dieser Körper mit Baumwollfasern zu Pyroxylin verbindet , muss man kurz abschweifen.

Gesetz der Substitution. Durch sorgfältiges Studium der Wirkung von Chlor und Salpetersäure auf verschiedene organische Substanzen wurde eine bemerkenswerte Reihe von Verbindungen entdeckt, die anstelle von Wasserstoff einen Teil Chlor oder Stickstoffperoxid enthalten. Die Besonderheit dieser Stoffe besteht darin, dass sie in ihren physikalischen und oft auch in ihren chemischen Eigenschaften den Originalen stark ähneln. Man hätte annehmen können, dass Wirkstoffe mit so aktiven chemischen Affinitäten wie Chlor und Stickstoffoxid allein durch ihre Anwesenheit in einem Körper eine deutliche Wirkung hervorrufen würden; Im vorliegenden Fall ist dies jedoch nicht der Fall. Der ursprüngliche Typ oder die Konstitution der veränderten Substanz bleibt gleich, selbst die kristalline Form bleibt oft unberührt. Es scheint, als ob der Körper, durch den der Wasserstoff verdrängt worden war, still und störungsfrei seinen Platz im Rahmen des Ganzen eingenommen hätte. Viele Verbindungen dieser Art sind bekannt; Sie werden von Chemikern „Substitutionsverbindungen" genannt. Das ausnahmslos beobachtete Gesetz besagt, dass die Substitution in gleichen Atomen stattfindet: Ein einzelnes Chloratom verdrängt beispielsweise eines von Wasserstoff; Zwei Chlor ersetzen zwei Wasserstoff und so weiter, bis in einigen Fällen das gesamte letztere Element abgetrennt ist.

Nehmen wir zur Veranschaulichung dieser Bemerkungen die folgenden Beispiele: Essigsäure enthält Kohlenstoff, Wasserstoff und Sauerstoff; Durch die Wirkung von Chlor kann der Wasserstoff in Form von Salzsäure entfernt und eine gleiche Anzahl von Chloratomen ersetzt werden. Auf diese Weise entsteht eine neue Verbindung namens *Chloressigsäure , die in vielen wichtigen Einzelheiten der* Essigsäure selbst ähnelt. Beachten Sie insbesondere, dass die besonderen Eigenschaften von Chlor im Substitutionskörper vollständig maskiert sind und durch die üblichen Tests kein Hinweis auf seine Anwesenheit erhalten wird! Ein lösliches *Chlorid* ergibt mit salpetersaurem Silber einen weißen Niederschlag von Chlorsilber, der von Säuren nicht angegriffen wird, die Chloressigsäure jedoch nicht; Daher ist es klar, dass das Chlor in einem besonderen und ultimativen Kombinationszustand vorliegt, der sich von dem gewöhnlichen unterscheidet.

Die Substanz, über die wir zuvor nachgedacht haben, nämlich. Pyroxylin bietet eine weitere Veranschaulichung des Substitutionsgesetzes. Wenn wir der Einfachheit halber die Zahl der an der Veränderung beteiligten Atome weglassen, kann die Wirkung konzentrierter Salpetersäure auf Holzfasern wie folgt erklärt werden:

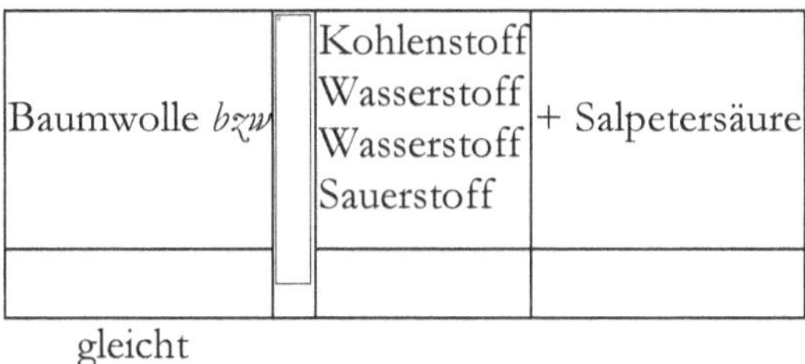

Baumwolle *bzw*	Kohlenstoff Wasserstoff Wasserstoff Sauerstoff	+ Salpetersäure

gleicht

Pyroxylin *oder*	Kohlenstoff WasserstoffPeroxid StickstoffSauerstoff	+ Wasser

Oder in Symbolen:—

$$CH_{11}O + NO_5 = C(H_{n-1}NO_4)O + HO$$

Aus der Formel geht hervor, dass das fünfte Sauerstoffatom, das in der Salpetersäure enthalten ist, ein Wasserstoffatom annimmt und ein Wasseratom bildet; Dann tritt das NO_4 ein, um die Lücke zu füllen, die das Wasserstoffatom hinterlassen hat. All dies geschieht so störungsfrei, dass sogar die Faserstruktur der Baumwolle unverändert bleibt.

B. *Chemische Zusammensetzung der Pyroxylinsorten* . — Herrn Hadow ist es gelungen, *vier* verschiedene Substitutionsverbindungen zu etablieren , die, da derzeit keine eindeutige Nomenklatur vorgeschlagen wurde, als Verbindungen A, B, C und D bezeichnet werden können.

Verbindung A ist die explosivste Schießbaumwolle und enthält die größte Menge an Stickstoffperoxid. Es löst sich *nur in Essigsäureäther* und bleibt beim Eindampfen als weißes Pulver zurück. Es wird aus der stärksten Nitroschwefelsäure hergestellt, die hergestellt werden kann.

Die Verbindungen B und C bilden entweder getrennt oder im Gemisch das vom Fotografen verwendete lösliche Material. Beide lösen sich in Essigsäureäther und auch in einer Mischung aus Äther und Alkohol. Letzteres, nämlich. C, löst sich auch in Eisessig. Sie werden durch eine etwas schwächere Nitroschwefelsäure als die für A verwendete hergestellt und enthalten eine geringere Menge an Stickstoffperoxid.

Verbindung D ähnelt dem sogenannten *Xyloidin* , d. h. der Substanz, die durch die Einwirkung von Salpetersäure auf Stärke entsteht. Es enthält weniger Stickstoffperoxid als die anderen und löst sich in Äther und Alkohol sowie in Essigsäure. Die ätherische Lösung hinterlässt beim Verdunsten einen undurchsichtigen Film, der leicht brennbar, aber nicht explosiv ist.

Wenn man die Eigenschaften dieser Verbindungen berücksichtigt, verschwinden viele der bei der Herstellung von Schießbaumwolle beklagten Anomalien. Wenn die verwendete Nitroschwefelsäure zu stark ist, wird das Produkt in Ether unlöslich; Ist sie hingegen zu schwach, werden die Fasern durch die Säure gelatiniert und teilweise aufgelöst.

C. *Mittel zur Herstellung einer Nitroschwefelsäure mit der für die Herstellung von Pyroxylin erforderlichen Stärke* . — Das ist ein Punkt, der schwieriger ist, als es zunächst den Anschein hat. Es ist leicht, eine genaue Formel für die Mischung zu bestimmen, aber nicht so einfach, die richtigen Anteile der Säuren zu finden, die zur Herstellung dieser Formel erforderlich sind. und eine sehr geringfügige Abweichung von ihnen verändert das Ergebnis insgesamt. Die Hauptschwierigkeit liegt in *der unsicheren Stärke handelsüblicher Salpetersäure* . Vitriolöl ist zuverlässiger und hat eine einigermaßen gleichmäßige Sp. GR. von 1·836; [13] Salpetersäure unterliegt jedoch ständigen Schwankungen; Daher ist es notwendig, eine vorläufige Bestimmung seiner tatsächlichen Stärke vorzunehmen, was entweder durch Messung des spezifischen Gewichts und Bezugnahme auf Tabellen oder, noch besser, durch eine direkte Analyse erfolgt. Da jedes Schwefelsäureatom nur eine bestimmte Menge Wasser entfernt, gilt: Je schwächer die Salpetersäure, desto größer ist die Menge an Schwefelsäure , die erforderlich ist, um sie auf den richtigen Konzentrationsgrad zu bringen.

[13] Die spätere Erfahrung des Autors lässt ihn glauben, dass das spezifische Gewicht von Vitriolöl nicht immer als Hinweis auf seine tatsächliche Stärke gewertet werden kann; was sich am besten durch Analyse ermitteln lässt.

Um die Schwierigkeiten zu vermeiden, die diese vorbereitenden Arbeiten zwangsläufig mit sich bringen, ziehen es viele vor, anstelle der Salpetersäure selbst eines der Salze zu verwenden, die durch die Verbindung von Salpetersäure mit einer alkalischen Base entstehen. Auf die Zusammensetzung dieser Salze kann man sich verlassen, sofern sie rein und gut kristallisiert sind.

Kalinitrat oder *Salpeter* enthält ein einzelnes Atom Salpetersäure, verbunden mit einem Atom Kali. Es ist ein *wasserfreies* Salz, das heißt, es enthält kein Kristallwasser. Wenn starke Schwefelsäure auf Kalinitrat im Zustand eines feinen Pulvers gegossen wird, eignet es sich aufgrund seiner überlegenen chemischen Affinität das Alkali an und setzt die Salpetersäure frei. Wenn darauf geachtet wird, einen ausreichenden Überschuss an Schwefelsäure hinzuzufügen , erhält man eine Lösung, die in Schwefelsäure gelöstes Kalisulfat und freie Salpetersäure enthält. Die Anwesenheit von Kalisulfat (oder, genauer gesagt, von Bisulfat) beeinträchtigt das Ergebnis in keiner Weise, und die Wirkung ist die gleiche, als ob die gemischten Säuren selbst verwendet worden wären.

Die Reaktion kann folgendermaßen dargestellt werden:

Kalinitrat   *Plus* Schwefelsäure im Überschuss

= Bisulfat- Kali *Plus* Nitroschwefelsäure . _

CHEMIE DER LÖSUNG VON PYROXYLIN IN ÄTHER UND ALKOHOL ODER „KOLLODION".

Die Substitutionsverbindungen B und C, von denen bereits erwähnt wurde, dass sie die lösliche Baumwolle der Fotografen bilden, sind beide in Essigsäureether reichlich löslich. Diese Flüssigkeit ist jedoch nicht für den erforderlichen Zweck geeignet, da sie beim Verdampfen das Pyroxylin in Form eines weißen Pulvers und nicht als transparente Schicht zurücklässt.

Es wurde festgestellt, dass der rektifizierte Äther im Handel besser als jede andere Flüssigkeit als Lösungsmittel für Pyroxylin geeignet ist .

Wenn die sp. Wenn das Gewicht etwa 750 beträgt, enthält es ausnahmslos einen kleinen Anteil *Alkohol* , der notwendig erscheint; Die Lösung findet mit absolut reinem Äther nicht statt. Das Pyroxylin beginnt bei richtiger Zubereitung fast sofort durch die Einwirkung des Äthers zu gelieren und löst sich bald vollständig auf. In diesem Zustand bildet es eine schleimige Lösung, die beim Ausgießen auf einer Glasplatte zu einer hornigen, durchsichtigen Schicht austrocknet.

Bei der Herstellung von Kollodium für fotografische Zwecke stellen wir fest, dass seine physikalischen Eigenschaften erheblichen Schwankungen unterliegen. Manchmal erscheint es sehr dünn und flüssig und fließt fast wie Wasser auf dem Glas, während es manchmal dick und klebrig ist. Die Ursachen dieser Unterschiede werden nun unsere Aufmerksamkeit fesseln. Sie können in zwei Klassen eingeteilt werden: erstens diejenigen, die sich auf das Pyroxylin beziehen ; zweitens auf die verwendeten Lösungsmittel.

A. *Variation der Eigenschaften in verschiedenen Proben von löslichem Pyroxylin* . — Die Substitutionsverbindungen A, B, C und D unterscheiden sich, wie bereits gezeigt, in der prozentualen Menge an vorhandenem Stickstoffperoxid, wobei erstere explosiver und unlöslicher sind als letztere. Bei der Herstellung von Pyroxylin kommt es jedoch häufig vor , dass zwei Portionen Nitroschwefelsäure aus derselben Flasche Produkte ergeben, die sich in ihren Eigenschaften unterscheiden, obwohl sie notwendigerweise in der Zusammensetzung gleich sind.

die Extreme zur Veranschaulichung nehmen , bemerken wir zwei Hauptmodifikationen von löslichem Pyroxylin .

Das erste sinkt, wenn es mit der Mischung aus Äther und Alkohol behandelt wird, zu einer gummiartigen oder gelatineartigen Masse zusammen, die sich unter Rühren allmählich auflöst. Die Lösung ist im Verhältnis zur Anzahl der verwendeten Körner sehr flüssig und verteilt sich beim Ausgießen schön glatt und glasartige Oberfläche, die selbst bei starker Vergrößerung recht strukturlos ist. Die Folie haftet fest am Glas und trennt sich, wenn man mit dem Finger darüber fährt, in kurze Fragmente und Bruchstücke.

Die zweite Sorte produziert ein Collodion, das dick und klebrig ist, schleimig über das Glas fließt und sich bald in zahlreichen kleinen Wellen und Zellräumen bildet. Der Film liegt lose auf dem Glas, neigt beim Trocknen dazu, sich zusammenzuziehen und kann vom Finger in Form einer verbundenen Haut abgeschoben werden.

Dieses Thema ist nicht vollständig geklärt, aber es ist bekannt, dass die *Temperatur* der Nitroschwefelsäure zum Zeitpunkt des Eintauchens der Baumwolle das Ergebnis beeinflusst. Die lösliche Variante entsteht durch *heiße* Säuren; die zweite oder klebrige Säure wird durch die gleichen Säuren kalt oder nur leicht warm angewendet. Die beste Temperatur scheint zwischen 130° und 155° Fahrenheit zu liegen; Steigt der Wert weit über diesen Punkt hinaus, wirken die Säuren auf die Baumwolle ein und lösen sie auf.

B. *Die physikalischen Eigenschaften von Kollodium werden durch die Anteile und die Reinheit der Lösungsmittel beeinflusst.* — Pyroxylin der mit B und C bezeichneten Sorten löst sich frei in einer Mischung aus Äther und Alkohol; aber die Eigenschaften der resultierenden Lösung variieren je nach den relativen Verhältnissen der beiden Lösungsmittel.

Bei einem großen Ätherüberschuss neigt die Folie dazu, fest und zäh zu sein, so dass sie oft an einer Ecke angehoben und vollständig von der Platte abgehoben werden kann, ohne zu reißen. Es ist außerdem sehr kontraktil, so dass sich ein Teil des auf die Hand gegossenen Kollodiums beim Trocknen zusammenzieht und die Haut kräuselt. Wenn es auf übliche Weise auf einer Glasplatte ausgebreitet wird, bewirkt die gleiche Kontraktilität, dass es sich zurückzieht und von den Seiten des Glases trennt.

Diese Eigenschaften, die zu einem großen Teil durch Äther hervorgerufen werden, verschwinden bei Zugabe von mehr Alkohol vollständig. Die transparente Schicht ist jetzt weich und leicht zerreißbar und besitzt nur noch wenig Kohärenz. Es haftet fester auf der Glasoberfläche und neigt nicht dazu, sich zusammenzuziehen und von den Seiten abzulösen.

Aus diesen Bemerkungen geht hervor, dass ein Überschuss an Äther und eine niedrige Temperatur bei der Herstellung des Pyroxylins beide die Bildung eines kontraktilen Collodions begünstigen ; wohingegen reichlich Alkohol und heiße Salpeterschwefelsäure dazu neigen, ein kurzes und nicht kontraktiles Collodion zu erzeugen.

Die physikalischen Eigenschaften von Kollodium werden durch eine andere Ursache beeinflusst, nämlich. durch die *Stärke* und Reinheit der Lösungsmittel, oder mit anderen Worten, durch ihre Unverdünnbarkeit mit Wasser. Wenn einer Kollodiumprobe absichtlich einige Tropfen Wasser zugesetzt werden, wird beobachtet, dass das Pyroxylin in Flocken auf dem Boden der Flasche ausfällt. In der Chemie sind viele Stoffe bekannt, die in Spirituosen löslich sind, sich in dieser Hinsicht aber genauso verhalten wie Pyroxylin .

Die Art und Weise, wie Wasser in das fotografische Collodion gelangt, erfolgt normalerweise durch die Verwendung von Alkohol oder Weingeist, der nicht stark rektifiziert wurde. In diesem Fall ist das Kollodium dicker und fließt weniger leicht, als wenn der Alkohol stärker wäre. Manchmal wird die Textur des Films, der beim Verdampfen zurückbleibt, beeinträchtigt; Es ist nicht mehr homogen und durchsichtig, sondern halbdurchsichtig, netzförmig oder wabenförmig und so verrottet, dass ein auf die Platte geworfener Wasserstrahl es wegwäscht.

sondern auf das mit ihm eingebrachte Wasser zurückzuführen ; und die Abhilfe wird darin bestehen, einen stärkeren Geist zu beschaffen oder, wenn das nicht möglich ist, die Menge an Äther zu erhöhen. Mit einem großen Anteil Äther und Wasser, aber einer kleinen Menge Alkohol zubereitetes Kollodium ist oft zunächst sehr flüssig und strukturlos, haftet mit einiger Zähigkeit am Glas und hat eine kurze Textur; aber es neigt dazu, zu verfaulen, wenn es zum Beschichten mehrerer Teller nacheinander verwendet wird, da sich das Wasser aufgrund seiner geringeren Flüchtigkeit in den letzten Portionen in schädlicher Menge ansammelt.

DIE FÄRBUNG VON IODIERTEM KOLLODION ERKLÄRT.

Mit den Jodiden von Kalium, Ammonium oder Zink jodiertes Kollodium nimmt bald eine gelbe Färbung an, die sich im Laufe einiger Tage oder Wochen je nach der Temperatur der Atmosphäre zu einem satten Braun vertieft. Diese allmähliche Verfärbung, die auf die Entwicklung von Jod zurückzuführen ist, wird teilweise durch den Äther und teilweise durch Pyroxylin verursacht .

Äther kann mit geeigneten Vorsichtsmaßnahmen lange Zeit in reinem Zustand aufbewahrt werden, aber wenn er der gemeinsamen Einwirkung von Luft und Licht ausgesetzt wird, unterliegt er einem langsamen Oxidationsprozess, der mit der Bildung von Essigsäure und einem besonderen Prinzip einhergeht, dessen Eigenschaften ähnlichen Eigenschaften ähneln Ozon oder Sauerstoff in einem allotropen und aktiven Zustand. In diesem Zustand wird Kalium- oder Ammoniumjodid durch Äther zersetzt. Zuerst wurden Alkaliacetat und Jodwasserstoffsäure (HI) hergestellt. Die ozonisierte Substanz entfernt dann Wasserstoff aus der letztgenannten Verbindung und setzt Jod frei, das sich auflöst und die Flüssigkeit gelb färbt.

Eine einfache Lösung eines alkalischen Jodids in Alkohol und Äther verfärbt sich jedoch nicht so schnell wie jodiertes Collodion; und daher ist es offensichtlich, dass die Anwesenheit des Pyroxylins eine Wirkung hervorruft. Es kann gezeigt werden, dass alkalische Jodide Pyroxylin langsam zersetzen und dass ein Teil des Stickstoffperoxids freigesetzt wird: Dieser Körper, der lose gebundenen Sauerstoff enthält, neigt stark dazu, Jod zu eliminieren, wie man durch Zugabe einiger Tropfen des gelben kommerziellen Stoffes sehen kann Salpetrige Säure zu einer Lösung von Kaliumjodid.

Die *Stabilität* des jeweiligen Jodids, das beim Jodieren von Kollodium verwendet wird, beeinflusst hauptsächlich die Geschwindigkeit der Färbung, obwohl Temperaturerhöhung und Lichteinwirkung nicht ohne Wirkung bleiben. Jodid von Ammonium ist am wenigsten stabil und Jodid von Cadmium am stabilsten; Kaliumjodid ist ein Zwischenprodukt. Mit *reinem* Cadmiumjodid jodiertes Kollodium bleibt normalerweise bis zum letzten Tropfen nahezu farblos , wenn es an einem kühlen und dunklen Ort aufbewahrt wird.

Da das Vorhandensein von freiem Jod im Kollodium seine fotografischen Eigenschaften beeinträchtigt, kann es manchmal erforderlich sein, es zu entfernen. Dies geschieht durch Einlegen eines Streifens Silberfolie; welches die Flüssigkeit entfärbt, indem es Jodid von Silber bildet, das im Überschuss an alkalischem Jodid löslich ist (S. 42). Metallisches Cadmium und metallisches Zink haben die gleiche Wirkung.

Wenn bei der Herstellung von Kollodium Brennspiritus verwendet wird, wird das zuerst freigesetzte Jod anschließend entweder teilweise oder vollständig resorbiert, wobei die Flüssigkeit gleichzeitig eine saure Reaktion auf das Testpapier erfährt.

Die Chemie des Nitratbades.

Die Silbernitratlösung, in die die mit jodiertem Kollodium beschichtete Platte getaucht wird, um die Jodsilberschicht zu bilden, wird technisch als *Nitratbad bezeichnet* . Die Chemie von Silbernitrat wurde auf Seite 13 erläutert , es gibt jedoch einige Punkte im Zusammenhang mit den Eigenschaften seiner wässrigen Lösung, die einer weiteren Beachtung bedürfen.

Löslichkeit von Jodsilber im Nitratbad . — Wässrige Lösung von nitrathaltigem Silber kann in der Liste der Lösungsmittel von Jodsilber aufgeführt werden. Der gelöste Anteil ist in allen Fällen gering, steigt jedoch mit der *Stärke* der Lösung. Wenn diesem Punkt keine Beachtung geschenkt würde und die Vorsichtsmaßnahme, das Salpeterbad vorher mit Jodsilber zu sättigen, vernachlässigt würde, würde sich der Film auflösen, wenn er zu lange in der Flüssigkeit belassen würde.

Dieses Lösungsvermögen des salpetersauren Silbers auf das Jodid zeigt sich gut, wenn man die angeregte Kollodiumplatte aus dem Bad nimmt und spontan trocknen lässt. Die Nitratschicht auf der Oberfläche konzentriert sich durch Verdunstung und zerfrisst den Film, so dass ein transparentes, fleckiges Aussehen entsteht.

In der Lösung von Silberjodid und Silbernitrat bildet sich ein *Doppelsalz* , das in seinen Eigenschaften dem doppelten Kalium- und Silberjodid bei der *Zersetzung* durch Wasserzusatz entspricht. Um ein Bad mit Jodsilber zu sättigen, ist es daher nur notwendig, das Gesamtgewicht an salpetersaurem Silber in einer kleinen Menge Wasser aufzulösen und einige Gran Jodid hinzuzufügen; Es findet eine perfekte Lösung statt, und bei der anschließenden Verdünnung mit der gesamten Wassermenge fällt der Überschuss an Silberjodid in Form eines milchigen Niederschlags aus.

Saurer Zustand von Silbernitrat . – Eine Lösung von *reinem Nitratsilber* ist gegenüber blauem Lackmuspapier neutral, eine aus handelsüblichem Nitrat hergestellte Lösung reagiert jedoch normalerweise sauer; Die Kristalle wurden nur unvollständig aus der sauren Mutterlauge, in der sie gebildet wurden, entfernt. Daher ist es bei der Herstellung eines neuen Bades oft ratsam, es nicht nur mit Jodsilber zu sättigen, sondern auch die darin enthaltene freie Salpetersäure zu neutralisieren.

Es gibt auch einen besonderen Zustand von Silbernitrat, das aus einer Lösung des Metalls in Salpetersäure kristallisiert, was es für fotografische Zwecke völlig ungeeignet macht (siehe S. 101). Es wird angenommen, dass es auf der Anwesenheit eines Stickstoffoxids, möglicherweise von salpetriger Säure, beruht, und die Abhilfe besteht darin, die Kristalle sehr stark zu trocknen oder, noch besser, sie bei mäßiger Hitze zu verschmelzen; bloße Neutralisierung mit kohlensäurehaltigem Soda reicht aus nicht ausreichen.

Beim Schmelzen von Silbernitrat sollte sorgfältig darauf geachtet werden, die Hitze nicht so stark zu erhöhen, dass sich das Salz zersetzt, da sonst ein basisches Nitrit gebildet wird, das die Eigenschaften der Lösung beeinträchtigt (S. 13): Geschmolzenes Silbernitrat sollte, Im kalten Zustand ist es ganz weiß und löst sich perfekt im Wasser auf, ohne Rückstände zu hinterlassen. Der einzige Einwand gegen die Verwendung von Silbernitrat in dieser Form besteht darin, dass es leicht mit Kali- und Sodanitrat verfälscht werden kann, deren Anwesenheit die verfügbare Stärke des Bades verringern würde.

Obwohl das Nitratbad bei der ersten Zubereitung vollkommen neutral ist, kann es bei fortgesetzter Anwendung *sauer werden, wenn* ständig Kollodium verwendet wird , das viel *freies Jod enthält.* In diesem Fall wird ein Teil der Salpetersäure freigesetzt, und zwar:

Silbernitrat   + Jod

= Jodid von Silber + Salpetersäure + Sauerstoff.

Wenn Kollodium vollständig mit alkalischen Jodiden jodiert wird, setzt es Jod frei, indem es es behält; und daher kann die gelegentliche Verwendung von Ammoniak erforderlich sein, um Säure aus dem Bad zu entfernen. Aber seit der Einführung des Cadmiumjodids, das das Collodion fast oder ganz farblos hält , entfällt die Notwendigkeit, Salpetersäure im Bad zu neutralisieren.

Alkalischer Zustand des Bades. — Mit „Alkalität" des Bades ist ein Zustand gemeint, in dem die blaue Tönung des geröteten Lackmuspapiers schnell wiederhergestellt wird. Dies weist darauf hin, dass in der Lösung ein Oxid vorhanden ist, das durch Verbindung mit der Säure im geröteten Papier dieses neutralisiert und die rote Farbe entfernt .

Wenn einer starken Lösung von salpetersaurem Silber eine kleine Menge Ätzkali oder Ammoniak zugesetzt wird, entsteht ein brauner Niederschlag, bei dem es sich um Silberoxid handelt.

Ammoniak + Silbernitrat

= Silberoxid + Nitrat-Ammoniak.

Die Lösung, aus der sich der Niederschlag abgeschieden hat, verbleibt jedoch nicht in einem neutralen Zustand, sondern weist eine schwach alkalische Reaktion auf. Silberoxid und Silberkarbonat sind auch in Wasser, das salpeterhaltiges Ammoniak enthält, *gut löslich;* welches Salz sich ständig im Bad ansammelt, wenn Ammoniumverbindungen zum Jodieren verwendet werden.

Ein alkalisches Bad ist vielleicht von allen Bedingungen das verhängnisvollste für den Erfolg in der Fotografie. Dies führt zu der allgemeinen Verdunkelung des Films beim Auftragen des Entwicklers, die auch als „Fogging" bezeichnet wird. Daher muss bei der Zugabe von Substanzen zum Bad vorsichtig vorgegangen werden, da diese dazu neigen, es alkalisch zu machen.

Kollodium, das freies Ammoniak enthält und oft im Handel erhältlich ist, tut dies nach und nach. Die Verwendung von Kali, kohlensaurem Natron, Kreide oder Marmor zur Entfernung freier Salpetersäure aus dem Bad hat die gleiche Wirkung; und daher muss bei ihrer Verwendung nachträglich eine Spur Essigsäure hinzugefügt werden.

Die Art und Weise, ein Bad auf Alkalität zu testen, ist wie folgt: Ein Streifen poröses blaues Lackmuspapier wird genommen und an die Öffnung einer Flasche Eisessig gehalten, bis es rot wird. Anschließend wird es in die zu untersuchende Flüssigkeit gelegt und dort zehn Minuten oder eine Viertelstunde belassen. Wenn Silberoxid in der Lösung vorhanden ist, wird die ursprüngliche blaue Farbe des Papiers langsam, aber allmählich wiederhergestellt.

Gelegentliche Bildung von Silberacetat im Nitratbad . — Wenn bei der Zubereitung eines neuen Bades die Kristalle von salpetersaurem Silber säurehaltig sind, ist es üblich, eine kleine Menge Alkali hinzuzufügen. Dadurch wird die Salpetersäure entfernt, die Lösung bleibt jedoch leicht alkalisch. Dann wird Essigsäure zugegeben, die durch Verbindung mit dem Silberoxid Silberacetat bildet.

Silberacetat entsteht nicht durch die einfache Zugabe von Essigsäure zum Bad, da seine Herstellung unter solchen Umständen die Freisetzung von Salpetersäure bedeuten würde; aber wenn ein Alkali vorhanden ist, um die Salpetersäure zu neutralisieren, dann findet die doppelte Zersetzung statt, also —

Ammoniakacetat + Silbernitrat

= Silberacetat   + Nitrat von Ammoniak.

Silberacetat ist ein weißes, flockiges Salz, das in Wasser schwer löslich ist. Es löst sich im Bad nur in geringem Maße auf, reicht aber dennoch aus, um die fotografischen Eigenschaften des Films zu beeinflussen (siehe S. 111 und 117). Durch die Beachtung der folgenden einfachen Regeln wird verhindert, dass schädliche Mengen entstehen: *Erstens* : Wenn freie

Salpetersäure aus einem Bad, das *keine Essigsäure enthält, entfernt werden muss* , kann eine Lösung von Kali oder kohlensaurem Soda *frei hineingetropft werden* ; Die Flüssigkeit muss jedoch vor der Zugabe von Essigsäure filtriert werden , da andernfalls die braune Ablagerung von Silberoxid von der Essigsäure aufgenommen wird und das Bad mit Silberacetat beladen wird. *Zweitens* verwenden Sie bei einem Bad, das sowohl Salpetersäure als auch Essigsäure enthält, eine *stark verdünnte Lauge* (Likör- Ammoniak mit 10 Teilen Wasser) und fügen Sie jeweils einen Tropfen hinzu, wobei Sie zwischen jeder Zugabe einen Teller beschichten und abschmecken; Die Salpetersäure neutralisiert sich vor der Essigsäure, und wenn man vorsichtig ist, wird keine größere Menge Silberacetat gebildet.

Stoffe, die das Nitratbad zersetzen . – Die meisten gewöhnlichen Metalle, die eine überlegene Affinität zu Sauerstoff haben, trennen das Silber aus einer Lösung des Nitrats; Daher muss das Bad in Glas, Porzellan oder Guttapercha aufbewahrt werden und der Kontakt mit Eisen, Kupfer, Quecksilber usw. muss vermieden werden, sonst verfärbt sich die Flüssigkeit und es entsteht ein schwarzer Niederschlag aus metallischem Silber.

Alle Entwicklungsmittel wie Gallus- und Pyrogallussäure, die Protosalze des Eisens usw. schwärzen das Nitratbad und machen es durch Reduktion von metallischem Silber unbrauchbar.

Chloride, Jodide und Bromide erzeugen eine Ablagerung im Bad; aber die Lösung kann, obwohl abgeschwächt, nach Durchlaufen eines Filters wieder verwendet werden.

Hyposulfit , Cyanide und alle Fixiermittel zersetzen Silbernitrat.

Organische Stoffe reduzieren im Allgemeinen Silbernitrat, entweder mit oder ohne Hilfe von Licht. Traubenzucker, Eiweiß, kaseinhaltiges Milchserum usw. schwärzen das Bad, auch im Dunkeln. Alkohol und Äther wirken langsamer und erzeugen keine schädliche Wirkung, es sei denn, die Flüssigkeit wird ständig Licht ausgesetzt.

Diese Tatsachen weisen darauf hin, dass das Nitratbad, das flüchtige organische Stoffe enthält, an einem dunklen Ort aufbewahrt werden muss; Außerdem sollte es ausschließlich zur Sensibilisierung der Kollodiumplatten verwendet werden und nicht in schwimmenden Papieren verwendet werden, die für den Druckprozess bestimmt sind.

Veränderungen im Nitratbad durch Nutzung. — Die zur Anregung des Kollodiumfilms verwendete Lösung von salpetersaurem Silber nimmt allmählich an Festigkeit ab, jedoch nicht so schnell wie das Bad, das zur Sensibilisierung von Druckpapieren verwendet wird. Wenn die Menge an Nitrat auf nur zwanzig Gran pro Unze Wasser sinken darf, wird die

Zersetzung unvollständig sein und der Film wird selbst bei stark jodiertem Collodion blass und blau sein.

Nach längerem Gebrauch findet im Bad auch eine allmähliche Anreicherung von Äther und Alkohol statt, wodurch die Entwicklungslösungen weniger leicht auf die kollodiumisierten Platten fließen und leicht ölige Flecken entstehen können.

Eine verminderte Empfindlichkeit des Jodidfilms wird manchmal auf Verunreinigungen im Bad zurückgeführt, wenn es sehr alt ist und häufig verwendet wurde. Diese sind wahrscheinlich organischer Natur und können oft teilweise durch Rühren mit Kaolin oder Tierkohle entfernt werden. Letzteres ist jedoch zu beanstanden, da es normalerweise mit *Kalkkarbonat verunreinigt ist* , das das Bad alkalisch macht; oder (im Fall von *gereinigter* Tierkohle) mit Spuren von Salzsäure, die im Bad Salpetersäure freisetzen. Sogar das Kaolin kann als vorläufige Vorsichtsmaßnahme mit verdünnter Essigsäure gewaschen werden, um gegebenenfalls vorhandenes Kalkkarbonat zu entfernen.

ABSCHNITT III.

Die Bedingungen, die die Bildung und Entwicklung des latenten Bildes im Kollodiumprozess beeinflussen.

Den in diesem Abschnitt enthaltenen Bemerkungen muss zunächst die Definition zweier Begriffe vorangestellt werden, die häufig miteinander verwechselt werden, in Wirklichkeit aber eine unterschiedliche Bedeutung haben. Diese Begriffe sind „Empfindlichkeit" und „Intensität".

Mit Sensibilität ist die Fähigkeit gemeint, einen Eindruck von sehr schwachen Lichtstrahlen zu empfangen oder ihn von helleren Strahlen schnell zu empfangen.

Die Intensität hingegen bezieht sich auf das Erscheinungsbild des fertigen Fotos, unabhängig von der Zeit, die für die Herstellung aufgewendet wurde – *auf den Grad der Opazität des Bildes* und auf das Ausmaß, in dem es das durchgelassene Licht behindert.

Im weiteren Verlauf wird sich herausstellen, dass die Bedingungen, die zur Erzielung einer extremen Empfindlichkeit des Iodidfilms erforderlich sind, sich von denen unterscheiden, die die maximale Intensität des Bildes ergeben, und oft sogar im Widerspruch dazu stehen.

Ursachen, die die Empfindlichkeit von Silberjodid gegenüber Kollodion beeinflussen.

Einige der wichtigsten sind wie folgt:

A. *Das Vorhandensein von freiem Silbernitrat* . — Wenn der empfindliche Film aus dem Nitratbad entfernt wird, bleibt das Silberjodid in Kontakt mit überschüssigem Silbernitrat. Das Vorhandensein dieser Verbindung ist für die Wirkung des Lichts nicht *wesentlich , denn wenn sie durch Waschen in destilliertem Wasser entfernt wird, kann das Bild immer noch eingeprägt werden.* In einem solchen Fall entsteht der Effekt jedoch langsam und es ist eine längere Belichtung in der Kamera erforderlich.

Die Empfindlichkeit des Jodidfilms nimmt nicht gleichmäßig mit der Menge des überschüssigen Silbernitrats zu, gemessen an der Stärke des Bades. Es wurde festgestellt, dass in dieser Hinsicht kein Vorteil erzielt werden kann, wenn man einen Anteil an salpetersaurem Silber von mehr als 30 oder 35 Gran pro Unze Wasser verwendet, obwohl manchmal Lösungen mit dreifacher Stärke verwendet wurden.

Es wurde behauptet, dass ein chemisch reines Jodsilber, dessen Farbe durch die direkte Einwirkung von Licht nicht beeinflusst wird, auch nicht in der Lage ist, das unsichtbare Bild in der Kamera zu empfangen; und dass die Empfindlichkeit eines gewaschenen Kollodiumfilms darauf zurückzuführen ist, dass noch eine geringe Menge an Silbernitrat verbleibt. Silberjodid in dem Zustand, in dem es beim Verdünnen einer starken Lösung des Salzes, das als doppeltes Kalium- und Silberjodid bekannt ist , mit Wasser zugesetzt wird und das aufgrund der Art seiner Herstellung frei von nitrathaltigem Silber sein muss ,-ist ziemlich unsensibel; aber diese Form von Jodid unterscheidet sich von der anderen nicht nur durch die Farbe , sondern enthält wahrscheinlich auch einen Überschuss an Kaliumjodid. Die Anwendung einer Lösung von salpetersaurem Silber auf diese Verbindung macht sie sofort lichtempfindlich.

B. *Freie Säuren im Nitratbad* . – Starke Oxidationsmittel wie Salpetersäure vermindern die Empfindlichkeit des Films erheblich, und daher ist es wichtig, die freie Säure zu entfernen, die in kommerziellen Proben von Silbernitrat häufig vorkommt. Schon ein einziger Tropfen starker Salpetersäure in einem 8-Unzen-Nitratbad hat eine spürbare Wirkung; und wenn der Anteil auf einen Tropfen pro Unze erhöht wird, wird es schwierig sein, einen schnellen Abdruck zu erhalten.

Essigsäure hat einen weitaus geringeren Einfluss auf die Empfindlichkeit als Salpetersäure und wird üblicherweise bei der Entwicklung des Bildes als nützlich erwiesen; wenn jedoch eine große Schnelligkeit erwünscht ist, sollte es vorsichtig und in einem sehr viel geringeren Verhältnis zugegeben werden als in der Lösung, die als Acetonitrat von Silber bekannt ist und etwa einen Tropfen Eissäure auf jedes Körnchen salpetersauren Silbers enthält .

C. *Zusatz bestimmter organischer Stoffe.* – Es ist seit langem bemerkt worden, dass die Verwendung von Körpern wie Albumin, Gelatine , Kasein usw., die sich mit Silberoxiden verbinden, die Einwirkung von Licht auf Jodsilber verlangsamt; und die jüngsten Beobachtungen des Autors ermöglichen es ihm, diese Aussage zu bestätigen. Es ist wahrscheinlich, dass eine Ursache unter anderem für die große Empfindlichkeit des Kollodiumfilms darin liegt, dass Pyroxylin eine Substanz ist, die gegenüber den Salzen des Silbers besonders indifferent ist und keine Tendenz zeigt, sie in den metallischen Zustand zu reduzieren; und es wurde durch Experimente bewiesen, dass die Zugabe von Traubenzucker oder des harzigen Körpers Glycyrrhizin , der Albumin ähnelt, indem er in einer starken Lösung von salpetersaurem Silber einen weißen Niederschlag verursacht, eine längere Belichtung in der Kamera erforderlich macht. Eine noch deutlichere Wirkung haben alkalische Citrate, aber auch Tartrate, Oxalate usw.

D. *Verunreinigungen in den löslichen Jodiden.* – Kommerzielles Kaliumjodid enthält häufig *Kalijodat* , das nachweislich eine verzögernde Wirkung auf die Einwirkung von Licht hat; auch kohlensaures Kali, das in Collodion Iodoform produziert, [14] und in den Papierprozessen, wo „Aceto-Nitrat" zur Sensibilisierung verwendet wird, Acetat von Silber bildet. Iodoform hat einen deutlichen Einfluss auf die Verringerung der Empfindlichkeit von Iodidsilber; Acetatsilber kann es vielleicht ein wenig erhöhen, indem es die Abwesenheit freier Salpetersäure sicherstellt (S. 117). Kaliumjodid, hergestellt durch das Verfahren, bei dem Schwefelwasserstoff und Alkohol verwendet werden, riecht nach Knoblauch, enthält wahrscheinlich Kali-Xanthogenat und ist für die Fotografie nahezu unbrauchbar.

[14] Siehe das Vokabular, Teil III., Art. Jodoform.

Kommerzielles Cadmiumjodid ist ein reineres Salz als das Kaliumjodid und kann vorteilhaft an dessen Stelle eingesetzt werden; Es besitzt jedoch die Eigenschaft, Eiweiß zu koagulieren, und kann daher nicht in Verbindung mit dieser Substanz verwendet werden.

e. *Vorhandensein von freiem Jod.* — Sowohl beim Wachspapier- als auch beim Collodion-Verfahren enthalten die Lösungen oft eine geringe Menge freies Jod. Dieses Jod erzeugt in Kontakt mit dem Silbernitrat des Bades ein gemischtes Jodid und *Silberjodat* und setzt Salpetersäure frei. Dadurch wird die Empfindlichkeit des Films proportional zur vorhandenen Jodmenge verringert. Kollodium von vollständig gelber Farbe ist merklich weniger empfindlich als dasselbe, wenn es farblos geworden ist ; und wenn genügend Jod freigesetzt wurde, um einen roten oder braunen Farbton zu ergeben, ist wahrscheinlich die doppelte Belichtung erforderlich.

Wenn häufig braunes Collodion verwendet wird, kann das Nitratbad nach und nach so stark mit freier Salpetersäure verunreinigt werden, dass die Empfindlichkeit des Films beeinträchtigt wird. Wenn jedoch farbloses oder zitronengelb gefärbtes Collodion verwendet wird, ist mit diesem Übel nicht zu rechnen.

farbigen Collodion können bestimmte Substanzen zugesetzt werden, die die Eigenschaft besitzen, dem hemmenden Einfluss des freien Jods entgegenzuwirken, wie z. B. Nelkenöl, Zimtöl usw.; Sie wirken wahrscheinlich aufgrund ihrer Affinität zu Sauerstoff, indem sie die Bildung von Silberjodat verhindern. In farblosem Collodion erzeugen sie nur eine geringe oder keine Wirkung und beseitigen auch nicht die Unempfindlichkeit des Films, wenn das Nitratbad zu sauer ist.

F. *Zugabe von Bromid oder Chlorid zu Kollodium.* — Bei der Daguerreotypie wird ein sehr erhöhter Zustand der Sensibilität erreicht, indem man die versilberte Platte zuerst dem Dampf von Jod und dann dem von Brom oder Chlor aussetzt; Diese Regel gilt jedoch nicht für das Collodion-Verfahren, das sich prinzipiell wesentlich davon unterscheidet. Lösliche Bromide, die dem Collodion zugesetzt werden, verringern seine Empfindlichkeit in erheblichem Maße, ebenso wie Chloride. Diese Regel kann jedoch möglicherweise eine Ausnahme machen, wenn künstliches Licht verwendet wird, das einen größeren Anteil an Strahlen geringer Brechbarkeit enthält , von denen bekannt ist, dass sie auf das Bromid stärker wirken als auf das Jodid des Silbers (S. 66).

G. *Dichte des empfindlichen Films.* — Wenn der Anteil an löslichem Jodid in der Jodierungslösung zu groß ist, ist der Film sehr dicht und das Jodsilber neigt dazu, an der Oberfläche auszubrechen und in losen Flocken in das Bad zu fallen. Dieser für die Empfindlichkeit äußerst ungünstige Zustand kommt bei Kollodium sehr häufig vor und stellt das dar, was man „Überjodierung" nennt. Tatsächlich bildet sich in einem solchen Fall zu viel Jodid auf der Oberfläche, und als Folge davon wird das Bild, das vom Film nicht festgehalten wird, beim Auftragen des Fixiermittels abgewaschen und geht verloren.

Andererseits wird die Empfindlichkeit des Films nicht dadurch gemindert, dass die Menge an Jodid im Collodion auf ein Minimum reduziert wird, wenn alle Lösungen neutral sind; aber die blassblauen Filme, die ein verdünntes Collodion bildet und die an Feinheit fast mit der Daguerreotypie selbst konkurrieren, sind in der Praxis nahezu nutzlos; Denn wenn freies Jod oder andere Körper mit verzögernder Natur in irgendeiner Menge vorhanden sind, sei es im Collodion oder im Bad, zerstören sie fast die

Wirkung eines schwachen Lichts und erzeugen eine weit schädlichere Wirkung, als wenn der Film gelber und gelber wäre undurchsichtig.

H. *Verunreinigungen in Ether und Alkohol.* — Reiner Äther sollte gegenüber Testpapier neutral sein, aber die kommerziellen Proben dieses Artikels reagieren normalerweise entweder sauer oder alkalisch. Es wurde auch auf das häufige Vorkommen eines besonderen Oxidationsprinzips in Äther hingewiesen (S. 85). Jeder dieser drei Zustände ist schädlich für die Sensibilität; das erste und letzte durch die Freisetzung von Jod, wenn alkalische Jodide verwendet werden; und zweitens durch die Herstellung von Iodoform unter den gleichen Umständen. In diesem Fall bleibt das Collodion farblos , liefert aber schlechtere Ergebnisse.

Der Autor hat auch beobachtet, dass Äther, der aus den Rückständen von Kollodium erneut destilliert wurde, einen flüchtigen Bestandteil enthalten kann (wahrscheinlich einen zusammengesetzten Äther?), der eine verzögernde Wirkung auf die Einwirkung von Licht hat.

Kommerzieller Weinbrand weist nicht immer eine einheitliche Zusammensetzung auf, wie der Geruchstest hinreichend belegt. Es kann „ Fuselöl “ oder andere flüchtige Substanzen enthalten, die bei Verdünnung mit Wasser milchig werden und vermutlich die Qualität des Spiritus für den fotografischen Gebrauch beeinträchtigen.

ich . *Relative Anteile von Äther und Alkohol in Kollodium.* — Es wurde auf S. 84 , dass der Zusatz von Alkohol zu Kollodium die Kontraktilität des Films verringert und ihn weich und gelatineartig macht. Dieser Zustand begünstigt die Bildung des unsichtbaren Bildes in der Kamera, da das Spiel der Affinitäten durch die lockere Art und Weise, in der die Jodidteilchen zusammengehalten werden, gefördert wird. Daher ist es üblich, dem Collodion so viel Alkohol hinzuzufügen, wie es verträgt, ohne klebrig zu werden oder das Glas zu verlassen; Die genaue benötigte Menge hängt von der Stärke des Spiritus bzw. seiner Unverdünnbarkeit mit Wasser ab.

k. *Zersetzung im Kollodium.* — Mit den metallischen Jodiden jodiertes Kollodium wird im Allgemeinen, mit Ausnahme des Cadmiumjodids, braun und verliert im Laufe einiger Tage oder Wochen seine Empfindlichkeit. Wenn das freie Jod, die Ursache der braunen Farbe , entfernt wird, wird der größte Teil, aber nicht die gesamte Empfindlichkeit wiederhergestellt. Die Experimente des Autors und anderer haben bewiesen, dass eine Lösung von Pyroxylin in Kontakt mit einem instabilen Jodid langsam eine Zersetzung erfährt, was zur Folge hat, dass Jod freigesetzt wird und eine äquivalente

Menge der Base in Verbindung bleibt bestimmte organische Elemente des Collodions.

Die Zersetzung erfolgt auch allmählich, wenn jodiertes Collodion mit Reduktionsmitteln wie Eisenprotoiodid, Gallussäure, Traubenzucker, Glycyrrhizin usw. in Kontakt gebracht wird, so dass diese Kombinationen nicht über längere Zeit eine konstante Empfindlichkeit behalten. Sogar einfaches unodisiertes Collodion kann ohne kleine, aber wahrnehmbare Veränderungen nicht viele Monate lang aufbewahrt werden.

1. *Zersetzung im Nitratbad* . — Ein oft verwendetes Kollodiumnitratbad ergibt oft einen weniger empfindlichen Film als wenn es neu hergestellt wurde. Es ist auch bekannt, dass viele organische Substanzen, die Silbernitrat reduzieren, wenn sie dem Bad zugesetzt werden, während der Zersetzung einen Zustand hervorrufen, der die Empfindlichkeit begünstigt, letztendlich aber ungünstig ist ; daher wird die Lösung durch die Zugabe von Gallus- oder Pyrogallussäure und im Allgemeinen durch organische Stoffe, wenn sie Licht ausgesetzt wird, geschädigt.

Reprise. – Die für eine extreme Empfindlichkeit des Jodsilbers auf Collodion günstigsten Bedingungen lassen sich wie folgt zusammenfassen: – vollkommene Neutralität der verwendeten Lösungen ; ein weicher, gelatineartiger Zustand des Films; Fehlen von Chloriden und anderen Salzen, die Silbernitrat ausfällen; ein unzersetztes Collodion, das keine organische Substanz dieser Art enthält, die durch basisches Bleiacetat ausgefällt wird und sich mit Silberoxiden verbindet.

DIE BEDINGUNGEN, DIE DIE ENTWICKLUNG DES LATENTEN BILDES BEEINFLUSSEN.

Die allgemeine Theorie der Entwicklung eines latenten Bildes mittels eines Reduktionsmittels, die im dritten Kapitel einfach erklärt wurde, kann nun in ihrer Anwendung auf das Jodid von Silber auf Kollodium ausführlicher untersucht werden.

A. *Das Vorhandensein von freiem Silbernitrat ist für die Entwicklung unerlässlich.* — Dieses Thema wurde bereits erwähnt (<u>S. 36</u>). Eine empfindliche Kollodiumplatte, die sorgfältig in destilliertem Wasser gewaschen wird, ist immer noch in der Lage, den strahlenden Eindruck in der Kamera zu erhalten, aber sie lässt keine Entwicklung zu, bis sie erneut in das Bad getaucht oder mit einem Reduktionsmittel, zu dem Silbernitrat gehört, behandelt wurde wurde hinzugefügt: Und wenn der Anteil an freiem Silbernitrat auf einem Kollodiumfilm zu gering ist, wird das Bild schwach oder in Teilen völlig unvollkommen sein, mit grünen oder blauen Flecken aufgrund mangelhafter Reduktion.

B. *Komparative Stärke von Deduktionsagenten* . — Keine Erhöhung der Leistung eines Entwicklers wird ausreichen, um ein perfektes Bild auf einer unterbelichteten Platte oder auf einem Film hervorzubringen, der zu wenig Silbernitrat enthält. Es gibt jedoch erhebliche Unterschiede in der Zeitspanne, die die verschiedenen Entwickler benötigen, um zu handeln. Gallussäure ist die schwächste und Pyrogallussäure die stärkste und erzeugt mindestens viermal mehr Wirkung als ein gleiches Gewicht des kristallisierten Eisenprotosulfats und zwanzigmal mehr als das Protonitrat von Eisen.

C. *Die Wirkung freier Säure auf die Entwicklung.* — Säuren neigen dazu, die Verkleinerung des Bildes zu verlangsamen und die Lichtempfindlichkeit des Films zu verringern. Salpetersäure tut dies aufgrund ihrer starken oxidierenden und lösenden Eigenschaften besonders gut. Die Wirkung von Salpetersäure wird besonders deutlich, wenn der Jodsilberfilm sehr blau und durchsichtig ist und die auf seiner Oberfläche zurückgehaltene Menge an salpetersaurem Silber gering ist. Unter solchen Umständen kann die ordnungsgemäße Entwicklung des Bildes unterbrochen werden und metallische Silberpartikel lösen sich ab. Dies weist darauf hin, dass die Säuremenge verringert oder die Stärke des Nitratbades und des Reduktionsmittels erhöht werden sollte, um der verzögernden Wirkung der Säure auf die Entwicklung entgegenzuwirken.

Essigsäure mäßigt auch die Geschwindigkeit der Entwicklung, hat aber nicht die Tendenz, sie gänzlich auszusetzen, wie Salpetersäure. Es wird daher sinnvoll eingesetzt, um es dem Bediener zu ermöglichen, die Platte vor Beginn der Entwicklung gleichmäßig mit Flüssigkeit zu bedecken und die weißen Teile des Abdrucks vor versehentlicher Ablagerung von metallischem Silber aufgrund der unregelmäßigen Wirkung des Reduktionsmittels zu schützen.

Wenn wir die verzögernden Wirkungen freier Säure auf die Wirkung des Lichts und auf die Entwicklung vergleichen, sehen wir, dass die erstere am ausgeprägtesten ist - dass eine kleine Menge Salpetersäure einen entschiedeneren Einfluss auf den Eindruck des Bildes in der Kamera ausübt als auf das Herausbringen dieses Bildes durch einen Entwickler.

D. *Beschleunigende Wirkung bestimmter organischer Stoffe.* – Organische Körper wie Albumin, Gelatine , Glycyrrhizin usw., die sich chemisch mit Silberoxiden verbinden und von denen im letzten Abschnitt gezeigt wurde, dass sie die Empfindlichkeit des Jodidfilms verringern, erleichtern die

Entwicklung des Bildes und erzeugen oft ein dichtes Bild Abscheidung einer braunen oder schwarzen Farbe durch Durchlicht.

Auf die gleiche Weise, nämlich. durch eine Zurückhaltung von organischem Material kann teilweise die Tatsache erklärt werden, dass das durch Pyrogallussäure entwickelte Bild, obwohl durch die Anwendung von Tests nachgewiesen wurde, dass es nicht mehr als eine gleiche Menge Silber enthält, bei durchgelassenem Licht eine größere Opazität besitzt als die resultierende aus der Verwendung von Protosalzen des Eisens: und im Fall des Collodions selbst galt die gleiche Regel: Wenn es rein ist, macht es wahrscheinlich einen weniger kräftigen Eindruck, als wenn durch langes Aufbewahren eine teilweise Zersetzung stattgefunden hat und Produkte dies getan haben gebildet, die sich leichter mit reduziertem Silberoxid verbinden als das unveränderte Pyroxylin .

e. *Molekulare Bedingungen, die die Intensität beeinflussen.* — Es wird angenommen, dass die physikalische Struktur des Kollodiumfilms einen Einfluss auf die Art und Weise hat, wie das reduzierte Silber während der Entwicklung abgeworfen wird. Ein kurzer und fast pulverförmiger Zustand, wie ihn das mit alkalischen Jodiden jodierte Kollodium durch die Aufbewahrung erhält, gilt als günstig für die Dichte, eine klebrige, zusammenhängende Struktur als ungünstig . Dies ist sicherlich der Fall, wenn der Film vor der Entwicklung trocknen gelassen wird, wie beim Verfahren mit getrocknetem Kollodium und in gewissem Maße beim Oxymel-Konservierungsverfahren.

Auch die Art der Entwicklungsführung beeinflusst die Dichte; Eine schnelle Aktion führt dazu, ein Bild zu erzeugen, dessen Partikel fein verteilt sind und dem Lichtdurchgang einen erheblichen Widerstand entgegensetzen, während eine langsame und längere Entwicklung oft einen metallischen und fast kristallinen Niederschlag hinterlässt, der vergleichsweise durchscheinend und schwach ist.

Der Autor hat beobachtet, dass bei bestimmten Kollodiumproben das Bild stark geschwächt wird, wenn die Platte nach der Sensibilisierung, aber vor der Entwicklung längere Zeit – eine Viertelstunde oder länger – aufbewahrt wird. Dieser Effekt ist nicht darauf zurückzuführen, dass das Silbernitrat teilweise abgeflossen ist, da ein zweites Eintauchen in das Nitratbad unmittelbar vor dem Auftragen der Pyrogallussäure keine Abhilfe schafft. Eine Veränderung der Molekülstruktur könnte daher die richtige Erklärung sein, und wenn ja, würde ein kontraktiles Collodion stärker leiden als eines mit weniger Kohärenz.

Die aktinische Kraft des Lichts zum Zeitpunkt der Aufnahme beeinflusst das Aussehen des entwickelten Bildes; Die stärksten Eindrücke werden durch ein starkes Licht erzeugt, das für kurze Zeit einwirkt. An einem trüben, dunklen Tag oder beim Kopieren schlecht beleuchteter Innenräume fehlt es dem Foto häufig an Blüte und Fülle, und im Durchlicht erscheint es blau und tintenfarben.

F. *Entwicklung von Bildern auf Bromid und Chlorid von Silber.* — Von den drei Hauptsalzen des Silbers ist das Jodid das lichtempfindlichste, aber Bromid und Chlorid entwickeln sich unter bestimmten Bedingungen leichter und ergeben ein dunkleres Bild. Beim Collodion-Verfahren zeigt sich der Unterschied vor allem dann, wenn organische Stoffe wie Traubenzucker, Glycyrrhizin usw. eingeführt werden, um die Intensität zu erhöhen; Durch die Zugabe von Glycyrrhizin und einer Portion Bromid oder Chlorid wird eine weitaus deutlichere Wirkung erzielt als durch die alleinige Verwendung von Glycyrrhizin . [15]

[15] Siehe den Artikel des Autors über die chemische Zusammensetzung des fotografischen Bildes im achten Kapitel.

G. *Die Intensität des Bildes wird durch die Belichtungsdauer beeinflusst* . — Auf diesen Punkt wurde im dritten Kapitel kurz hingewiesen. Wenn die Belichtung in der Kamera über die vorgesehene Zeit hinaus verlängert wird, erfolgt die Entwicklung schnell, aber ohne jegliche Intensität, und das Bild wird blass und durchscheinend. Die durch übermäßige Lichteinwirkung hervorgerufenen Wirkungen werden besonders deutlich, wenn das Nitratbad Silbernitrit oder Silberacetat enthält; Das Bild ist in einem solchen Fall bei reflektiertem Licht häufig dunkel und bei durchfallendem Licht rot und ähnelt eher einem photographischen Abzug, der auf mit Silberchlorid präpariertem Papier entwickelt wurde. Wenn Kollodiumplatten mit Honig beschichtet werden, ohne vorher das freie Silbernitrat zu entfernen, entsteht eine langsam reduzierende Wirkung, die nach der Entwicklung zu dem oben erwähnten charakteristischen Aussehen führen kann. Andere organische Substanzen wie Gallenstoffe usw. wirken auf die gleiche Weise.

H. *Bestimmte Bedingungen des Bades, die die Entwicklung beeinflussen.* — Es kann auf einen besonderen Zustand des Nitratbades hingewiesen werden, in dem sich das Kollodiumbild ungewöhnlich langsam entwickelt und ein mattgraues metallisches Aussehen hat, wobei an den Stellen, auf die das Licht am stärksten einwirkt, keine Intensität vorhanden ist. Dieser Zustand, der nur auftritt, wenn eine neu gemischte Lösung verwendet wird, beruht nach Ansicht des Autors auf der Anwesenheit eines Stickstoffoxids, das im salpetersauren Silber zurückgehalten wird. Es wird teilweise durch Neutralisieren des Bades mit einem Alkali entfernt, noch besser durch Zugabe eines Überschusses an Alkali, gefolgt von Essigsäure; Am vollständigsten ist es jedoch, das salpetersaure Silber vor dem Auflösen vorsichtig *zu schmelzen* .

Handelsübliches Silbernitrat hat manchmal einen duftenden Geruch, ähnlich dem, der entsteht, wenn man starke Salpetersäure auf Alkohol gießt. Wenn dies der Fall ist, enthält es organisches Material und erzeugt ein Bad, das rote und neblige Bilder ergibt.

Silbernitrat, das ausreichend stark geschmolzen wurde, um das Salz zu zersetzen und einen Teil des basischen Silbernitrits zu erzeugen, weist eine große Eigentümlichkeit der Entwicklung auf, wobei das Bild augenblicklich und mit großer Kraft zum Vorschein kommt. Dieser Zustand ist genau das Gegenteil von dem, der durch die Anwesenheit von Säuren hervorgerufen wird und bei dem die Entwicklung langsam und allmählich erfolgt.

Um die verschiedenen Bedingungen des Salpeterbades zusammenzufassen, die die Entwicklung des Bildes beeinflussen, könnten bis zu *vier* erwähnt werden, von denen jeder eine schnellere Reduktion bewirkt als der vorhergehende. Dies sind das saure Nitratbad, das neutrale Bad, das Bad aus stark geschmolzenem Silbernitrat und das Bad, das *ammoniakalisches* Silbernitrat enthält, das ziemlich unhandlich ist und bei der Anwendung eine sofortige und allgemeine Schwärzung des Films hervorruft Entwickler.

In einem Nitratbad, das seit langem verwendet wird, wird üblicherweise eine größere Bildintensität erzielt als in einer neu gemischten Lösung: Dies kann auf winzige Mengen organischer Substanz zurückzuführen sein, die aus dem Kollodiumfilm herausgelöst wurden, der eine Affinität zu diesem hat Sauerstoff reduziert teilweise das Silbernitrat; und auch auf die Ansammlung von Alkohol und Äther in einem alten Bad, was zu einer kurzen und brüchigen Struktur des Films führt.

ich . *Einfluss der Temperatur auf die Entwicklung.* — Die Reduktion der Edelmetalloxide verläuft mit steigender Temperatur schneller. Bei kaltem Wetter wird man feststellen, dass die Entwicklung des Bildes langsamer als üblich ist und dass eine größere Stärke des Reduktionsmittels und mehr freies Silbernitrat erforderlich sind, um den Effekt zu erzielen.

Wenn andererseits die Hitze der Atmosphäre zu groß ist, wird die Tendenz zur schnellen Reduktion stark erhöht, da sich die Lösungen beim Mischen fast sofort gegenseitig zersetzen. In diesem Fall besteht die Abhilfe darin, *reichlich* Essigsäure sowohl im Bad als auch im Entwickler zu verwenden, gleichzeitig die Menge an Pyrogallussäure zu verringern und das Silbernitrat wegzulassen, das manchmal gegen Ende der Entwicklung zugesetzt wird.

Auch bei Filmen, die durch Honig usw. längere Zeit in einem empfindlichen Zustand gehalten werden sollen, muss der modifizierende Einfluss der Temperatur beachtet und die Menge an freiem salpetersaurem Silber, die auf dem Film zurückbleibt, verringert werden auf ein Minimum, wenn das Thermometer höher als gewöhnlich steht.

ABSCHNITT IV.

Über gewisse Unregelmäßigkeiten im Entwicklungsprozess.

Die Merkmale der ordnungsgemäßen Entwicklung eines latenten Bildes bestehen darin, dass die Wirkung des Reduktionsmittels eine Schwärzung des Jodids in den vom Licht berührten Teilen hervorrufen sollte, jedoch keine Wirkung auf diejenigen hervorrufen sollte, die im Schatten geblieben sind.

Beim Betrieb sowohl mit Kollodium als auch mit Papier besteht jedoch in dieser Hinsicht die Gefahr von Fehlern; Der Film beginnt nach dem Auftragen des Entwicklers, sich auf der gesamten Oberfläche mehr oder weniger stark zu verfärben .

Es gibt zwei Hauptursachen, die diesen Zustand hervorrufen : Die erste ist auf eine Unregelmäßigkeit in der Wirkung des Lichts zurückzuführen; der zweite auf einen fehlerhaften Zustand der verwendeten Chemikalien.

Wenn aufgrund eines Fehlers in der Konstruktion des Instruments oder aus anderen Gründen, auf die im zweiten Teil dieser Arbeit näher hingewiesen wird, diffuses weißes Licht in die Kamera eindringt, führt dies zu einer Undeutlichkeit des Bildes, indem es das Jodid stärker beeinflusst oder weniger allgemein.

Da das Lichtbild der Kamera nicht vollkommen rein ist, hat eine bloße *Überbelichtung* der empfindlichen Platte normalerweise den gleichen Effekt. In einem solchen Fall erscheint beim Aufgießen des Entwicklers zunächst ein blasses Bild, dem eine allgemeine Trübung folgt.

Die Klarheit des entwickelten Kollodiumbildes wird stark vom Zustand aller verwendeten Lösungen beeinflusst, insbesondere aber vom Zustand des Nitratbades. Befindet sich diese Flüssigkeit im sogenannten alkalischen Zustand (S. 88), ist es unmöglich, ein gutes Bild zu erhalten; und selbst wenn es neutral ist, ist Sorgfalt und die Vermeidung aller störenden Ursachen erforderlich, um eine Ablagerung von Silber auf den Schatten des Bildes zu verhindern: Dies gilt insbesondere dann, wenn Silbernitrit oder Silberacetat vorhanden sind, da diese beiden Salze leichter reduziert werden können als das Nitrat von Silber.

Die Verwendung von *Säure* ist das wichtigste Mittel zur Vermeidung von Trübungen im Bild. Säuren verringern die Leichtigkeit der Reduktion der

Silbersalze durch Entwickler (S. 98), und wenn sie vorhanden sind, wird das Metall daher langsamer und nur an den Stellen abgelagert, an denen die Einwirkung des Lichts die Partikel so verändert hat Jodid, da es die Zersetzung begünstigt : Wenn dagegen Säuren fehlen oder in ungenügender Menge vorhanden sind, ist das Gleichgewicht der Mischung aus Silbernitrat und Reduktionsmittel, aus der der Entwickler besteht, so instabil, dass jede raue Spitze oder scharfe Kante wahrscheinlich zu einem Zerfall wird Zentrum , von dem aus die chemische Wirkung, sobald sie begonnen hat, auf alle Teile der Platte ausstrahlt.

Es wurden verschiedene Säuren verwendet, wie Essigsäure, Zitronensäure, Weinsäure usw. Salpetersäure ist die wirksamste von allen, wird jedoch selten verwendet, da das Bild zwar oft mit großer Klarheit entwickelt werden kann, wenn das Bad eine enthält geringe Menge Salpetersäure, doch ist ein solcher Zustand für *die Intensität nicht* günstig ; Andererseits hinterlassen Filme, die zu unregelmäßiger Reduktion neigen, wie etwa solche, die in einem chemisch neutralen Bad oder einem Bad mit Acetat oder Silbernitrit hergestellt wurden, wahrscheinlich den stärksten Eindruck . Wenn diese Qualität gewünscht wird, wird die Verwendung von Salpetersäure daher mit Vorsicht gewählt.

Der Zustand des Kollodiums muss ebenso beachtet werden wie der des Bades; es sollte entweder sauer oder neutral sein, nicht alkalisch. Farbloses Kollodium kann in der Regel mit Erfolg verwendet werden, manchmal ist jedoch die Zugabe von etwas freiem Jod vorteilhaft. Beim Einbringen organischer Substanzen ist Vorsicht geboten, da sich viele davon im Bad auflösen und das Bad verderben, sodass klare Bilder entstehen. Glycyrrhizin , das zur Erzeugung der Intensität von Negativen empfohlen wird, hat jedoch keine derartige Wirkung und kann mit Sicherheit eingesetzt werden.

Der Zustand des Entwicklers ist ein wichtiger Punkt für die Erzeugung klarer und deutlicher Bilder. Die in den Formeln empfohlene Essigsäure kann nicht gefahrlos weggelassen oder sogar in ihrer Menge verringert werden. Dies ist insbesondere bei heißem Wetter oder unter anderen Bedingungen der Fall, die eine Reduzierung begünstigen , wie z. B. Neutralität des Bades usw.; Tatsächlich immer dann, wenn die Lösungen von Pyrogallussäure und salpetersaurem Silber sich mit ungewöhnlicher Schnelligkeit zersetzen.

Zusätzlich zu den jetzt genannten Punkten, nämlich. Zum Zustand des Bades, des Kollodiums und des Entwicklers sollte der Leser auch die Bemerkungen im dritten Abschnitt von Kapitel III studieren. über die Wirkung der *Oberflächenbedingungen* auf die Abscheidung von Dampf und metallischem Silber: Er wird dann aller Wahrscheinlichkeit nach kaum

Schwierigkeiten haben, mit den zahlreichen Unregelmäßigkeiten in der Wirkung der sich entwickelnden Flüssigkeit umzugehen, die sich oft als größtes Hindernis für den Erfolg erweisen Praxis des Collodion-Verfahrens.

Kapitel VII.

ÜBER POSITIVE UND NEGATIVE KOLLODIONFOTOGRAFIEN.

DIE Begriffe „Positiv" und „Negativ" kommen in allen Werken zum Thema Fotografie so häufig vor, dass es für den Schüler unmöglich sein wird, Fortschritte zu machen, ohne ihre Bedeutung gründlich zu verstehen.

Ein Positiv kann als ein Foto definiert werden, das eine natürliche Darstellung eines Objekts liefert, so wie es dem Auge erscheint.

Bei einem Negativfoto hingegen sind die Lichter und Schatten vertauscht, sodass das Erscheinungsbild des Objekts verändert oder negativ ist.

Bei Photographien, die entweder mit der Kamera oder durch Überlagerung auf *Chlorsilber aufgenommen wurden* , muss die Wirkung notwendigerweise negativ sein; Das Chlorid wird *durch Lichtstrahlen verdunkelt* , die Lichter werden durch Schatten dargestellt.

Die folgenden einfachen Diagramme machen dies deutlich.

Abb. 1.Abb. 2.Abb. 3.

Abb. 1 ist ein undurchsichtiges Bild, das auf einem transparenten Untergrund gezeichnet ist; Feige. 2 stellt den Effekt dar, der entsteht, wenn man es mit einer Schicht aus empfindlichem Chlorid in Kontakt bringt und es Licht aussetzt; und Abb. 3 ist das Ergebnis einer erneuten Kopie dieses Negativs auf Silberchlorid.

Abb. 3 ist daher eine Positivkopie von Abb. 1, die mittels eines Negativs erhalten wurde. Beim ersten Vorgang werden die Farbtöne umgekehrt; Durch die zweite Umkehrung werden sie wieder dem Original angepasst. Der Besitz eines Negativs ermöglicht es uns daher, positive Kopien des Objekts zu erhalten, deren Anzahl unbegrenzt ist und die alle genau gleich aussehen. Diese Fähigkeit, Eindrücke zu vervielfachen, ist von größter

Bedeutung und hat dazu geführt, dass die Herstellung guter Negativfotografien von größerer Bedeutung ist als jeder andere Zweig der Kunst.

Das gleiche Foto kann häufig entweder als Positiv oder als Negativ gezeigt werden. Angenommen, ein Stück Blattsilber würde in die Form eines Kreuzes geschnitten und auf ein Quadrat aus Glas geklebt, dann würde das Erscheinungsbild, das es darstellt, unter verschiedenen Umständen unterschiedlich sein.

Abb. 1. Abb. 2.

Abb. 1 stellt es auf einer Schicht aus schwarzem Samt dar; Feige. 2 wie gegen das Licht gehalten. Wenn wir es im ersten Fall positiv nennen, *d . e.* durch reflektiertes Licht, dann ist es im zweiten, also durch durchgelassenes Licht, negativ. Die Erklärung liegt auf der Hand.

Um unsere ursprüngliche Definition von Positiven und Negativen etwas weiterzuführen, können wir daher sagen, dass erstere normalerweise durch reflektiertes und letztere durch durchgelassenes Licht betrachtet werden.

Allerdings können nicht alle Fotos sowohl Positives als auch Negatives darstellen. Um diese Fähigkeit zu besitzen, ist es notwendig, dass ein Teil des Bildes transparent und der andere undurchsichtig, *aber mit einer hellen Oberfläche ist* . Diese Bedingungen sind erfüllt, wenn Silberjodid auf Kollodium in Verbindung mit einem Entwicklungsmittel verwendet wird.

Jedes Kollodiumbild ist bis zu einem gewissen Grad sowohl negativ als auch positiv, und daher sind die Verfahren zur Herstellung beider Arten von Fotografien im Wesentlichen gleich. Obwohl die allgemeinen Merkmale eines Positivs und eines Negativs ähnlich sind, gibt es einige Unterschiede. Eine Oberfläche, die beim Blick von unten vollkommen undurchsichtig erscheint, wird etwas durchscheinend, wenn man sie gegen das Licht hält;

Um also den gleichen Effekt zu erzielen, muss die Metallablagerung in einem Negativ proportional dicker sein als in einem Positiv; Andernfalls sind die kleinen Details des Bildes unsichtbar, weil sie das Licht nicht ausreichend abschirmen.

Mit diesen Vorbemerkungen sind wir bereit, die *Gründe* für die Prozesse zur Gewinnung von Kollodium-Positiven und -Negativen genauer zu untersuchen. Alles, was sich auf Papierpositive zum Thema Silberchlorid bezieht, wird in einem späteren Kapitel behandelt.

ABSCHNITT I.

Über Kollodium-Positive.

Kollodium-Positive werden manchmal als *direkt bezeichnet* , da sie durch einen einzigen Vorgang gewonnen werden. Das Silberchlorid ist, *wenn es nur durch Licht beeinflusst wird* , nicht dazu geeignet, direkte Positive zu erzeugen, da die reduzierte Oberfläche dunkel ist und nicht in der Lage ist, die Lichter eines Bildes wiederzugeben. Daher wird notwendigerweise ein Entwicklungsmittel verwendet und das Chlorid durch Jodsilber ersetzt, da es ein empfindlicheres Präparat ist. Kollodium-Positive sind ihrer Natur nach eng mit Daguerreotypien verwandt. Der Unterschied zwischen den beiden besteht hauptsächlich in der Oberfläche, die zum Tragen der empfindlichen Schicht verwendet wird, und in der Beschaffenheit der Substanz, mit der das unsichtbare Bild entwickelt wird.

Bei einem Kollodium-Positiv werden die Lichter durch eine helle Oberfläche aus reduziertem Silber gebildet und die Schatten durch einen schwarzen Hintergrund, der durch die transparenten Teile der Platte hindurchscheint.

Bei der Erstellung dieser Fotografien sind zwei Hauptpunkte zu beachten.

Erstens, um ein Bild zu erhalten, das in jedem Teil deutlich, *aber von verhältnismäßig geringer Intensität ist* . – Wenn die Ablagerung von reduziertem Metall zu dick ist, wird der dunkle Hintergrund nicht in ausreichendem Maße gesehen, und das Bild weist infolgedessen einen Mangel an Schatten auf.

Zweitens, die Oberfläche des reduzierten Metalls so weit wie möglich *aufzuhellen* , um einen ausreichenden Kontrast von Licht und Schatten zu erzeugen. Auf übliche Weise entwickeltes Silberjodid weist ein mattgelbes Aussehen auf, das düster und unangenehm ist.

Das Kollodium- und Nitratbad für Positives. — Gute positive Ergebnisse können durch Verdünnen einer Kollodiumprobe mit Äther und Alkohol erzielt werden, bis im Bad ein blasser bläulicher Film entsteht. Da der Anteil an Jodsilber in diesem Fall gering ist, ist die Wirkung der hohen Lichter weniger heftig und die Schatten haben mehr Zeit, sich zu beeindrucken. Durch die Verdünnung verringert sich gleichzeitig mit dem Iodid die Menge an Pyroxylin im Kollodium, was ein Vorteil ist, da die dünnen und transparenten Filme dem Bild immer mehr Schärfe und Definition verleihen.

Der Einsatz eines sehr dünnen Films für Positive ist jedoch nicht immer ein erfolgreicher Prozess. Da die Partikel des Jodsilbers in engem Kontakt mit dem Glas stehen, ist beim Reinigen der Platten ungewöhnliche Sorgfalt erforderlich, um Flecken zu vermeiden. und die Menge an freiem Silbernitrat, die auf der Oberfläche des Films verbleibt, besteht darin, dass kleine kreisförmige Flecken mit unvollständiger Entwicklung auftreten können, es sei denn, das Reduktionsmittel wird gleichmäßig und perfekt über die Oberfläche verteilt. Auch wenn freies Jod oder organische Substanzen, die eine verzögernde Wirkung auf die Lichteinwirkung haben, in erheblichem Umfang vorhanden sind, wird das Collodion mit einem geringen Anteil an Jodid nicht gut funktionieren. Der Autor stellte bei Experimenten zu diesem Thema fest, dass mit vollkommen reinem Collodion und einem *neutralen* Bad die kräftigsten Eindrücke erzeugt wurden, wenn die Dichte des Films durch Verdünnung so weit verringert wurde, dass auf dem Glas kaum noch etwas zu sehen war; Bei stark mit Jod getöntem Kollodium oder bei einem salpetersäurehaltigen Bad war es jedoch notwendig, die Verdünnung an einem bestimmten Punkt zu stoppen, da sonst der Film gegenüber schwacher Lichtstrahlung völlig unempfindlich wurde und die Schatten nicht mehr deutlich hervorgehoben werden konnten der Belichtung. In diesem Fall wurde durch die Zugabe von mehr Jodid eine bessere Wirkung erzielt.

Bei Positivaufnahmen kann ein dickeres Collodion verwendet werden, wenn etwas freies Jod hinzugefügt wird, um die Intensität zu verringern und die Schatten während der Entwicklung klar zu halten. Dieser Prozess ist einfacher zu praktizieren als der letzte, liefert jedoch nicht immer die gleiche perfekte Definition.

Dem Kollodium, das für Positive verwendet werden soll, dürfen keine organischen Substanzen der Klasse Glycyrrhizin und Zucker zugesetzt werden. Dadurch würde das Bild intensiver werden und die hellen Lichter würden durch reflektiertes Licht einer Solarisation ausgesetzt, *d . h.* einem dunklen Erscheinungsbild.

Das Nitratbad . — Wenn die Materialien rein sind, kann es vorteilhaft sein, das Nitratbad gleichzeitig mit dem Kollodium zu verdünnen, wenn Positive entnommen werden sollen; aber die Verwendung eines sehr schwachen Nitratbades (z. B. eines von 20 Körnern pro Unze) hat, obwohl es bei der Vermeidung übermäßiger Entwicklung sehr nützlich ist, einige

Nachteile; Es wird notwendig, freie Salpetersäure auszuschließen und die Verwendung eines zu stark mit Jod gefärbten Collodions zu vermeiden. Andererseits wird bei einem starken Nitratbad und einem einigermaßen dichten Film aus Jodsilber oft ein besseres Ergebnis durch die Verwendung von Salpetersäure erzielt. Die Empfindlichkeit der Platten wird beeinträchtigt, aber gleichzeitig nimmt die Intensität ab und das Bild ist auf der Glasoberfläche gut sichtbar.

Ein neues Bad ist für die Einnahme von Positivem besser geeignet als eines, das schon lange in Gebrauch ist. Letzteres führt während der Einwirkung des Entwicklers häufig zu *Trübungen und unregelmäßigen Markierungen auf dem Film*. Dies ist teilweise auf die Ansammlung von Alkohol und Äther im Bad zurückzuführen, die dazu führt, dass die Eisensulfatlösung ölig fließt; und teilweise zu einer Reduktion des Silbernitrats durch organisches Material.

Das Vorhandensein von *Silberacetat* ist in einem positiven Nitratbad zu beanstanden, da es Solarisation und Bildintensität hervorruft; Daher müssen die Vorsichtsmaßnahmen getroffen werden, die seine Entstehung verhindern (S. 89).

Wenn geschmolzenes Silbernitrat für das positive Nitratbad verwendet wird, ist es sehr wichtig, dass die Fusion nicht zu weit getrieben wird, da die Lösung sonst ein basisches Silbernitrit enthalten würde und ein intensives, solarisiertes und nebliges Bild ergeben würde.

Die Entwickler für Kollodium- Positive. — Pyrogallussäure erzeugt bei Verwendung mit Essigsäure, wie sie bei Negativbildern üblich ist, eine matte und gelbe Oberfläche. Dies kann vermieden werden, indem man die Essigsäure in geringer *Menge* durch Salpetersäure ersetzt. Die durch Pyrogallussäure mit Salpetersäure erzeugte Oberfläche ist glanzlos , aber sehr weiß, wenn die Lösung in der richtigen Stärke verwendet wird. Beim Versuch, die Salpetersäuremenge zu erhöhen, wird der Niederschlag metallisch und die Halbtöne des Bildes werden beeinträchtigt; Pyrogallussäure ist zwar ein aktiver Entwickler, ermöglicht jedoch nicht die Zugabe von Mineralsäure im gleichen Ausmaß wie die Eisensalze. In Kombination mit Salpetersäure ist außerdem ein angemessener Anteil an Silbernitrat auf dem Film erforderlich, da sonst die Entwicklung in Teilen der Platte unvollständig ist.

Eisensulfat . — Die Protosalze des Eisens wurden erstmals von Herrn Hunt in der Fotografie eingesetzt. Das Sulfat ist ein äußerst energischer Entwickler und bringt oft ein Bild zum Vorschein, wo andere scheitern würden. Um damit einen satten Weißton ohne metallischen Glanz zu erzeugen , kann es in Verbindung mit Essigsäure und in etwas konzentrierter Form verwendet werden, um das Bild schnell zu entwickeln .

Die Zugabe von *Salpetersäure* zu Eisensulfat verändert die Entwicklung, macht sie langsamer und allmählicher und erzeugt eine hell funkelnde Oberfläche aus reduziertem Silber. Allerdings darf nicht zu viel von dieser Säure verwendet werden, da sonst die Wirkung unregelmäßig ist. Auch das Nitratbad muss einigermaßen konzentriert sein, um die entwicklungsverzögernde Wirkung der Salpetersäure auszugleichen. Die blauen und durchsichtigen Filme von Jodsilber, die in einem sehr verdünnten Salpeterbad gebildet werden, eignen sich nicht gut für die Entwicklung von Positiven auf diese Weise. Sie werden durch die Säure geschädigt und die Bildentwicklung wird unvollkommen.

Protonitrat von Eisen. — Dieses Salz, das zuerst von Dr. Diamond verwendet wurde, zeichnet sich dadurch aus, dass es ohne Zusatz freier Säure eine Oberfläche mit brillantem metallischem Glanz verleiht. Theoretisch kann davon ausgegangen werden, dass es dem Eisensulfat mit zugesetzter Salpetersäure sehr ähnlich ist. Es gibt jedoch geringfügige praktische Unterschiede zwischen ihnen, die möglicherweise für das Protonitrat sprechen .

Die reduzierenden Kräfte von *Eisenoxid* scheinen im umgekehrten Verhältnis zur Stärke der Säure zu stehen, mit der es in seinen Salzen verbunden ist; Daher ist das *Nitrat* bei weitem der schwächste Entwickler der Eisenprotosalze .

Die Regeln, die bereits für die Verwendung von mit Salpetersäure angesäuertem Eisensulfat gegeben wurden, gelten auch für das salpetersaure Eisen; Der Anteil an freiem salpetersaurem Silber muss groß sein und der Jodsilberfilm darf nicht zu durchsichtig sein.

Bei der Entwicklung direkter Positive entweder mit Pyrogallussäure oder mit Eisensalzen wird man feststellen, dass die Farbe des Bildes einer gewissen Variation unterliegt; Die Art des Lichts, ob hell oder schwach, und die Belichtungsdauer in der Kamera beeinflussen das Ergebnis.

Ein Verfahren zur Aufhellung des Positivbildes mittels Quecksilberbichlorid . — Anstatt das positive Bild durch Modifizieren des Entwicklers aufzuhellen, wurde vor einiger Zeit von Herrn Archer vorgeschlagen, das gleiche Ziel durch die Verwendung des Salzes zu erreichen, das als *ätzendes Sublimat* oder Quecksilberbichlorid bekannt ist.

Das Bild wird zunächst wie gewohnt entwickelt, fixiert und gewaschen. Anschließend wird es mit der Bichloridlösung behandelt, deren Wirkung darin besteht, fast sofort eine interessante Reihe von Farbveränderungen hervorzurufen . Die Oberfläche *verdunkelt sich zunächst erheblich* , bis sie aschgrau wird und sich dem Schwarz nähert. Bald beginnt es heller zu werden und nimmt einen *reinweißen* Farbton oder ein leicht ins Blaue tendierendes Weiß an. Bei der Untersuchung sieht man dann, dass die gesamte Substanz der Ablagerung vollständig in dieses weiße Pulver umgewandelt wurde.

Der *Grund* für die Reaktion von Quecksilberbichlorid scheint darin zu liegen, dass sich das Chlor des Quecksilbersalzes zwischen Quecksilber und Silber aufteilt, wobei ein Teil davon in das letztere Metall übergeht und es in ein Protochlorid umwandelt. Das weiße Pulver ist daher wahrscheinlich ein zusammengesetztes Salz, was auch durch die Auswirkungen der Behandlung mit verschiedenen Reagenzien belegt wird.

ABSCHNITT II.

Über Kollodium-Negative.

So wie wir im Falle eines direkten Positivs ein schwaches, *aber* deutliches Bild benötigen, so ist es andererseits für ein Negativ notwendig, ein Bild von beträchtlicher Intensität zu erhalten. Im unmittelbar folgenden Kapitel wird gezeigt, dass bei der Verwendung von Glasnegativen zur Herstellung von Positivkopien auf Chlorsilberpapier kein gutes Ergebnis erzielt werden kann, wenn das Negativ nicht ausreichend dunkel ist, um das Licht stark zu blockieren.

Das Kollodium- und Nitratbad für Negative. — Ein Kollodium, das einen sehr geringen Anteil Jodid enthält und im Bad einen blauen durchsichtigen Film ergibt, ist für die Aufnahme von Negativen nicht gut geeignet. Blasse opaleszierende Filme geben bei starkem Licht oft eine zu geringe Intensität ab, und wenn das Nitratbad nicht säurehaltig ist, lassen sie sich nicht für die richtige Zeitspanne in der Kamera belichten, ohne dass unter der Einwirkung des Nitratbades eine Trübung und Undeutlichkeit des Bildes entsteht Entwickler. Der als „Solarisierung von Negativen" bekannte Effekt, *d . e.* Ein rotes und durchscheinendes Erscheinungsbild der höchsten Lichter tritt auch eher auf, wenn mit einem sehr blassen Film gearbeitet wird. Wenn andererseits die Jodidschicht zu gelb und cremig ist, werden die Halbtöne des Bildes oft unvollständig entwickelt, so dass ein Mittelwert zwischen diesen Extremen am besten ist.

Ein reines und frisch zubereitetes Collodion liefert, obwohl es sehr lichtempfindlich ist, bei einmaligem Auftragen des Entwicklers nicht immer ein ausreichend kräftiges Bild, um als Negativmatrix zu dienen; und dies insbesondere an den am hellsten erleuchteten Stellen, wie etwa dem Himmel in einer Landschaftsfotografie oder den weißen Rändern einer Gravur. Aber wenn das Collodion einige Wochen oder Monate lang aufbewahrt wird, wird es gelb, wenn es mit den alkalischen Jodiden jodiert wird, und es findet eine Zersetzung darin statt, wie zuvor gezeigt (S. 97), was die Schnelligkeit der Wirkung verringert, aber die Intensität erhöht des Negativen.

auch verwendet werden, um frisch gemischtem Collodion Intensität zu verleihen Glycyrrhizin , ein harziger Körper, der aus der Wurzel von Lakritze gewonnen wird ; Da beide Substanzen jedoch die Empfindlichkeit verringern und die Haltbarkeit der Flüssigkeit beeinträchtigen, sollten sie mit Vorsicht verwendet werden. Bei der Aufnahme von Porträts im Freien, an hellen Tagen und mit einem Bad, das über einen längeren Zeitraum gemischt wurde, wird man selten feststellen, dass die Intensität mangelhaft ist; Dies gilt insbesondere dann, wenn der Entwickler ein zweites Mal auf den Film aufgetragen und mit einigen Tropfen einer Lösung von salpetersaurem Silber versetzt wird. In der Landschaftsfotografie oder beim Kopieren von Gravuren, wo extreme Empfindlichkeit keine Rolle spielt, kann es jedoch manchmal vorteilhaft sein , Glycyrrhizin zuzusetzen, um eine perfekte Deckkraft der Schwarztöne zu erreichen.

Wenn auf die Verwendung dieser Substanz zurückgegriffen wird, scheint die Art der Jodierung des Collodions von Bedeutung zu sein, da die Intensitätssteigerung beim Jod des Cadmiums größer ist als bei den Jodiden der Alkalien ; Letzterer übt wahrscheinlich eine zersetzende Wirkung aus. Auch die Zugabe eines Bromids oder Chlorids in kleinen Mengen zum Kollodium hat einen deutlichen Effekt auf die Steigerung der Intensität, wenn Glycyrrhizin mit alkalischen Jodiden verwendet wird (S. 101).

Halbton abzuschwächen und zu verhindern, dass die dunkleren Teile des Bildes ausreichend hervorgehoben werden. Der Abzug des Negativs ist dann bei hellem Licht blass und weiß, oder „kreidig", wie es genannt wird. In diesem Zustand wird Kollodium wegen der Leichtigkeit, mit der die Negative gewonnen werden können, oft von Anfängern bevorzugt, aber es liefert nicht die besten Ergebnisse. Ein Überschuss an Glycyrrhizin im Kollodium beeinträchtigt außerdem die Ausfällung des Silberjodids und erzeugt einen blauen und rauchigen Film, der für Negative nahezu unbrauchbar ist.

Glycyrrhizin intensiviert wurde , hat eine bemerkenswerte Wirkung bei der Verbesserung der Tonusabstufung. Die übermäßige Opazität der hellen Lichter wird verringert, und daher kann der Bediener durch eine längere Belichtung der empfindlichen Platte die Schatten und kleineren Details des Bildes deutlich hervorheben. Auf diese Weise hergestelltes Kollodium ist zu langsam, um für Porträts verwendet zu werden, außer bei starkem Licht, aber es ergibt oft ein Bild mit großer Rundheit und stereoskopischem Effekt.

Das zusammen verwendete Jod und der Lakritzzucker tragen auch dazu bei, die Klarheit der Platten unter dem Einfluss des Entwicklers zu bewahren und den Linien und Punkten von Gravuren usw. Schärfe zu verleihen, die mit einem neuen und empfindlichen Collodion verbunden sind oft unvollkommen wiedergegeben. Diese Vorteile werden der Bediener zu schätzen wissen, der aufgrund der Arbeit mit einem zu schwachen Kollodium versagt hat; Es muss jedoch berücksichtigt werden, dass alle als Verstärker wirkenden Substanzen eine schlechte Wirkung haben, wenn der Zustand des Films ihre Verwendung nicht erfordert.

Das Protoiodid des Eisens wurde als Zusatz zu Negativkollodium empfohlen. Im Nitratbad bildet es neben Silberjodid Eisenprotonitrat, eine instabile Substanz und einen Entwickler. Die Verwendung von Eisenjodid verleiht große Sensibilität, es ist jedoch schwierig, es rein und unverändert zu bewahren. Es zersetzt auch das Kollodium im Laufe einiger Stunden, wird selbst peroxidiert und erzeugt einen unempfindlichen Zustand des Films. Darüber hinaus sind die mit Hilfe von Eisenjodid aufgenommenen Negative häufig minderwertiger Art, da die Reduzierung in den Hochlichtern zu deutlich ist; so dass sein Einsatz von zweifelhaftem Nutzen ist.

Das Nitratbad. – Dies sollte aus Silbernitrat hergestellt werden, das bei mäßiger Hitze geschmolzen wurde (siehe S. 13 und 101). Wenn dieser Punkt vernachlässigt wird, wird das beste Kollodium manchmal nicht in der Lage sein, ein intensives Negativ zu erzeugen.

Essigsäure muss in geringen Mengen zugesetzt werden, um die Lösung vor einer zu schnellen Reduktion durch den Alkohol und Äther des Kollodiums zu schützen. Auch wenn das Silbernitrat nicht ganz rein und frei von organischen Stoffen ist (S. 104), werden ohne die Verwendung von Säure keine klaren Bilder erhalten.

Silberacetat wird oft als Zusatz zum Negativnitratbad empfohlen. Es wird hergestellt, indem man in die Lösung ein Alkali, beispielsweise Ammoniak, und anschließend einen Überschuss an Essigsäure tropft. Die Negative werden durch dieses Vorgehen schwärzer und kräftiger, vor allem aber, wenn das Bad mit Salpetersäure verunreinigt ist; das sich auf Kosten des Silberacetats neutralisiert, also:

Silberacetat + Salpetersäure

= Silbernitrat + Essigsäure.

Im Allgemeinen ist es besser, die Zugabe von Silberacetat zum Bad zu vermeiden, da bei reinem, geschmolzenem Silbernitrat keine Salpetersäure vorhanden sein kann und eine perfekte Intensität leicht erreicht werden kann. Wenn das Bad mit Silberacetat gesättigt ist, befindet es sich in einem reduzierbareren Zustand, und wenn die Glasplatten nicht sehr gründlich gereinigt werden, entstehen beim Auftragen des Entwicklers schwarze Linien und Markierungen, die auf eine unregelmäßige Wirkung zurückzuführen sind der Film (S. 104). Auch die Solarisation oder Rötung durch Überbelichtung wird durch die Anwesenheit von Silberacetat gefördert.

Lösungen für Negative entwickeln . — Die Protosalze des Eisens werden normalerweise nicht zur Entwicklung negativer Eindrücke eingesetzt. Sie neigen dazu, ein violett gefärbtes Bild zu ergeben, das durch Fortsetzung der Einwirkung nicht ohne weiteres intensiver gemacht werden kann.

Gallussäure ist für die Entwicklung von Kollodiumbildern zu schwach. Pyrogallussäure ist viel überlegen und kann je nach gewünschter Wirkung in jeder Stärke verwendet werden. Wenn das Licht schlecht ist, die Temperatur niedrig ist und sich das Negativ langsam entwickelt und im Durchlicht blau und tintenfarben erscheint, sollte der Anteil des Reduktionsmittels erhöht werden. Aber bei einem intensiven Collodion erhält man an einem klaren Sommertag die feinste Abstufung mit einer schwachen Lösung, die erst dann zu wirken beginnt, wenn der Teller gleichmäßig bedeckt ist. Ein starker Entwickler könnte in einem solchen Fall bei den höchsten Lichtverhältnissen zu viel Deckkraft erzeugen und wahrscheinlich zu unregelmäßig reduzierten Flecken führen.

Methoden zur Verstärkung eines fertigen Eindrucks, der zu schwach ist, um als Negativ verwendet zu werden. — Der gewöhnliche Plan, die Entwicklung voranzutreiben, kann nach dem Waschen und Trocknen des Bildes nicht mehr mit Vorteil angewendet werden. Wenn sich in diesem Fall herausstellt, dass es zu schwach ist, um gut gedruckt zu werden, kann seine Intensität durch eine der folgenden Methoden erhöht werden:

Es muss jedoch davon ausgegangen werden, dass von einem Negativfoto, das von vornherein nicht ordnungsgemäß entwickelt wurde, und insbesondere dann, wenn die Belichtung zu kurz war, nicht derselbe Grad an Exzellenz zu erwarten ist. Jedes „augenblickliche Positiv" kann für ein Negativ ausreichend intensiv wiedergegeben werden, aber in diesem Fall sind die Schatten fast immer unvollkommen.

1. *Behandlung des Bildes mit Schwefelwasserstoff oder Ammoniakhydrogensulfat* . — Das Ziel besteht darin, das metallische Silber in *Schwefelsilber* umzuwandeln , und wenn dies möglich wäre, wäre es von Nutzen. Die bloße Anwendung eines alkalischen Schwefelwasserstoffs hat jedoch nur geringe Auswirkungen auf das Bild, außer dass seine Oberfläche dunkler wird und das positive Erscheinungsbild durch reflektiertes Licht zerstört wird; Die Struktur der

metallischen Ablagerung ist zu dicht, als dass der Schwefel in ihr Inneres gelangen könnte.

Professor Donny („Photographic Journal", Bd. I) schlägt vor, dies zu vermeiden, indem er das Bild zunächst durch Anwendung von Quecksilberbichlorid in das weiße Salz von Quecksilber und Silber umwandelt und es anschließend mit einer Lösung von Schwefelwasserstoff oder Hydrosulfat behandelt Ammoniak. Auf diese Weise hergestellte Negative haben bei durchfallendem Licht eine braun-gelbe Farbe und sind für chemische Strahlen in einem Ausmaß undurchsichtig, das *a priori nicht* zu erwarten gewesen wäre.

2. *MM. Barreswil und Davanne's Verfahren.* — Das Bild wird in Silberjodid umgewandelt, indem es mit einer gesättigten Jodlösung in Wasser behandelt wird. Dann wird es gewaschen – um den Überschuss an Jod zu entfernen –, dem Licht ausgesetzt und ein Teil der gewöhnlichen Entwicklerlösung, gemischt mit salpetersaurem Silber, darüber gegossen. Die Veränderungen, die sich daraus ergeben, sind genau die gleichen wie die bereits beschriebenen; Der gesamte Zweck des Prozesses besteht darin, die metallische Oberfläche wieder in den Zustand von durch Licht modifiziertem Jodsilber zu versetzen, damit die Entwicklungswirkung von neuem beginnen und mehr Silber auf die übliche Weise aus dem Salpeter abgeschieden werden kann.

3. *Der Prozess mit Quecksilberbichlorid und Ammoniak.* — Das Bild wird zunächst durch Anwendung einer Lösung des ätzenden Sublimats in das übliche weiße Doppelsalz aus Quecksilber und Silber umgewandelt. Anschließend wird es mit Ammoniak behandelt, wodurch es stark *geschwärzt wird* . Wahrscheinlich wirkt das Alkali, indem es Quecksilberchlorid in schwarzes Quecksilberoxid umwandelt. Anstelle von Ammoniak kann eine verdünnte Lösung von Natriumhyposulfit oder Kaliumcyanid verwendet werden, mit sehr ähnlichen Ergebnissen.

KAPITEL VIII.

Zur Theorie des Positivdrucks.

DAS Thema der Kollodium-Negative im vorherigen Kapitel erläutert wurde, zeigen wir nun, wie sie so hergestellt werden können, dass sie eine unbegrenzte Anzahl von Kopien ergeben, wobei die Lichter und Schatten wie in der Natur korrekt sind.

Solche Kopien werden „Positive" oder manchmal „Positivdrucke" genannt, um sie von direkten Positiven auf Kollodium zu unterscheiden.

Es gibt zwei unterschiedliche Arten, fotografische Abzüge zu erhalten: erstens durch Entwicklung oder, wie es genannt wird, *durch den Negativprozess* , bei dem eine Schicht Jodid oder Silberchlorid verwendet wird und das unsichtbare Bild mit Gallussäure entwickelt wird; und zweitens durch die direkte Einwirkung von Licht auf eine Oberfläche aus Silberchlorid, ohne dass Entwickler verwendet wurde. Diese Prozesse, bei denen es sich um chemische Veränderungen von großer Feinheit handelt, bedürfen einer sorgfältigen Erklärung.

Die Wirkung von Licht auf Silberchlorid wurde in Kapitel II beschrieben. Es zeigte sich, dass ein allmählicher Verdunkelungsprozess stattfand, wobei die Verbindung auf den Zustand einer Farbe reduziert wurde *Untersalz* ; auch, dass die Schnelligkeit und Vollkommenheit der Veränderung durch das Vorhandensein eines Überschusses an salpetersaurem Silber und organischen Stoffen, wie Gelatine , Albumin usw., erhöht wurde.

Wir müssen nun annehmen, dass auf diese Weise ein empfindliches Papier hergestellt wurde und dass, nachdem ein Negativ damit in Kontakt gebracht wurde, die Kombination ausreichend lange der Wirkung von Licht ausgesetzt wurde. Nach dem Entfernen des Glases finden Sie unten eine positive Darstellung des Objekts von großer Schönheit und Detailgenauigkeit. Wenn nun dieses Bild seiner Natur nach fest und dauerhaft wäre oder wenn es Mittel gäbe, es ohne Beeinträchtigung der Tönung so zu machen, wäre die Herstellung von Papierpositiven sicherlich ein einfacher Zweig der fotografischen Kunst; denn man wird feststellen, dass das Bild bei fast jedem Negativ und auf empfindlichem Papier, wie auch immer es vorbereitet ist, beim ersten Herausnehmen aus dem Druckrahmen einigermaßen gut aussieht. Das Eintauchen in das Bad von hyposulfitischer Natronlauge, das zur Fixierung des Bildes unbedingt erforderlich ist, hat jedoch eine ungünstige Wirkung auf die Tönung; Zersetzung des violett gefärbten Silbersuboxids und Zurücklassen einer roten Substanz, die mit der

Faser des Papiers verbunden zu sein scheint und bei der Prüfung in der Art eines Silbersuboxids reagiert.

Daher sind weitere chemische Verfahren erforderlich, um die störende rote Farbe des Drucks zu entfernen, und daher ist die Betrachtung des Themas natürlich in zwei Teile geteilt; erstens die Mittel, mit denen das Papier empfindlich gemacht wird und das darauf eingeprägte Bild ; und zweitens die anschließende Fixierung und *Tonung* , wie man es nennen kann, des Probedrucks.

Das vorliegende Kapitel wird außerdem in zwei zusätzlichen Abschnitten eine komprimierte Darstellung der wichtigsten Fakten zu den Eigenschaften und der Art der Konservierung von Fotoabzügen enthalten.

ABSCHNITT I.

Die Vorbereitung des sensiblen Papiers.

In diesem Abschnitt wird die allgemeine Theorie der Herstellung von Positivpapier beschrieben, soweit sie den Ton und die Intensität des Drucks beeinflusst; Für die erforderlichen Formeln wird der Leser auf den zweiten Teil des Werkes verwiesen .

Die Vorbereitung des sensiblen Papiers. – Um einen scharfen und gut definierten Druck zu erzeugen, müssen folgende Bedingungen erfüllt sein: Auf der Oberfläche des Papiers muss eine gleichmäßige Schicht Silberchlorid vorhanden sein und die Partikel dieses Chlorids müssen mit einem ausreichenden Überschuss an Silber in Berührung kommen Silbernitrat. Auf diese Punkte wurde bereits zu Beginn des Werkes hingewiesen (S. 19).

Von Bedeutung ist das zum *Leimen des Papiers* verwendete Material . Englische Papiere werden normalerweise mit Gelatine geleimt , einem fotografischen Wirkstoff, der bei der Bilderzeugung chemisch wirkt. Ausländische Papiere hingegen, die nur mit Stärke geleimt sind, erfordern einen Zusatz von Gelatine , Kasein oder Albumin, um das Salz an der Oberfläche des Papiers zu halten und die Herstellung des Bildes zu unterstützen. Andernfalls ist der Druck flach und „mehlig", wie es genannt wird. Besonders Albumin erzeugt eine schön glatte Oberfläche und eignet sich hervorragend zum Drucken kleiner Porträts und stereoskopischer Motive.

Die gleichmäßige Oberflächenverteilung des Silberchlorids wird manchmal durch eine fehlerhafte Struktur des Papiers beeinträchtigt, die dazu führt, dass das Papier Flüssigkeiten ungleichmäßig aufnimmt und die Bilder, wenn sie aus dem Druckrahmen entfernt werden, fleckig *erscheinen* .

Eine andere Ursache, die dieselbe Wirkung hervorruft, ist die Verwendung einer zu schwachen Lösung von salpetersaurem Silber oder die Entfernung der Folie aus dem salpeterhaltigen Bad, bevor das Chlorammonium vollständig zersetzt ist; es wird dadurch an verschiedenen Stellen der Oberfläche ungleich empfindlich gemacht und die Abdrücke haben das oben erwähnte charakteristische marmorierte Aussehen.

Da ein ausreichender Überschuss an Silbernitrat unerlässlich ist, ist es wichtig zu bedenken, dass die Menge dieses Salzes, die schließlich im Papier verbleibt, stark von der Art und Weise abhängt, wie die Lösung aufgetragen wird. Wenn es durch *Schwimmen* aufgetragen wird , sollte das Verhältnis von Nitrat zu dem von Natriumchlorid etwa 3 zu 1 betragen (die Atomgewichte betragen fast 5 zu 2); aber wenn man den Plan des Bürstens oder Verteilens mit einem Glasstab anwendet, werden 7 zu 1 oder 8 zu 1 nicht zu viel sein.

Die Verdunkelung des empfindlichen Papiers durch Licht. — Der Bediener sollte mit den Farbveränderungen vertraut sein, die den Fortschritt der Reduzierung der empfindlichen Schicht anzeigen. In dieser Hinsicht hängt vieles von der Art der verwendeten organischen Substanz ab, aber es gibt immer eine regelmäßige Abfolge von Farbtönen; im Falle eines Papiers, das einfach mit Chlorammonium und salpetersaurem Silber hergestellt wurde, ist es wie folgt: blassviolett, violettblau, schieferblau, *bronzefarben* oder kupferfarben . Wenn das *Bronzestadium* erreicht ist, gibt es keine weitere Veränderung. Beim Eintauchen in das Fixierbad aus Hyposulfit werden die durch das Silbersubchlorid verursachten violetten Farbtöne zerstört und der Druck nimmt eine rote oder braune Farbe an , die an den Stellen, an denen das Licht am längsten gewirkt hat, am tiefsten und intensivsten ist.

Daraus sehen wir, dass es für die Herstellung eines guten Drucks wesentlich ist, dass das Negativ in den dunklen Teilen eine beträchtliche Intensität aufweist. Blasse und schwache Negative ergeben Probedrucke, denen es an Kraft mangelt und die ein flaches und undeutliches Aussehen haben. Die Kombination kann nicht ausreichend lange dem Licht ausgesetzt werden, um den erforderlichen Grad der Reduktion des Silberchlorids herbeizuführen; und daher sind die tiefsten Schatten des resultierenden Positivs nicht dunkel genug, und es *fehlt ein Kontrast* , der für die Wirkung verhängnisvoll ist.

Ein gutes Negativ sollte so undurchsichtig sein, dass die Lichter des gedruckten Bildes darunter klar bleiben, *bis die dunkelsten Farbtöne kurz davor stehen, in den Bronze- oder Kupferzustand überzugehen* . Wenn die Intensität geringer ist, kann der beste Effekt nicht erzielt werden.

BEDINGUNGEN, DIE SICH AUF DIE EMPFINDLICHKEIT DES PAPIERS UND DIE INTENSITÄT DES BILDES BEEINFLUSSEN.

Einige der wichtigsten davon sind wie folgt:

A. *Die Stärke des Salzbades* . — Die Empfindlichkeit des Papiers wird bis zu einem gewissen Grad durch die bei der Zubereitung verwendete Salzmenge [16] reguliert . Die Menge an alkalischem Chlorid bestimmt die Menge an Silberchlorid; und bei einem angemessenen Überschuß an salpetersaurem Silber sind die Papiere bis zu einem gewissen Punkt empfindlicher, je mehr sie Chlorid enthalten.

[16] Der Unterschied in den Atomgewichten der verschiedenen löslichen Chloride, die beim Salzen verwendet werden, muss berücksichtigt werden. Zehn Körner Ammoniumchlorid enthalten ebenso viel Chlor wie elf Körner Natriumchlorid oder zweiundzwanzig Körner Bariumchlorid. (Siehe den Wortschatz, Teil III.)

Hochsensibilisierte Papiere verdunkeln sich schnell und gehen vollständig in den Bronzezustand über. Diejenigen, die weniger Chlorid enthalten, dunkeln langsamer nach und werden bei gleicher Lichtintensität nicht bräunlich. Ein fotografischer Abzug, der auf stark gesalzenem und sensibilisiertem Papier erstellt wurde, ist normalerweise kräftig und weist einen großen Kontrast von Licht und Schatten auf. Dies gilt insbesondere dann, wenn der Druck bei starkem Licht durchgeführt wird. Daher wird es bei einem schwachen Negativ und bei trübem Wetter von Vorteil sein, die gewöhnliche Menge Salz zu *verdoppeln* , während bei einem intensiven Negativ und bei direkter Sonneneinstrahlung die tiefen Schatten zu stark bräunen, wenn die Menge nicht zu hoch ist Der Gehalt an Chlorid und Silbernitrat im Papier muss niedrig gehalten werden.

Je stärker Fotopapiere stark gesalzen und sensibilisiert sind, desto anfälliger sind sie für spontane Farbveränderungen im Dunkeln.

B. *Anteil an Silbernitrat* . – Die Verbindung, auf der ein Positivdruck entsteht, ist ein Chlorid oder ein organisches Silbersalz *mit einem Überschuss an Silbernitrat* . Es bringt nichts, den Anteil an Natriumchlorid zu erhöhen, wenn nicht gleichzeitig die Menge an freiem Nitrat im Sensibilisierungsbad erhöht wird.

Eine Oberfläche aus Silberchlorid mit einem bloßen Überschuss an Nitrat verdunkelt sich bei Belichtung, erreicht aber nicht den bronzierten Zustand; Die Aktion scheint an einem bestimmten Punkt zu enden. Wenn man den Druck in Hyposulfit- Natron legt, wird er sehr rot und blass, und wenn er getönt wird, sieht er kalt und schieferig aus, ohne Tiefe oder Intensität.

C. *Die Empfindlichkeit und Intensität wird durch den Ersatz des Nitrats durch Silberoxid beeinflusst.* – Viele Arbeiter verwenden eine Lösung von Silberoxid in Ammoniak [17] oder nitrathaltigem Ammoniak, um Chlorid-Silberpapier herzustellen. Dadurch wird eine deutliche Steigerung der Empfindlichkeit und auch der Bildintensität erreicht. Dies wird verständlich, wenn wir bedenken, dass die Wirkung des Lichts bei der Herstellung des Abdrucks reduzierender Natur ist. Daher erleichtert der Ersatz von Silbernitrat durch Oxid die Zersetzung; ebenso wird *Ammoniumnitrat* von Silber leichter durch Gallus- oder Pyrogallussäure reduziert als das einfache Salpetersäure (siehe S. 31).

[17] Die Chemie von Ammoniumnitrat von Silber wird im Vokabular, Teil III, erklärt.

Ammoniumnitratpapier hat den Nachteil, dass es sich bei Lagerung schnell *verfärbt* ; aber in den Wintermonaten ist es beim Drucken sehr nützlich. Der Chloridanteil im Salzbad kann bei Bedarf erheblich reduziert werden; Die Intensität der Wirkung wird durch die Verwendung von Silberoxid erheblich gesteigert.

D. *Einsatz organischer Stoffe.* — Die in dieser Arbeit empfohlenen sind: Eiweiß, Gelatine und Islandmoos. Albumin trägt wesentlich zur Empfindlichkeit des Papiers bei und sorgt für eine sehr feine Oberflächendefinition. Es ist eine geringere Menge Chlorid erforderlich als bei einfach gesalzenem Normalpapier, da der klebrige Charakter von Albuminflüssigkeiten dazu führt, dass mehr Flüssigkeit auf der Oberfläche des Papiers zurückgehalten wird und die tierischen Stoffe die Reduktion unterstützen. Durch Variation des Salzanteils können sowohl schwache als auch intensive Negative erfolgreich auf Albuminpapier gedruckt werden. Kein Verfahren liefert bessere Ergebnisse, weder hinsichtlich der Empfindlichkeit noch bei der getreuen Wiedergabe aller feineren Details des Negativs, als das Verfahren mit Albumin.

Isländisches Moos ergibt beim Kochen in Wasser eine schleimige Flüssigkeit, die bequem als Vehikel für Silberchlorid verwendet werden kann; Es erhöht die Empfindlichkeit des Papiers und sorgt für zusätzliche Bräunungskraft, indem es dazu beiträgt, das freie Silbernitrat zu reduzieren. Viele andere organische Stoffe, die dazu neigen, Sauerstoff zu absorbieren, würden auf die gleiche Weise wirken.

Gelatine wird im Positivdruck verwendet; Es ist in seiner Zusammensetzung dem Albumin analog und bildet wie dieses eine rote Verbindung mit Silbersuboxid. Es trägt dazu bei, den Druck auf der Oberfläche des Papiers zu halten, verändert jedoch die Empfindlichkeit oder das allgemeine Erscheinungsbild des fertigen Bildes nicht so stark wie Albumin.

e. *Verunreinigungen in Silbernitrat* . — Nitratsilber, das für Fotodrucke verwendet wird, sollte frei von auch nur einer Spur von Quecksilberprotonitrat sein, da bekannt ist, dass die Ausfällung von Quecksilberchlorid die Verdunkelung von Silberchlorid durch Licht verhindert.

Seite 101 erwähnte besondere Zustand von Silbernitrat , bei dem angenommen wird, dass es Stickstoffoxide enthält, beeinträchtigt wahrscheinlich den fotografischen Druck. Dies ist wahrscheinlich die Erklärung für einen fehlerhaften Zustand der Nitratlösung, in dem sie rote und schwache Positive liefert und in aufregendem Albuminpapier nicht nachdunkelt . Die Abhilfe besteht darin, das Nitrat des Silbers bei mäßiger Hitze zu schmelzen, bevor es sich auflöst.

DIE FARBE DES BILDES WIRD DURCH DIE VORBEREITUNG DES EMPFINDLICHEN PAPIERS BEEINFLUSST.

Wer mit Geschmack drucken möchte, sollte sich mit diesem Thema befassen. Durch die Einführung einiger einfacher Änderungen in der Art und Weise der Herstellung des empfindlichen Papiers kann nahezu jede beliebige Tönung erzielt werden.

Die Tendenz des „Tönung"-Prozesses, dem der Druck anschließend unterzogen wird, besteht darin, die Farbe abzudunkeln und, wenn Gold verwendet wird, einen *Blauton* zu verleihen . Wenn also das Positiv in einem roten Ton gedruckt wird, wird es sich im Goldbad in einen violetten verwandeln; Bleibt es hingegen nach der Belichtung und Fixierung dunkelbraun oder sepiafarben, geht es durch Tonen in ein reines Schwarz über.

Das Positiv sollte beim Herausnehmen aus dem Druckrahmen warm und hell aussehen; aber der Farbton, der nach dem Eintauchen in hyposulfithaltiges Natron zurückbleibt, ist die eigentliche Farbe des einfach fixierten Abdrucks.

Farbe und das allgemeine Erscheinungsbild des Bildes auswirken .

A. *Die Anteile von Salz und Nitrat von Silber.* — Stark gesalzene und sensibilisierte Papiere ergeben ein *dunkleres* Bild als solche, die einen geringen Anteil an Silberchlorid enthalten und daher weniger lichtempfindlich sind. Wenn wir also auf schwach sensibilisiertes Papier drucken, um die feineren Details eines hochintensiven Negativs hervorzuheben, finden wir, dass das

Bild nach dem Fixieren ungewöhnlich rot und nach dem Tonen braun oder maulbeerfarben ist . Die obigen Bemerkungen gelten bis zu einem gewissen Grad auch für die Stärke des Salpeterbads, und zwar besonders dann, wenn außer Gelatine kein organisches Material verwendet wird – in einem solchen Fall wird das Bild nach dem Fixieren *dunkler sein* , wenn der Anteil an freiem Silbernitrat gleich ist groß.

B. *Wirkung von Silberoxid auf die Farbe* . — Drucke, die auf stark gesalzenem Ammoniumnitratpapier entstehen , haben nach dem Fixieren eine sepiafarbene Farbe und sind im getönten Zustand gewöhnlich rein schwarz oder purpurschwarz. Durch die verbesserte Lichtreduktion durch die Verwendung von *Silberoxid* kommt es auch zu weniger Rötungen im Druck. Wenn jedoch die zur Herstellung des Papiers verwendete Salzmenge aus wirtschaftlichen Gründen oder zur Verbesserung des Halbtons auf ein Minimum (ein Korn pro Unze oder weniger) reduziert wird, kehrt die übliche rote Farbe zurück und das Positive ist Braun oder Lila nach dem Tonen anstelle von Schwarz. Durch die Verwendung einer Lösung von Silberoxid ist der Anwender somit in der Lage, ohne den Zusatz von organischem Material Positives mit einer angenehmen Farbvielfalt zu drucken, verbunden mit einer besonderen Weichheit und Feinheit, die mit einfachem Salpetersäure nicht leicht zu erreichen ist Silber.

C. *Die Farbe wird durch organische Stoffe beeinflusst.* — Albumin wird durch salpetersaures Silber koaguliert und bildet einen bleibenden Glanz auf dem Papier. Das empfindliche Albuminpapier verdunkelt sich in der Sonne zu einer schokoladenbraunen Farbe , die beim Eintauchen in das Hyposulfit stark rot wird . Die fertigen Drucke sind klar und transparent; normalerweise von einem Braunton oder mit einem violetten Farbton, wenn das Goldbad neu hergestellt und aktiv ist; Reines Schwarz ist nicht leicht zu erhalten.

Islandmoos beeinflusst die Farbe des Proofs bis zu einem gewissen Grad, jedoch weniger als Albumin; Die fertigen Drucke sind fast schwarz, wenn das Papier stark gesalzen ist.

Die gelatineartige Leimung, die für die englischen Papiere verwendet wird und durch Kochen von Häuten in Wasser und Härten des Produkts durch Beimischung von Alaun gewonnen wird, hat einen *rötenden* Einfluss auf reduzierte Silbersalze , analog zu dem von Albumin oder von Casein , dem charakteristischen tierischen Prinzip aus Milch. Auf englischem Papier gedruckte Positive weisen üblicherweise einen vom Schwarz mehr oder weniger entfernten Braunton auf ; Die dunkleren Töne lassen sich leichter auf ausländischen Papieren erzielen.

Citrate und Tartrate haben einen deutlichen Einfluss auf die Farbe von Drucken. Mit Citrat und Silberchlorid zubereitetes Papier verdunkelt sich zu einer feinen violetten Farbe , die sich im Fixierbad in ziegelrot ändert. Wenn die Positive getönt sind, haben sie normalerweise eine violett-violette oder eine Bistré- Tönung mit einem allgemeinen Aspekt von Wärme und Transparenz.

ABSCHNITT II.

Die Prozesse zum Fixieren und Tonen des Proofs.

Diesem Teil des Vorgangs sollte große Aufmerksamkeit gewidmet werden, um leuchtende und dauerhafte Farben zu gewährleisten : Er beinhaltet mehr empfindliche chemische Veränderungen als vielleicht jeder andere Teil der Kunst.

Der erste erklärungsbedürftige Punkt ist der Fixierungsprozess; worauf (S. 41) bereits kurz hingewiesen wurde. Anschließend werden die Methoden zur Verbesserung des Farbtons des fertigen Bildes beschrieben.

BEDINGUNGEN FÜR EINE RICHTIGE BEFESTIGUNG DES BEWEISES.

Dieses Thema wird von den Bedienern nicht immer verstanden und daher haben sie keine sichere Anleitung, wie lange die Drucke im Fixierbad bleiben sollten.

Die zum Fixieren benötigte Zeit hängt natürlich von der Stärke der verwendeten Lösung ab; Aber es gibt einfache Regeln, die sinnvoll befolgt werden können. Beim Auflösen des unveränderten Chlorsilbers im Probedruck wandelt die Fixierlösung von Hyposulfit von Soda es in Hyposulfit von Silber um (S. 43), das in einem *Überschuss* an Hyposulfit von Soda löslich ist . Liegt jedoch ein unzureichender Überschuss vor, das heißt, wenn das Bad zu schwach ist oder der Abdruck zu schnell entfernt wird, löst sich das Silberhyposulfit nicht vollständig auf und beginnt sich nach und nach zu *zersetzen* , wodurch ein brauner Niederschlag entsteht im Gewebe des Papiers. Diese Ablagerung, die wie gelbe Flecken und Flecken aussieht, ist normalerweise nicht auf der Oberfläche des Drucks zu sehen, wird aber sehr deutlich, wenn man sie gegen das Licht hält oder wenn man sie in zwei Hälften spaltet, was leicht zu bewerkstelligen ist indem man es zwischen zwei flache Oberflächen aus Deal klebt und sie dann auseinanderdrückt.

Die Reaktion von Hyposulfit von Natron mit salpetersaurem Silber. – Um besser zu verstehen, wie *sich die Zersetzung* von Hyposulfitsilber auf den Fixierungsvorgang auswirken kann, sollten die besonderen Eigenschaften dieses Salzes untersucht werden. Nach dieser Ansicht können salpetersaures Silber und hyposulfitisches Natron in äquivalenten Verhältnissen gemischt werden, d. h. Etwa einundzwanzig Körner des ersteren Salzes zu sechzehn Körnern des letzteren, wobei jedes zunächst in separaten Gefäßen in einer halben Unze destilliertem Wasser aufgelöst wird. Diese Lösungen werden miteinander vermischt und gut gerührt; Sofort bildet sich eine dichte Ablagerung, bei der es sich um Hyposulfit von Silber handelt.

An diesem Punkt beginnt eine merkwürdige Reihe von Veränderungen. Der zunächst weiße und geronnene Niederschlag verändert bald seine Farbe : Er wird kanariengelb, dann kräftig orangegelb, dann leberfarben und schließlich schwarz. Die *Gründe* für diese Veränderungen lassen sich bis zu einem gewissen Grad durch die Untersuchung der Zusammensetzung des Hyposulfits von Silber erklären. Die Formel für diesen Stoff lautet wie folgt:

$$AgO \, S_2 O_2 .$$

Aber $AgO \, S_2 O_2$ entspricht eindeutig AgS oder Sulfuret of Silver und SO_3 oder Schwefelsäure . Die Säurereaktion, die die überstehende Flüssigkeit annimmt, ist daher auf Schwefelsäure zurückzuführen , und die gebildete schwarze Substanz ist Schwefelsilber. Die gelben und orange-gelben Verbindungen sind frühere Stadien der Zersetzung, ihre genaue Natur ist jedoch ungewiss.

Die Instabilität von Hyposulfit von Silber zeigt sich hauptsächlich, wenn es in isoliertem Zustand vorliegt: Die Anwesenheit eines Überschusses an Hyposulfit von Soda macht es dauerhafter, indem es ein Doppelsalz bildet, wie bereits beschrieben.

Bei der Fixierung fotografischer Abzüge kann es sehr leicht passieren, dass sich dieser braune Niederschlag aus Schwefelsilber im Bad und auf dem Bild bildet; Dies gilt insbesondere dann, wenn die *Temperatur* hoch ist. Um dies zu vermeiden, beachten Sie die folgenden Anweisungen: – Besonders bei der Reaktion zwischen *salpetersaurem Silber* und Hyposulfit von Soda ist die Schwärzung zu beobachten; das Chlorid und andere *unlösliche* Silbersalze werden bis zur Sättigung aufgelöst, ohne dass sich das gebildete Hyposulfit zersetzt . Wenn der Druck daher in Wasser gewaschen wird, um das lösliche Nitrat zu entfernen, kann ein sehr viel schwächeres Fixierbad als üblich verwendet werden. Wenn die Probeabzüge jedoch sofort aus dem Druckrahmen genommen und in ein verdünntes Hyposulfitbad (ein Teil Salz auf sechs bis acht Teile Wasser) getaucht werden, kann man häufig beobachten, dass *ein Braunton* über die Oberfläche des Drucks verläuft Als Folge der Zersetzung bildet sich bald eine große Ablagerung von Schwefelsilber. Bei einem starken Hyposulfitbad kommt es hingegen kaum oder gar nicht zu Verfärbungen und der schwarze Belag fehlt.

Der Druck muss außerdem ausreichend lange im Fixierbad belassen werden, da andernfalls braune Flecken [18] auftreten können, die im Durchlicht sichtbar sind. Jedes Atom Silbernitrat erfordert *drei* Atome Hyposulfitnatron , um das *süße und lösliche Doppelsalz* zu bilden , und daher wird, wenn die Wirkung nicht lange genug fortgesetzt wird, eine andere Verbindung gebildet, die fast geschmacklos und unlöslich ist (S. 44). Selbst das Eintauchen in ein neues Bad mit Hyposulfit- Soda fixiert den Abdruck nicht, wenn das gelbe Zersetzungsstadium erst einmal erreicht ist. Dieses gelbe Salz ist in Hyposulfitnatron unlöslich und verbleibt daher im Papier.

[18] Der Autor hat festgestellt, dass diese gelben Flecken unvollständiger Fixierung sehr wahrscheinlich auftreten, wenn empfindliches Papier *einige Zeit aufbewahrt wird, bevor es zum Drucken verwendet wird.* Das salpetersaure Silber scheint sich allmählich mit der organischen Substanz der Papiergröße zu verbinden und kann dann nicht mehr so leicht durch das Fixierbad extrahiert werden.

Bei der Fixierung von Abdrücken durch Ammoniak hat der Autor herausgefunden, dass die gleiche Regel angewendet werden kann wie im Fall von Hyposulfit von Soda, nämlich: Wenn der Vorgang nicht ordnungsgemäß durchgeführt wird, werden die weißen Teile des Drucks *fleckig erscheinen* , wenn er gegen das Licht gehalten wird, was auf einen Teil des unlöslichen Silbersalzes zurückzuführen ist, der im Papier verbleibt. Auch durch Ammoniak nicht perfekt fixierte Drucke sind auf der Papieroberfläche meist braun und verfärbt .

Genauere Angaben zur Stärke des Fixierbades und zur dafür benötigten Zeit werden im zweiten Teil des Werkes gegeben; Derzeit ist nur zu bemerken, dass *Albuminpapier* aufgrund der Hornbeschaffenheit seiner Oberflächenbeschichtung eine längere Behandlung mit Hyposulfit erfordert als normales Papier.

DIE SALZE DES GOLDS ALS TÖNER FÜR FOTOGRAFISCHE AUSDRÜCKE.

Die Goldsalze wurden erfolgreich zur Verbesserung der Farbtöne eingesetzt, die durch einfaches Fixieren des Proofs in Hyposulfit von Soda erzielt wurden. Im Folgenden sind die wichtigsten Modi aufgeführt:

M. Le Greys Prozess. — Der Druck wurde dem Licht ausgesetzt, bis er sehr viel dunkler wurde, als er bleiben sollte, und wurde in Wasser gewaschen, um den Überschuss an Silbernitrat zu entfernen. Anschließend wird es in eine verdünnte, mit Salzsäure angesäuerte Lösung von Goldchlorid getaucht. Der Effekt besteht darin, die Intensität erheblich zu reduzieren und gleichzeitig die dunklen Farbtöne in einen violetten oder bläulichen Farbton zu verwandeln. Nach einem zweiten Waschen mit Wasser wird der Probeabzug in einfaches Hyposulfit- Natron gelegt , das ihn fixiert und den Ton in ein reines Schwarz oder ein Blauschwarz verändert, je nach der Art der Papiervorbereitung und der Zeit der Lichteinwirkung.

Der *Grundgedanke* des Prozesses scheint wie folgt zu sein: Das zuvor mit Gold verbundene Chlor geht in das reduzierte Silbersalz über; Es bleicht die hellsten Farbtöne aus, indem es sie wieder in weißes Silberprotochlorid umwandelt, und verleiht den anderen je nach Reduktion einen mehr oder weniger intensiven violetten Farbton. Gleichzeitig wird metallisches Gold abgeschieden, dessen Wirkung zu diesem Zeitpunkt noch nicht sichtbar ist, da der gleiche violette Farbton wahrgenommen wird, wenn Goldchlorid *durch eine* Chlorlösung ersetzt wird.

Das anschließend verwendete Hyposulfit von Soda zersetzt das violette Silbersubchlorid und hinterlässt auf der Oberfläche eine schwarze Färbung, die auf das Gold und das reduzierte Silbersalz zurückzuführen ist.

Das Verfahren von M. Le Grey ist wegen des erforderlichen übermäßigen Überdruckens zu beanstanden. Dies kann jedoch weitgehend durch eine Modifikation des Verfahrens vermieden werden, bei der eine *alkalische* anstelle einer sauren Lösung des Chlorids verwendet wird; Ein Körnchen Chlorgold wird in etwa sechs Unzen Wasser aufgelöst, dem zwanzig bis dreißig Körner gewöhnliches kohlensäurehaltiges Natron zugesetzt werden. Das Alkali mildert die Heftigkeit der Wirkung, so dass der mit Wasser gewaschene und in das Goldbad getauchte Druck weniger an Intensität verliert und nicht das gleiche *Tintenblau annimmt* . Beim anschließenden Fixieren im Hyposulfit ändert sich der Farbton von Violett zu einem dunklen Schokoladenbraun, was dauerhaft ist.

zum Tonen verwendete Tetrathionat und Hyposulfit von Gold . — Nach der Entdeckung des Le-Grey-Verfahrens wurde als Verbesserung vorgeschlagen, der Fixierlösung Goldchlorid zuzusetzen, um die Notwendigkeit der Verwendung zweier Bäder zu vermeiden. Der Druck ist in diesem Fall zwar erheblich dunkler, weist jedoch eine geringere Intensitätsminderung auf, und es ist nicht die gleiche Menge an Überdrucken erforderlich. Die daraus resultierenden chemischen Veränderungen unterscheiden sich von zuvor: Sie können wie folgt beschrieben werden:

Chlorgold, zu Hyposulfit von Soda hinzugefügt, wird in Hyposulfit von Gold, Tetrathionat von Gold und (wenn das Chlorid von Gold frei von überschüssiger Säure ist) in eine rote Verbindung umgewandelt, die mehr Metall enthält als die anderen , deren genaue Natur jedoch ungewiss ist. Jedes dieser drei Goldsalze besitzt die Eigenschaft, den Druck dunkler zu machen, jedoch nicht im gleichen Ausmaß. Die Aktivität ist geringer, je größer die Stabilität des Salzes ist, und daher ist die rote Verbindung, die so instabil ist, dass sie nicht viele Stunden lang konserviert werden kann, ohne metallisches Gold zu zersetzen und auszufällen, weitaus aktiver als das Hyposulfit von Gold, das wenn es mit einem Überschuss an Hyposulfit von Soda verbunden ist, ist es vergleichsweise dauerhaft.

Wenn es auf eine schnelle Färbung ankommt, ist es daher ratsam, dem Fixierbad aus Hyposulfit Goldchlorid zuzusetzen, statt einer entsprechenden Menge Sel d'or; und indem man ein wenig Ammoniak in das Goldchlorid tropft, um „knallendes Gold" [19] auszufällen (eine Verbindung, die sich in Hyposulfit von Soda unter beträchtlicher Bildung des instabilen roten Salzes auflöst), wird die Aktivität des Bades gefördert.

[19] Lesen Sie die Beobachtungen zu den explosiven Eigenschaften von explodierendem Gold im Wortschatz, Teil III.

Der Autor erklärt die Wirkung dieser Goldsalze auf den Positivdruck wie folgt: Sie sind instabil und enthalten einen Überschuss an lose gebundenem Schwefel. Wenn es also mit dem Bild in Kontakt gebracht wird, das eine Affinität zu Schwefel hat, wird die bestehende Verbindung aufgebrochen, und es entstehen Schwefelsäure aus Silber, Schwefelsäure und metallisches Gold. Es scheint sicher, dass sich ein geringer Anteil Schwefelsilber bildet; Die Änderung muss jedoch oberflächlich sein, da die Stabilität des Drucks bei ordnungsgemäßer Durchführung des Prozesses kaum beeinträchtigt wird.

Sel Oder als Tönungsmittel beschäftigt . – Dieses Verfahren, das dem „Photographic Journal" von Herrn Sutton aus Jersey mitgeteilt wurde, hat sich als brauchbar erwiesen.

Die Abdrücke werden zunächst in Wasser gewaschen, dem etwas Chlornatrium zugesetzt wird, um das freie Silbernitrat zu zersetzen. Anschließend werden sie in eine verdünnte Lösung aus „ Sel d'or" oder doppeltem Hyposulfit aus Gold und Soda getaucht, die den Farbton schnell von Rot nach Lila ändert, ohne Details oder hellere Farbtöne zu zerstören. Schließlich wird das Hyposulfit von Soda verwendet, um den Druck auf die übliche Weise zu fixieren.

Dieser Prozess unterscheidet sich theoretisch in einigen wichtigen Einzelheiten vom letzten. Die Tönungslösung wird *vor dem Fixieren auf den Druck aufgetragen* , was erfahrungsgemäß einen wichtigen Einfluss auf das Ergebnis hat, da festgestellt wurde, dass die Geschwindigkeit der Goldablagerung beeinträchtigt wird, wenn der Druck zuvor mit Hyposulfit von Soda behandelt wird ; – So färbt eine verdünnte Lösung von Sel d'or einen Druck schnell, aber wenn zu derselben Flüssigkeit einige Kristalle von Hyposulfit von Soda hinzugefügt werden, wird das Bild rot und kann verhältnismäßig lange ohne das Bad aufbewahrt werden Erwerb der violetten Töne.

Da ein Überschuss an hyposulfitischer Natron die Wirkung des Sel d'or verringert, wird sie andererseits durch die Zugabe einer Säure verstärkt. Die Säure fällt keinen *Schwefel aus* , wie man aufgrund der Kenntnis der Reaktion von Hyposulfit mit sauren Körpern erwarten könnte (S. 137), sondern sie begünstigt die Reduktion von metallischem Gold. Daher ist es üblich, der Tönungslösung von Sel d'or etwas Salzsäure zuzusetzen, um die Schnelligkeit und Perfektion des Färbevorgangs zu erhöhen .

DIE BEDINGUNGEN, DIE DIE WIRKUNG DES FIXIERENDEN UND TONISCHEN BADES AUS GOLD UND HYPOSULFIT VON SODA BEEINFLUSSEN.

Obwohl das Verfahren zum Tonen von Positiven mit Sel d'or sehr sichere Ergebnisse liefert und gute Farbtöne liefert, wird es derzeit nicht allgemein angewendet, da es mit etwas größerem Zeit- und Müheaufwand verbunden ist. Es hat sich gezeigt, dass der gewöhnliche Plan des Fixierens und Tonens in einem Bad dauerhafte Drucke liefert, wenn die entsprechenden Vorsichtsmaßnahmen beachtet werden. Um jedoch den Erfolg zu gewährleisten, ist es unbedingt erforderlich, dass die Bedingungen, unter denen seine Wirkung modifiziert wird, verstanden werden. Die wichtigsten davon sind folgende:

A. *Der* ALTER *des Bades*. — Wenn Goldchlorid zu Hyposulfit von Soda hinzugefügt wird, entstehen mehrere instabile Salze, die sich durch Lagerung zersetzen. Daher ist die Lösung in den ersten Tagen nach dem Mischen sehr aktiv; aber nach Ablauf einiger Wochen oder Monate wird es, wenn es nicht verwendet wird, fast inert, es bildet sich zunächst eine rötliche Ablagerung von Gold und schließlich eine Mischung aus schwarzem Schwefelsilber und Schwefel, wobei ersteres oft an den Seiten des Metalls haftet Flasche aus dichtem, glänzendem Laminat .

Wenn das Bad ständig in Gebrauch bleibt, kommt es zu einem Goldverlust, der zwar weniger spürbar ist, als es sonst der Fall wäre, weil sich schwefelhaltige Wirkstoffe bilden (siehe nächste Seite), die das Gold als Tönungsmittel ersetzen können – führt jedoch dazu, dass das Bad langsamer arbeitet und daher ein Überdrucken erforderlich ist.

B. *Vorhandensein von freiem Silbernitrat auf der Oberfläche des Andrucks.* – Dies führt zu einer beschleunigenden Wirkung, wie durch Einweichen des Abdrucks in Salz und Wasser gezeigt werden kann, um das Nitrat in Silberchlorid umzuwandeln; die Aktion läuft dann langsamer ab.

Das freie Silbernitrat erhöht die Instabilität der Goldsalze ; wenn es jedoch in einem zu großen Überschuss vorhanden ist, kann es zu einer Zersetzung des Hyposulfitsilbers und in der Folge zu einer Gelbfärbung der weißen Teile des Probedrucks führen. Es wird daher besonders empfohlen, den Druck vor dem Eintauchen in das Fixier- und Tonungsbad mit Wasser zu waschen.

C. *Temperatur der Lösung.* — Bei kaltem Wetter, das Thermometer steht auf 32° bis 40°, arbeitet das Bad langsamer als gewöhnlich; wohingegen es im Hochsommer und insbesondere in heißen Klimazonen gelegentlich ziemlich unkontrollierbar wird. Die beste Temperatur für einen erfolgreichen Betrieb scheint bei etwa 60° bis 65° Fahrenheit zu liegen; Liegt dieser Wert darüber, müssen die Lösungen verdünnter eingesetzt werden.

D. *Zugabe von Silberjodid .* — Einige Bediener assoziieren Jodid mit Chlorid bei der Vorbereitung empfindlicher Papiere für den Druck. Eine weitere Quelle für die gleichen Salze ist die Beimischung eines Teils des für Negative verwendeten Fixierbades zur Positiv-Tönungslösung. Die Anwesenheit von Jodiden im Fixier- und Tonungsbad ist schädlich: Bei einem großen Überschuss lösen sie das Bild auf oder erzeugen gelbe Flecken von Jodsilber auf den Lichtern; Bei kleineren Mengen wird die Ablagerung des Goldes behindert und die Aktion verläuft langsamer. Bromide und Chloride haben nicht die gleiche Wirkung.

e. *Art der Vorbereitung der Arbeit.* — Die Geschwindigkeit des Tonens variiert je nach Ursache, unabhängig vom Bad: So werden Normalpapierabzüge schneller getönt als Drucke auf Albuminpapier, und die Verwendung von mit Gelatine geleimtem englischem Papier verzögert die Wirkung. Ausländische Papiere werden mit Ammonio -Nitrat am schnellsten empfindlich .

Über bestimmte Zustände des Fixier- und Tönungsbades, die für die Probedrucke schädlich sind. — Der Zweck der Verwendung des Hyposulfitbades besteht darin, den Proof zu fixieren und ihn mit Gold zu tönen. Aber es ist eine Tatsache, die dem photographischen Chemiker bekannt ist, dass Positive auch durch eine Schwefelungswirkung getönt werden können und dass die so erhaltenen Farben sich nicht sehr von denen unterscheiden, die durch die Verwendung von Gold entstehen. [20] Nun ist das Hyposulfit von Soda eine Substanz, die sehr leicht dazu gebracht werden kann, Schwefel an alle Körper abzugeben, die eine Affinität zu diesem Element besitzen, und da die reduzierte Silberverbindung im Druck eine solche Affinität hat, gibt es immer eine Neigung zur Absorption von Schwefel, wenn die Proben in das Bad eingetaucht werden. Daher wird in vielen Fällen ein Schwefeltönungsprozess eingesetzt, und da das Bild dadurch optisch verbessert wird, seine ziegelrote Farbe verliert und einen violetten Farbton annimmt, wurde es zunächst von Fotografen übernommen. Die Erfahrung hat jedoch gezeigt, dass auf diese Weise aufgehellte Farben weniger dauerhaft sind als andere und dazu neigen, auszubleichen, wenn sie nicht vollständig trocken gehalten werden. Daher wird das Verfahren von allen sorgfältigen Betreibern verworfen und das Ziel wird darin bestehen, die Schwefelung so weit wie möglich zu vermeiden. Dies ist weitgehend möglich, und wenn das Bad ordnungsgemäß verwaltet wird, werden die Abdrücke fast vollständig mit Gold getönt und sind bei sorgfältiger Pflege dauerhaft.

[20] Eine ausführlichere Darstellung des Tönungsprozesses durch Schwefel finden Sie im dritten Abschnitt dieses Kapitels, Seite 145 . Die Instabilität geschwefelter Abdrücke wird im vierten Abschnitt gezeigt.

Einige der Bedingungen, die eine Schwefelungswirkung auf den Beweis erleichtern, sind wie folgt:

A. *Die Zugabe einer Säure zum Bad.* — Früher war es üblich, dem Fixierbad aus Hyposulfitnatron unmittelbar vor dem Eintauchen der Probeabzüge einige Tropfen Essigsäure zuzusetzen . Das Bad nimmt dann im Laufe einiger Minuten ein opaleszierendes Aussehen an, und wenn diese Milchigkeit wahrnehmbar ist, beginnt der Druck schnell zu *tönen* und wird fast schwarz.

Die chemischen Veränderungen, die in einem Hyposulfitbad durch Zugabe von Säure hervorgerufen werden, können folgendermaßen erklärt werden: Die Säure verdrängt zunächst die schwache hyposchwefelige Säure aus ihrer Verbindung mit Soda.

Essigsäure   + Hyposulfit- Soda.

= Acetat-Soda + Hyposchwefelige Säure.

Dann beginnt sich die unterschwefelige Säure, die *im isolierten Zustand keine stabile Substanz darstellt* , spontan zu zersetzen und spaltet sich in schwefelige Säure – die in der Flüssigkeit gelöst bleibt und den charakteristischen Geruch von brennendem Schwefel verbreitet – und *Schwefel* , der sich in fein verteiltem Zustand abscheidet und bildet einen milchigen Niederschlag. [21]

[21] Aus dem Vokabular, Teil III, geht hervor, dass handelsübliches Goldchlorid normalerweise *freie Salzsäure enthält* ; Daher kommt es bei der

Zugabe zur Hyposulfitlösung zu einer beträchtlichen Schwefelablagerung , und die Flüssigkeit darf nicht sofort verwendet werden.

Beachten Sie daher, dass freie Säuren aller Art aus dem Fixierbad ausgeschlossen werden müssen oder, wenn sie versehentlich hinzugefügt werden, die Flüssigkeit einige Stunden lang stehen bleiben muss, bis sich die unterschwefelige Säure zersetzt hat und sich der Schwefel am Boden des Bades abgesetzt hat hat seinen ursprünglichen neutralen Zustand wiedererlangt. [22]

[22] Der Chemieleser wird die Zersetzung freier hyposchwefeliger Säure anhand der folgenden Gleichung verstehen: $- S_2 O_2 = SO_2$ und S.

B. *Zersetzung des Bades durch ständige Nutzung.* – Es ist seit langem bekannt, dass eine Lösung von hyposulfitischem Natron eine eigentümliche Veränderung ihrer Eigenschaften erfährt, wenn sie häufig zum Fixieren verwendet wird. Bei der ersten Zubereitung hinterlässt es das Bild eines roten Tons, der charakteristischen Farbe des reduzierten Silbersalzes, erlangt aber bald die Eigenschaft, diese rote Farbe durch eine spätere Zugabe von Schwefel zu verdunkeln. So wird aus einem einfachen Fixierbad endlich ein aktives Tonisierungsbad, ganz ohne Goldzusatz.

Diese Änderung der Eigenschaften wird in der Zusammenfassung der Forschungen des Autors im nächsten Abschnitt (S. 156) ausführlicher erläutert. Wir bemerken hier nur, dass es hauptsächlich auf eine Reaktion zwischen salpetersaurem Silber und Hyposulfit von Soda zurückzuführen ist, die mit der Zersetzung von Hyposulfit von Silber einhergeht (S. 130); Wenn die Abdrücke daher vor dem Eintauchen in das Bad in Wasser gewaschen werden, ist die Wahrscheinlichkeit einer Veränderung der Lösung geringer.

Viele Betreiber geben an, dass das Tonisierungsbad zunächst mit Goldchlorid zubereitet wurde und keine weitere Zugabe dieser Substanz erforderlich ist. Das ist zweifellos richtig, aber in einem solchen Fall werden die Probedrucke letztendlich mehr durch Schwefel als durch Gold getönt sein und nicht die gleiche Stabilität besitzen; Man wird auch feststellen, dass das Bad nach längerem Gebrauch eine ausgeprägte *Säurereaktion* auf Testpapier entwickelt, wobei die Säure auf ein besonderes Prinzip zurückzuführen ist, das durch die Zersetzung von Hyposulfitsilber entsteht und nachweislich eine schädliche Wirkung auf den Druck hat (S. 158). Um dies zu vermeiden, sollte die Lösung bei Bedarf mit einem Tropfen Ammoniak gegenüber dem *Testpapier neutral gehalten werden;* und wenn es zu erschöpfen beginnt und ein Druck, aus dem das freie Silbernitrat durch Waschen entfernt wurde, nicht (schnell) tönt, sollte eine neue Menge Goldchlorid hinzugefügt werden.

C. *Tetrathionat im Hyposulfit Bad.* – Der Autor hat gezeigt, dass die Tetrathionate, die den Hyposulfiten analog sind , eine aktive Schwefelwirkung auf Positivdrucke haben (siehe die Artikel im nächsten Abschnitt). Auf diese Weise lassen sich sehr feine Farben erzielen; Da sich aber die Tonung durch Schwefel im Prinzip als falsch erwiesen hat, wurden die in den ersten beiden Ausgaben dieses Werkes angegebenen Formeln weggelassen. [23]

[23] Die Herstellung eines Tonisierungsbades aus Tetrathionat ohne Gold wird im nächsten Abschnitt beschrieben, wird jedoch für die praktische Anwendung nicht empfohlen.

Die Körper, die Tetrathionat produzieren, wenn sie einer Lösung von Hyposulfit von Soda zugesetzt werden, und daher im Tönungsprozess unzulässig sind, sind folgende : – Freies Jod, Perchlorid von Eisen, Chlorid von Kupfer, Säuren aller Art (im letzteren Fall). Säure erzeugt zunächst schwefelige Säure, und die schwefelige Säure, wenn sie in irgendeiner Menge vorhanden ist, bildet durch Reaktion mit Hyposulfit von Soda Tetrathionat und Trithionat von Soda.

Goldchlorid erzeugt auch ein gemischtes Tetrathionat aus Gold und Soda, wenn es dem Fixierbad zugesetzt wird (S. 133); Da aber nur eine geringe Chloridmenge verwendet wird, sind die Abdrücke viel weniger geschwefelt als bei Tönungsbädern, die mit Tetrathionat ohne Gold hergestellt wurden.

ABSCHNITT III.

Die Forschungen des Autors zum Fotodruck.

Da der Autor sich seit langem mit der Durchführung von Experimenten über die Zusammensetzung und die Eigenschaften des reduzierten Materials beschäftigt, das das fotografische Bild bildet, und insbesondere mit der Absicht, die genauen Bedingungen zu bestimmen, unter denen das Bild als dauerhaft angesehen werden kann, hielt es der Autor für ratsam, die Ergebnisse anzugeben dieser Forschungen in Form einer Zusammenfassung der Originalbeiträge, die auf den Treffen der Photographic Society gelesen wurden.

Eine vorherige Lektüre dieser Papiere wird den Leser in den Besitz der wichtigsten Fakten versetzen, auf denen die im nächsten Abschnitt empfohlenen Vorsichtsmaßnahmen für die Aufbewahrung von Fotoabzügen basieren. Um das Werk so weit wie möglich in seinen ursprünglichen Grenzen zu halten und auch um den vorliegenden Abschnitt von den anderen zu unterscheiden, da er sich hauptsächlich auf wissenschaftliche Details bezieht, wurde die Schrift auf die Größe der in der verwendeten Schrift verkleinert Anhang.

ÜBER DIE CHEMISCHE ZUSAMMENSETZUNG DES FOTOGRAFISCHEN BILDES.

Die Bestimmung der chemischen Natur des fotografischen Bildes in seinen verschiedenen Formen ist ein Punkt von großer Bedeutung, sowohl als Hinweis auf die Bedingungen, die für die Erhaltung von Kunstwerken dieser Klasse erforderlich sind, als auch als Leitfaden für den Experimentator bei der Auswahl wahrscheinlicher Körper als chemische Mittel in der Fotografie eine Wirkung entfalten.

Einige, die sich mit diesem Thema befasst haben, haben festgestellt, dass das Bild in allen Fällen aus reinem metallischem Silber entsteht und dass alle beobachtbaren Variationen in seiner Farbe und seinen Eigenschaften auf einen Unterschied in der molekularen Anordnung der Partikel zurückzuführen sind . Obwohl diese Hypothese zwar viel Richtiges beinhaltet, enthält sie doch nicht die ganze Wahrheit, denn es ist offensichtlich, dass die chemischen Eigenschaften des fotografischen Bildes oft keine Ähnlichkeit mit denen eines Metalls haben. Ein Foto kann sich auch wesentlich von einem anderen unterscheiden, so dass wir auf die Existenz zweier Varianten schließen können, von denen die erste weniger metallischer Natur ist als die zweite.

Bei der Untersuchung dieses Themas schien das Hauptziel darin zu bestehen, die Wirkung von Licht auf Silberchlorid zu untersuchen und anschließend das Chlorid mit organischer Substanz zu verbinden, um die Bedingungen nachzuahmen, unter denen Fotografien erhalten werden.

Das Folgende ist ein Auszug aus den Schlussfolgerungen, zu denen man gelangt ist:

Einwirkung von Licht auf Silberchlorid . – Der Prozess geht mit einer Abtrennung von Chlor einher, sein Produkt ist jedoch keine bloße Mischung aus Silberchlorid und metallischem Silber; Wenn dem so wäre, können wir nicht annehmen, dass die Verdunkelung unter der Oberfläche der Salpetersäure stattfinden würde, was nachweislich der Fall ist. Es scheint sich eindeutig ein Silbersubchlorid gebildet zu haben, dessen wichtigste Eigenschaft seine Zersetzung durch Fixiermittel wie Ammoniak und Hyposulfit von Soda ist, die beide die violette Farbe zerstören , Protochlorid von Silber herauslösen und eine kleine Menge zurücklassen Menge eines grauen Rückstands metallischen Silbers.

Da also alle fotografischen Bilder einer Fixierung bedürfen, können wir daraus schließen, dass sie, wenn sie aus reinem und isoliertem Silberchlorid hergestellt werden könnten (was jedoch nicht der Fall ist), ausschließlich aus metallischem Silber bestehen würden.

Zersetzung organischer Silbersalze durch Licht. — Verbindungen von Silberoxid mit organischen Körpern werden in der Regel durch Lichteinwirkung dunkler, aber der Vorgang besteht nicht immer in einer einfachen Reduktion in den metallischen Zustand. Diese Behauptung wird durch die Anwendung der folgenden Tests bewiesen.

A. *Quecksilber.* — Beim Verreiben des dunklen Salzes mit diesem Metall findet kaum oder gar keine Vermischung statt.

B. *Ammoniak und Fixiermittel.* — Diese erzeugen in der Regel nur eine begrenzte Wirkung. So ist das Albuminat von Silberprotoxyd in Ammoniak vollkommen löslich; aber nachdem es durch Lichteinwirkung gerötet wurde, ist es kaum oder gar nicht betroffen.

C. *Pottasche.* — Mit salpetersaurem Silber geronnene und durch die Sonnenstrahlen reduzierte tierische Substanz wird durch kochendes Kali aufgelöst, wobei die Lösung klar und von blutroter Farbe ist . Es wird angenommen, dass metallisches Silber, wenn es vorhanden wäre, unlöslich bleiben würde.

D. *Kochendes Wasser.* — Mit Silbernitrat behandelte und dem Licht ausgesetzte Gelatine verliert ihre charakteristische Eigenschaft, sich in heißem Wasser aufzulösen. Dieses Experiment ist schlüssig.

Die oben genannten Tatsachen rechtfertigen uns, die Existenz von Verbindungen organischer Materie mit einem geringen Silberoxidgehalt anzunehmen; und die Analyse zeigt außerdem, dass der relative Anteil jedes Bestandteils in diesen Verbindungen variieren kann. Wenn beispielsweise Citratsilber durch Licht reduziert und mit Ammoniak behandelt wird, bleibt ein schwarzes Pulver zurück, das bis zu 95 Prozent echtes Silber enthält; Aber auf die gleiche Weise behandeltes Silberalbumin liefert bei der Analyse weniger metallisches Silber und mehr flüchtige und kohlenstoffhaltige Stoffe.

Die Verwendung von *Ammoniumnitratsilber* bei der Herstellung des Salzes neigt auch dazu, die relative Metallmenge zu erhöhen, die nach der Reduktion und Fixierung in der Verbindung verbleibt. Auch die Zeitspanne, während der das Licht gewirkt hat, hat eine modifizierende Wirkung derselben Art — das Produkt der Reduktion durch ein starkes Licht, das eher dem Zustand von Metall ähnelt und weniger Sauerstoff und organische Materie enthält.

Einwirkung von Licht auf mit organischem Material verbundenes Silberchlorid . — Fotografien, die nur auf Silberchlorid hergestellt wurden, würden nach der Fixierung aus metallischem Silber bestehen, aber ein solches Verfahren könnte in der Praxis nicht durchgeführt werden. Der Zusatz von organischem Material ist unbedingt erforderlich, um die Empfindlichkeit zu erhöhen und um zu verhindern, dass sich das Bild im Bad aus hyposulfithaltigem Natron auflöst. Das blaue Silbersubchlorid wird durch Fixieren zersetzt, wobei ein sehr geringer Anteil grauen metallischen Silbers unlöslich bleibt; aber die rote Verbindung von Silbersuboxid mit organischer Substanz wird durch Hyposulfit von Natron oder Ammoniak nahezu nicht angegriffen.

Mit der Steigerung der Empfindlichkeit und Intensität durch die Verwendung organischer Stoffe geht auch eine Veränderung der Bildkomposition einher; Das Bild verliert den metallischen Charakter, den es besitzt, wenn es auf reinem Silberchlorid erzeugt wird, und ähnelt in jeder Hinsicht dem Produkt der Einwirkung von Licht auf organische Silbersalze.

Es gibt bestimmte charakteristische Tests, die nützlich sein können, um das metallische Bild von dem zu unterscheiden, was man als organisches oder nichtmetallisches Bild bezeichnen könnte. Einer dieser Tests ist Kaliumcyanid. Ein auf reinem Chlorsilber erzeugtes Bild kann, obwohl blass und schwach, nach dem Fixieren ohne Schaden in eine schlecht verdünnte Lösung von Cyanidkalium eingetaucht werden. Aber ein Foto auf Silberchlorid, gestützt auf einer organischen Basis, wird stark von Kaliumcyanid beeinflusst und verliert schnell seine feineren Details.

Ein zweiter Test ist das Hydrosulfat von Ammoniak. Wenn keine organische Substanz verwendet wird, wird das Bild durch Behandlung mit einem löslichen Sulfuret dunkler und intensiver; Während das nichtmetallische Bild, das auf einer organischen Oberfläche entsteht, schnell ausbleicht und verblasst. Die Einwirkung von Schwefel auf das Bild ist in der Tat ein Mittel zur Bestimmung der tatsächlich vorhandenen Silbermenge . Wenn es in einer sehr fein verteilten Schicht vorliegt, erscheint Schwefelsilber oft gelb; aber in einer dickeren Schicht ist es schwarz. Daher ist die Farbe des Fotos nach der Behandlung mit Schwefelwasserstoff ein Hinweis auf den Anteil des vorhandenen Metalls, und der Grund dafür, dass das organische Bild so vollkommen verblasst, liegt darin, dass es im Verhältnis zur Intensität ein Minimum an Silber enthält. Wir sehen daher, dass die Zugabe von organischem Material zum Silberchlorid die tatsächliche Menge des durch Licht reduzierten Silbers nicht so sehr erhöht, sondern vielmehr seine Opazität erhöht, indem andere Elemente mit dem Silber assoziiert werden und die Zusammensetzung des Silbers insgesamt verändert wird Bild.

Die Verwendung von *Oxidationsmitteln* zeigt auch, dass in einem gewöhnlichen fotografischen Prozess durch die direkte Einwirkung von Licht andere Elemente außer Silber bei der Bildung des Bildes helfen: Die Bilder sind leicht anfällig für Oxidation, während das metallische Bild, das auf reinem Chlorid erzeugt wird, leicht oxidiert Silber widersteht Oxidation.

Zusammensetzung von ENTWICKELT *Bilder.* – Indem man empfindliche Schichten des Jodids, Bromids und Chlorids des Silbers nur für kurze Zeit dem Licht aussetzt und anschließend mit Gallussäure, Pyrogallussäure und den Protosalzen des Eisens entwickelt, kann man eine Vielzahl von Bildern erhalten. die sich in allen wichtigen Einzelheiten wesentlich voneinander unterscheiden und deren Vergleich zur Feststellung des strittigen Punktes beiträgt.

Es wurde festgestellt, dass das Aussehen und die Eigenschaften des entwickelten Fotos je nach Vorliegen der folgenden Bedingungen variieren.

1. *Die Oberfläche, auf der sich die empfindliche Schicht befindet.* — Es gibt eine Besonderheit in dem auf *Kollodium erzeugten Bild*. Kollodium enthält Pyroxylin , eine Substanz, die sich gegenüber den Salzen des Silbers anders verhält als die meisten organischen Körper und keine Tendenz zeigt, deren Reduktion durch Licht zu unterstützen. Daher verdunkelt sich Chlorsilber auf Kollodium viel langsamer als das gleiche Salz auf Albumin, und das Bild ist nach dem Fixieren schwach und metallisch. Silberjodid auf Kollodium ergibt, belichtet und entwickelt, gewöhnlich ein metallischeres Bild mit geringerer Intensität als Silberjodid auf Albumin oder auf mit Gelatine geleimtem Papier . Durch die Zugabe eines Stoffes zum Kollodium , der eine Affinität zu niedrigen Silberoxiden aufweist, wie zum Beispiel Glycyrrhizin , wird die Opazität des entwickelten Bildes erhöht.

2. *Die Natur des empfindlichen Salzes.* – Wenn Jodsilber verwendet wird, um den latenten Eindruck zu erhalten, ist das Bild nach der Entwicklung, obwohl es an Intensität der Farbe durch reflektiertes Licht mangelt, eher im Zustand von metallischem Silber, als wenn Bromid oder Chlorid von Silber an seine Stelle gesetzt würden; und von den drei Salzen ergibt das Chlorid die größte Intensität mit der geringsten Menge an metallischem Silber. Diese Regel gilt insbesondere dann, wenn organische Stoffe, Gelatine , Glycyrrhizin usw. vorhanden sind.

3. *Der eingesetzte Entwicklungsagent .* — Man kann davon ausgehen, dass ein organischer Entwickler wie Pyrogallussäure ein Kollodiumbild erzeugt, das intensiver, aber weniger metallisch ist als ein anorganischer Entwickler wie Eisenprotosulfat .

4. *Die Zeitspanne, in der das Licht gewirkt hat.* – Eine übermäßige Einwirkung des Lichts begünstigt die Erzeugung eines Bildes, das bei Reflexion dunkel und bei Transmission braun oder rot ist und in diesen Einzelheiten dem entspricht, was man als nichtmetallisches Bild bezeichnen kann, das ein Silberoxid enthält.

5. *Das Stadium der Entwicklung.* — Das rote Bild, das zuerst beim Auftragen des Entwicklers auf eine gelatinierte oder albuminisierte Oberfläche aus Jodsilber entsteht, ist weniger metallisch und kann durch zerstörende Tests leichter beschädigt werden als das schwarze Bild, das das Ergebnis einer Verlängerung der Einwirkung ist. Entwickelte Fotografien, die nach dem Fixieren eine leuchtend rote Farbe haben, entsprechen in ihren Eigenschaften eher Bildern, die durch direkte Einwirkung von Licht auf mit Silberchlorid präpariertem Papier erhalten wurden, als Kollodium oder sogar vollständig entwickelten Talbotypie-Negativen.

Zum Abschluss des Aufsatzes kann Folgendes als Rekapitulation angeboten werden: – Ein Bild, das aus metallischem Silber besteht, reflektiert in der Regel weißes Licht und erscheint als Positiv, wenn es auf schwarzen Samt gelegt wird; aber ein nichtmetallisches organisches Bild ist dunkel und stellt die Schatten eines Bildes dar. Mit Protosalzen von Eisen entwickelte Kollodium-Positive sind nahezu oder ganz metallisch. Bei Fotografien auf Albumin oder Gelatine ist dies weniger der Fall als auf Kollodium. Entwickelte Fotos enthalten mehr Silber als andere, wenn die Entwicklung länger dauerte. Die Halbschatten des Bildes in einem Positivdruck leiden besonders unter schädlichen Bedingungen, da sie das Silber in einem weniger perfekten Reduktionszustand enthalten. [24]

[24] Der Autor unterlässt an dieser Stelle jegliche Erwähnung molekularer Bedingungen, die die Intensität beeinflussen, da zum jetzigen Zeitpunkt nichts Positives in Bezug auf sie festgestellt wurde. Es ist jedoch bekannt, dass bei der Verwendung von Eisenprotosalzen als Entwickler das Erscheinungsbild des Bildes stark von der Geschwindigkeit abhängt, mit der die Reduktion durchgeführt wird – die Silberpartikel sind größer und metallischer, wenn die Entwicklung langsam durchgeführt wird . Der Prozess der Galvanisierung und andere chemische Vorgänge ähnlicher Art beweisen, dass die physikalischen Eigenschaften von Metallen, die aus Lösungen ihrer Salze ausgefällt werden, stark mit dem Grad der Feinheit und Anordnung ihrer Partikel variieren.

ÜBER DIE VERSCHIEDENEN AGENTUREN, DIE FOTOGRAFISCHE DRUCKE ZERSTÖREND SIND.

Wirkung von Schwefelverbindungen auf Positivdrucke . – Herr TA Malone bemerkte zuerst, dass das intensivste Foto zerstört werden könnte, wenn man es ausreichend lange mit einer Lösung von Schwefelwasserstoff oder einem löslichen Sulfuret behandelte.

Die Veränderungen, die eine Schwefelverbindung auf das rote Bild eines einfach fixierten Drucks hervorruft, sind folgende: – Die Farbe wird zunächst dunkler und ihr ein gewisser Grad an Brillanz verliehen; Dies ist der Effekt, der als „Tonung" bezeichnet wird. Dann geht der warme Farbton nach und nach in einen kälteren Farbton über, die *Intensität* des gesamten Bildes nimmt ab und die Halbtöne werden gelb. Schließlich gehen auch die vollen Schatten von Schwarz nach Gelb über und der Druck verblasst.

Bei dieser eigenartigen Reaktion bemerken wir nun die folgenden interessanten Punkte. Wenn der Druck in dem bestimmten Stadium, in dem er sein Maximum an Schwärze erreicht hat, teilweise aus der Flüssigkeit herausgehoben wird und in die Luft ragen kann, wird der so behandelte Teil gelb, bevor der Teil eingetaucht bleibt. Auch wenn ein mit Schwefel getönter Druck zum Waschen in einen Topf mit Wasser gelegt wird, kann es nach Ablauf mehrerer Stunden dazu kommen, dass die Halbtöne verblasst aussehen. Die vollen Schatten, in denen das reduzierte Silbersalz dicker und reichlicher ist, behalten ihre schwarze Farbe für längere Zeit, aber wenn die Wirkung des Schwefelbades fortgesetzt wird, wird jeder Teil des Drucks gelb.

Diese Tatsachen beweisen, dass *Sauerstoff* einen Einfluss auf die Beschleunigung der zerstörerischen Wirkung der Schwefelverbindungen auf Positivdrucke hat; und diese Idee wird durch die Ergebnisse weiterer Experimente bestätigt, denn es wurde festgestellt, dass feuchter Schwefelwasserstoff kaum oder gar keine Wirkung auf die Verdunkelung der Farbe hat , wenn jede Spur von Luft ausgeschlossen wird. Beim Waschen in Wasser werden Drucke dem Einfluss der im Wasser immer enthaltenen gelösten Luft ausgesetzt, wodurch der Wechsel von Schwarz zu Gelb erfolgt.
[25]

[25] Weitere Bemerkungen zur Wirkung feuchter Luft auf mit Schwefel getönte Positive finden sich auf S. 153 .

Es gibt einige Substanzen, die die Gelbdegeneration von durch Schwefel getönten Positiven erleichtern, deren Kenntnis nützlich sein wird: Es handelt sich erstens um starke Oxidationsmittel wie Chlor, Kalipermanganat und Chromsäure; diese wirken, selbst wenn sie stark verdünnt sind, mit großer Schnelligkeit: 2. Körper, die Silberoxid auflösen, wie lösliche Cyanide, Hyposulfit , Ammoniak; auch *Säuren* verschiedener Art, und daher die Häufigkeit gelber Fingerabdrücke auf alten schwefelhaltigen Abdrücken, die wahrscheinlich durch eine Spur organischer (Milchsäure?) Säure verursacht werden, die beim Kontakt mit der warmen Hand zurückbleibt.

Es wurde einmal angenommen, dass das Foto in dem Stadium, in dem es durch Schwefel *geschwärzt erscheint* , aus Silberschwefel bestand und dass dieses schwarze Schwefel durch Absorption von Sauerstoff und Umwandlung in Sulfat gelb wurde. MM. Davanne und Girard, die das Thema untersuchten, glaubten, dass es zwei isomere Formen von Schwefelsilber geben könnte, eine schwarze und eine gelbe Form; Der erstere ging allmählich in den letzteren über und ließ den Eindruck verblassen. Aber keine dieser Ansichten ist richtig; denn durch sorgfältige Experimente wurde bewiesen, dass das Schwefelsilber eine äußerst stabile Verbindung ist, die nicht zur Oxidation neigt, und dass außerdem die Änderung der Farbe von Schwarz nach Gelb keinen Bezug zu einer Modifikation dieses Salzes hat. Die Wahrheit scheint zu sein, dass das Bild im schwarzen Zustand außer Schwefel und Silber noch andere Elemente enthält, aber wenn es durch die fortgesetzte Wirkung der Schwefelverbindung gelb geworden ist, handelt es sich um ein echtes Sulfuret.

Vergleichende Beständigkeit von Fotografien unter der Einwirkung von Schwefel. — *Entwickelte* Positive sind in der Regel besser haltbar als solche, die direkt dem Licht ausgesetzt wurden; aber vieles hängt von der Art des negativen Prozesses ab, der folgt; und daher kann keine allgemeine Aussage gemacht werden, die nicht vielen Ausnahmen unterliegt. Die Art und Weise der Durchführung der Entwicklung darf nicht außer Acht gelassen werden. Die Drucke, die im Hyposulfit- Fixierbad stark rot werden, weil die Einwirkung des Entwicklers zu früh gestoppt wurde, werden oft noch leichter geschwefelt und zerstört als ein kräftiger Sonnendruck, der durch direkte Lichteinwirkung erhalten wird.

Ein noch wichtigerer Punkt ist *die Beschaffenheit der empfindlichen Oberfläche* , die das latente Bild empfängt. Es ist der *auf Silberjodid entwickelte Abdruck* , der besonders schwefelbeständig ist. In diesem Fall ist nicht nur die vorläufige tonisierende Wirkung des Schwefels langsamer als üblich, sondern der Eindruck kann auch durch eine Fortsetzung der Wirkung nicht verblassen. Es verliert viel von seiner Brillanz und verliert an Intensität, wird aber nicht so vollständig zerstört, dass es unbrauchbar wird. Der Grund dafür liegt, wie im letzten Artikel gezeigt, in der Tatsache, dass die Talbotypie-Probedrucke den größten Silberanteil im Bild enthalten.

Die Verwendung von Gold beim Tonen macht einen gewöhnlichen Sonnenabdruck nicht so dauerhaft wie ein auf Jodid von Silber entwickeltes Positiv. Die tiefen Schatten des Bildes werden durch das Gold geschützt, die helleren Farbtöne jedoch nicht so perfekt. Nach dem Einwirken des Schwefels weist das vollständig mit Gold getönte Positiv anstelle des universellen gelben und verblassten Aspekts, den der einfache, ungetonte Druck bietet, schwarze Schatten mit gelben Halbtönen auf. Obwohl die Verwendung von Gold als Tonisierungsmittel empfohlen wird, erscheint es daher nicht ratsam, Gold als Schutzmittel gegen die zerstörerische Wirkung von Schwefel zu sehr zu betonen.

Exposition von Positivdrucken in einer schwefelhaltigen Atmosphäre. — Beim Testen der Wirkung einer Lösung von Schwefelwasserstoff auf Papierpositive zeigte es sich nicht, dass die Bedingungen, unter denen die Abzüge platziert wurden, eine hinreichend große Ähnlichkeit mit dem Fall von Positiven aufwiesen, die einer Atmosphäre ausgesetzt waren, die mit *winzigen Spuren* des Gases verunreinigt war; und dies insbesondere deshalb, weil bekannt ist, dass *trockener* Schwefelwasserstoff vergleichsweise geringe Auswirkungen auf Fotodrucke hat.

Die Experimente wurden daher in etwas anderer Form wiederholt. Eine Reihe von auf verschiedene Weise gedruckten Positiven (ungefähr drei Dutzend) wurden in einer Glasvitrine aufgehängt, die 2½ Fuß mal 21 Zoll groß war und 7½ Kubikfuß Luft enthielt; Hin und wieder wurden ein paar Blasen Schwefelwasserstoff hineingegeben, die gerade ausreichten, um die Luft in der Kammer merklich nach dem Gas riechen zu lassen. In der Mitte wurde eine polierte Daguerreotypie-Platte aufgehängt , die als Orientierungshilfe für den Fortgang des Schwefelungsvorgangs dienen sollte.

Am zweiten Tag hatte die Metallplatte einen schwachen gelben Farbton angenommen, der außer an bestimmten Stellen nicht leicht zu erkennen war; aber die positiven Aspekte blieben davon unberührt. Nach Ablauf von drei Tagen zeigten die meisten Bilder keine Anzeichen einer Veränderung, aber einige ungetonte Drucke von blassroter Farbe , von denen einige durch Entwicklung und andere durch direkte Lichteinwirkung gedruckt worden waren, waren merklich nachgedunkelt.

Nach dem achten Tag wurde die Aktion, die langsamer voranzuschreiten schien als zunächst, abgebrochen und die Abdrücke entfernt. Die allgemeinen Ergebnisse waren wie folgt:

Die Daguerreotypieplatte war durch einen Film aus Schwefelsilber stark getrübt, der an einigen Stellen gelblich-braun und an anderen stahlblau erschien. Die Positive waren in der Regel etwas kälter getönt, viele von ihnen hatten sich jedoch kaum verändert.

Es wurde kein offensichtlicher Unterschied zwischen Drucken beobachtet, die auf mit Silberchlorid hergestelltem Papier entwickelt wurden, und anderen Drucken, die durch direkte Lichteinwirkung gedruckt wurden.

aber in allen Fällen zeigten die Drucke, die mit solchen Methoden erhalten wurden, die nach dem Fixieren ein sehr rotes Bild ergeben, als erste die Farbänderung aufgrund der Schwefelung, da die dem Test vorgelegten Probedrucke alle zuvor mit Gold getönt worden waren.

Wirkung von Oxidationsmitteln auf Positivdrucke. – Es schien wichtig zu sein, festzustellen, in welchem Ausmaß fotografische Drucke anfällig für Oxidation sind. aufgrund der atmosphärischen Einflüsse, denen sie zwangsläufig ausgesetzt sind. Beim Experimentieren zu diesem Thema wurden die folgenden Ergebnisse erzielt.

Starke Oxidationsmittel zerstören Positivdrucke schnell; Die Wirkung beginnt normalerweise an den Ecken und Kanten des Papiers oder an einem isolierten Punkt, z. B. einem Metallfleck oder einem Fremdkörperpartikel, der als Zentrum chemischer Wirkung dienen kann. Dieselbe Tatsache wird oft beim Verblassen von Positiven durch langes Aufbewahren bemerkt, und da daher andere destruktive Wirkungen (mit Ausnahme der von Chlor) nicht derselben Regel zu folgen scheinen, handelt es sich um ein zusätzliches Argument zu anderen, die es sein können führte an, dass fotografische Abzüge häufig durch Oxidation zerstört werden.

ozonisierte Luft , in der sich blaues Lackmuspapier rötet, bleicht das positive Bild schnell aus . Sauerstoffgas, das durch voltaische Zersetzung von angesäuertem Wasser gewonnen wurde und Ozon enthalten sollte, schien keine gleich große Wirkung zu haben, da die Wirkung verhältnismäßig gering war oder überhaupt fehlte.

Wasserstoffperoxid und in Verbindung mit Barytacetat durch Zugabe von Bariumperoxid zur verdünnten Essigsäure [26] bleicht verdunkeltes Positivpapier; aber die Wirkung ist langsam und tritt nicht in einem sehr wahrnehmbaren Ausmaß auf, wenn die Flüssigkeit gegenüber Testpapier alkalisch gehalten wird.

[26] Salzsäure, die normalerweise anstelle von Essigsäure empfohlen wird, kann in diesem Experiment nicht verwendet werden; es scheint eine Freisetzung von freiem Chlor zu bewirken, das den Druck sofort bleicht.

In konzentrierter Form aufgetragene Salpetersäure wirkt sofort auf die abgedunkelte Oberfläche und bleicht alle Teile des Drucks aus, mit Ausnahme der bronzierten Schatten, die normalerweise eine leichte Restfarbe behalten . Eine Lösung von Chromsäure ist noch wirksamer. Diese Flüssigkeit kann nützlich sein, um mit Schwefel getönte Drucke von anderen mit Gold getönten Drucken zu unterscheiden. Das Vorhandensein von metallischem Gold schützt die Schatten des Bildes in gewissem Maße vor der Einwirkung der Säure. Die Lösung sollte wie folgt zubereitet werden:

Bichromat von Kali   6 Körner.

Starke Schwefelsäure _   4 Minim.

Wasser   12 Unzen.

Eine Lösung von Kalipermanganat ist ein energischer Zerstörer von Papierpositiven; Da es sich um eine neutrale Substanz handelt, kann es bequem zum Testen der relativen Oxidationsbeständigkeit verschiedener Fotodrucke eingesetzt werden. Die Lösung sollte verdünnt sein und einen blassrosa Farbton haben, und die Positiven müssen gelegentlich bewegt werden, da der erste Effekt darin besteht, einen großen Teil der Flüssigkeit zu entfärben, wobei das Permanganat die Leimmasse und das organische Gewebe des Papiers oxidiert. Nach einem Eintauchen von zwanzig Minuten bis zu einer halben Stunde, je nach Grad der Verdünnung, beginnen die Halbtöne des Bildes auszusterben und die vollen Schatten werden farblich dunkler ; Die bronzierten Teile des Abdrucks halten der Einwirkung länger stand, aber am Ende verwandelt sich das Ganze in ein gelbes Bild, das im Aussehen dem durch Schwefel verblassten Foto sehr ähnelt.

Vergleichende Beständigkeit von Fotografien, die mit Kalipermanganat behandelt wurden . — Entwickelte Abzüge, die im Negativverfahren hergestellt wurden, halten der Einwirkung besser stand als andere. Aber von dieser Regel gibt es Ausnahmen; Dies hängt stark von der Zeit der Lichteinwirkung und dem Ausmaß der Entwicklung ab. Diejenigen Abzüge, die nach kurzer Belichtungszeit und anschließender starker Entwicklung eine dunkle Farbe und kräftige Umrisse annehmen, sind dauerhafter als andere, die nach Überbelichtung und Unterentwicklung ihre dunkle Farbe verlieren und verhältnismäßig rot werden Ohnmacht im Hyposulfit -Fixierbad.

Positive, die auf einer Oberfläche aus *Chlorsilber* auf Normalpapier entwickelt wurden, widerstehen der Oxidationswirkung nicht so vollkommen wie solche auf Jodsilber. Drucke, die auf Papier entwickelt wurden, das mit kaseinhaltigem Milchserum hergestellt wurde, sind besser als solche auf Normalpapier.

Von den Drucken, die durch das gewöhnliche Verfahren der direkten Lichteinwirkung erhalten werden, verblassen diejenigen auf Normalpapier zuerst, wobei die oxidierende Wirkung am deutlichsten bei den *Halbtönen zu sehen ist* . Die Verwendung von *Albumin* bietet einen großen Vorteil. Entwickelte Drucke auf Albumin sehen weitaus besser aus als dieselben auf Normalpapier; und selbst die mit Albumin behandelten Sonnenabzüge werden durch das Permanganat weniger geschädigt als die besten Negativabzüge, die ohne Albumin hergestellt wurden. Kasein hat die gleiche

Wirkung, jedoch in geringerem Ausmaß; und da Milchserum fast immer unkoaguliertes Casein enthält , wird seine Wirksamkeit hierdurch erklärt.

Die Art und Weise, wie der Druck getönt wird, ist ein wichtiger Punkt. Vorherige Schwefelung in einem alten Hyposulfitbad erleichtert stets die Oxidationswirkung.

Wirkung von Chlor auf Positivdrucke . – Eine wässrige Chlorlösung zerstört das photographische Bild, indem sie es zunächst in einen violetten Farbton (wahrscheinlich Subchlorid) verwandelt und es anschließend durch Umwandlung in weißes Silberchlorid auslöscht. Der Abdruck bleibt, obwohl unsichtbar, im Papier und kann durch die Einwirkung von geschwefeltem Wasserstoff in Form von gelbem oder braunem Schwefelsilber entstehen. Es wird auch bei Lichteinwirkung sichtbar und nimmt eine beträchtliche Intensität an, wenn das Papier zuvor mit freiem Silbernitrat bestrichen wird. Eisensulfat hat keinen Einfluss auf das unsichtbare Bild von Silberchlorid; aber Gallus- oder Pyrogallussäure, durch Kali alkalisch gemacht, verwandelt es in einen schwarzen Niederschlag.

Die Wirkung von Chlorwasser beginnt in der Regel an den Rändern und Ecken des Drucks, ähnlich wie die von Oxidationsmitteln. Am wenigsten leicht beschädigt werden die Proben auf Albumin, gefolgt von den Proben auf Silberjodid.

Salzsäure . — Die flüssige Säure von sp. GR. ·116 wirkt, auch wenn es frei von Chlor ist, sofort auf die Halbtöne eines Positivdrucks und zerstört die vollen Schatten im Laufe einiger Stunden; An den dunkelsten Stellen verbleibt jedoch meist eine leichte Restfarbe . Die auf Silberjodid entwickelten Abdrücke sind am haltbarsten.

Schwefelsäure , Essigsäure usw. – Säuren aller Art scheinen einen schädlichen Einfluss auf Positivdrucke und insbesondere auf die Halbtöne des Bildes auszuüben, wobei die Wirkung mit der Stärke der Säure und dem Grad der Verdünnung mit Wasser variiert . Sogar eine pflanzliche Säure wie Essigsäure lässt die Farbe allmählich dunkler werden und zerstört teilweise oder vollständig die schwachen Umrisse des Bildes.

Quecksilberbichlorid . — Die wichtigsten Einzelheiten im Zusammenhang mit der Wirkung dieses Tests auf Fotografien sind wohlbekannt. Das Bild wird letztendlich in ein weißes Pulver umgewandelt und ist daher im Falle eines Positivdrucks unsichtbar. Durch Eintauchen in Ammoniak oder Hyposulfit von Soda wird es jedoch in einer Form wiederhergestellt, die in ihrer Tönung oft dem ursprünglichen Eindruck ähnelt. Ein erwähnenswerter Punkt ist die schützende Wirkung einer Goldablagerung, die sehr ausgeprägt ist und nach dem Tonen der Wirkung des Bichlorids verhältnismäßig lange standhält.

Ammoniak. — Die Wirkung von Ammoniak auf einen Druck besteht eher darin, das Bild zu *röten* , als es zu zerstören; die Halbtöne werden blass und schwach, verschwinden aber nicht. Das Tonen mit Gold ermöglicht es dem Proof, der Wirkung der stärksten Ammoniaklösung zu widerstehen, und daher kann Ammoniak nach der Verwendung des Sel d'or-Bades bedenkenlos als Fixiermittel verwendet werden.

Hyposulfit von Soda. — Eine konzentrierte Lösung von Hyposulfit von Soda übt eine allmähliche Lösungsmittelwirkung auf das Bild von Fotoabzügen aus und hat gleichzeitig die Tendenz, Schwefel zu übertragen und die Farbe des Abdrucks zu verdunkeln. Nach Abschluss der Lösung des Bildes bleibt normalerweise ein schwacher gelber Umriss von Sulfuret of Silver zurück.

Entwickelte Drucke aller Art, insbesondere aber die Talbotyp-Abzüge auf Jodsilber, werden durch Hyposulfit von Soda weniger leicht aufgelöst als solche, die durch direkte Einwirkung von Licht erhalten werden. Es besteht auch ein geringfügiger Unterschied zwischen einfachen und albuminisierten Drucken, der zugunsten ersterer ausfällt, da das albuminisierte Papier beim Eintauchen in das Hyposulfitbad immer etwas mehr verliert als normales Chloridpapier, das mit Silbernitrat sensibilisiert wurde.

Kaliumcyanid. — Die Lösungsmittelwirkung von Kaliumcyanid ist bei auf Papier hergestellten Photographien am stärksten. Diese Bilder, ob entwickelt oder nicht, halten dem Test nicht so gut stand wie die Abdrücke auf Kollodium. Albuminierte Probedrucke werden auch etwas leichter angegriffen als Drucke auf einfachem Chloridpapier, das mit Nitrat oder Ammoniumnitrat von Silber sensibilisiert wurde.

Hitze, feucht und trocken. — Längeres Kochen in destilliertem Wasser hat eine rötliche Wirkung auf Positivdrucke. Das Bild wird schließlich blass und blass und ähnelt einem Druck, der vor dem Tonen mit Ammoniak behandelt wurde. Eine Ablagerung von Gold auf dem Bild verringert die Wirkung des heißen Wassers, neutralisiert sie jedoch nicht vollständig. Wenn das Kochen lange fortgesetzt wird, weicht der violett-violette Ton, den das Gold oft verleiht, unweigerlich einem Schokoladenbraun, das die beständigste Farbe zu sein scheint . Drucke , die mit Gallussäure auf mit Milchserum oder Zitrat hergestelltem Papier *entwickelt wurden , leiden genauso stark wie andere, die durch direkte Einwirkung von Licht erhalten werden.* Ammonio -Nitrat-Drucke auf stark gesalzenem Papier, die beim Tönen mit Gold fast schwarz werden, behalten ihr ursprüngliches Aussehen am vollkommensten; Eine leichte Abnahme der Helligkeit ist der einzige beobachtbare Unterschied nach langem Kochen in Wasser. Albuminabzüge und Drucke auf englischen Papieren oder ausländischen Papieren, die mit Milchserum, Citrat, Tartrat oder anderen Stoffen hergestellt wurden, die das reduzierte Salz *röten* , werden in der Regel heller und gehen von Purpur nach Braun über wenn es in Wasser gekocht wird.

Trockene Hitze hat den gegenteiligen Effekt wie heißes Wasser und führt normalerweise dazu, dass die Farbe des Bildes *dunkler wird* . Wenn man einen einfachen Papierabdruck, der einfach fixiert und durch Waschen gründlich vom Hyposulfit von Natron befreit wurde, einem Strom erhitzter Luft aussetzt, verändert er sich allmählich von Rot zu Dunkelbraun und bleibt in diesem Zustand bestehen, bis die Temperatur bis zu dem Punkt ansteigt, an dem die … Das Papier beginnt zu verkohlen, wenn es wieder seinen ursprünglichen Rotton annimmt und gleichzeitig blass und undeutlich wird.

Die Verbrennungsprodukte von Kohlegas sind eine Ursache für das Ausbleichen. — Kohlengas enthält Schwefelverbindungen, die bei der Verbrennung zu schwefeliger und schwefeliger Säure oxidiert werden; Es können auch andere schädliche Substanzen vorhanden sein. Eine Platte aus poliertem Silber, die in einem Glasrohr aufgehängt war, durch das der aus einem kleinen Gasstrahl aufsteigende Strom heißer Luft geleitet wurde, wurde im Laufe von vierundzwanzig Stunden mit einem weißen Film getrübt. Positive Drucke, die derselben ausgesetzt waren, nahmen Feuchtigkeit auf und verblassten; Die Wirkung ähnelt der der Oxydation, da ihr eine allgemeine Verdunkelung der Farbe vorausgeht . Von den vier belichteten Abzügen war ein mit Jodid entwickelter Abzug am wenigsten beschädigt, gefolgt von einem Abzug auf Albuminpapier.

Über die Wirkung feuchter Luft auf positive Drucke.

Um diesen Punkt festzustellen, wurden mehr als sechs Dutzend Positive, auf Papier aller Art gedruckt, in neue und vollkommen saubere, verschlossene Glasflaschen gesteckt, auf deren Boden sich jeweils etwas destilliertes Wasser befand, um die enthaltene Luft zurückzuhalten immer feucht. Sie wurden nach Ablauf von drei Monaten entfernt und während dieser Zeit einige im Dunkeln, andere dem Licht ausgesetzt aufbewahrt. Da die Abzüge nach verschiedenen Methoden hergestellt, auf unterschiedliche Weise getönt und mit oder ohne Substanzen montiert wurden, die eine schädliche Wirkung haben könnten, wird diese Versuchsreihe von erheblichem Wert für die Bestimmung einiger der eigentlichen Ursachen des Verblassens von Positiven sein. [27]

[27] Eine ausführlichere Beschreibung der Experimente finden Sie im Originalartikel im „Photographic Journal", Bd. iii.

Die erhaltenen allgemeinen Resultate waren folgende : Positive Proben, die *einfach* in Hyposulfitnatron fixiert worden waren, blieben völlig unversehrt. Ob es mit Gallussäure auf einem der drei üblicherweise verwendeten Silbersalze entwickelt oder durch direkte Einwirkung von Licht gedruckt wurde, das Ergebnis war das gleiche. Daraus können wir schließen, dass das abgedunkelte Material, das das Bild von Fotoabzügen bildet, in einer feuchten Atmosphäre nicht leicht oxidiert.

getönte Positive in vielen Fällen weniger dauerhaft waren als einfach fixierte Positive. Dies war insbesondere dann der Fall, wenn die Tönung durch *Schwefel* bewirkt worden war ; Alle geschwefelten Drucke, die in einer seit langem verwendeten Hyposulfitlösung fixiert waren, vergilbten in den Halbtönen, wenn sie Feuchtigkeit ausgesetzt wurden. In hyposulfithaltigem Gold fixierte und getönte Positive waren unterschiedlich betroffen; Einige wurden hergestellt, als die Lösung in einem aktiven Zustand war, und blieben unverändert, andere verloren einen kleinen Halbton und wieder andere verblassten stark. Letztere wurden in einem Bad hergestellt, das Gold verloren hatte und schwefelnde Eigenschaften erlangte; und es wurde bemerkt, dass sie durch die Einwirkung kochenden Wassers stärker geschädigt wurden als diejenigen Positiven, die sich unter dem Einfluss der Feuchtigkeit als dauerhaft erwiesen.

Die Tonung mittels Goldchlorid schien höchst zufriedenstellend zu sein, die Zahl der verwendeten Abzüge war jedoch gering. Das Sel d'or-Verfahren beeinträchtigte auch nicht die Integrität des Bildes, da nach der Einwirkung von feuchter Luft kein beginnender Gelbstich oder ein Ausbleichen von Halbtönen sichtbar war.

Diese Versuchsreihe bestätigte die in einer früheren Arbeit gemachte Aussage, dass einige im Positivdruck erhaltene Farbtöne dauerhafter sind als andere. Die von Sulphur erzeugten violetten Töne gingen durch die Einwirkung der feuchten Luft unweigerlich in ein mattes Braun über; und selbst wenn Gold zum Tönen verwendet wurde, waren dieselben violetten Farben normalerweise *gerötet* . Dies war insbesondere dann der Fall, wenn englische Papiere verwendet wurden oder ausländische Papiere mit kaseinhaltigem Milchserum neu dimensioniert wurden . Die schokoladenbraunen Farbtöne, die der Einwirkung von kochendem Wasser am besten standhalten, und insbesondere diejenigen auf Ammoniumnitratpapier , wurden durch die feuchte Luft am wenigsten beeinträchtigt; und tatsächlich war es offensichtlich, dass die beiden Agenten, nämlich. feuchte Luft und heißes Wasser wirkten gleichermaßen in der Tendenz, den Abdruck zu *röten* , obwohl letzteres dies am deutlichsten bewirkte.

Den Ergebnissen dieser Experimente zufolge schien es auch von großer Bedeutung zu sein, dass die Leimmasse vom Druck entfernt werden sollte, um ihn durch feuchte Luft unzerstörbar zu machen. Dies wurde offensichtlich in zwei Fällen beobachtet, in denen in einem alten Hyposulfit- und Goldbad getönte Positive in Hälften geteilt wurden, von denen eine mit einer starken Ammoniaklösung behandelt wurde. Das Ergebnis war, dass die Hälften, in denen die Größe verbleiben durfte, verblassten, während die anderen vergleichsweise unversehrt blieben. Die Albuminabzüge litten besonders darunter, wenn die Leimmasse im Papier verblieb, es kam zu einer zerstörerischen Schimmelbildung , die das Bild verblasste. Durch die Verwendung von kochendem Wasser wurde dies vermieden und die so behandelten Drucke blieben sauber und leuchtend. Allerdings kam es in einigen Fällen auch bei Verwendung von heißem Wasser zu einer teilweisen Zersetzung des Eiweißes, wobei der Glanz vereinzelt vom Papier verschwand. Als das Albumin durch *Kasein* ersetzt wurde, kam es auch zu einem Verlust des Halbtons ; Dies scheint darauf hinzudeuten, dass diese beiden Tierprinzipien, obwohl sie unter gewöhnlichen Bedingungen stabil sind, sich, selbst wenn sie mit salpetersaurem Silber koaguliert werden, zersetzen, wenn sie lange in feuchtem Zustand gehalten werden.

Als weitere entscheidende Ursache für das Ausbleichen durch Oxidation erwies sich die Verwendung ungeeigneter Materialien zur Montage. Jene Körper, die sich mit Silberoxid verbinden, zerstören theoretisch wahrscheinlich die Halbtöne des Bildes; und es wurde festgestellt, dass das Bild unweigerlich verblasste, wenn es mit Alaun, Essigsäure usw. oder mit Substanzen, die durch Gärung eine Säure erzeugen, wie Paste oder Stärke, in Berührung kam.

Der angeblich beschleunigende Einfluss des *Lichts* auf das Verblassen von Positiven wurde durch diese Experimente, soweit sie sich erstreckten, nicht bestätigt. Viele der Flaschen mit den Fotografien wurden während der gesamten drei Monate mit Ausnahme von zwei oder drei Wochen vor dem Fenster eines Hauses mit Südseite aufgestellt, es konnte jedoch keinerlei Unterschied zwischen den so behandelten Positiven und den darin aufbewahrten Positiven festgestellt werden komplette Dunkelheit. Es wäre jedoch angebracht, diesen Teil der Untersuchung zu wiederholen und dabei einen längeren Zeitraum einzuplanen.

Eine Untersuchung der verschiedenen Methoden zur Beschichtung von Positiven unter Ausschluss der Atmosphäre ergab, dass viele von ihnen nicht für den beabsichtigten Zweck geeignet waren. Gewachste Drucke verblassen bei Feuchtigkeitseinwirkung genauso stark wie andere, nicht gewachste. Weißes Wachs ist eine häufig verfälschte Substanz, und Terpentinöl enthält nachweislich einen Körper, der in seinen Eigenschaften Ozon ähnelt und die Kraft besitzt, eine verdünnte Lösung von Indigosulfat zu bleichen. Spiritusfirnis, das nach der Neuformatierung mit Gelatine auf die Oberfläche des Bildes aufgetragen wurde, war dem weißen Wachs deutlich überlegen, konnte aber nichtsdestotrotz den Verblassungseffekt der Feuchtigkeit auf einem instabilen Positiv, das durch Schwefelung getönt worden war, nicht verhindern. Seine schützende Wirkung ist daher begrenzt.

ÜBER DIE VERÄNDERUNG DER ZUSAMMENSETZUNG, DIE HYPOSULFIT VON SODA BEI DER VERWENDUNG BEIM FIXIEREN VON PAPIERPROOFS ERFAHRET. [28]

[28] Diese Beobachtungen sind aus den vom Autor im „Photographic Journal" für September und Oktober 1854 veröffentlichten Artikeln zusammengefasst und neu geordnet.

Fotografen bemerkten schon früh, dass sich die Eigenschaften des Fixierbades aus Hyposulfit von Soda durch die ständige Verwendung veränderten; dass es nach und nach die Fähigkeit erlangte, die Farbe des positiven Bildes *zu verdunkeln* . Diese Veränderung wurde zunächst auf die Ansammlung von *Silbersalzen* im Bad zurückgeführt, und daher wurden Anweisungen gegeben, einen Teil des geschwärzten Silberchlorids im Hyposulfit aufzulösen , um eine neue Lösung herzustellen.

Sorgfältige Experimente des Autors überzeugten ihn davon, dass ein Fehler vorlag; denn man fand heraus, dass die einfache Lösung von Chlorsilber in Hyposulfitnatron keine Fähigkeit hatte, schwarze Töne zu erzeugen. Später stellte sich jedoch heraus, dass, wenn das Fixierbad, das gelöste Silbersalze enthielt, einige Wochen lang beiseite gestellt wurde, eine *Zersetzung* darin eintrat, die sich durch die Bildung eines schwarzen Niederschlags von schwefelhaltigem Silber zeigte; und *dann* wurde es aktiv bei der Tonung der Probedrucke.

Das Vorhandensein dieser Silberschwefelablagerung deutete darauf hin, dass sich ein Teil des Silberhyposulfits spontan zersetzt hatte, und die Kenntnis der Produkte, die bei der spontanen Zersetzung dieses Salzes entstehen, lieferte einen Hinweis auf die Schwierigkeit. Ein Atom Hyposulfit von Silber enthält die Elemente Schwefelsäure und Schwefelsäure . Schwefelsäure erzeugt in Kontakt mit Hyposulfit von Natron durch einen Verdrängungsprozess *schwefelige Säure ;* und Plessy hat gezeigt, dass schweflige

Säure auf einen Überschuss an Hyposulfit von Soda reagiert und zwei dieser interessanten Reihe von Schwefelverbindungen bildet, die Berzelius als „Polythionsäuren" bezeichnet.

Aus theoretischen Gründen schien es daher wahrscheinlich, dass die Penta-, Tetra- und Trithionate eine gewisse Wirkung im Hyposulfit-Fixierungsbad hervorrufen könnten. Bei der Durchführung des Versuchs wurden diese Erwartungen bestätigt; und es wurde gefunden, dass Tetrathionat von Soda, zu Hyposulfit von Soda hinzugefügt, ein Fixier- und Tonisierungsbad ergab, das in seiner Wirksamkeit dem mit Chlorgold hergestellten Bad völlig gleichkam.

Es kann nützlich sein, einen Blick auf die Zusammensetzung der polythionischen Säurereihe zu werfen. es wird so dargestellt: –

	Schwefel.		Sauerstoff.		Formeln.
Dithionsäure oder Hyposchwefelsäure _	2	Atome	5	Atome	S_2O_5
Trithionsäure _	3	"	5	"	S_3O_5
Tetrathionsäure _	4	"	5	"	S_4O_5
Pentathionsäure _	5	"	5	"	S_5O_5

Die Menge an *Sauerstoff* ist in allen gleich, die des anderen Elements nimmt zunehmend zu; daher ist es sofort klar, dass das höchste Mitglied der Reihe *durch den Verlust von Schwefel* allmählich absteigen könnte, bis es den Zustand des niedrigsten erreicht.

Dieser Übergang ist nicht nur theoretisch möglich, sondern es besteht auch eine tatsächliche Tendenz dazu, da alle Säuren mit Ausnahme der Hyposchwefelsäure instabil sind . Die alkalischen Salze dieser Säuren sind instabiler als die Säuren selbst; Eine Lösung von Soda-Tetrathionat wird im Laufe einiger Tage nach der Schwefelablagerung milchig und enthält bei einer Untersuchung dann *Tri-* Thionat und schließlich *Di-* Soda-Thionat.

Da die Ursache für die Änderung der Eigenschaften des Fixierbades eindeutig auf eine Zersetzung von Silberhyposulfit und die daraus resultierende Entstehung instabiler Prinzipien zurückzuführen war, die in der Lage waren, den eingetauchten Proben Schwefel zu verleihen, schien es wünschenswert, die Experimente fortzusetzen.

Es gibt einen besonderen *Säurezustand* , der bei alten Fixierbädern allgemein angenommen wird und der nicht zufriedenstellend erklärt werden konnte, da bekannt war, dass Säuren in Lösungen von Hyposulfit von Soda nicht lange in freiem Zustand vorliegen, sondern dazu neigen, sich selbst zu neutralisieren, indem sie *Hyposchwefelige Säure* verdrängen spontan in schweflige Säure und Schwefel zersetzbar . Dieser Punkt wird durch die Entdeckung einer besonderen Reaktion widerlegt, die zwischen bestimmten Salzen der Polythionsäuren und Hyposulfit von Soda stattfindet. Eine Lösung von Sodatetrathionat kann viele Stunden lang unverändert aufbewahrt werden; Tropft man aber ein paar Krystalle von hyposulfitischem Natron hinein, beginnt es sehr bald, Schwefel abzulagern, und setzt dies mehrere Tage lang fort. Gleichzeitig reagiert die Flüssigkeit sauer auf das Testpapier und erzeugt bei Zugabe von kohlensaurem Kalk ein Sprudeln.

Es ist offensichtlich, dass eine Schwefelsäure existiert, die bisher nicht beschrieben wurde, und dass diese Säure als eines der Zersetzungsprodukte des im Fixierbad enthaltenen Hyposulfits von Silber entsteht. Das Thema ist für Fotografen von großer Bedeutung, denn man hat herausgefunden, dass Hyposulfitbäder , die die Säurereaktion hervorgerufen haben, zwar schnell tonen, aber Positive ergeben, die beim Aufbewahren verblassen. Die Säure kann sich möglicherweise mit dem reduzierten Silbersalz verbinden, was theoretisch wahrscheinlich ist, wenn das Bild Silbersuboxid enthalten darf.

Die Experimente waren als nächstes darauf gerichtet, die Wirkung des sauren Fixierbades auf die positiven Proben genauer zu ermitteln. Tetrathionat von Natron, zu einer Lösung von Hyposulfit von Natron hinzugefügt, ergibt nach Ablauf von zwölf Stunden eine Flüssigkeit, die, wenn sie aus dem abgelagerten Schwefel filtriert wird, langsam blaues Lackmuspapier rötet. In das Bad eingetauchte Positivdrucke gehen von Rot zu Schwarz über, lösen sich in den Halbtönen auf und werden gelb und verblassen, wenn die Einwirkung zu lange andauert. Bei Zugabe von kohlensäurehaltigem Natron in ausreichender Menge, um die Säurereaktion zu beseitigen, wird die Tönungskraft stark verringert, aber durch Fortsetzung der Einwirkung können immer noch dunkle Farben erhalten werden. Die Lösungsmittelwirkung auf die Halbtöne, die offensichtlich in großem Maße durch die Säure verursacht wird, wird verringert; während die Tendenz zur Vergilbung in den weißen Teilen des Probedrucks nahezu verschwindet. Diese Effekte treten besonders deutlich hervor, wenn die Drucke sofort nach der Entnahme aus dem Druckrahmen in das Bad eingetaucht werden; und es erweist sich als fast unmöglich, das Weiße des Abdrucks im Säurebad klar zu erhalten, es sei denn, das salpetersaure Silber wurde abgewaschen.

Auflösung von Halbtönen und Gelbstich in den Lichtern, die beide eine Quelle der Belästigung für den Bediener sind, werden somit zu einem großen Teil auf einen sauren Zustand des Fixier- und Tönungsbades zurückgeführt; und das Heilmittel liegt auf der Hand.

Die Experimente des Autors mit den Tetrathionaten und ihrer Reaktion mit Hyposulfit von Soda brachten ebenfalls die wichtige Tatsache zutage, dass *Alkalien* das instabile Schwefelprinzip zersetzen. Wenn das Bad mit Kali oder kohlensäurehaltigem Soda behandelt wird, scheint sich allmählich ein alkalisches *Schwefelwasserstoff* zu bilden, der Silberschwefelwasser ausfällt. Im Laufe einiger Tage kehrt die Flüssigkeit in ihren ursprünglichen Zustand zurück und hört auf, als Tonikum zu wirken auf den Beweis. Der gleiche Effekt tritt weitgehend ein, wenn die Lösung mehrere Wochen oder Monate lang aufbewahrt wird; ein Prozess spontaner Veränderung, der zu einer Ablagerung von Schwefel und schwefelhaltigem Silber und einem teilweisen Verlust der Schwefeleigenschaften in der Flüssigkeit führt.

Für den wissenschaftlichen Forscher könnte es interessant sein, die Art und Weise der Zubereitung eines Fixierungs- und Tonisierungsbades zu beschreiben und die obigen Bemerkungen zu veranschaulichen:

Einnahme von Silbernitrat	3	Drachmen.
Hyposulfit von Soda	4	Unzen.
Wasser	8	Unzen.

Lösen Sie das Nitrat von Silber in 2 Unzen Wasser auf und wiegen Sie dann die Gesamtmenge an Hyposulfit von Soda ab

Hyposulfit von Soda 2 Drachmen;

Lösen Sie dieses ebenfalls in 2 Unzen Wasser und den Rest des Hyposulfits in den anderen 4 Unzen auf. Anschließend werden die drei Lösungen in getrennten Gefäßen aufbewahrt und das Nitrat von Silber auf einmal in die 2-Unzen-Lösung von Hyposulfit gegossen , wobei das ausgefällte Hyposulfit von Silber schnell gerührt wird. In kurzer Zeit beginnt es sich zu zersetzen und wechselt von weiß zu kanariengelb und dann zu orange-gelb. *Wenn das Orange-Gelb anfängt, ins Braune überzugehen* , fügen Sie die 4 Unzen konzentrierte Lösung von Hyposulfit hinzu , wodurch die Zersetzung sofort abgeschlossen wird, ein Teil des Niederschlags sich auflöst und der Rest völlig schwarz wird. Nach dem Herausfiltern des schwarzen Schwefelsilbers ist die Lösung gebrauchsfertig.

Ein nach dieser Formel zubereitetes Bad ist normalerweise nicht sehr aktiv, aber es zeigt deutlich den Prozess, durch den ein gewöhnliches Fixierbad durch Eintauchen von Positiven mit freiem Silbernitrat auf der Oberfläche in ein Tönungsbad umgewandelt werden kann.

Die folgende Formel ist wirtschaftlicher und liefert ein besseres Ergebnis, kann jedoch nicht für „ Ammonio -Nitrat"-Drucke verwendet werden; die Zugabe eines Alkalis, das Eisenschwefel ausfällt.

Starke Lösung von Eisenperchlorid	6	flüssige Drachmen.
Hyposulfit von Soda	4	Unzen.
Wasser	8	Unzen.
Silbernitrat	30	Körner.

Lösen Sie das Hyposulfit von Soda in sieben Unzen Wasser auf, das Nitrat von Silber in der restlichen Unze; Gießen Sie dann das Eisenperchlorid nach und nach unter ständigem Rühren in die Hyposulfitlösung . Durch die Zugabe des Eisensalzes entsteht eine feine violette Farbe , die jedoch bald verschwindet. Wenn die Flüssigkeit wieder farblos geworden ist , was innerhalb weniger Minuten der Fall ist, geben Sie das Silbernitrat unter kräftigem Rühren hinzu. Es erfolgt eine perfekte Lösung ohne Bildung von schwarzem Schwefel.

Ein mit Eisenchlorid zubereitetes Tonisierungsbad ist zwölf Stunden nach dem Mischen gebrauchsfertig, nach Ablauf einer Woche ist es jedoch aktiver. Die Lösung ist gegenüber Testpapier sauer und aufgrund einer Schwefelablagerung *milchig* , die herausgefiltert werden muss.

Das Eisenperchlorid sollte durch Kochen von Eisenperoxid mit Salzsäure hergestellt werden, anstatt Eisendraht in Königswasser aufzulösen.

Die Zugabe von Silbernitrat erfolgt, um im Bad einen Teil Silberhyposulfit zu erzeugen. Es wurde festgestellt, dass die Anwesenheit eines Silbersalzes die Tönung der Positiven verändert und verhindert, dass sie schnell gelb werden.

ABSCHNITT IV.

Über das Verblassen fotografischer Abzüge.

Viele Jahre nach der Entdeckung des fotografischen Druckverfahrens durch Herrn Fox Talbot war nicht allgemein bekannt, dass auf diese Weise hergestellte Bilder leicht anfällig für Schäden aus verschiedenen Gründen sind, insbesondere durch im Druck verbliebene Spuren des *Fixiermittels* Papier. Da bei der ordnungsgemäßen Reinigung und Aufbewahrung der Probedrucke nicht die nötige Sorgfalt walten ließ, waren die meisten von ihnen verblasst.

Diese Angelegenheit erlangte schließlich eine solche Bedeutung, dass der Rat der Photographischen Gesellschaft beschloss, einen Ausschuss zu bilden, der sich mit der Untersuchung des Themas befassen sollte. Der Autor wurde durch die Aufnahme in dieses Komitee geehrt , und die Untersuchungen, von denen im vorherigen Abschnitt eine Zusammenfassung gegeben wurde, wurden auf Wunsch der Gesellschaft durchgeführt.

Der vorliegende Abschnitt soll praktisch und prägnant die Ursachen für das Ausbleichen von Fotoabzügen sowie die Vorsichtsmaßnahmen erläutern, die getroffen werden sollten, um ihre Dauerhaftigkeit sicherzustellen. Da die Chemie des Themas im letzten Abschnitt ausführlich erläutert wurde, genügt es, den Leser für detailliertere Informationen auf die entsprechenden Seiten zu verweisen.

Historischer Beweis für die Beständigkeit von Fotografien. — Es ist von Interesse, Informationen über die Existenz alter Fotografien zu sammeln, die viele Jahre lang unverändert geblieben sind. Es gibt zahlreiche Beispiele von Positiven, die vor mehr als zehn Jahren gedruckt wurden und sich bis heute nicht merklich verändert haben. Bei diesen Drucken handelt es sich überwiegend um Normalpapier, da Albumin noch nicht so früh verwendet wurde. Der allgemeine Eindruck praktischer Anwender ist jedoch, dass das Ausbleichen seit der Einführung von Albuminpapier seltener aufgetreten ist.

Positive, die durch Entwicklung auf nach Talbots Methode hergestelltem Papier gedruckt wurden, scheinen in der Regel bemerkenswert gut standzuhalten, und Fälle, in denen Talbotyp-Negative verblasst sind, sind selten.

Einige der Drucke, die sich als dauerhaft erwiesen haben, haben eine rote oder braune Farbe , aber viele, da sie einen dunklen oder violetten Farbton haben, wurden offensichtlich getönt, allerdings nicht mit Gold, dessen Verwendung den früheren Fotografen unbekannt war.

Aus den so gesammelten Daten geht klar hervor, dass Fotografien nicht unbedingt mit der Zeit verblassen; und die Tatsache, dass in ein und derselben Mappe ständig Drucke zu sehen sind, die dauerhaft zu sein scheinen, und andere in einem fortgeschrittenen Zustand der Veränderung, kann nicht umhin, den Schluss zu ziehen, dass die Hauptursachen für die Verschlechterung intrinsische Ursachen haben und von einigen schädlichen Dingen abhängen, die in der Mappe verblieben sind Papier; was durch Experimente bestätigt wird.

Ursachen für das Verblassen. – Der Autor glaubt, dass das Ausbleichen von Fotoabzügen fast immer auf die eine oder andere der folgenden Bedingungen zurückzuführen ist: –

A. *Unvollkommenes Waschen.* — Das ist vielleicht das Wichtigste von allen und das Häufigste. Wenn es erlaubt wird, dass Natriumhyposulfit im Papier verbleibt, selbst in winzigen Mengen, zersetzt es sich allmählich unter Freisetzung von Schwefel und zerstört den Druck auf die gleiche Weise und ebenso wirksam wie eine Lösung von Schwefelwasserstoff oder alkalischem Schwefel.

Eine fehlerhafte Waschung kann vermutet werden, wenn das Foto innerhalb weniger Monate nach dem Datum seiner Herstellung beginnt, *dunkler zu werden* : Die *Halbtöne* , die als erste die Wirkung zeigen, gehen danach in den gelben Zustand über die dunklen Schatten bleiben länger schwarz oder braun.

Die richtige Art und Weise, Fotos zu waschen, wird manchmal missverstanden. Die Zeitspanne, in der der Abdruck im Wasser liegt, ist weniger wichtig als die Tatsache, dass das Wasser ständig gewechselt werden sollte. Wenn mehrere Positive zusammen in eine Pfanne gelegt werden und ein Hahn darauf gedreht wird, reicht die Flüssigkeitszirkulation nicht notwendigerweise bis zum Boden. Dies wird durch die Zugabe von etwas Farbstoff bewiesen , was zeigt, dass der Strom oberhalb, aber am unteren Teil des Gefäßes und zwischen den Abdrücken aktiv fließt, es gibt eine stationäre Wasserschicht, die zum Auswaschen wenig nützlich ist das Hyposulfit . Daher sollte darauf geachtet werden, dass die Bilder so weit wie möglich voneinander getrennt aufbewahrt werden und dass sie, wenn kein fließendes Wasser zur Verfügung steht, häufig bewegt und umgedreht werden, wobei ständig frisches Wasser nachgefüllt wird. Wenn dies geschehen ist, und insbesondere wenn die *Leimmasse* auf die hier beschriebene Weise vom Papier entfernt wird, ist *ein vier- oder fünfstündiges* Waschen ausreichend. Es ist ein Fehler, die Bilder mehrere Tage im Wasser liegen zu lassen; Dies hat keine gute Wirkung und kann dazu neigen, eine faulige Gärung oder die Bildung eines weißen Belags auf dem Bild zu fördern, wenn das Wasser kohlensäurehaltigen Kalk enthält.

B. *Im Papier sind saure Stoffe zurückgeblieben.* — Bei der Durchsicht von Sammlungen alter Fotografien ist es nicht ungewöhnlich, Drucke zu finden, von denen es heißt, sie seien nach ihrer ersten Anfertigung noch lange Zeit unverändert geblieben, hätten aber im Laufe der Zeit ihre Brillanz verloren und seien blass und undeutlich geworden. Diese Art des Ausbleichens beginnt häufig an den Ecken und Kanten des Papiers und wirkt sich nach innen zur Mitte hin aus . Die Experimente des Autors haben gezeigt, dass es hauptsächlich durch einen langsamen Oxidationsprozess verursacht *wird* .

Das fotografische Bild scheint nicht leicht oxidierbar zu sein, es sei denn, es wurde zuvor durch die Einwirkung von Schwefel abgedunkelt oder mit Säuren oder Körpern in Kontakt gebracht, die als Lösungsmittel für Silberoxid wirken (S. 146). Die häufig zum Leimen von Papieren verwendeten Materialien wie Alaun und Harz sind saurer Natur und wirken sich direkt schädlich auf das Bild aus; und die Entfernung der Leimmasse, die leicht mittels einer verdünnten Lauge oder eines alkalischen Karbonats ohne Schädigung der Farbe durchgeführt werden kann, hat den zusätzlichen Vorteil, dass die letzten Spuren von Hyposulfitnatron und auch die Keime von *Pilzen entfernt werden* , die, wenn man sie belassen würde, verwachsen würden und bei Einwirkung von Feuchtigkeit eine zerstörerische Schimmelbildung hervorrufen würden (Kap. III. Teil II.).

Die Tatsache, dass Säuren die Oxidation des Bildes begünstigen, ist ebenfalls ein Hinweis darauf, dass Fotoabzüge nicht zu häufig angefasst oder mehr als nötig mit dem Finger berührt werden sollten; Die warme Hand kann Spuren von Säure hinterlassen [29] , die mit der Zeit dazu neigen, einen gelben Fleck zu hinterlassen.

[29] Der Autor hat gesehen, wie blaues Lackmuspapier sofort gerötet wurde, als es auf den Arm einer Person gelegt wurde, die an akutem Rheuma litt. Diese Säure ist wahrscheinlich Milchsäure!

C. *Feuchtigkeit als Ausbleichursache* . - Obwohl. Ordnungsgemäß gedruckte Fotografien werden durch feuchte Luft nicht so leicht beschädigt (S. 153). Da jedoch ständig *Verunreinigungen* verschiedener Art in der Atmosphäre schweben, kann man sagen, dass ein Zustand vergleichsweiser Trockenheit für die Erhaltung aller Fotografien unerlässlich ist. Bei der Sammlung von Beweisen zu diesem Thema werden häufig „Nass“ und „Feuchtigkeit“ als Ursachen für das Ausbleichen behauptet – die Drucke wurden bei frostigem Wetter in einem Raum ohne Feuer an einer feuchten Wand aufgehängt oder es hatte geregnet dringen in den Rahmen ein! Kein Bild wird eine solche Behandlung lange überleben, und Fotografien erfordern ebenso wie Stiche und Aquarelle bei ihrer Erhaltung die übliche Sorgfalt.

D. *Die Arten, den Beweis zu führen* . — Auf dieses Thema wurde in der Zusammenfassung der Aufsätze des Autors auf S. 155 . Alle Zemente, die saurer Natur sind oder durch Essigsäuregärung *sauer werden können, sollten vermieden werden.* Mehlpaste ist besonders schädlich und viele Fälle von Ausbleichen werden auf diese Ursache zurückgeführt. Der Zusatz von

Quecksilberbichlorid, der oft verwendet wird, um zu verhindern, dass die Paste schimmelt , würde sie für den fotografischen Gebrauch noch ungeeigneter machen (S. 151). Stärke ist nicht besonders zu bevorzugen. Keine Substanz scheint besser zu sein als Gelatine , die sich nicht leicht zersetzt und keine Tendenz zeigt, Luftfeuchtigkeit aufzunehmen. Die *zerfließende* Natur vieler Körper ist ein Punkt, der bei der Montage von Fotografien berücksichtigt werden sollte, und daher wäre die Verwendung eines Salzes wie *kohlensäurehaltigem Kali* , das dem Autor bekanntermaßen der Paste zugesetzt wird, um die Bildung von Säure zu verhindern, sinnvoll nicht ratsam.

e. *Die Wirkung einer unvollständigen Fixierung.* — Den früheren Fotografen gelang es nicht immer, ihre Abzüge richtig zu fixieren, da alte Fotografien oft dicht mit Flecken und Flecken im Gewebe des Papiers übersät sind. Diese Drucke sind jedoch nicht immer auf der Oberfläche verblasst, und daher kann nicht gesagt werden, dass eine unvollständige Fixierung mit Sicherheit zur völligen Zerstörung des Bildes führt. Dennoch kann an dieser Stelle ein Hinweis auf das Thema gegeben werden, und die Aufmerksamkeit des Lesers wird noch einmal darauf gelenkt, wie wichtig es ist, den Druck beim Herausnehmen aus dem Druckrahmen in Wasser zu waschen; eine Zersetzung, die immer auftritt, wenn *mit freiem Silbernitrat gesättigte* Papierpositive in eine verdünnte Lösung von Hyposulfit von Soda getaucht werden , die nicht genügend Salz enthält, um das Hyposulfit von Silber aufzulösen, bevor es eine spontane Veränderung zu erfahren beginnt.

F. *Einwirkung einer unreinen Atmosphäre als Ursache für Verblassen.* — Die fünf vorangehenden Ursachen für das Ausbleichen beziehen sich meist auf einen an sich fehlerhaften Zustand des Drucks. Dies, der sechste, erklärt die Art und Weise, wie ein sorgfältig vorbereitetes Foto dennoch durch schädliche Stoffe, die häufig in der Atmosphäre vorhanden sind, Schaden erleiden kann. Die Luft großer Städte und insbesondere die aus Abwasserkanälen und Abflüssen entweichende Luft enthält schwefelhaltigen Wasserstoff, und daher werden versilberte Gegenstände angelaufen, wenn sie nicht unter Glas gelegt werden. Der Schaden, den ein Druck erleidet, wenn er mit Schwefelwasserstoff verunreinigter Luft ausgesetzt wird, ist geringer als der Anlauf, der auf der hellen Oberfläche einer Silberplatte entsteht (siehe S. 148); Als Vorsichtsmaßnahme wird jedoch empfohlen, fotografische Bilder durch Glas zu schützen oder in einer Mappe aufzubewahren und sie nicht zu frei der Luft auszusetzen.

Wahrscheinlicher als die zuletzt genannte Ursache sind die Verbrennungsprodukte von Kohlengas eine Verletzungsquelle für Fotos, die ohne Abdeckung aufgehängt werden. Die Schwefelverbindungen im Gas verbrennen zu schwefeliger und schwefeliger Säure, wobei letztere in

Kombination mit Ammoniak die oft auf Schaufenstern beobachteten funkelnden Kristalle erzeugt.

Es wurde die Frage diskutiert, wie das fotografische Bild am besten vor diesen äußeren Ursachen des Ausbleichens geschützt werden kann, und es wurden viele Pläne zur Beschichtung von Abzügen mit undurchlässigem Material entwickelt. Wenn die Bilder lasiert oder in einer Mappe aufbewahrt werden sollen, reicht dies aus, in anderen Fällen kann es jedoch sinnvoll sein, eine Schicht Spiritus oder Guttapercha-Lack aufzutragen. Die Verwendung von Wachs, Harz und ähnlichen Körpern dürfte durch die Einführung von Verunreinigungen eher schädlich als negativ wirken.

G. Die Zersetzung von Pyroxylin ist eine Quelle für Schäden an Kollodiumfotos . — Kollodium-Positive und -Negative werden normalerweise als dauerhaft angesehen; Es wurden jedoch einige ausgestellt, die, nachdem sie an einem feuchten Ort aufbewahrt worden waren, nach und nach blass und undeutlich wurden. Die Veränderung beginnt an Ecken und Kanten und isolierten Punkten, wobei in der Regel die Mitte als letztes betroffen ist. Bei der Untersuchung sind häufig zahlreiche Risse sichtbar, die darauf hindeuten, dass der Kollodiumfilm zersetzt ist. Die Folge wäre die Freisetzung ätzender Stickstoffoxide, die das Bild zerstören. Es ist bekannt, dass Substitutionsverbindungen, die Stickstoffperoxid enthalten, zu spontanen Veränderungen neigen. Das bittere Harz, das durch die Einwirkung von Salpeterschwefelsäure auf weißen Zucker entsteht , entwickelt, wenn es nicht vollkommen trocken gehalten wird, manchmal genug Gas, um den Korken der Flasche, in der es aufbewahrt wird, zu zerstören; Die Lösung des Harzes reagiert dann stark sauer und lässt einen gewöhnlichen Positivdruck schnell verblassen.

Diese Tatsachen sind interessant und weisen darauf hin, dass Kollodiumbilder, die die Elemente ihrer Zerstörung in sich enthalten, durch eine Lackschicht vor Feuchtigkeit geschützt werden sollten.

Vergleichende Beständigkeit fotografischer Abzüge. – Es gibt allen Grund zu der Annahme, dass das fotografische Bild, wie auch immer es entstanden ist, dauerhaft ist, wenn bestimmte schädliche Bedingungen vermieden werden; – mit anderen Worten, dass Abzüge nicht unbedingt auf die gleiche Weise wie flüchtige Farben durch eine einfache Belichtung verblassen Licht und Luft. Nehmen wir aber einen Fall an, der häufig vorkommt und schädliche Einflüsse aufweist, die nicht vollständig beseitigt werden können, kann es nützlich sein, zu untersuchen, welche Art des Druckens die größte Stabilität bietet.

Von Positiven, die durch kurze Belichtung und anschließende Entwicklung mit Gallussäure hergestellt werden, ist zu erwarten, dass sie dauerhafter sind als gewöhnliche Sonnenabzüge. Nicht dass es irgendeinen Grund gibt anzunehmen, dass die chemische Zusammensetzung eines entwickelten Bildes eigenartig ist, sondern dass die Verwendung von Gallussäure es uns ermöglicht, die Intensität des zuerst erzeugten roten Bildes zu erhöhen und seine Stabilität durch Ausfällen von frischem Silber zu erhöhen drauf. Dieser Punkt wurde nicht immer berücksichtigt. Es wurde empfohlen, den Druck im *Rot-* und Frühstadium der Entwicklung aus der Entwicklungslösung zu nehmen und die dunklen Töne anschließend mit Gold zu erzeugen; Aber obwohl dieser Plan hinsichtlich Farbe und Tonabstufung sehr gute Ergebnisse liefert, scheint er doch den Vorteil zu verringern, der sich andernfalls aus der Anwendung eines Negativverfahrens ergeben würde, und das Bild, was die Dauerhaftigkeit betrifft, weitestgehend im Zustand eines Negativverfahrens zu belassen gewöhnlicher Druck, der durch direkte Einwirkung von Licht entsteht.

Das ursprüngliche Talbotypie-Verfahren, bei dem das latente Bild auf Silberjodid erzeugt wird, erzeugt neben Collodion das stabilste Bild; aber die Schwierigkeit, helle und warme Farbtöne auf Jodsilber zu erhalten, wird seiner Annahme im Wege stehen.

Das *Tonen* von Papierpositiven ist der Teil des Prozesses, der wahrscheinlich deren Stabilität beeinträchtigt. insofern, als die besten Ergebnisse nicht leicht ohne *Schwefelung erzielt werden können* und die Wirkung von Schwefel, wenn sie in irgendeinem Ausmaß durchgeführt wird, sich als schädlich erwiesen hat. Dabei gilt es im Auge zu behalten, die ursprüngliche Struktur des Bildes durch die Tonung so wenig wie möglich zu verändern; Als Färbemittel ist es am besten, Gold anstelle von Schwefel zu verwenden . Aus theoretischen Gründen ist das Tonen mit einer alkalischen Lösung von Chlorgold (<u>S. 132</u>) und das Fixieren mit Ammoniak das beste Verfahren; aber die Verwendung von Sel d'or, das eine angenehmere Farbe ergibt und sich praktisch nicht als schädlich für das Bild erwiesen hat, wird im Allgemeinen bevorzugt. Bei der Verwendung *eines einzigen Fixier- und Tonisierungsbades* lässt sich das gleiche Ziel der Wirkung mit Gold statt mit Schwefel am besten erreichen, indem man die Aktivität des Bades durch ständige Zugabe von Goldchlorid aufrechterhält.

Am wenigsten stabil sind Drucke, die in *sauren Hyposulfitbädern ohne Gold* getönt wurden ; und die Schwierigkeit, solche Bilder vor dem Vergilben in den Halbtönen zu bewahren, ist sehr groß. Möglicherweise verbindet sich ein Teil der Schwefelsäure mit dem Silbersuboxid und kann durch Waschen nicht entfernt werden (siehe <u>S. 158</u>); aber selbst wenn dies nicht der Fall sein sollte, ist es sicher, dass keine gewöhnliche Pflege das gelegentliche Auftreten von Ausbleichen verhindern kann, es sei denn, das Hyposulfitbad wird *gegenüber dem Testpapier neutral gehalten* . Und alle Tönungspläne, bei denen

Essig- oder Salzsäure mit Hyposulfit von Soda vermischt und das Positive eingetaucht wird, während sich die Flüssigkeit in einem milchigen Zustand durch Ausfällung von Schwefel befindet, sollten sorgfältig vermieden werden.

Hyposulfit enthalten waren , in den hellen Teilen eine Tendenz zur Vergilbung zeigen , neigen am meisten dazu, ihre Halbtöne bei der Aufbewahrung zu verlieren. Bei Fotoabzügen kommt es häufig vor, dass sie im Laufe der Jahre leicht *nachdunkeln ;* und daher bleibt durch das Aussetzen der Tonisierungswirkung zu einem früheren Zeitpunkt ein Spielraum für das, was manche als „Verbesserung mit der Zeit" bezeichnen.

Die Verwendung von *Albuminpapier* anstelle von Normalpapier bietet einen Vorteil beim Schutz des Bildes vor Oxidation. Bei ständiger Einwirkung von Feuchtigkeit kann es jedoch zu einer fäulniserregenden Zersetzung der tierischen Substanz kommen. Da die eigentliche Farbe des Albuminbildes ein *blasses Rot ist* , sollten die Schwarztöne nicht auf dieser Papiersorte angestrebt werden: Ihre Herstellung würde, wenn Hyposulfit von Soda zum Tonen verwendet würde, wahrscheinlich eine Menge an Schwefelung mit sich bringen, die mehr als ausgleichen würde jeglichen Vorteil, der sonst aus dem Albumin erzielbar wäre.

Permanente Positive von schwarzer Farbe können leicht durch Sensibilisieren von Normalpapier, das frei von tierischen Bestandteilen ist, mit Silberoxid anstelle von Nitrat erhalten werden. Da das einfach fixierte Bild in diesem Fall einen *Sepia-Farbton aufweist* , ist weniger Tonung erforderlich, um es in Schwarz umzuwandeln. Früher herrschte der Eindruck vor, dass Ammonio -Nitrat-Abdrücke instabil seien; aber weit davon entfernt, dass dies der Fall ist, haben sie nachweislich der Einwirkung aller zerstörerischen Tests besser standgehalten als Bilder, die auf der gleichen Art von Papier hergestellt und mit einfachem Salpetersilber sensibilisiert wurden.

Methode zum Testen der Beständigkeit von Positiven. — Die Tests auf Hyposulfit von Soda sind nicht empfindlich genug, um mit Sicherheit anzuzeigen, wann der Waschvorgang ordnungsgemäß durchgeführt wurde. Die Menge des im Papier verbliebenen Salzes ist normalerweise so gering und so stark mit organischen Stoffen vermischt, dass die Anwendung von Quecksilberprotonitrat oder Silbernitrat auf die Flüssigkeit, die aus der Ecke des Abdrucks abfließt, wahrscheinlich irreführen würde Operator.

Eine verdünnte Lösung von Kalipermanganat, hergestellt durch Auflösen von einem halben oder zwei Körnern des Salzes, je nach seiner Reinheit, in einer Gallone destilliertem Wasser, bietet eine bequeme Möglichkeit, Positive auf ihre Widerstandsfähigkeit gegen Oxidation zu testen; und für ein erfahrenes Auge wird es die Anwesenheit oder

Abwesenheit von Hyposulfit von Soda beweisen, dessen kleinste Spur ausreicht, um die rosa Farbe des Permanganats zu entfernen.

Die günstigste und einfachste Methode zum Testen der Beständigkeit besteht darin, die Bilder in einer verschlossenen Glasflasche mit einer kleinen Menge Wasser einzuschließen. Wenn sie nach einer dreimonatigen Behandlungsdauer ihre Halbtöne behalten und nicht schimmeln , ist die verwendete Druckmethode zufriedenstellend.

Kochendes Wasser wird sich auch als nützlich erweisen, um die instabilen Farben , die Schwefel erzeugt, von denen zu unterscheiden, die durch den vernünftigen Einsatz von Gold entstehen. In allen Fällen wird das Bild zunächst durch das heiße Wasser gerötet, aber wenn es ohne Schwefel getönt wird, erhält es beim Trocknen in der Regel einen Großteil seiner dunklen Farbe zurück.

Man sollte das charakteristische Aussehen von Drucken kennen, die im Tönungsbad stark geschwefelt wurden und sehr leicht verblassen. Eine gelbe Farbe im Licht ist ein schlechtes Zeichen; und wenn die Halbtöne überhaupt schwach und undeutlich sind und den Anschein einer beginnenden Gelbfärbung aufweisen, ist es fast sicher, dass das Positiv nicht lange anhalten wird.

KAPITEL IX.

ZUR THEORIE DER DAGUERREOTYPIE- UND TALBOTYPIE-VERFAHREN USW.

ABSCHNITT I.

Die Daguerreotypie.

ES war nicht die ursprüngliche Absicht des Autors, eine Beschreibung des Daguerreotypie-Prozesses in den Rahmen des vorliegenden Werkes aufzunehmen. Die Daguerreotypie ist ein Zweig der Fotokunst, der sich so sehr von den anderen unterscheidet, dass er in manipulativen Details kaum Ähnlichkeit mit ihnen aufweist; Eine leichte Skizze der Theorie des Prozesses ist jedoch möglicherweise nicht inakzeptabel.

Alle notwendigen Bemerkungen fallen unter drei Rubriken: – Die Vorbereitung des Daguerreotypie-Films; – die Mittel, mit denen das latente Bild entwickelt wird; – und die Verstärkung des Bildes durch Hyposulfit von Gold.

Die Vorbereitung des Daguerreotypie- Films. — Der empfindliche Film des Daguerreotypisten unterscheidet sich in vielerlei Hinsicht von dem des Kalotyps oder Kollodiotyps . Letztere können im Gegensatz zu ersteren, bei denen keine wässrigen Lösungen zum Einsatz kommen, als Nassverfahren bezeichnet werden. Der Daguerreotypie-Film ist ein reines und isoliertes Silberjodid, das durch die direkte Einwirkung von Jod auf das Metall entsteht. Daher fehlt ihm ein Element der Sensibilität, das die anderen besitzen, nämlich. das Vorhandensein von löslichem Silbernitrat in Kontakt mit den Jodsilberpartikeln.

Es ist wichtig, sich daran zu erinnern, dass das Jodsilber, das durch Einwirkung von Joddampf auf metallisches Silber hergestellt wird , sich in seiner photographischen Wirkung von dem gelben Salz unterscheidet, das durch doppelte Zersetzung von Kaliumjodid und salpetersaurem Silber erhalten wird. Wenn ein Daguerreotypie-Film hellem Licht ausgesetzt wird, verdunkelt er sich zunächst zu einer aschgrauen Farbe und wird dann fast weiß; Gleichzeitig wird die Löslichkeit von Natron in Hyposulfit verringert. Ein Kollodiumfilm hingegen verändert, wenn der Überschuss an salpetersaurem Silber abgewaschen wird, obwohl er immer noch in der Lage ist, den strahlenden Eindruck in der Kamera zu erhalten, weder seine Farbe noch seine Löslichkeit, selbst wenn er der Sonne ausgesetzt wird Strahlen.

Einzelheiten zum Verfahren zur Herstellung einer Daguerreotypie- Platte. — Eine Kupferplatte mittlerer Dicke wird auf der Oberfläche mit einer Schicht aus reinem Silber beschichtet, entweder durch Elektrotypie oder auf andere geeignete Weise. Anschließend wird es mit größter Sorgfalt poliert, bis die Oberfläche einen brillanten metallischen Glanz annimmt . Dieser vorbereitende Poliervorgang ist von großer praktischer Bedeutung, und die damit verbundenen lästigen Details stellen eine der Hauptschwierigkeiten dar, die es zu überwinden gilt.

Nach Abschluss des Polierens ist die Platte bereit für die Aufnahme der empfindlichen Beschichtung. Dieser Teil des Prozesses wird auf besondere Weise durchgeführt. Ein einfaches Stück Pappe oder ein dünnes Holzblatt, das zuvor in Jodlösung getränkt wurde, entwickelt genug Dampf, um die Silberplatte anzugreifen; Wird es unmittelbar darüber platziert und lässt man es für kurze Zeit stehen, nimmt es aufgrund der Bildung *einer übermäßig empfindlichen Schicht* aus Jodsilber einen blassvioletten Farbton an . Durch die Verlängerung der Wirkung des Jods verschwindet der violette Farbton und es entstehen verschiedene prismatische Farben , ganz ähnlich wie bei der Zerlegung von Licht durch dünne Glimmerplättchen oder die Oberfläche von Perlmutt. Von Violett wird die Platte strohgelb, dann rosafarben und schließlich stahlgrau. Durch Fortsetzen der Belichtung wiederholt sich die gleiche Abfolge von Farbtönen; das Stahlgrau verschwindet und die Gelb- und Rosatöne kehren wieder zurück. Die Ablagerung von Jodsilber nimmt während dieser Veränderungen allmählich an Dicke zu; aber bis zum Schluss bleibt es übermäßig dünn und zart. In dieser Hinsicht steht es in starkem Kontrast zu der dichten und cremigen Schicht, die oft beim Kollodiumverfahren verwendet wird, und zeigt, dass in einem solchen Fall ein großer Teil des Jodsilbers überflüssig sein muss, soweit es um den Einfluss des Lichts geht. Eine Untersuchung einer empfindlichen Daguerreotypie-Platte offenbart die mikroskopische Natur der aktinischen Veränderungen, die in der Fotokunst eine Rolle spielen, und lehrt eine nützliche Lektion.

Steigerung der Sensibilität durch die Kombination der gemeinsamen Wirkung von Brom und Jod. — Der ursprüngliche Prozess von Daguerre wurde nur mit Joddampf durchgeführt ; aber im Jahr 1840 entdeckte Herr John Goddard, dass die Empfindlichkeit der Platte erheblich gefördert wurde, wenn man sie nacheinander den Dämpfen von Jod und Brom aussetzte, wobei die richtige Zeit für jeden durch die angenommenen Farbtöne reguliert wurde.

Die Zusammensetzung dieses sogenannten Bromjodids von Silber ist ungewiss und es wurde nicht nachgewiesen, dass sie irgendeine Analogie zu der des gemischten Salzes aufweist, das durch Zersetzung einer Lösung von Jod und Bromid von Kalium mit salpetersaurem Silber erhalten wird.

Beachten Sie auch, dass das Bromjodid von Silber empfindlicher ist als das einfache Jodid, *nur weil der Dampf von Quecksilber als Entwickler verwendet wird* . M. Claudet beweist, dass, wenn das Bild allein durch die direkte Einwirkung von Licht erzeugt wird (siehe Seite 174), der übliche Zustand umgekehrt ist und dass die Verwendung von Brom unter solchen Umständen die Wirkung verzögert.

Die Entwicklung und Eigenschaften des Bildes. – Das latente Bild der Daguerreotypie wird auf eine andere Weise entwickelt als bei den feuchten Prozessen im Allgemeinen, nämlich. durch die Wirkung von Mercurialdampf . Quecksilber oder Quecksilber ist eine metallische Flüssigkeit, die bei 662° Fahrenheit siedet. Wir dürfen jedoch nicht annehmen, dass die jodierte Platte dem Quecksilberdampf bei einer Temperatur ausgesetzt ist, die sich 662° nähert. Der das Quecksilber enthaltende Becher wird zuvor mit einer Spirituslampe auf etwa 140° erhitzt, eine Temperatur, die die Hand in den meisten Fällen problemlos ertragen kann. Die Menge des bei 140° erzeugten Mercurialdampfes ist sehr gering, reicht aber für den Zweck aus, und nach kurzer Dauer der Einwirkung ist das Bild vollkommen entwickelt.

Es gibt nur wenige Fragen, die unter Chemikern zu größeren Diskussionen geführt haben als die Art des Daguerreotypie-Bildes. Leider ist die Menge des zu bearbeitenden Materials so gering, dass es nahezu unmöglich ist, seine Zusammensetzung durch direkte Analyse zu bestimmen. Einige nehmen an, dass es nur aus Merkur besteht. Andere haben gedacht, dass der Merkur in Kombination mit metallischem Silber vorliegt. Das Vorhandensein des früheren Metalls ist sicher, da M. Claudet zeigt, dass es durch die Anwendung starker Hitze tatsächlich in ausreichender Menge aus dem Bild verflüchtigt werden kann, um einen zweiten Eindruck zu erzeugen , der sofort überlagert ist.

die längere Einwirkung von Licht allein auf die jodierte Platte ein Bild erhalten werden kann, das dem von Merkur entwickelten mehr oder weniger ähnelt . Die so gebildete Substanz ist ein weißes Pulver, das in Lösung von Hyposulfitnatron unlöslich ist ; Für das Auge amorph, erscheinen sie bei starker Vergrößerung jedoch wie winzige reflektierende Kristalle. Seine Zusammensetzung ist ungewiss.

Für alle praktischen Zwecke ist die Herstellung des Daguerreotypie-Bildes allein durch Licht aufgrund der dafür erforderlichen Zeitspanne nutzlos. Darauf wurde im dritten Kapitel hingewiesen, wo gezeigt wurde, dass im Fall des Bromiodids von Silber eine 3000-mal größere Lichtintensität erforderlich ist, wenn die Verwendung des Mercurialdampfes weggelassen wird.

M. Ed. Becquerels Entdeckung der anhaltenden Wirkung gelber Lichtstrahlen . — Reines homogenes gelbes Licht hat keine Wirkung auf die Daguerreotypieplatte; Wenn aber die jodierte Oberfläche zunächst für eine ausreichend lange Zeit weißem Licht ausgesetzt wird, um ein latentes Bild einzuprägen, und dann *danach* dem gelben Licht, wird die bereits begonnene Wirkung *fortgesetzt* , und zwar bis zu dem Ausmaß, dass sich der eigentümliche weiße Niederschlag bildet, der darin unlöslich ist Hyposulfit von Soda, bereits erwähnt.

Entwicklungsmittel bezeichnet werden , da es die gleiche Wirkung wie der Mercurial- Dampf hervorruft , indem es das latente Bild sichtbar macht.

Eine einzigartige Anomalie erfordert jedoch Aufmerksamkeit, nämlich. Wenn die Platte mit den gemischten Dämpfen von Brom und Jod anstelle von Jod allein vorbereitet wird, kann das gelbe Licht nicht zur Entwicklung des Bildes verwendet werden. Tatsächlich zerstört derselbe farbige Strahl , der die Wirkung des weißen Lichts auf einer Oberfläche aus *Jodsilber fortsetzt* , diese tatsächlich und stellt die Partikel mit einer Oberfläche aus *Bromjodidsilber in ihren ursprünglichen Zustand zurück* .

Obwohl diese Tatsachen keine große praktische Bedeutung haben, sind sie doch interessant, um die heikle und komplexe Natur der durch Licht hervorgerufenen chemischen Veränderungen zu veranschaulichen.

Die Stärkung des Daguerreotypie-Bildes mittels Hyposulfit von Gold. – Die Verwendung von Goldhyposulfit , um das Bild der Daguerreotypie aufzuhellen und es haltbarer und unzerstörbarer zu machen, wurde von M. Fizeau im Anschluss an die ursprüngliche Entdeckung des Verfahrens eingeführt.

Nach der Entfernung des unveränderten Jodsilbers mittels Hyposulfit von Natron wird die Platte auf einen Nivellierständer gelegt und mit einer Lösung von Hyposulfit von Gold bedeckt, die etwa einen Teil des in 500 Teilen Wasser gelösten Salzes enthält. Dann wird die Flamme einer Spirituslampe angelegt, bis die Flüssigkeit zu kochen beginnt. Kurz darauf ist eine Veränderung im Erscheinungsbild des Bildes zu beobachten; es wird weißer als zuvor und gewinnt an Kraft. Diese Tatsache scheint schlüssig zu beweisen, dass metallisches Quecksilber in seiner Zusammensetzung enthalten ist, da eine Oberfläche aus Silber – wie zum Beispiel die des Kollodiumbildes – durch Hyposulfit von Gold *verdunkelt wird.*

Der Unterschied in der Wirkung der Vergoldungslösung auf das Bild und das reine Silber, das es umgibt, veranschaulicht dieselbe Tatsache. Dieses Silber, das von dunkler Farbe erscheint und die Schatten des Bildes bildet, wird noch dunkler wiedergegeben; *Nach und nach bildet sich darauf* eine sehr zarte Kruste aus metallischem Gold , während beim Bild der Aufhellungseffekt sofort und auffällig ist.

ABSCHNITT II.

Theorie der Talbotypie- und Albumin-Prozesse.

Der Talbotyp oder Kalotyp. – Dieser Prozess, wie er heutzutage von vielen praktiziert wird, ist fast identisch mit dem ursprünglich von Herrn Fox Talbot beschriebenen. Das Ziel besteht darin, eine gleichmäßige und fein verteilte Schicht Jodsilbers auf der Oberfläche eines Blattes Papier zu erhalten; Die Teilchen des Jodids werden mit einem Ueberschuss an salpetersaurem Silber und gewöhnlich mit einer geringen Menge Gallussäure in Kontakt gelassen, um die Lichtempfindlichkeit noch weiter zu erhöhen.

Die mit Gelatine geleimten englischen Papiere werden üblicherweise für den Kalotypie-Prozess verwendet; Sie halten den Film perfekter an der Oberfläche und die Gelatine hilft aller Wahrscheinlichkeit nach bei der Bildung des Bildes. Bei einem fremden Stärkepapier sinken die Lösungen zu tief ein, es sei denn, es wird mit einer organischen Substanz neu geleimt, und dem Bild mangelt es an Klarheit und Schärfe.

Es gibt zwei Arten, die Blätter zu jodieren und zu sensibilisieren: erstens durch abwechselndes Aufschwemmen auf Kaliumjodid und Silbernitrat, in derselben Weise wie bei der Herstellung von Papieren für den Positivdruck; und zweitens durch das sogenannte „Einzelwaschen", von dem viele glauben, dass es bessere Ergebnisse hinsichtlich Empfindlichkeit und Intensität des Bildes liefert. Um auf diese Weise zu jodieren, wird das gelbe Jodsilber, hergestellt durch Mischen von Lösungen von Kaliumjodid und salpetersaurem Silber, in einer starken Lösung von Kaliumjodid gelöst; die Blätter werden einen Augenblick lang auf dieser Flüssigkeit geschwommen und getrocknet; Sie werden dann in eine Schüssel mit Wasser gegeben, wodurch das Jodsilber in fein verteiltem Zustand auf der Oberfläche des Papiers niedergeschlagen wird.

Die Eigenschaften einer Lösung von Silberjodid in Kaliumjodid oder des doppelten Kalium- und Silberjodids werden auf Seite 43 beschrieben . Eine Bezugnahme darauf zeigt, dass das Doppelsalz durch eine große Menge Wasser zersetzt wird Fällung von Silberjodid; diese Substanz ist in einer verdünnten Lösung von Kaliumjodid unlöslich, in einer starken Lösung jedoch löslich.

Auf diese Weise mit Silberjodid beschichtetes Papier bleibt nach gründlichem Waschen in Wasser zur Entfernung löslicher Salze (die, wenn sie zurückbleiben würden, Feuchtigkeit anziehen) lange haltbar. Die

Jodidschicht hat eine blasse Primelfarbe und ist vollkommen lichtunempfindlich. Selbst die Einwirkung von Sonnenstrahlen führt zu keiner Veränderung, was darauf hindeutet, dass ein Überschuss an Silbernitrat für die sichtbare Verdunkelung von Silberjodid durch Licht unerlässlich ist. Das Papier ist auch unempfindlich gegen die Aufnahme eines unsichtbaren Bildes und unterscheidet sich in dieser Hinsicht von der gewaschenen Kollodiumplatte, die in der Kamera einen Abdruck erhält, obwohl sie offenbar von Silbernitrat befreit ist.

Um Kalotypiepapier lichtempfindlich zu machen, wird es mit einer Lösung aus Silbernitrat bestrichen, die sowohl Essigsäure als auch Gallussäure enthält und als „Aceto-Nitrat"- und „Gallo-Nitrat"-Lösung bezeichnet wird. Die Gallussäure verringert die Haltbarkeit des Papiers, erhöht jedoch die Empfindlichkeit. Die Essigsäure verhindert, dass das Papier während der Entwicklung vollständig schwarz wird, und bewahrt die Klarheit der weißen Teile. sein Einsatz ist unverzichtbar.

Das Papier wird üblicherweise am Morgen des Tages, an dem es verwendet werden soll, aufgeregt; und je länger es aufbewahrt wird, desto weniger aktiv und sicher wird es. Eine Belichtungszeit von fünf bis acht Minuten in der Kamera entspricht der durchschnittlichen Zeit mit einem gewöhnlichen Sichtobjektiv.

Das Bild wird mit einer gesättigten Gallussäurelösung entwickelt, der zur Steigerung der Intensität eine Portion Aceto-Nitrat-Silber zugesetzt wird. Es wurden auch Eisensulfat und Pyrogallussäure verwendet, aber sie sind unnötig stark, da sich das unsichtbare Bild auf Papier leichter entwickeln lässt als auf Kollodium (siehe Seite 143).

Nachdem das Negativ durch Entfernen des unveränderten Jodsilbers mit Hyposulfitnatron fixiert wurde , wird es gut gewaschen und getrocknet. Anschließend wird mit einem heißen Eisen weißes Wachs eingeschmolzen, um das Papier transparent zu machen und den Nachdruck zu erleichtern.

Die Kalotypie ist hinsichtlich der Empfindlichkeit und Feinheit der Details nicht mit dem Collodion-Verfahren zu vergleichen, bietet aber Vorteile für Touristen und diejenigen, die sich nicht mit großen Glasplatten belasten möchten. Die Hauptschwierigkeit scheint darin zu bestehen, ein gleichmäßig gutes Papier zu erhalten, da viele Proben in den schwarzen Teilen des Negativs ein gesprenkeltes Aussehen aufweisen.

Das Wachspapierverfahren von Le Grey. — Dies ist eine nützliche Modifikation des von M. Le Grey eingeführten Talbotyps. Das Papier wird vor der Jodierung gewachst, wodurch ohne zusätzlichen Arbeitsgang eine sehr feine Oberflächenschicht aus Jodsilber erhalten werden kann. Das

Wachspapierverfahren ist aufgrund seiner extremen Einfachheit und der langen Zeitspanne, in der die Folie in einem empfindlichen Zustand gehalten werden kann, gut für Touristen geeignet.

Es werden sowohl englische als auch ausländische Papiere verwendet; erstere nehmen das Wachs jedoch nur schwer auf. Mr. Crookes, der diesem Prozess seine Aufmerksamkeit gewidmet hat, gibt klare Anweisungen zum Wachsen von Papier; Es ist wichtig, dass reines weißes Wachs direkt von den Tribünen bezogen wird, da die in den Geschäften verkauften Fladen häufig gefälscht sind. Auch die *Temperatur* muss sorgfältig unter dem Punkt gehalten werden, bei dem die Zersetzung des Wachses stattfindet; Die Verwendung eines zu heißen Bügeleisens ist eine häufige Fehlerquelle (siehe „Photographic Journal", Bd. II, S. 231).

Die ordnungsgemäß gewachsten Papierblätter werden *zwei Stunden lang* in einer Lösung eingeweicht, die Jodid und Kaliumbromid enthält und genügend freies Jod enthält, um der Flüssigkeit eine Feuerweinfarbe zu verleihen . Die fettige Beschaffenheit von Wachs verhindert das Eindringen von Flüssigkeiten und daher ist ein langes Eintauchen erforderlich. Die Jodierungsformeln der französischen Fotografen wurden durch den Zusatz einer Vielzahl von Substanzen erschwert, die scheinbar Komplikationen einführen, ohne einen proportionalen Vorteil zu bringen, und Herr Townshend hat der Kunst einen Dienst erwiesen, indem er bewies, dass das Jodid und Bromid des Kaliums kostenlos sind Jod ist ausreichend. Diese letztere Zutat wurde zuerst von Mr. Crookes verwendet; es scheint zur Klarheit und Schärfe der Negative beizutragen; und da die Papiere durch das Jod *gefärbt sind* , können Luftblasen der Entdeckung nicht entgehen. Der Prozess der Anregung mit salpetersaurem Silber wird auch durch die Verwendung von freiem Jod sicherer gemacht, wobei die Einwirkung des Bades so lange fortgesetzt wird, bis die purpurne Farbe dem charakteristischen gelben Farbton des Jodsilbers Platz macht.

Wachspapier wird durch Eintauchen in ein Bad aus nitrathaltigem Silber mit Essigsäure empfindlich gemacht; Die Menge der letztgenannten Zutat sollte erhöht werden, wenn die Papiere lange aufbewahrt werden sollen. Da der Nitratüberschuss anschließend entfernt wird, kann die Lösung schwächer verwendet werden als beim Kalotypie- oder Collodion-Verfahren.

Nach der Anregung werden die Papiere mit Wasser gewaschen, um die Menge an freiem Silbernitrat auf ein Minimum zu reduzieren. Dadurch verringert sich die Empfindlichkeit, die Haltbarkeit erhöht sich jedoch erheblich, und das Papier bleibt oft zehn Tage oder länger haltbar.

Bei der Arbeit mit Wachspapier ist es ein sehr wichtiger Punkt, das entstehende Geschirr sauber zu halten. Die Entwicklung erfolgt durch

Eintauchen in ein Gallussäurebad, das Essigsäure und salpetersaures Silber enthält; und da es durch die oberflächliche Wachsschicht verzögert wird, besteht immer eine Tendenz zu einer unregelmäßigen Reduktion des Silbers auf den weißen Teilen des Negativs. Wenn der Entwickler braun wird und sich verfärbt , ist dies mit ziemlicher Sicherheit der Fall; und es ist den Chemikern wohlbekannt, dass die Zeitspanne, während der Gallussäure und salpetersaures Silber gemischt bleiben können, ohne sich zu zersetzen, durch die Verwendung von Gefäßen, die schmutzig sind, weil sie zuvor für einen ähnlichen Zweck verwendet wurden, viel verkürzt wird. Der schwarze Silberniederschlag übt eine *katalytische* (κατα λυσις , Zersetzung durch Kontakt) Wirkung auf den frisch gemischten Teil aus und beschleunigt dessen Verfärbung.

Das Wachspapierverfahren ist äußerst einfach und kostengünstig – sehr gut für Touristen geeignet, da es nur wenig Erfahrung und ein Minimum an Geräten erfordert. Allerdings ist es in all seinen Phasen langsam und mühsam, da die empfindlichen Papiere häufig eine Belichtung von zwanzig Minuten in der Kamera benötigen und die Entwicklung sich über eine oder eineinhalb Stunden erstreckt. Es können jedoch mehrere Negative gleichzeitig entwickelt werden; und da die Entfernung des freien Silbernitrats dem Verfahren bei heißem Wetter einen großen Vorteil verschafft, wird es aller Wahrscheinlichkeit nach weiterhin ausgiebig verfolgt werden. Die Drucke, die zur Ausstellung der Photographic Society geschickt wurden, zeigen, dass Wachspapier in den Händen eines geschickten Bedieners hergestellt werden kann, um architektonische Motive mit großer Treue abzubilden und auch die Details der Laub- und Landschaftsfotografie deutlich wiederzugeben.

Der Eiweißprozess auf Glas. — Der Prozess mit Albumin entstand aus dem Wunsch heraus, eine gleichmäßigere Oberflächenschicht aus Jodsilber zu erhalten, als die grobe Struktur des Papiergewebes zulässt. Es wird mit einfachem Albumin oder „Eiweiß" durchgeführt, das mit einer geeigneten Menge Wasser verdünnt wird. In dieser klebrigen Flüssigkeit ist Kaliumjodid gelöst; und die Lösung wird, nachdem sie gründlich geschüttelt wurde, beiseite gestellt, wobei der obere Teil zur Verwendung abgezogen wird, auf die gleiche Weise wie bei der Herstellung von Albuminpapier zum Drucken.

Die Gläser werden mit jodiertem Albumin überzogen und dann zum Trocknen horizontal in eine Kiste gestellt. Dieser Teil des Prozesses gilt als der problematischste, da das feuchte Albumen leicht Staubpartikel anzieht und dazu neigt, Blasen zu bilden und sich vom Glas zu lösen. Wenn eine gleichmäßige Schicht des getrockneten und jodierten Materials erhalten werden kann, ist die Hauptschwierigkeit des Verfahrens überwunden.

Die Platten werden durch Eintauchen in ein Bad aus salpetersaurem Silber mit Zusatz von Essigsäure empfindlich gemacht, dann in Wasser gewaschen und getrocknet. Sie können längere Zeit in einem erregten Zustand gehalten werden.

Die Belichtung in der Kamera muss ungewöhnlich lang sein; das freie salpetersaure Silber wurde durch Waschen entfernt und das Albumin übt einen direkten verzögernden Einfluß auf die Empfindlichkeit des Jodsilbers aus.

Die Entwicklung erfolgt auf übliche Weise mit einer Mischung aus Gallussäure und salpetersaurem Silber, wobei Essigsäure hinzugefügt wird, um die Klarheit der Lichter zu bewahren. Normalerweise dauert es eine Stunde oder länger, kann aber durch sanfte Wärmeanwendung beschleunigt werden.

Albuminbilder zeichnen sich durch eine ausgeprägte Deutlichkeit der Schatten und kleinerer Details aus und eignen sich hervorragend für die Betrachtung im Stereoskop. aber sie besitzen nicht oft die besondere und charakteristische *Weichheit* der Fotografie auf Kollodium. Das Verfahren eignet sich gut für heiße Klimazonen und ist kaum anfällig für die Trübung und unregelmäßige Reduzierung des Silbers, die unter solchen Umständen bei feuchtem Kollodium häufig auftreten.

M. Taupenots Collodi -Albumen- Verfahren. – Dies ist eine neuere Entdeckung, die ein neues Prinzip in der Kunst zu beinhalten scheint und einen großen Nutzen verspricht.

Einer der größten Einwände gegen das Albumen-Verfahren war sein Mangel an Empfindlichkeit; aber M. Taupenot fand, dass dies weitgehend vermieden werden konnte, indem man das Eiweiß auf eine *zuvor mit Jodsilber überzogene Platte goss* . Auf diese Weise werden zwei Schichten dieses empfindlichen Salzes gebildet, und die Empfindlichkeit der Oberflächenschicht, die allein das Bild empfängt, wird dadurch gefördert, dass sie auf einem Jodidsubstrat und nicht auf der inerten Oberfläche des Glases ruht. Nach dieser Ansicht fördert, wenn die Theorie richtig ist, das untere Jodsilberteilchen die molekulare Störung des oberen und bleibt selbst unverändert.

Andere Experimentatoren, die das Thema weiter verfolgten, behaupteten, dass ein erfolgreiches Ergebnis dadurch erzielt werden könne, dass man die Platte mit einfachem Collodion und anschließend mit jodiertem Albumin überzieht. Sollte sich diese Beobachtung als richtig erweisen, wird das Verfahren vereinfacht und sein Nutzen erhöht.

Im sechsten Kapitel von Teil II. Die praktischen Details des Collodio -
Albumen-Verfahrens werden beschrieben.

ENDE VON TEIL I.

TEIL II.

PRAKTISCHE DETAILS DES KOLLODION-VERFAHRENS.

KAPITEL I.

ZUBEREITUNG VON KOLLODION.

DAZU gehören – das lösliche Papier; – der Alkohol und Äther; – und die jodierenden Verbindungen.

Die Formeln für negatives und positives Kollodium sowie für das Nitratbad und die Entwicklungsflüssigkeiten sind im zweiten Kapitel angegeben.

DAS LÖSLICHE PAPIER.

Pyroxylin kann entweder aus Watte oder aus schwedischem Filterpapier hergestellt werden. Die meisten Anwender bevorzugen Letzteres, da es ein Produkt mit konstanter Löslichkeit und eine flüssige Lösung ergibt. [30] Die Watte eignet sich jedoch besser für die Verwendung mit Schwefelsäure und Salpeter , da das Papier aufgrund seiner dichten Textur ein längeres Eintauchen in die Mischung erfordert.

[30] Schwedisches Filterpapier kann in den Apothekern für etwa fünf Schilling pro Pfund erworben werden. Jedes Halbblatt trägt das Wasserzeichen „JH Munktell ".

Herstellung einer Nitroschwefelsäure der richtigen Stärke. – Es gibt zwei Arten, die Nitroschwefelsäure herzustellen : erstens durch Mischen der Säuren; zweitens durch den Öl-von-Vitriol- und Salpeter -Prozess. Ersteres eignet sich am besten für Fälle, in denen große Mengen des Materials verarbeitet werden. Dem Amateur wird jedoch empfohlen, zunächst das Nitrierungsverfahren (S. 190) als einfachstes Verfahren auszuprobieren .

HERSTELLUNG VON NITRO-SCHWEFELSÄURE DURCH DIE GEMISCHTEN SÄUREN.

Der Bediener kann auf zwei Arten vorgehen; Erstens, indem man die Stärke jeder Säureprobe misst und nach einer festen Regel mischt; zweitens durch einen einfacheren Plan, der verwendet werden kann, wenn die genaue Stärke der Säuren nicht bekannt ist. Jedes davon wird nacheinander beschrieben.

A. *Anleitung zum Mischen nach fester Regel.* — Dieser Prozess ist aus Herrn Hadows Originalarbeit im „Quarterly Journal of the Chemical Society" entnommen. Die Ergebnisse sind sicher, wenn die Stärke beider Säuren genau bestimmt wird.

Ein sehr perfektes Verfahren zur Gewinnung der Stärke von Salpetersäure ist die Verwendung von pulverisiertem Marmor oder kohlensaurem Kalk, wie in verschiedenen Werken zur praktischen Chemie beschrieben. Die Bestimmung der Schwefelsäure erfolgt durch Fällung mit Barytnitrat und Wiegen des unlöslichen Sulfats unter Beachtung geeigneter Vorsichtsmaßnahmen.

Das spezifische Gewicht ist kein Kriterium für die Festigkeit, auf das man sich vollkommen verlassen kann, aber wenn es als Test herangezogen wird, müssen die folgenden Punkte beachtet werden.

1. Dass die Temperatur der Säure bei oder nahe 60° Fahrenheit liegt; Insbesondere die Dichte der Schwefelsäure wird aufgrund ihrer geringen spezifischen Wärme stark von einer Temperaturänderung beeinflusst.

2. Die Salpetersäureprobe muss frei von Stickstoffperoxid sein oder nur leicht davon gefärbt sein . Wenn diese Substanz vorhanden ist, erhöht sie das spezifische Gewicht der Säure, ohne ihre verfügbaren Eigenschaften zu verbessern. Eine gelbe Salpetersäureprobe ist daher etwas schwächer, als das spezifische Gewicht anzeigt.

3. Das Vitriolöl sollte beim Verdampfen keine festen Rückstände hinterlassen . Bleisulfat und Kalibisulfat kommen häufig in der handelsüblichen Säure vor und tragen wesentlich zu deren Dichte bei. Vitriolöl, das Bleisulfat enthält, wird bei Verdünnung milchig.

Die Formel für eine bestimmte Nitroschwefelsäure mit der richtigen Stärke zur Herstellung des löslichen Pyroxylins kann wie folgt angegeben werden:

$$HO\ NO_5, 2\ (HO\ SO_3) + 3\tfrac{1}{2}\ HO$$

oder

	Atome.	Atomares Gewicht.
Salpetersäure	1	54
Schwefelsäure _	2	80
Wasser	6½	58
		192

Nachdem der Prozentsatz der vorhandenen echten Säure ermittelt wurde, [31] ergibt die folgende Berechnung die relativen Gewichte der Zutaten, die zur Erstellung der Formel erforderlich sind:

Lassen		A	=	Prozentsatz des realen	Salpetersäure,

	B	=	" "	Schwefelsäure ,
Dann	$\dfrac{5400}{a}$	=	Menge von	Salpetersäure,
	$\dfrac{8000}{v}$	=	"	Schwefelsäure ,
$192 - \dfrac{5400}{a} - \dfrac{8000}{v}$		=	"	Wasser.

[31] Im Anhang finden sich Tabellen zur Berechnung nach spezifischem Gewicht; aber die direkte Analyse der Säuren ist am sichersten.

Beachten Sie, dass die Zahlen in der Berechnung den kürzlich angegebenen Atomgewichten entsprechen; und dass die Wassermenge aus dem *gesamten Atomgewicht abgeleitet wird* , d. h. 192, *abzüglich* der Summe der Gewichte beider Säuren.

Wenn also die verwendeten Säureproben für diesen Zweck zu schwach sind, ergibt die Formel für das Wasser eine negative Menge.

Das Gewicht der durch die Formel erzeugten gemischten Säuren beträgt 192 Grains, was etwa zwei flüssigen Drachmen entsprechen würde. Das Zehnfache dieser Menge ergibt eine praktische Flüssigkeitsmenge, in die etwa 50 oder 60 Körner Papier eingetaucht werden können.

Beim Wiegen ätzender Flüssigkeiten wie Schwefel- und Salpetersäure kann ein kleines Glas in die Waagschale gestellt und die Säure vorsichtig hineingegossen werden. Wenn zu viel hinzugefügt wird, kann der Überschuss mit einem Glasstab oder mit der üblicherweise für diesen Zweck verwendeten „Pipette" entfernt werden.

Das folgende Beispiel für eine ähnliche Berechnung wie oben kann angegeben werden:

100	Teile des	Vitriolöl		=	76·65	echte Säure.
"	"	Salpetersäure		=	65·4	echte Säure.
daher	$\dfrac{8000}{76\cdot65}$		=	104·3	Körner von	Vitriolöl.

	$\dfrac{5400}{65,4}$	=	82·5	"	Salpetersäure
192 - 104·3 - 82·5		=	5·2	"	Wasser.

Wenn wir diese Gewichte zehnmal multiplizieren, erhalten wir

Vitriolöl		1043	Körner.
Salpetersäure		825	"
Wasser		52	"
Gesamtgewicht der Nitroschwefelsäure _	}	1920	Körner.

Nachdem die Säuremischung mit einer bestimmten Stärke nach der obigen Formel hergestellt wurde, muss das Papier gemäß den Anweisungen auf Seite 191 eingetaucht werden .

B. *Verfahren zum Mischen von Nitroschwefelsäure , wobei die Stärke der beiden Säuren vorher nicht bestimmt wurde.* – Nehmen Sie eine starke Probe Salpetersäure (die sogenannte gelbe salpetrige Säure eignet sich gut) und mischen Sie sie wie folgt mit Vitriolöl: –

Schwefelsäure _ 10 flüssige Drachmen,

Salpetersäure   10   "

Tauchen Sie nun ein Thermometer ein und notieren Sie die Temperatur; [32] Es sollte bei 130° Fahren liegen . bis 150°. Wenn die Temperatur unter 120 °C sinkt, geben Sie die Mischung in eine Kapsel und lassen Sie sie einige Minuten lang auf kochendem Wasser schwimmen.

[32] Bei der Herstellung löslicher Baumwolle und tatsächlich bei allen fotografischen Manipulationen ist ein Thermometer nahezu unverzichtbar. Instrumente von ausreichender Feinheit für allgemeine Zwecke werden in Hatton Garden und anderswo zu einem niedrigen Preis verkauft. Die Glühbirne sollte unbedeckt sein, damit sie nicht in Säuren usw. eingetaucht werden kann, ohne dass die Waage beschädigt wird.

Ein Vorversuch mit einem kleinen Büschel Watte (Baumwolle zeigt dies besser als Papier) gibt dann Aufschluss über die tatsächliche Stärke der Nitroschwefelsäure . Rühren Sie das Büschel fünf Minuten lang in die

Mischung. Mit einem Glasstab herausnehmen und kurz mit Wasser auswaschen, bis kein saurer Geschmack mehr wahrnehmbar ist. Wenn die Wolle beim ersten Eintauchen in die Säure *verfilzt* und leicht gelatiniert, oder wenn es beim anschließenden Waschen so aussieht, als würden die Fasern durch die Einwirkung des Wassers anhaften und sich auflösen, ist *die Nitroschwefelsäure zu schwach* . In diesem Fall zur Säuremischung hinzufügen.

Vitriolöl, 3 Drachmen.

Wenn die Baumwolle im ersten Versuch tatsächlich *aufgelöst wurde* , kann eine Zugabe von einer halben Flüssigunze Vitriolöl erforderlich sein.

Fasern heraus und behandeln Sie sie in einem Reagenzglas mit rektifiziertem Äther, dem einige Tropfen Alkohol zugesetzt wurden. Wenn es *unlöslich ist* , trocknen Sie es bei sanfter Hitze und wenden Sie eine Flamme an: Eine heftige Explosion zeigt an, dass die verwendete Nitroschwefelsäure *zu stark ist* . Fügen Sie in diesem Fall zu den zwanzig Drachmen gemischter Säuren eine Drachme Wasser hinzu und testen Sie erneut, wobei Sie den Vorgang wiederholen, bis ein lösliches Produkt erhalten wird.

[33] Beachten Sie, dass der Äther rein ist; Wenn es zu viel Wasser und Alkohol enthält, löst es das Pyroxylin nicht auf oder es entsteht eine opaleszierende Lösung.

Es gibt einen dritten Zustand von Pyroxylin , der sich von den oben genannten unterscheidet und rätselhaft sein kann: – Die Fasern der Baumwollmatte verfilzen beim Eintauchen nur sehr wenig oder gar nicht, und das Waschen verläuft einigermaßen gut; Die gebildete Verbindung ist kaum explosiv und löst sich in Äther nur unvollständig auf, wobei kleine Knötchen oder harte Klumpen zurückbleiben. Die ätherische Lösung ergibt beim Verdunsten einen Film, der undurchsichtig statt transparent ist. In diesem Fall (unter der Annahme, dass der Äther gut ist) ist die Säuremischung etwas zu schwach oder die Temperatur ist zu niedrig und beträgt wahrscheinlich etwa 90° statt 130° bis 140° (?).

Wenn die Säuremischung durch einige Vorversuche auf die richtige Stärke gebracht wurde, verfahren Sie gemäß den Anweisungen auf der nächsten Seite.

HERSTELLUNG VON NITRO-SCHWEFELSÄURE MIT ÖL AUS VITRIOL UND NITRE.

Dieses Verfahren wird vor allem dem Amateur empfohlen, der nicht in der Lage ist, Salpetersäure in ausreichender Stärke zu erhalten. Das im Handel erhältliche gewöhnliche Vitriolöl eignet sich oft sehr gut für fotografische Zwecke; Am besten ist es jedoch, wenn möglich, das spezifische Gewicht zu nehmen, wenn Zweifel an seiner Echtheit bestehen. Bei einer Temperatur von 58° bis 60° ist ein spezifisches Gewicht von 1,833 die übliche Festigkeit, und wenn es darunter liegt, sollte es verworfen werden. (Siehe Teil III. für „Verunreinigungen handelsüblicher Schwefelsäure ".)

Der Nitrit muss die reinste Probe sein, die erhalten werden kann. Kommerzielles Nitrit enthält oft eine große Menge an *Kaliumchlorid* , was durch Auflösen des Nitrats in destilliertem Wasser und Zugabe von ein oder zwei Tropfen einer Silbernitratlösung festgestellt wird. Es kommt zur Bildung einer milchigen und anschließend geronnenen Ablagerung. Chloride sind vorhanden. Diese Chloride sind schädlich; Nachdem das Vitriolöl hinzugefügt wurde, zerstören sie einen Teil der Salpetersäure, indem sie sie in braune Dämpfe von Stickstoffperoxid umwandeln, und verändern so die Stärke der Lösung.

Salpetersaures Kali ist ein wasserfreies Salz , es enthält lediglich Salpetersäure und Kali, ohne Kristallwasser; Dennoch wird in vielen Fällen mechanisch etwas Wasser zwischen den Zwischenräumen der Kristalle zurückgehalten, weshalb es besser ist, es vor der Verwendung zu trocknen. Dies kann dadurch geschehen, dass man es im Zustand eines feinen Pulvers auf Löschpapier, in die Nähe eines Feuers oder auf eine erhitzte Metallplatte legt.

Die Probe muss außerdem vor der Zugabe des Vitriolöls zu einem feinen Pulver zerkleinert werden; Andernfalls entgehen Teile des Salzes der Zersetzung.

Nachdem diese Vorbereitungen ordnungsgemäß beachtet wurden, wiegen sie ab

Reiner Nitrit , pulverisiert und getrocknet, 600 Körner.

Diese Menge entspricht 1¼ Unze Troy- oder Apothekergewicht ; – und 1¼ Unze Avoirdupois-Gewicht *plus* 54 Grains. Geben Sie dies in eine Teetasse oder ein anderes geeignetes Gefäß und gießen Sie es darüber.

Wasser   1½ flüssige Drachmen

gemischt mit Vitriolöl 12   "

Mit einem Glasstab zwei bis drei Minuten lang gut umrühren, bis das Sprudeln aufgehört hat und eine gleichmäßige, pastöse Masse ohne Klumpen entsteht.

Während des gesamten Prozesses werden reichlich dichte Salpetersäuredämpfe freigesetzt, die über den Rauchabzug oder ins Freie entweichen müssen.

Eine Modifikation der Formel. — Die obige Formel wird mit einer guten Probe Säure und reinem Salpeter ausnahmslos erfolgreich sein . Beim Versuch jedoch mit Vitriolöl eher schwächer als gewöhnlich und *handelsüblich* Nitrit kann versagen, da die Baumwolle verkleistert und aufgelöst wird. In diesem Fall muss auf die Zugabe von Wasser verzichtet oder die Menge von eineinhalb Drachmen auf eine halbe Drachme verringert werden.

ALLGEMEINE ANWEISUNGEN ZUM EINTAUCHEN, WASCHEN UND TROCKNEN DES PYROXYLINS.

Das Gemisch aus Schwefelsäure und Salpeter muss unmittelbar nach seiner Zubereitung verwendet werden, da es beim Abkühlen zu einer steifen Masse erstarrt; Die gemischten Säuren können jedoch in einer verschlossenen Flasche beliebig lange aufbewahrt werden.

Wenn Baumwolle verwendet wird, sollten die Fasern gut herausgezogen werden und kleine Büschel nacheinander zur Säuremischung gegeben und mit einem Glasstab gerührt werden, um einen konstanten Partikelwechsel aufrechtzuerhalten. Das Papier wird in Quadrate oder Streifen geschnitten, die einzeln eingeführt werden.

In keinem Fall darf die Menge zu groß sein, da sonst die Wirkung einiger Portionen unzureichend ist. Etwa 20 Körner pro Flüssigunze der Mischung sind ausreichend.

Die *erforderliche Eintauchzeit* variiert von zehn Minuten bei Baumwolle bis zu zwanzig Minuten oder sogar einer halben Stunde bei Papier. Wenn eine ungewöhnlich große Menge Schwefelsäure verwendet wird, wie im Fall einer schwachen Salpetersäureprobe, sollte die Baumwolle nach Ablauf von sechs oder sieben Minuten entfernt werden, da die Tendenz besteht, dass sich das Pyroxylin in der Probe teilweise löst Säuremischung unter diesen Umständen.

In manchen Fällen ist es von Vorteil, das Material bei hoher Temperatur vorzubereiten, doch wenn die Verhältnisse der Säuren nicht genau der Formel von Herrn Hadow entsprechen , kann es zu einer Lösung der Baumwolle kommen, wenn das Thermometer mehr als 140° anzeigt.

Nachdem die Wirkung abgeschlossen ist, bleibt die Nitroschwefelsäure schwächer als zuvor, da bei der Veränderung zwangsläufig verschiedene Wasseratome hinzukommen. Wenn daher dieselbe Portion mehr als einmal verwendet wird, ist die Zugabe von Schwefelsäure erforderlich.

Anweisungen zum Waschen. – Um das Pyroxylin aus der Nitroschwefelsäure zu entfernen , drücken Sie so viel Flüssigkeit wie möglich heraus und waschen Sie sie schnell in einer großen Menge kaltem Wasser unter

Verwendung eines Glasstabs, um die Finger vor Verletzungen zu schützen. Würde man es einfach in eine kleine Menge Wasser werfen und dort stehen lassen, könnte der Temperaturanstieg und die Schwächung der Säuremischung Schaden anrichten.

Das Waschen sollte mindestens eine Viertelstunde dauern , bei Papier auch länger, da es wichtig ist, alle Säurespuren zu entfernen. Wenn der Salpeterplan übernommen wurde, haftet ein Teil des gebildeten *Kalibisulfats* an den Fasern , und wenn es nicht sorgfältig ausgewaschen wird, zeigt sich im Kollodium ein opaleszierendes Aussehen, das auf die Unlöslichkeit dieses Salzes in der ätherischen Mischung zurückzuführen ist.

Ist kein saurer Geschmack wahrnehmbar und bleibt ein Stück blaues Lackmuspapier fünf Minuten lang mit den Fasern in Kontakt, ohne dass sich die Farbe verändert , wird das Produkt gründlich gewaschen. Es ist jedoch sicher, das Pyroxylin in fließendes Wasser zu geben und es mehrere Stunden lang stehen zu lassen.

Zum Schluss wringen Sie es in einem Tuch aus, ziehen die Fasern heraus und trocknen es langsam bei mäßiger Hitze. Nach dem Trocknen ist es in einer verschlossenen Flasche beliebig lange haltbar.

Zusammenfassung der allgemeinen Eigenschaften von Pyroxylin, hergestellt in Nitroschwefelsäure verschiedener Konzentrationsgrade.

Die Säuremischung ist zu stark. — Das Aussehen der Baumwolle verändert sich beim ersten Eintauchen in die Mischung kaum. Es lässt sich gut waschen, ohne dass es zerfällt. Beim Trocknen zeigt sich, dass die Konsistenz fest ist und zwischen den Fingern ein eigenartiges Knistergefühl entsteht, ähnlich wie bei Stärke. Es explodiert bei Flammeneinwirkung, ohne Asche zu hinterlassen. Es ist in der Mischung aus Äther und Alkohol unlöslich, löst sich jedoch auf, wenn es mit Essigsäureäther behandelt wird.

Die Säuremischung in der richtigen Stärke. — Keine Verklebung der Baumwollfasern beim Eintauchen und das Produkt lässt sich gut waschen; ist in der ätherischen Mischung löslich und ergibt beim Verdunsten einen *transparenten* Film.

Die Säuremischung ist zu schwach. — Die Fasern der Baumwolle verklumpen und das Pyroxylin lässt sich nur schwer auswaschen. Beim Trocknen stellt sich heraus, dass die Konsistenz kurz und faul ist. Es explodiert beim Erhitzen nicht, sondern verbrennt entweder ruhig mit einer Flamme und hinterlässt eine schwarze Asche – in diesem Fall besteht es einfach aus unveränderter Baumwolle – oder es ist nur leicht brennbar und nicht explosiv. Es löst sich mehr oder weniger perfekt in Eisessig. Bei der Behandlung mit der ätherischen Mischung wirkt es *teilweise ein* und hinterlässt

Klumpen unveränderter Baumwolle; Die Lösung bildet beim Verdunsten keine gleichmäßige transparente Schicht, sondern wird beim Trocknen undurchsichtig und trüb. Diese Trübung kann jedoch in geringem Maße bei jeder Pyroxylin- Probe auftreten , wenn die Lösungsmittel zu viel Wasser enthalten.

Bei der Verwendung von schwedischem Papier anstelle von Baumwolle ist das in zu schwacher Nitroschwefelsäure gebildete Pyroxylin normalerweise in Äther und Alkohol unlöslich und brennt langsam wie unverändertes Papier.

Durch das Studium dieser Zeichen und gleichzeitig im Bewusstsein, dass *eineinhalb Drachmen Wasser in den in der Formel (S. 188)* angegebenen Säuremengen ausreichen, um den Unterschied zu verursachen, wird der Bediener alle Schwierigkeiten überwinden.

REINIGUNG DER FÜR KOLLODION BENÖTIGTEN LÖSUNGSMITTEL.

Die Reinheit des verwendeten Äthers ist bei der Herstellung eines guten Collodions ebenso wichtig wie die jedes anderen Bestandteils; Dieser Punkt muss beachtet werden, um ein gutes Ergebnis zu erzielen.

Es gibt vier Arten von Äther, die von herstellenden Chemikern verkauft werden; erstens gewöhnlicher rektifizierter Schwefeläther , der einen gewissen Prozentsatz Alkohol und Wasser enthält; spezifisches Gewicht etwa ·750. Zweitens wird der gewaschene Äther mit einer gleichen Menge Wasser gerührt, um den Alkohol zu entfernen: Durch dieses Verfahren wird das spezifische Gewicht der Flüssigkeit erheblich verringert. Drittens wurde der Äther aus einem ätzenden Alkali gewaschen und erneut rektifiziert, so dass er weder Alkohol noch Wasser enthielt; in diesem Fall sollte das spezifische Gewicht nicht höher als ·720 sein. Viertens „methylierter" Äther, der zu einem niedrigeren Preis als die anderen hergestellt wird.

Auf rektifizierten Äther von 750° kann man sich nicht verlassen, da das spezifische Gewicht oft durch die Zugabe von Wasser anstelle von Alkohol ausgeglichen wird. Methylierter Ether sollte nur verwendet werden, wenn es auf Sparsamkeit ankommt, da er anfällig für Säure ist und seine Eigenschaften weniger sicher sind.

Einige der Eigenschaften, die Ether für fotografische Zwecke ungeeignet machen, sind folgende : – ein eigenartiger und unangenehmer Geruch, entweder nach ätherischem Öl oder nach Essigsäureether; eine Säurereaktion auf Testpapier; eine Eigenschaft, alkoholische Kaliumjodidlösungen ungewöhnlich schnell braun zu färben; eine alkalische

Reaktion auf Testpapier; ein hohes spezifisches Gewicht aufgrund eines Überschusses an Alkohol und Wasser.

Der sowohl gewaschene als auch redestillierte Äther weist immer die gleichmäßigste Zusammensetzung auf, insbesondere wenn die zweite Destillation aus Branntkalk, kohlensaurem Kali oder Kalilauge durchgeführt wird. Diese alkalischen Substanzen halten die Verunreinigungen zurück, die oft saurer Natur sind, und hinterlassen den Äther in einem gebrauchsfähigen Zustand.

Die erneute Destillation von Äther ist ein einfacher Vorgang. Beim Umgang mit dieser Flüssigkeit ist jedoch aufgrund ihrer entflammbaren Natur größte Vorsicht geboten. Selbst wenn man Äther aus einer Flasche in eine andere gießt, kann der Dampf , wenn ein Licht irgendeiner Art in der Nähe ist, Feuer fangen; Dies führte zu schweren Verletzungen.

Reinigung von Äther durch erneute Destillation aus einem ätzenden oder kohlensäurehaltigen Alkali. – Nehmen Sie gewöhnlichen rektifizierten Schwefeläther und rühren Sie ihn mit einer gleichen Menge Wasser um, um den Alkohol auszuwaschen; Einige Minuten stehen lassen, bis sich der Inhalt der Flasche in zwei verschiedene Schichten aufteilt, von denen die untere – *im Idealfall die* wässrige Schicht – abgesaugt und verworfen werden muss. Geben Sie dann Ätzkali, fein gepulvert, in einem Verhältnis von etwa einer Unze zu einem halben Liter des gewaschenen Äthers hinzu; Schütteln Sie die Flasche noch einmal mehrmals, damit das Wasser, von dem ein kleiner Teil noch im Äther gelöst ist, vollständig absorbiert werden kann. Anschließend vierundzwanzig Stunden ruhen lassen (nicht länger , sonst könnte das Kali beginnen, den Äther zu zersetzen), dann wird man wahrscheinlich feststellen, dass die Flüssigkeit gelb geworden ist und sich eine kleine Menge flockiger Ablagerungen gebildet hat. In eine Retorte mittlerer Kapazität umfüllen, die in einem Topf mit warmem Wasser steht und ordnungsgemäß an einen Kondensator angeschlossen ist. Bei sanfter Hitze destilliert der Äther ruhig über und kondensiert mit sehr geringem Verlust; Es muss darauf geachtet werden, dass keine der im Retortenkörper enthaltenen alkalischen Flüssigkeiten durch Spritzen oder auf andere Weise in den Hals gelangt, so dass sie herunterläuft und die destillierte Flüssigkeit verunreinigt.

Eine wirtschaftlichere Methode zur Reinigung von Äther besteht darin, ohne vorheriges Waschen mit Wasser, mit Kalikarbonat oder Branntkalk zu rühren und bei mäßiger Temperatur erneut zu destillieren.

Um den Äther vor der Zersetzung zu bewahren, muss er in verschlossenen, fast vollen Flaschen an einem dunklen Ort aufbewahrt werden. Die Stopfen sollten mit einer Blase umwickelt und befestigt werden , da sonst eine beträchtliche Verdunstung stattfindet, es sei denn, der

Flaschenhals wurde mit ungewöhnlicher Sorgfalt geschliffen. Nach Ablauf einiger Monate wird man wahrscheinlich feststellen, dass eine gewisse Zersetzung stattgefunden hat, was durch die Freisetzung von Jod bei der Zugabe von Jodkalium bewiesen wird. Allerdings ist die Menge gering und nicht geeignet, die Flüssigkeit zu schädigen.

Rektifizierung von Weinbrand aus kohlensäurehaltigem Kali . – Das Ziel dieser Operation ist es, einen Teil des Wassers aus dem Alkohol zu entfernen und so seine Stärke zu erhöhen. Der so gereinigte Alkohol kann dem Collodion fast in beliebiger Menge zugesetzt werden, ohne dass es zu Klebrigkeit und Fäulnis des Films kommt.

Das als Kalikarbonat bezeichnete Salz ist ein zerfließendes Salz, das heißt, es hat eine große Anziehungskraft auf Wasser; Wenn daher Weingeist mit kohlensaurem Kali gerührt wird, wird ein Teil des Wassers entfernt, das Salz löst sich darin auf und bildet eine dichte Flüssigkeit, die sich nicht mit dem Alkohol vermischt und auf den Boden sinkt. Nach Ablauf von zwei oder drei Tagen ist die Wirkung abgeschlossen, wenn die Flasche häufig geschüttelt wurde, und die untere Flüssigkeitsschicht kann abgesaugt und verworfen werden. *Reines* kohlensäurehaltiges Kali ist ein teures Salz, und es kann eine häufigere Sorte verwendet werden. Vor der Verwendung sollte es auf einer erhitzten Metallplatte gut getrocknet und pulverisiert werden.

Die Menge kann etwa zwei Unzen pro Pint Spiritus betragen; oder mehr, wenn ein ungewöhnlich konzentrierter Alkohol erforderlich ist.

Nach Abschluss der Destillation erhält man eine Flüssigkeit, die etwa 90 Prozent absoluten Alkohols und die restlichen 10 Prozent Wasser enthält. Das spezifische Gewicht bei 60° Fahrenheit sollte zwischen ·815 und ·825 liegen; Die kommerzielle Weinspirituose liegt zwischen 836 und 840.

HERSTELLUNG DER IODIERUNGSVERBINDUNGEN IN REINEM ZUSTAND.

Dies sind die Jodide von Kalium, Ammonium und Cadmium. Die jeweiligen Eigenschaften werden in Teil III ausführlicher beschrieben.

A. *Das Jodid von Kalium.* —— Kaliumjodid, wie es im Handel erhältlich ist, ist oft mit verschiedenen Verunreinigungen verunreinigt. Das erste und bemerkenswerteste ist *Kalikarbonat* . Wenn eine Probe von Kaliumjodid viel kohlensaures Kali enthält, bildet sie kleine und unvollkommene Kristalle, die für Testpapier stark alkalisch sind und aufgrund der zerfließenden Natur des alkalischen Karbonats feucht werden, wenn sie der Luft ausgesetzt werden. *Kalisulfat* ist ebenfalls eine häufige Verunreinigung; es kann durch Bariumchlorid nachgewiesen werden.

Eine dritte Verunreinigung von Kaliumjodid ist *Kaliumchlorid* ; es wird wie folgt nachgewiesen : – Fällt das Salz mit einem gleichen Gewicht salpetersauren Silbers aus und behandelt die gelbe Masse mit Ammoniaklösung; Wenn Chlorsilber vorhanden ist, löst es sich im Ammoniak auf und wird nach der Filtration durch Zugabe eines Überschusses reiner Salpetersäure in weißem Quark ausgefällt. Wenn die verwendete Salpetersäure nicht rein ist, sondern Spuren von freiem Chlor enthält, muss das Jodsilber gut mit destilliertem Wasser gewaschen werden, bevor es mit Ammoniak behandelt wird, da sonst der Überschuss an freiem Silbernitrat, das sich im Ammoniak auflöst, beim Neutralisieren zu produzieren Silberchlorid und verursachen so einen Fehler.

Kalijodat ist eine vierte Verunreinigung, die häufig in Kaliumjodid vorkommt: Um sie nachzuweisen, fügt man der Lösung des Jodids einen Tropfen verdünnte Schwefelsäure oder einen Kristall Zitronensäure hinzu. Wenn viel Jodat vorhanden ist, wird die Flüssigkeit durch die Freisetzung von freiem Jod gelb. Der Grundgedanke dieser Reaktion ist wie folgt: Die Schwefelsäure verbindet sich mit der Base des Salzes und setzt Jodwasserstoffsäure (HI) frei, *eine farblose Verbindung;* Wenn aber auch Jodsäure (IO_5) vorhanden ist, zersetzt sie die zuerst gebildete Jodwasserstoffsäure, oxidiert den Wasserstoff zu Wasser (HO) und setzt das Jod frei. Die sofortige Bildung einer gelben Farbe bei Zugabe einer schwachen Säure zu einer wässrigen Lösung von Kaliumjodid ist daher ein Beweis für die Anwesenheit eines Jodats. Da Kalijodat Collodion unempfindlich macht, sollte dieser Punkt beachtet werden.

Kaliumiodid kann sehr rein gemacht werden, indem man es aus Spiritus umkristallisiert oder indem man es in starkem Alkohol auflöst. GR. ·823, in dem Sulfat, Carbonat und Jodat von Kali unlöslich sind. Der Anteil an Kaliumjodid, das in gesättigten alkoholischen Lösungen enthalten ist, variiert mit der Stärke der Spirituose (*siehe* Teil III, Artikel Kaliumjodid).

Eine Lösung von Bariumchlorid wird üblicherweise zum Nachweis von Verunreinigungen in Kaliumjodid verwendet. es bildet einen weißen Niederschlag, wenn Carbonat, Jodat oder Sulfat vorhanden sind. In den beiden ersteren Fällen löst sich der Niederschlag bei Zugabe von reiner verdünnter Salpetersäure auf, im letzteren Fall ist er jedoch unlöslich. Das handelsübliche Jodid ist jedoch selten so rein, dass es bei Zugabe von Bariumchlorid ganz klar bleibt.

B. *Das Jodid von Ammonium.* – Dieses Salz kann durch Zugabe von kohlensäurehaltigem Ammoniak zu Eisenjodid hergestellt werden, einfacher jedoch durch das folgende Verfahren: – Eine starke Lösung von hydrosulfatiertem Ammoniak wird zunächst hergestellt, indem geschwefeltes

Wasserstoffgas in flüssiges Ammoniak eingeleitet wird . Zu dieser Flüssigkeit wird Jod hinzugefügt, bis das gesamte Schwefelammonium in Jodid umgewandelt ist. Wenn dieser Punkt erreicht ist, färbt sich die Lösung aufgrund der Lösung von freiem Jod sofort braun. Bei der ersten Jodzugabe kommt es zum Austritt von schwefelhaltigem Wasserstoffgas und zu einer dichten Schwefelablagerung. Nachdem die Zersetzung des Ammoniakhydrogensulfats abgeschlossen ist, greift ein Teil der Jodwasserstoffsäure – gebildet durch die gegenseitige Reaktion von Schwefelwasserstoff und Jod – eventuell vorhandenes Ammoniakkarbonat an und verursacht ein Aufschäumen. Nachdem das Aufschäumen vorüber ist, ist die Flüssigkeit aufgrund eines Überschusses an Jodwasserstoffsäure immer noch sauer gegenüber Testpapier. es ist vorsichtig mit Ammoniak zu neutralisieren und durch die Hitze eines Wasserbades bis zum Kristallisationspunkt zu verdampfen.

Die Kristalle sollten über einer Schale mit Schwefelsäure gründlich getrocknet und dann in Röhrchen verschlossen werden. Dadurch bleibt es farblos erhalten .

Ammoniumjodid ist in Alkohol sehr gut löslich, es ist jedoch nicht ratsam, es in Lösung zu halten, da es sich schnell zersetzt und braun wird.

Die häufigste Verunreinigung von handelsüblichem Jodid von Ammonium ist Sulfat von Ammoniak; Man erkennt es an seiner geringen Löslichkeit in Alkohol. Häufig ist auch Ammoniakkarbonat in großen Mengen vorhanden, wodurch ein alkalisches Kollodium und schließlich ein alkalisches Nitratbad entsteht.

e. *Jodid von Cadmium.* — Dieses Salz entsteht durch Erhitzen von metallischen Cadmiumspänen mit Jod oder durch Mischen der beiden unter Zugabe von Wasser.

Cadmiumjodid ist sowohl in Alkohol als auch in Wasser sehr gut löslich; Die Lösung ergibt beim Verdunsten große sechsseitige Tafeln mit perlmuttartigem Glanz , die dauerhaft in der Luft verbleiben. Das handelsübliche Jodid ist manchmal mit Zinkjodid verunreinigt ; Die Kristalle sind unvollständig geformt und setzen beim Auflösen in Äther und Alkohol langsam Jod frei. Reines Cadmiumjodid bleibt in Collodion fast oder ganz farblos , wenn die Flüssigkeit an einem kühlen und dunklen Ort aufbewahrt wird.

KAPITEL II.

FORMEL FÜR LÖSUNGEN, DIE IM KOLLODIONVERFAHREN ERFORDERLICH SIND.

Abschnitt I. – Lösungen für direkte Positive.
Abschnitt II. – Lösungen für Negativfotos.

ABSCHNITT I.

Formeln für Lösungen für direkte Positive.

Die Lösungen werden in der folgenden Reihenfolge eingenommen : – Das Kollodium. – Das Nitratbad. – Entwicklungsflüssigkeiten. – Fixierflüssigkeiten. – Aufhellungslösung.

DAS KOLLODION.

Formel Nr. 1.

Gereinigter Äther, sp. GR. ·720	5	flüssige Drachmen.
Gereinigter Alkohol, sp. GR. ·825	3	" "
Pyroxylin	3 bis 5	Körner.
Reines Cadmium- oder Ammoniumjodid	4	Körner.

Formel Nr. 2.

Gleichgerichteter Äther, sp. GR. ·750	6	flüssige Drachmen.
Spirituosen aus Wein, sp. GR. ·836	2	" "
Pyroxylin	2 bis 4	Körner.
Jodid von Kalium oder Ammonium	3 bis 4	"

Wenn der Bediener einen Vorrat an reinem Collodion herstellen und nach Bedarf jodieren möchte, lautet die letzte Formel wie folgt:

Gleichgerichteter Äther, ·750	3	Flüssigunzen.
Alkohol von ·836	2	flüssige Drachmen.
Pyroxylin	8 bis 14	Körner.

Lösen Sie das Pyroxylin auf und lassen Sie die Flüssigkeit achtundvierzig Stunden lang stehen, damit sie abklingen kann, und saugen Sie sie dann klar mit einem Siphon ab.

Zu jeder flüssigen Unze dieses einfachen Collodions werden etwa zwei flüssige Drachmen der folgenden Jodmischung hinzugefügt :

Alkohol, sp. GR. ·836   1 Flüssigunzen.

Jodid von Kalium   16 Körner.

Von den beiden oben angegebenen Formeln gilt die erste als die beste, sie kann jedoch durch die zweite ersetzt werden, wenn hochrektifizierte Spirituosen nicht erhältlich sind. Chemisch reines Ammoniumjodid ist vielleicht jedem anderen Jodid zur Herstellung eines Porträtkollodiums überlegen, aber Cadmiumjodid mit Zusatz von freiem Jod besitzt bessere Haltbarkeitseigenschaften und liefert sehr gute Ergebnisse. Eine Mischung der beiden Jodide kann auch vorteilhaft verwendet werden, oder Kaliumjodid *kann* mit Cadmiumjodid kombiniert werden: Dieses Präparat ist sehr empfohlen worden, aber das Collodion wird wahrscheinlich einen fleckigen Film erzeugen, wenn die Salze nicht ganz rein sind.

Die genaue Menge an Pyroxylin hängt von der Temperatur ab, bei der das Präparat hergestellt wurde. Das Kollodium sollte gleichmäßig auf dem Glas fließen und beim Aushärten frei von klebrigen Linien bleiben. Bei Verwendung von Cadmiumjodid ist die Neigung zur Klebrigkeit etwas größer als üblich, was durch die auf Seite 83 angegebenen Anweisungen vermieden werden muss .

Der Film sollte nach dem Eintauchen in das Bad opaleszierend und nicht zu gelb und cremig erscheinen. Hellblaue Filme liefern sehr gute Positivbilder, weisen jedoch eine höhere Ausfallanfälligkeit auf als dickere Filme (S. 109).

Wenn die Positiven in den Schatten nicht vollkommen klar und transparent sind, lösen Sie 5 Gran Jod in einer Unze Spirituswein (nicht methyliert) und fügen Sie ein paar Tropfen hinzu, bis das Collodion eine goldgelbe Farbe annimmt .

Bei heißem Wetter kann man von Vorteil sein, wenn man die Menge an Alkohol im Kollodium etwas erhöht; Die Verdunstung der Lösungsmittel wird verzögert und der Film neigt weniger dazu, vor der Entwicklung auszutrocknen. *Wasserfreier* Alkohol von Sp. GR. ·796, kann mit reinem Äther von ·715 gemischt werden, sogar zu gleichen Teilen; aber das ist die äußerste Grenze, und mit dem stärksten Spiritus, der normalerweise erhältlich ist, wird das Collodion oft etwas klebrig, wenn das Verhältnis (nach Maßgabe) von 5 Teilen Äther zu 3 Teilen Alkohol überschritten wird.

Nach der Formel Nr. 1 hergestelltes und mit Cadmiumjodid jodiertes Kollodium kann ohne großen Empfindlichkeitsverlust wochen- oder monatelang aufbewahrt werden; Wenn jedoch alkalische Jodide wie in der zweiten Formel verwendet werden, wird Jod freigesetzt und die Flüssigkeit wird schließlich braun und unempfindlich.

DAS NITRATBAD.

Silbernitrat	30	Körner.
Salpetersäure $1/20$ min. oder Essigsäure (Eisessig)	$1/6$	minimal.
Alkohol	15	Minim.
Destilliertes Wasser	1	Flüssigunzen.

Geschmolzenes Silbernitrat, um Stickstoffoxide auszutreiben, ist in seiner Wirkung immer am sichersten; die Hitze darf jedoch nicht zu stark erhöht werden, sonst wird das Salz mit *Silbernitrit verunreinigt* .

Im Vokabular (siehe Teil III) werden Anweisungen zur Herstellung und Reinigung von Nitratsilber gegeben; auch zum Testen von destilliertem Wasser und den besten Ersatzstoffen, wenn es nicht erhältlich ist.

Das Bad muss mit Silberjodid gesättigt und gegebenenfalls mit Salpetersäure neutralisiert werden. Silbernitrat hingegen, das einer Schmelzung unterzogen wurde, ist frei von Salpetersäure.

Wiegen Sie die Gesamtmenge der für das Bad benötigten Nitratkristalle ab und lösen Sie sie in etwa zwei Teilen Wasser auf. Nehmen Sie dann ein viertel Korn Jodkalium auf jeweils 100 Körner Nitrat, lösen Sie es in einer halben Drachme Wasser auf und geben Sie es zu der starken Lösung. Es bildet sich zunächst ein gelber Niederschlag von Jodsilber, der sich jedoch beim Rühren vollständig wieder auflöst. Wenn die Flüssigkeit klar ist, prüfen Sie, ob freie Salpetersäure vorhanden ist, indem Sie ein Stück blaues Lackmuspapier hineintropfen lassen. Wenn das Papier nach Ablauf von zwei Minuten *gerötet* erscheint, ist Salpetersäure vorhanden. Um diese zu neutralisieren, fügen Sie eine Lösung von Kali oder kohlensäurehaltigem Soda (kein Ammoniak) hinzu, bis eine deutliche Trübung entsteht, die nach dem Rühren zurückbleibt (ein Überschuss schadet nicht).). Anschließend die konzentrierte Lösung unter ständigem Rühren mit der restlichen Wassermenge verdünnen und den milchigen Niederschlag herausfiltern. Wenn die Flüssigkeit zunächst nicht klar wird, wird dies wahrscheinlich beim erneuten Durchlaufen desselben Filters der Fall sein.

Zum Schluss fügen Sie der gefilterten Flüssigkeit die Essigsäure (zuvor auf Verunreinigungen getestet, siehe Teil III.) und den Alkohol hinzu.

Wenn die Masse des Bades durch den Gebrauch abnimmt, füllen Sie es mit einer Lösung auf, die 40 Gran Nitrat pro Unze enthält. Dies reicht aus, um die Festigkeit nahezu auf dem ursprünglichen Niveau zu halten.

Die übliche Praxis, gelegentlich Ammoniak oder Kali in die Lösung zu tropfen, um durch freies Jod im Collodion freigesetzte Salpetersäure zu entfernen, wird nicht empfohlen (siehe S. 89).

Wenn das Bad alt wird und sehr intensive oder fleckige und leicht neblige Positive mit einem Mangel an Halbtönen ergibt, ist es ratsam, es mit Chlorid auszufällen und ein neues herzustellen.

DIE ENTWICKLUNG FLÜSSIGKEITEN.

Je nach Geschmack des Betreibers kann eine der drei folgenden Formeln verwendet werden :

FORMEL Nr. 1.

Eisensulfat, umkristallisiert	12	bis 20 Körner.
Essigsäure (Eisessig)	20	Minim.
Alkohol	10	Minim.
Wasser	1	Flüssigunzen.

FORMEL Nr. 2.

Pyrogallussäure	2	Körner.
Salpetersäure	1	fallen.
Wasser	1	Flüssigunzen.

FORMEL Nr. 3.

Lösung von Eisenprotonitrat	1	Flüssigunzen.
Alkohol	20	Minim.

in all diesen Formeln kein destilliertes Wasser zur Hand ist, lesen Sie die Anweisungen im Vokabular, Teil III, Artikel „Wasser", um den besten Ersatz zu finden.

Bemerkungen zu diesen Formeln . — *Formel Nr. 1* ist die einfachste, da die Lösung *als Bad verwendet werden kann* , wobei die gleiche Portion mehrmals hintereinander verwendet wird. Wenn es zu schnell wirkt, verringern Sie den Anteil an Eisensulfat. Ein Zusatz von Salpetersäure, mindestens eine halbe Unze, macht das Bild weißer und metallischer; Wenn jedoch zu viel verwendet wird, verläuft die Entwicklung unregelmäßig und es bilden sich silberne Flitter.

Der Alkohol und die Essigsäure sorgen für eine gleichmäßigere Entwicklung, indem sie bewirken, dass sich die Protosulfatlösung leichter mit dem Film verbindet. Letzteres hat auch die Wirkung, das Bild aufzuhellen und seine Helligkeit zu erhöhen.

Die Lösung von Eisensulfat wird bei der Aufbewahrung rot, da sich allmählich *Persalz bildet* . Wenn es zu schwach ist, fügen Sie mehr Protosulfat hinzu . Die schlammige Ablagerung , die sich am Boden des Bades absetzt, besteht aus metallischem Silber, das aus dem löslichen Nitrat auf den Platten reduziert wurde.

Einige Betreiber fügen dieser Entwicklungslösung reines Kalinitrat hinzu, um eine *kleine Portion* Eisenprotonitrat zu bilden. Es soll die Farbe leicht verbessern. Das Verhältnis beträgt 10 Körner Kalinitrat zu etwa 14 oder 15 Körner Eisensulfat .

Formel Nr. 2. – Wenn bei dieser Formel die Farbe des Bildes nicht weiß genug ist, versuchen Sie es mit einer leichten Erhöhung der Salpetersäuremenge. Wenn andererseits die Entwicklung teilweise unvollständig ist und grüne Flecken sichtbar sind, verwenden Sie *drei Gran* Pyrogallussäure pro Unze mit weniger Salpetersäure. Ein paar Tropfen Silbernitratlösung, die unmittelbar vor der Anwendung dem Pyrogallus zugesetzt werden, verstärken die Entwicklungsenergie, wenn blaue und grüne Flecken auftreten.

Formel Nr. 3 oder Protonitrat von Eisen erfordert keine Zugabe von Säure; In einigen Fällen wird es jedoch ratsam sein, unmittelbar vor der Entwicklung einige Tropfen salpetersaures Silber hinzuzufügen. Es ergibt ein helles metallisches Bild, das dem ähnelt, das man erhält, wenn man Salpetersäure zu Eisensulfat hinzufügt .

Zur Herstellung von Eisenprotonit wird üblicherweise das folgende Verfahren angewendet :

Nehmen Sie 300 Gran Barytnitrat - Pulver und lösen Sie es mit Hilfe von Hitze in drei Unzen Wasser auf. Geben Sie dann nach und nach unter ständigem Rühren kristallisiertes Eisensulfat in *Pulverform* (320 Grains) hinzu.

Rühren Sie etwa fünf bis zehn Minuten lang weiter. Abkühlen lassen und vom weißen Niederschlag, dem unlöslichen Barytsulfat, abfiltrieren.

Anstelle von Barytnitrat kann auch Bleinitrat verwendet werden (Bleisulfat ist ein unlösliches Salz), die erforderliche Menge ist jedoch unterschiedlich. Die Atomgewichte von Barytnitrat und Bleinitrat betragen 131 bis 166; folglich entsprechen 300 Körner des ersteren 380 Körner des letzteren.

DIE BEFESTIGUNGSLÖSUNG.

Kaliumcyanid   2 bis 12 Körner.

Gemeinsames Wasser   1 Flüssigunzen.

Für die Fixierung direkter Positivproben wird üblicherweise Kaliumcyanid dem Hyposulfit von Soda vorgezogen; Es ist weniger anfällig, die Reinheit der weißen Farbe zu beeinträchtigen . Der Anteil von *Kalikarbonat* in handelsüblichem Kaliumcyanid ist so unterschiedlich, dass für die Formel keine genaue Angabe gemacht werden kann. Am besten ist es jedoch, es eher verdünnt zu verwenden – und zwar so stark, dass der Teller nach und nach innerhalb von einer halben bis einer Minute frei wird.

Die Kaliumcyanidlösung zersetzt sich beim Aufbewahren langsam, behält aber gewöhnlich ihre Lösungskraft mehrere Wochen lang. Um die Unannehmlichkeiten zu vermeiden, die durch den stechenden Geruch dieses Salzes entstehen, verwenden viele ein vertikales Bad, um die Lösung aufzubewahren. aber in diesem Fall müssen die Platten vor dem Fixieren sorgfältig gewaschen werden, da die Eisensalze die Zersetzung des Cyanids beschleunigen.

DIE AUFHELLUNGSLÖSUNG.

Quecksilberbichlorid 30 Körner.

Destilliertes Wasser   1 Flüssigunzen.

Durch sanfte Wärmeeinwirkung löst sich das korrosive Sublimat auf und bildet eine Lösung, die bei üblichen Temperaturen möglichst gesättigt ist. Durch die Zugabe einer Portion Salzsäure kann das Wasser eine größere Menge Bichlorid aufnehmen; Diese konzentrierte Lösung kann jedoch, obwohl sie schneller weiß als die andere ist, ungleich auf verschiedene Teile des Bildes einwirken.

Vor dem Auftragen des Bichlorids muss das Bild fixiert und die Platte gut gewaschen werden. Für die Entwicklung kann entweder Eisensulfat oder

Pyrogallussäure mit Essigsäure (S. 223) verwendet werden; Im letzteren Fall verläuft der Aufhellungsprozess jedoch schneller und gleichmäßiger.

ABSCHNITT II.

Formeln usw. für negative Lösungen. [34]

[34] Das gleiche Kollodium- und Nitratbad kann bei Bedarf sowohl für Positive als auch für Negative verwendet werden; Es gibt jedoch einige kleinere Unterschiede, die in den folgenden Bemerkungen enthalten sind.

DAS KOLLODION.

FORMEL Nr. 1.

Gereinigter Äther, sp. GR. ·720		5	flüssige Drachmen.
Gereinigter Alkohol, sp. GR. ·825		3	flüssige Drachmen.
Lösliches Pyroxylin	4 bis 8		Körner.
Reines Cadmium- oder Ammoniumjodid	4 bis 5		Körner.

FORMEL Nr. 2.

Gleichgerichteter Äther, sp. GR. ·750		6	flüssige Drachmen.
Alkohol, sp. GR. ·836		2	flüssige Drachmen.
Lösliches Pyroxylin	4 bis 8		Körner.
Jodid von Kalium oder Ammonium		4	Körner.

Wenn die Mischung aus Kollodium und Jodierung getrennt gehalten wird, lautet die zweite Formel wie folgt:

Gleichgerichteter Äther ·750		3	Flüssigunzen.
Alkohol von ·836		2	flüssige Drachmen.
Pyroxylin	15 bis 30		Körner.

Zu jeder Flüssigunze dieses einfachen Collodions werden 2 flüssige Drachmen der folgenden Jodlösung hinzugefügt :

Alkohol, sp. GR. ·836	1	Flüssigunzen.
Jodid von Kalium	20	Körner.

Wenn die Temperatur der zur Herstellung des Pyroxylins verwendeten Nitroschwefelsäure hoch ist (140° bis 155°), kommt es oft vor, dass das Collodion mit 4 Körnern löslichem Papier pro Unze zu flüssig ist und einen blauen, transparenten Film bildet Jodid beim Eintauchen des Tellers in das Bad. Erhöhen Sie in diesem Fall die Menge an Pyroxylin von 4 auf 6 oder sogar auf 8 Körner pro Unze.

Wenn das Kollodium klebrig ist und eine wellige Oberfläche mit weniger als 4 Körnern Pyroxylin pro Unze erzeugt, ist es wahrscheinlich, dass der Alkohol zu schwach ist oder dass die lösliche Baumwolle schlecht hergestellt ist.

Wenn Flocken von jodiertem Silber lose auf der Oberfläche des Films zu sehen sind und in das Bad fallen, ist das Kollodium überjodiert und es wird unmöglich sein, ein gutes Bild zu erhalten.

Nachdem das Collodion zum Beschichten einer Anzahl von Platten verwendet wurde, ändern sich die relativen Verhältnisse von Alkohol und Äther, die darin enthalten sind, aufgrund der überlegenen Flüchtigkeit der letzteren Flüssigkeit: Wenn es aufhört, leicht zu fließen, und einen dichteren Film als gewöhnlich ergibt , verdünnen Sie es durch Zugabe von etwas rektifiziertem Äther.

Beim Auflösen des Pyroxylins muss jegliches faseriges oder flockiges Material, das der Wirkung des Äthers widersteht, abklingen gelassen werden; der klare Teil muss zur Verwendung dekantiert werden. Das Kaliumjodid ist fein zu pulverisieren und mit Spiritus zu verdauen, bis es aufgelöst ist; Es ist besser, keine Hitze anzuwenden. Sowohl Ammoniumjodid als auch Cadmiumjodid lösen sich fast sofort auf, wenn die Salze rein sind.

Das Kollodium muss an einem kühlen und dunklen Ort aufbewahrt werden. Wenn es mit Jodid von Ammonium oder Kalium zubereitet wird, wird es schließlich stark gefärbt und unempfindlich. Das freie Jod kann dann mit einem Streifen reiner Zink- oder Silberfolie entfernt werden.

Wenn Sensibilität keine Rolle spielt, bevorzugen viele die Arbeit mit einem alten, farbigen Collodion, da sie feststellen, dass es mehr Intensität verleiht. Auf Seite 97 wurde gezeigt , dass im Kollodium nach der Jodierung eine eigentümliche Veränderung stattfindet, durch die die Intensität des Bildes erhöht wird.

Anweisungen zur Verwendung von Glycyrrhizin in Kollodium. — Die Wirkung dieses Materials wurde auf Seite 114 beschrieben . Das Collodion sollte nur mit dem Jodid von Cadmium oder mit einer Mischung der Jodide und Bromide der Alkalien jodiert werden . Der Zustand, der den Einsatz von Glycyrrhizin erfordert, ist derjenige, der häufig in frisch hergestelltem und ziemlich klebrigem Collodion vorkommt, nämlich. Empfindlichkeit des Films, mit guten Halbtönen, aber unzureichender Intensität bei starkem Licht. Lösen Sie das Glycyrrhizin in Alkohol (nicht methyliert) im Verhältnis 5 Grains pro Unze auf: Diese Lösung kann möglicherweise drei oder vier Monate lang unverändert bleiben. Fügen Sie zu jeder Unze Collodion ein bis vier Tropfen hinzu und belichten Sie es einige Sekunden länger als zuvor in der Kamera. Die Wirkung von Glycyrrhizin auf das Kollodium entfaltet sich möglicherweise nicht sofort vollständig; Wenn ja, muss die Flüssigkeit vierundzwanzig Stunden lang aufbewahrt werden.

Verwendung von Nitroglucose in Kollodium. — Nitroglucose ist eine Substanz, die Pyroxylin ähnelt , jedoch instabiler ist. Bei Zugabe zu mit alkalischen Jodiden jodiertem Kollodium zersetzt es sich langsam, setzt Jod frei, verringert die Empfindlichkeit bis zu einem gewissen Grad und verleiht Intensität. Wie Glycyrrhizin kann es verwendet werden, um die Schwäche des Bildes zu beheben und den Schwarztönen Deckkraft zu verleihen. Bereiten Sie die Nitroglucose gemäß den Anweisungen im Vokabular, Teil III, vor. Lösen Sie zwanzig Körner in einer Unze reinem Spiritus auf und rühren Sie mit Kreidepulver um, um freie Säure zu entfernen. Fügen Sie fünf bis acht Tropfen zu jeder Unze Collodion hinzu. In ein paar Tagen, mehr oder weniger, abhängig von der Temperatur, wird die Farbe des Kollodiums tiefer und es wird sich herausstellen, dass es bei der Probe ein kräftigeres Bild ergibt.

Kollodium für heiße Klimazonen. — In diesem Fall sollte das Jodid von Ammonium vermieden werden, da es instabil ist und zu Farbveränderungen neigt . Es kann Jodid von Cadmium ersetzt werden, das nachweislich ziemlich farblos bleibt , wenn es in Alkohol und Äther gelöst wird.

Mit Kaliumjodid jodiertes Kollodium ist normalerweise etwa sechs Wochen oder zwei Monate haltbar; Es kann jedoch keine bestimmte Regel angegeben werden, die stark vom Zustand des Äthers und der Hitze des Wetters abhängt.

Einfaches Collodion kann seine Eigenschaften fünf oder sechs Monate lang, manchmal sogar viel länger, unbeeinträchtigt behalten; es besteht aber eine Tendenz zur Bildung des Säureprinzips (S. 85); und daher erfolgt die Färbung bei Zugabe eines alkalischen Jodids zu altem Collodion gewöhnlich sehr schnell. Die Struktur des transparenten Films kann auch dadurch beschädigt werden, dass unbehandeltes Kollodium zu lange aufbewahrt wird.

Fotografen, die in heißen Klimazonen mit Kollodium arbeiten möchten, werden es als vorteilhaft empfinden, das vorbereitete Pyroxylin und die alkoholischen Lösungsmittel mit sich zu führen. Dabei ist darauf zu achten, dass die Flaschen sorgfältig *verschlossen sind* und eine Luftblase im

Flaschenhals verbleibt, um dies zu ermöglichen für die nötige Ausdehnung sorgen, da sonst das Glas platzen oder der Stopfen herausgedrückt werden könnte.

DAS NITRATBAD.

Diese Lösung kann nach der gleichen Formel hergestellt werden, wie sie für Direktpositive auf Seite 203 angegeben ist , wobei die Lösung mit Essigsäure anstelle von Salpetersäure angesäuert wird.

DIE ENTWICKLUNGSLÖSUNG.

Pyrogallussäure	1	Getreide.
Essigsäure (Eisessig)	10	bis 20 Minim,
oder Beaufoys Essigsäure-Fort.	1	flüssige Drachme.
Alkohol	10	Minim.
Destilliertes Wasser	1	Flüssigunzen.

Anstelle von destilliertem Wasser kann auch reines Regenwasser verwendet werden (siehe Teil III., Art. „Wasser").

Die erforderliche Menge an Essigsäure hängt von der Stärke der Säure und der Temperatur der Atmosphäre ab. Ein Überschuss ermöglicht es dem Manipulator, die Platte vor Beginn der Aktion leichter abzudecken. Wenn das Bild jedoch bei schwachem Licht aufgenommen wird, kann es dazu kommen, dass das Bild einen bläulichen, tintenartigen Farbton erhält. Bei kaltem Wetter weniger Essigsäure und die doppelte Menge Pyrogallussäure verwenden. Bei Kollodium, das aus nahezu wasserfreiem Spiritus hergestellt und mit Cadmiumjodid jodiert wurde, ist die volle Menge Essigsäure erforderlich, da es manchmal etwas schwierig ist, den Entwickler bis zum Rand des Films fließen zu lassen.

Wenn das Bild nicht ausreichend schwarz wiedergegeben werden kann, können gegen Ende der Entwicklung zwei oder drei Minim der Nitratbadlösung zu jeder Drachme hinzugefügt werden.

Wenn die Lösung nach der ersten Zubereitung einige Zeit aufbewahrt wird, wird sie braun und verfärbt sich . In diesem Zustand entwickelt sich das Bild noch , es ist jedoch weniger wahrscheinlich, dass ein klares und kräftiges Bild entsteht. Eine Lösung aus Pyrogallussäure in Essigsäure ist viele Wochen haltbar und kann bei Bedarf verdünnt werden.

Das Folgende ist eine gute Formel: –

Pyrogallussäure	12	Körner.
Essigsäure von Beaufoy	1	Flüssigunzen.

Zu einer Drachme sieben Drachmen Wasser hinzufügen.

DIE FIXIERFLÜSSIGKEIT.

Kaliumcyanid	2	auf 12 bis 20 Körner
Wasser	1	Flüssigunzen.
oder Hyposulfit von Soda	½	Unze.
Wasser	1	Flüssigunzen.

Anmerkungen zum Cyanid-Kalium-Fixierbad finden Sie im letzten Abschnitt, <u>Seite 207</u>.

KAPITEL III.

MANIPULATIONEN DES KOLLODIONPROZESSES.

DIESE können in fünf Kapitel eingeteilt werden : – Reinigen der Platten. – Beschichten mit Jodsilber. – Belichtung in der Kamera. – Entwickeln des Bildes. – Fixieren des Bildes. – Darüber hinaus wird dieses Kapitel in separate Abschnitte eingefügt Anleitungen zur Auswahl und Handhabung von Objektiven, zum Kopieren von Stichen, Manuskripten usw. sowie zum Anfertigen stereoskopischer und mikroskopischer Fotografien.

REINIGEN DER GLASPLATTEN.

Bei der Auswahl von Glas für die Verwendung in der Fotografie ist Vorsicht geboten. Das gewöhnliche Fensterglas ist minderwertig und hat Kratzer auf der Oberfläche, von denen jeder eine unregelmäßige Wirkung der Entwicklungsflüssigkeit verursachen kann; und die Quadrate sind selten flach, so dass sie beim Druckvorgang leicht brechen können.

Das Patentschild antwortet besser als jede andere Beschreibung von Glas; Wenn es jedoch nicht beschafft werden kann, kann es durch das „abgeflachte Kronglas" ersetzt werden.

Vor dem Spülen der Gläser sollte jedes Quadrat an den Kanten mit einer Feile oder einem Blatt Schmirgelpapier aufgeraut werden; oder einfacher, indem man die Kanten zweier Platten übereinander zieht. Wenn diese Vorsichtsmaßnahme unterlassen wird, besteht Verletzungsgefahr für die Finger und der Kollodiumfilm kann sich zusammenziehen und von den Seiten lösen.

Beim Reinigen von Gläsern reicht es in der Regel nicht aus, sie einfach mit Wasser abzuwaschen; Zum Entfernen *von Fett sind* , sofern vorhanden, andere Flüssigkeiten erforderlich . Üblicherweise wird eine Creme aus Tripoli-Pulver und Weingeist mit etwas Ammoniakzusatz verwendet. In diese Mischung wird ein Wattebausch getaucht und die Gläser einige Minuten lang gut damit verrieben. Anschließend werden sie mit klarem Wasser abgespült und mit einem Tuch trockengewischt.

Die zur Brillenreinigung verwendeten Tücher sollten ausdrücklich für diesen Zweck aufbewahrt werden; Sie bestehen am besten aus einem Material, das als feine „Windeln" verkauft wird, und sind sehr frei von Flocken und lose anhaftenden Fasern . Sie dürfen nicht *in Wasser und Seife gewaschen werden* , sondern immer in reinem Wasser oder in Wasser mit etwas kohlensäurehaltigem Soda.

Nachdem Sie das Glas sorgfältig abgewischt haben, schließen Sie den Vorgang ab, indem Sie es mit einem alten Seidentaschentuch polieren und dabei den Kontakt mit der Haut der Hand vermeiden. Manche wenden sich gegen *Seide , weil sie dazu neigt, das Glas elektrisch zu machen und so* Staubteilchen anzuziehen , aber in der Praxis werden aus dieser Quelle keine Unannehmlichkeiten entstehen.

Bevor Sie feststellen, dass das Glas sauber ist, halten Sie es in einer schrägen Position und *hauchen Sie* darauf. Wie wichtig es ist, diese einfache Regel zu beachten, wird sofort deutlich, wenn man sich die Bemerkungen auf Seite 39 anschaut . Bei den Honigkonservierungs- und Collodio - Albumen-Verfahren ist es besonders notwendig, dass die Gläser gründlich gereinigt werden, da der Film beim Entwickeln und Waschen dazu neigt, sich zu lösen oder Blasen zu bilden. Ätzkali, von Drogisten unter dem Namen „Liquor Potassæ " verkauft, ist sehr wirksam, oder alternativ eine warme Lösung von „Waschsoda" (Karbonat von Soda). Liquor Potassæ ist eine ätzende und alkalische Flüssigkeit, die die Haut weich macht und sie auflöst; Es muss daher mit etwa vier Teilen Wasser verdünnt und mit einer zylindrischen Flanellrolle auf das Glas aufgetragen werden. Nachdem Sie beide Seiten gründlich angefeuchtet haben, lassen Sie das Glas einige Zeit stehen, bis mehrere auf die gleiche Weise behandelt wurden. Anschließend mit Wasser abwaschen und mit einem Tuch trocken reiben.

Die Verwendung einer alkalischen Lösung reicht normalerweise aus, um das Glas zu reinigen, aber einige Platten weisen auf der Oberfläche kleine weiße Flecken auf, die mit Kali nicht entfernt werden können. Diese Flecken können aus harten Kalkpartikeln bestehen , und wenn dies der Fall ist, lösen sie sich leicht in einer verdünnten Säure, Vitriolöl, dem etwa vier Teile Wasser zugesetzt werden, oder verdünnter Salpetersäure.

Der Einwand gegen die Verwendung von Salpetersäure besteht darin, dass sie bei Kontakt mit dem Kleid Flecken erzeugt, die nicht entfernt werden können, wenn sie nicht *sofort* mit einer Lauge behandelt werden. Bevor die Stelle gelb wird und verblasst, sollte ein Tropfen Ammoniak auf die Stelle aufgetragen werden.

Wenn Positivproben entnommen werden sollen, empfiehlt es sich, bei der Vorbereitung des Glases besondere Sorgfalt walten zu lassen, insbesondere bei helltransparenten Filmen und neutralen Nitratbädern.

Nachdem ein Glas einmal mit Kollodium überzogen wurde, ist es für die zweite Reinigung nicht nötig, etwas anderes als reines Wasser zu verwenden; Wenn der Film jedoch ausgehärtet und trocken geworden ist, ist möglicherweise verdünntes Vitriol- oder Kaliumcyanidöl erforderlich, um Flecken zu entfernen.

der Fotografie verwendet wurden, werden sie mit der Zeit oft so stumpf und fleckig, dass es besser ist, sie abzulehnen.

BESCHICHTEN DER PLATTE MIT KOLLODIOIODID VON SILBER.

Dieser und der folgende Teil des Prozesses müssen in einem Raum durchgeführt werden, in dem chemische Lichtstrahlen ausgeschlossen sind. Daraus lässt sich schließen, dass sich der Betreiber eine solche Wohnung zur Verfügung gestellt hat.

Der einfachste Plan, den Raum vorzubereiten, besteht darin, eine dreifache Dicke gelben Kattuns ganz oder teilweise über das Fenster zu nageln und den Rest abzudunkeln. Als weitere Sicherheit gegen das Eindringen von weißem Licht kann eine einzelne Schicht wasserfesten Materials, das durch Beschichten von Leinen mit Guttapercha hergestellt wird, hinzugefügt werden, da selbst der kleinste in den Raum eingelassene Bleistift zum Beschlagen führen würde.

Oft ist es zweckmäßig, die Beleuchtung mit einer durch gelbes Glas abgeschirmten Kerze durchzuführen. Ein dunkles Orangegelb, das sich dem Braun nähert, ist gegenüber chemischen Strahlen unempfindlicher als ein helleres Kanariengelb. Hierfür geeignete Lampen werden von den Herstellern von Apparaten und Chemikalien vertrieben.

Bevor Sie die Platte mit Kollodium beschichten, stellen Sie sicher, dass die Flüssigkeit vollkommen klar und durchsichtig ist und dass sich alle Partikel am Boden abgesetzt haben. Außerdem muss der Flaschenhals frei von harten und trockenen Krusten sein, die sich, wenn man sie zurückbehält, teilweise auflösen und Streifen auf dem Film erzeugen würden. Bei der Aufnahme kleiner Porträts und stereoskopischer Motive sind diese Punkte von besonderer Bedeutung, und jedes Bild wird ruiniert, wenn sie nicht beachtet werden.

Ein nützliches Gerät zur Entfernung von Kollodium ist das im folgenden Holzschnitt dargestellte.

Das Kollodium, das einige Stunden zuvor jodiert wurde, lässt man in dieser Flasche absetzen und klar werden; Dann wird durch leichtes Anblasen an der Spitze des kürzeren Rohrs der kleine Glassiphon gefüllt und die Flüssigkeit aus einer engeren Entfernung abgesaugt, als dies durch einfaches Umgießen von einer Flasche in eine andere möglich wäre.

Wenn das Kollodium ordnungsgemäß vom Sediment befreit ist, nimmt der Bediener eine zuvor gereinigte Glasplatte und wischt sie vorsichtig mit einem Seidentaschentuch ab, um eventuell später angesammelte Staubpartikel zu entfernen. Handelt es sich um eine mittelgroße Platte, kann sie an den Ecken in horizontaler Position zwischen Zeigefinger und Daumen der linken Hand gehalten werden. Das Kollodium wird gleichmäßig aufgegossen, bis ein kreisförmiger Pool entsteht, der fast bis zum Rand des Glases reicht.

Durch eine leichte Neigung der Platte wird die Flüssigkeit dazu gebracht, in Richtung der mit 1 gekennzeichneten Ecke im obigen Diagramm zu fließen, bis sie fast den Daumen berührt, mit dem das Glas gehalten wird: Von Ecke 1 wird sie zu Ecke 2 geleitet, die vom Daumen gehalten wird

Zeigefinger; von 2 auf 3, und schließlich wird der Überschuss aus der mit Nr. 4 markierten Ecke zurück in die Flasche gegossen. Anschließend wird es einen Moment lang senkrecht über die Flasche gehalten, bis es *fast* aufhört zu tropfen, und dann durch Anheben des Wenn Sie den Daumen ein wenig bewegen, ändert sich die Richtung der Platte, sodass die diagonalen Linien zusammenwachsen und eine glatte Oberfläche entsteht. Der Vorgang, eine Platte mit Kollodium zu beschichten, darf nicht in Eile durchgeführt werden, und um den Erfolg sicherzustellen, ist nichts anderes erforderlich als eine sichere Hand und eine ausreichende Menge der zunächst auf die Platte gegossenen Flüssigkeit.

Bei der Beschichtung größerer Platten erweist sich der *pneumatische Halter, der sich durch Saugkraft selbst fixiert*, als der einfachste und nützlichste.

Der richtige Zeitpunkt zum Eintauchen des Films in die Badewanne. — Nachdem eine Schicht Kollodium für kurze Zeit der Luft ausgesetzt wurde, verdunstet der größte Teil des Äthers und hinterlässt das Pyroxylin in einem Zustand, in dem es weder nass noch trocken ist, sondern den Abdruck des Fingers erhält, ohne daran zu haften . Fotografen bezeichnen dieses *Setting als* , und wenn es stattfindet, ist es ein Zeichen dafür, dass es an der Zeit ist, es der Wirkung des Bades zu unterwerfen.

Wenn der Film vor dem Aushärten in das Nitrat getaucht wird, ist der Effekt derselbe wie der, der durch die Zugabe von Wasser zum Collodion erzeugt wird. Das Pyroxylin fällt teilweise aus, es kommt zu Rissen und der Entwickler läuft nicht immer bis zum Rand des Films. Lässt man es andererseits zu trocken werden, bildet sich das Jodsilber nicht vollkommen, und der Film zeigt beim Waschen und Ans Lichten ein eigentümliches schillerndes Aussehen und ist an einigen Stellen blasser in anderen.

Über die genaue Zeit, die vergehen sollte, kann keine Regel angegeben werden: Sie variiert mit der Temperatur der Atmosphäre und mit den Anteilen von Äther und Pyroxylin ; Dünnes Kollodium mit wenig Alkohol, das schneller eingetaucht werden muss. Zwanzig Sekunden auf übliche Weise oder zehn Sekunden bei heißem Wetter ergeben eine Durchschnittszeit.

Wenn die Platte fertig ist, legen Sie sie mit der Kollodiumseite nach oben auf den Glaslöffel und senken Sie sie mit einer langsamen und gleichmäßigen Bewegung in die Lösung. Wenn Sie eine Pause einlegen, bildet sich eine horizontale Linie, die der Oberfläche der Flüssigkeit entspricht. Anschließend legen Sie die Abdeckung auf die vertikale Wanne [35] und verdunkeln den Raum, sofern dies noch nicht geschehen ist. Da die Anwesenheit von weißem Licht die Platte vor dem Eintauchen in das Bad nicht schädigt, ist es nicht notwendig, es während der Beschichtung mit Kollodium auszuschließen.

[35] Üblicherweise werden Tröge aus Guttapercha, Glas oder Porzellan verwendet; Letztere sind die besten, da sie ziemlich undurchsichtig sind und nicht anfällig für Risse oder Undichtigkeiten sind.

Wenn die Platte etwa zwanzig Sekunden in der Lösung verbleibt, heben Sie sie zwei- oder dreimal teilweise heraus, um den Äther von der Oberfläche abzuwaschen. Normalerweise reicht ein Eintauchen von einer bis anderthalb Minuten aus; oder zwei Minuten bei kaltem Wetter und mit Kollodium, das nur wenig Alkohol enthält. Bewegen Sie die Platte weiter, bis die Flüssigkeit in einer gleichmäßigen Schicht abfließt. Dann kann die Zersetzung als ausreichend perfekt angesehen werden. Das Haupthindernis in diesem Teil des Prozesses liegt in der Schwierigkeit, sich Äther und Wasser miteinander zu vermischen, was dazu führt, dass die Kollodiumoberfläche beim ersten Eintauchen ölig und mit Streifen bedeckt erscheint. Durch sanfte Bewegung wird der Äther weggespült und es entsteht eine glatte und homogene Schicht.

Als nächstes wird die Platte aus dem Schöpflöffel genommen und einige Sekunden lang auf einem Löschpapier senkrecht in der Hand gehalten, um so viel wie möglich von der Lösung von salpetersaurem Silber abzutropfen. [36] Anschließend wird es auf der Rückseite mit Filterpapier abgewischt, in einen sauberen und trockenen Objektträger gelegt und ist bereit für die Kamera.

[36] Dieses Löschpapier muss häufig gewechselt werden, da sonst während der Entwicklung Flecken am unteren Rand der Platte entstehen.

Dem Amateur wird dringend empfohlen, nicht mit dem Fotografieren mit der Kamera fortzufahren, bis es ihm durch ein wenig Übung gelungen ist, einen perfekten Film herzustellen, der in allen Teilen gleichmäßig ist und einer Inspektion standhält, wenn er gewaschen und ans Licht gebracht wird.

Bei ordnungsgemäßer Vorbereitung sollte es wie folgt aussehen : Glatt und gleichmäßig, sowohl bei reflektiertem als auch bei durchfallendem Licht; frei von Wellenlinien oder Markierungen, wie sie durch klebriges Pyroxylin verursacht würden , und von undurchsichtigen Punkten aufgrund kleiner Staubpartikel oder im Kollodium suspendierter Silberjodidpartikel.

Hinweise auf ein zu schnelles Eintauchen in das Bad werden auf der Seite des Tellers gesucht, von der das Collodion abgegossen wurde. Dieser Teil bleibt länger nass als der andere und leidet immer am meisten; Es sind horizontale Risse oder an Vegetation erinnernde Markierungen zu erkennen, die jeweils eine unregelmäßige Wirkung der sich entwickelnden Flüssigkeit verursachen würden. Andererseits muss der obere Teil der Platte auf die blasse Farbe untersucht werden , die für einen vor dem Eintauchen zu trockenen Film charakteristisch ist, da das Collodion an dieser Stelle dünner ist als an jeder anderen Stelle.

BELICHTUNG DER PLATTE IN DER KAMERA.

Nachdem die Platte empfindlich gemacht wurde, sollte sie schnellstmöglich belichtet und entwickelt werden ; Die Intensität der Negative wird mit etwas Kollodium erheblich gemindert, wenn dieser Punkt vernachlässigt wird (siehe S. 100).

Stellen Sie sicher, dass die Verbindungen der Kamera in allen Teilen fest sind – dass die empfindliche Platte, wenn sie in das Dia eingesetzt wird, genau in die gleiche Ebene fällt, die von der Mattscheibe eingenommen wird – und dass die chemischen und visuellen Brennpunkte der Linse genau übereinstimmen . [37]

[37] Siehe den zweiten Abschnitt dieses Kapitels.

Nehmen wir an, es handelt sich um ein Porträt. Als nächstes ordnen Sie den Dargestellten möglichst vertikal an, damit jeder Teil den gleichen Abstand von der Linse hat. Zeichnen Sie dann eine imaginäre Linie vom Kopf bis zum Knie und richten Sie die Kamera leicht nach unten, sodass sie im rechten Winkel zur Linie steht. Wenn dieser Punkt vernachlässigt wird, besteht die Gefahr, dass die Abbildung in einer Weise verzerrt wird, die jetzt gezeigt wird (S. 228).

Um bei Porträts gut zu gelingen, sollte der Dargestellte durch ein gleichmäßiges, diffuses, horizontal fallendes Licht beleuchtet werden. Ein vertikales Licht verursacht einen tiefen Schatten auf den Augen und lässt das Haar grau erscheinen: Es muss daher durch einen über dem Kopf hängenden Vorhang aus blauem oder weißem Kattun abgeschnitten werden. Die direkte Sonneneinstrahlung ist generell zu meiden, da sie zu einem zu großen Licht-Schatten-Kontrast führt. Dies ist ein Punkt, bei dem der Betreiber sein Urteilsvermögen walten lassen muss. Bei einem schwachen Collodion lässt sich oft ein besseres Negativbild dadurch erzielen, dass man den Dargestellten ganz im Freien aufstellt, aber wenn Collodion und Bad in der Lage sind, eine große Intensität des Bildes zu erzeugen, wird die Tonabstufung schlechter sein, es sei denn, das Licht ist vorhanden Es muss verhindert werden, dass es zu stark auf Gesicht und Hände fällt.

Um das Objekt scharfzustellen , bedecken Sie den Kopf und den hinteren Teil der Kamera mit einem schwarzen Tuch und verschieben Sie das Objektiv vorsichtig, bis die größtmögliche Schärfe erreicht ist. Setzen Sie dann die empfindliche Platte ein, und nachdem Sie die Tür des Objektträgers angehoben haben, decken Sie alles während der Belichtung mit einem schwarzen Tuch ab, um zu verhindern, dass weißes Licht an irgendeiner Stelle außer durch die Linse eindringt.

Was den richtigen Zeitpunkt für die Belichtung anbelangt, hängt so viel von der Helligkeit des Lichts und der Beschaffenheit des Kollodiums ab, dass man es fast ausschließlich dem eigenen Erleben überlassen muss. Die folgenden allgemeinen Regeln können jedoch hilfreich sein :

Warten Sie an einem einigermaßen hellen Tag in den Frühlings- oder Sommermonaten und mit einem frisch gemischten Kollodium vier Sekunden für ein Positivporträt und acht Sekunden für ein Negativporträt. Bei einem Doppelkombinationsobjektiv aus großer Blende und kurzer Fokussierung können vielleicht drei Sekunden und sechs Sekunden oder sogar weniger ausreichen.

In den trüben Wintermonaten, in der rauchigen Atmosphäre großer Städte oder bei der Verwendung eines alten Kollodiumbrauns aus freiem Jod multiplizieren Sie diese Zahlen mit dem Drei- oder Vierfachen, was einen Näherungswert für die erforderliche Belichtung ergibt. Anhand des Erscheinungsbildes unter dem Einfluss des Entwicklers, das gleich beschrieben wird, erkennt der Bediener den richtigen Zeitpunkt für die Belichtung.

DIE ENTWICKLUNG DES BILDES.

Die Einzelheiten der Entwicklung des latenten Bildes unterscheiden sich bei Positiv- und Negativbildern so sehr, dass es besser ist, beide getrennt zu beschreiben.

Die Entwicklung direkter Positive. – Mit Eisensulfat als Entwickler ist es am einfachsten, das Bild durch Eintauchen zu entwickeln . Die Lösung kann bequem in eine vertikale Wanne, wie sie zum Erregen verwendet wird, gegossen und die Platte mit einem Glastaucher auf die übliche Weise eingetaucht werden. Sofern das Wetter nicht kalt ist, erscheint das Bild in drei bis vier Sekunden und der Film wird dann sofort mit klarem Wasser abgewaschen. Während sie sich im Bad befindet, wird die Platte in sanfter Bewegung gehalten, und der Bediener darf nicht damit rechnen, das Bild sehr deutlich zu sehen, mit Ausnahme der hellen Lichter; Die schwachen Schatten werden teilweise durch das unveränderte Jodid verdeckt, kommen aber während der Fixierung zum Vorschein. Die Wirkung des Eisensulfats wird frühzeitig gestoppt, andernfalls kommt es zu einer übermäßigen Entwicklung. Das Bad kann wiederholt verwendet werden.

Bei der Verwendung von Pyrogallussäure oder Eisennitrat zur Entwicklung von Glaspositiven kann die Platte auf einen Nivellierständer gelegt oder in der Hand oder mit dem pneumatischen Halter gehalten werden und die Lösung schnell an einer Ecke aufgegossen werden; Durch leichtes Blasen bzw. Neigen der Hand wird es vor Beginn der Entwicklung gleichmäßig über den Film verteilt.

Wenn es Schwierigkeiten bereitet, eine Platte vor Beginn der Aktion gleichmäßig mit einem starken Entwickler zu bedecken, kann diese durch die Verwendung einer flachen Zelle gelöst werden, die durch Aufkleben von zwei oder drei Schichten Fensterglas auf ein Stück Patentplatte bis zur Tiefe von a gebildet wird Viertel Zoll. Die Größe der Zelle sollte nur geringfügig größer sein als die zu entwickelnde Platte, damit möglichst wenig Flüssigkeit verschwendet wird.

Die Zelle wird in der linken Hand gehalten, die Platte hineingelegt und an einer Ecke eine ausreichende Menge des Entwicklers aufgeschüttet. Durch eine leichte Neigung wird die Flüssigkeit dazu gebracht, in einer gleichmäßigen Schicht über die Oberfläche der Folie hin und her zu fließen. Das Bild beginnt schnell, dann wird der Entwickler sofort abgegossen und der Film wie zuvor gewaschen.

Bei der Entwicklung von Positiven ist es sehr wichtig, eine ausreichende Menge der Lösung zu verwenden, um die Platte problemlos zu bedecken. Andernfalls entstehen ölige Flecken und Flecken, weil sich der Entwickler nicht richtig mit der Filmoberfläche verbindet. Für eine Platte von fünf mal vier Zoll sind drei oder vier Drachmen erforderlich, bei größeren Größen entsprechend.

Das Aussehen des Positivbildes nach der Entwicklung als Anhaltspunkt für die richtige Belichtungszeit. – Wenn die Platte entwickelt wurde, wird sie gewaschen, fixiert und zur Inspektion auf einen dunklen Untergrund, beispielsweise ein Stück schwarzen Samt, gelegt .

Wenn bei einem Porträt die Gesichtszüge unnatürlich schwarz und düster aussehen, da die dunklen Teile des Vorhangs usw. unsichtbar sind, ist das Bild *unterbelichtet* .

Auf einer überbelichteten Platte hingegen ist das Gesicht normalerweise blass und weiß und die Drapierung neblig und undeutlich. In dieser Hinsicht hängt jedoch vieles von der Kleidung des Dargestellten (siehe S. 66) und der Art und Weise ab, wie das Licht geworfen wird; Wenn der obere Teil der Figur zu stark schattiert ist, ist das Gesicht möglicherweise als letztes zu sehen. Der Bediener sollte sich daran gewöhnen, bei der vorläufigen Fokussierung auf die Mattscheibe sorgfältig vorzugehen und sich zu diesem Zeitpunkt zu vergewissern, dass jeder Teil des Objekts gleichmäßig beleuchtet ist. Aus diesem Grund sind Bilder, die in einem Raum

aufgenommen werden, selten erfolgreich; Das Licht fällt vollständig auf eine
Seite und daher sind die Schatten dunkel und undeutlich.

Die Entwicklung von Negativbildern . — Dieser Prozess unterscheidet sich
in den meisten Punkten von dem des Positiven. Im letzteren Fall besteht die
Tendenz, das Bild zu überentwickeln ; aber im ersteren Fall, um die Aktion
zu früh zu stoppen; Daher findet man häufig Negativbilder, die nicht
ausreichend entwickelt und zu blass sind, um gut gedruckt zu werden.

Bei der Entwicklung von Negativen legen viele Anwender die Platte auf
einen Nivellierständer und verteilen die Flüssigkeit, indem sie sanft auf die
Oberfläche blasen. andere halten es lieber in der Hand und gießen die
Flüssigkeit aus einem Glasmaß ab. Die erforderliche Entwicklermenge wird
geringer sein als die, die für Positive verwendet wird, da es bei ausreichender
Essigsäure leicht ist, die Platte vor Beginn der Aktion abzudecken. Manches
Kollodium, insbesondere das klebrige, scheint jedoch den Entwickler
abzustoßen und zu verhindern, dass er bis zum Rand der Platte läuft. Wenn
dies der Fall ist oder wenn Öligkeit und Flecken entstehen, weil das Bad alt
ist und Äther enthält, muss der Lösung von Pyrogallussäure Alkohol
zugesetzt werden.

Bei gewöhnlichem Negativkollodium ist oft ein Zusatz von Silbernitrat
zum Entwickler erforderlich; Die Pyrogallussäure muss jedoch allein
verwendet werden, bis das Bild seine maximale Intensität erreicht hat, was je
nach Temperatur des Entwicklungsraums in etwa einer Minute der Fall sein
wird. Die Platte kann dann in aller Ruhe untersucht werden, indem man sie
mit etwas Abstand vor ein weißes Blatt Papier legt. Wenn es nicht
ausreichend schwarz ist, fügen Sie etwa vier Tropfen des Nitratbades zu jeder
Drachme Entwickler hinzu, rühren Sie gut mit einem Glasstab um und
setzen Sie den Vorgang fort, bis die erforderliche Intensität erreicht ist. Wenn
gegen Ende der Entwicklung eine Neigung der Platte zum *Beschlagen besteht* ,
kann diese durch Fixieren mit Kaliumcyanid (nicht Hyposulfit) und
anschließendes, nach sorgfältigem Waschen verstärkendes Verstärken mit
Pyrogallussäure und salpetersaurem Silber verhindert werden normaler Weg.
Das Glas, das die Mischung aus Pyrogallussäure und salpetersaurem Silber
enthält, muss nach jedem Teller ausgewaschen werden, da der schwarze
Belag die Verfärbung der frischen Lösung beschleunigt (S. 179).

*Aussehen des Negativbildes während und nach dem Verkleinerungsprozess, als
Anhaltspunkt für die Belichtung* . — Eine unterbelichtete Platte entwickelt sich
langsam. Durch Fortsetzung der Wirkung der Pyrogallussäure *werden die hohen
Lichter sehr schwarz* , aber die Schatten sind unsichtbar, da auf diesen Teilen
der Platte nichts als das gelbe Jodid zu sehen ist. Nach der Behandlung mit

Cyanid sieht das Bild gut aus wie ein Positiv, aber im Durchlicht sind alle kleinen Details unsichtbar; Das Bild ist schwarzweiß, ohne Halbtöne.

Ein überbelichtetes Negativ entwickelt sich zunächst schnell, beginnt aber bald an allen Stellen der Platte leicht zu schwärzen. Nach Abschluss der Fixierung ist im reflektierten Licht oft nichts anderes zu sehen als eine gleichmäßige graue Oberfläche aus metallischem Silber, ohne dass ein Bild (oder höchstens ein undeutliches) erscheint. Bei Durchlicht kann die Platte rot oder braun erscheinen und das Bild ist *blass* und matt. Da die klaren Teile des Negativs durch den Nebel verdeckt sind und die Halbschatten so lange gewirkt haben, dass sie fast die Lichter überholten, fehlt es an einem angemessenen *Kontrast*. Daher ist die überbelichtete Platte das genaue Gegenteil der unterbelichteten Platte, bei der der Kontrast zwischen Licht und Schatten aufgrund des Fehlens von Zwischentönen zu stark ausgeprägt ist.

Ein Negativ, das die richtige Belichtungsmenge erhalten hat, weist nach Abschluss der Entwicklung normalerweise die folgenden Merkmale auf: — Das Bild ist im reflektierten Licht teilweise, aber nicht vollständig sichtbar. Bei einem Porträt kommen dunkle Teile des Gewandes als Positiv gut zur Geltung, die Gesichtszüge des Dargestellten sind jedoch kaum zu erkennen. Die Platte weist ein allgemeines Erscheinungsbild auf, das darauf hindeutet, dass das Beschlagen *kurz bevorsteht* , das jedoch nicht wirklich festgestellt wurde. Im Durchlicht ist die Figur hell und scheint sich vom Glas abzuheben: Die dunklen Schatten sind klar, ohne irgendeinen nebligen Niederschlag metallischen Silbers; Die Glanzlichter werden *fast bis* zur völligen Deckkraft schwarz. Die *Farbe* des Bildes variiert jedoch stark mit dem Zustand des Bades und des Kollodiums und mit der Helligkeit des Lichts.

Die bereits unter der Überschrift „Positives" gemachten Bemerkungen gelten ebenso gut für die Negativen; Das heißt, es wird schwierig sein, eine Tonabstufung sicherzustellen, wenn das Objekt nicht *gleichmäßig* beleuchtet wird und kein starker Kontrast von Licht und Schatten besteht. Daher sind direkte Sonnenstrahlen in der Regel zu meiden und nach Möglichkeit Vorhänge usw. zu verwenden.

FIXIEREN UND LACKIEREN DES BILDES.

Nachdem die Entwicklung abgeschlossen ist und die Platte sorgfältig mit einem Wasserstrahl gewaschen wurde, kann sie ans Licht gebracht und mit Hyposulfit oder Cyanid behandelt werden, bis das unveränderte Jodid vollständig entfernt ist. Manche benutzen ein Bad für das Zyanid; Es ist jedoch zweifelhaft, ob dadurch viel gespart wird. Nach der Fixierung ist die Platte nochmals sorgfältig zu waschen; und insbesondere, wenn Hyposulfit von Soda verwendet wird. Drei oder vier Minuten in fließendem Wasser reichen nicht aus, oder das Glas kann ein oder zwei Stunden lang in einer Schüssel mit Wasser stehen bleiben. Wenn diese Vorsichtsmaßnahmen nicht beachtet werden, bilden sich beim Trocknen Kristalle und das Bild wird beschädigt.

Kollodiumbilder sollten durch eine Lackschicht geschützt werden, da sowohl Negative als auch Positive bekanntermaßen ausbleichen, wenn sie ohne Abdeckung feuchter Luft ausgesetzt werden (siehe S. 166). Zur Herstellung von transparentem Lack. Bernstein kann nach der Formel von Dr. Diamond in Chloroform aufgelöst werden; etwa 80 Körner Bernsteinperlen oder Pfeifenstiele sollten mit einer Unze Chloroform aufgeschlossen und der klare Teil durch Filtration abgetrennt werden. Es kann auf die gleiche Weise wie Kollodium auf die Platte gegossen werden und trocknet schnell zu einer harten und durchsichtigen Schicht. Der Spirituslack, der normalerweise für Negative verkauft wird, benötigt die Hilfe von Hitze, um zu verhindern, dass das Gummi beim Trocknen abkühlt; die Platte wird zunächst leicht erwärmt und der Lack wie gewohnt auf- und abgegossen; Dann wird es, während es noch tropft, ans Feuer gehalten, bis der Geist verdunstet ist. Ein paar Versuche erleichtern die Durchführung der Operation. Als Klarlack wird auch Weißlack , gelöst in starkem Alkohol oder Benzol , empfohlen.

Direktpositive müssen zunächst mit einer transparenten Lackschicht und anschließend mit schwarzem Japanlack lackiert werden . Manchmal wird Suggetts Patentstrahl verwendet, aber er hat einen unangenehmen Geruch und neigt beim Trocknen dazu, Risse zu bekommen. Das beste von Karosseriebauern verwendete schwarze Japan ist elastischer und weniger anfällig für Risse. Asphalt (4 oz.), gelöst in mineralischem Naphtha (10 oz.), mit der Zugabe von 30 Körnern Kautschuk, gelöst in einer halben Unze des gleichen Menstruums, soll ebenfalls gut haltbar sein. Eine dritte Formel enthält in Alkohol gelöstes schwarzes Siegellack. In beiden Fällen ist es am besten, zuerst eine Schicht Klarlack auf die Folie aufzutragen und anschließend den schwarzen Lack, der sich mit dem anderen Lack verbinden sollte, ohne ihn aufzulösen.

Mit Quecksilberchlorid gebleichte Positive werden durch das Lackieren beschädigt; Sie müssen daher mit schwarzem Samt oder Japan auf der gegenüberliegenden Seite des Glases unterlegt werden. Viele ziehen es vor, das Bild auf farbigem Glas aufzunehmen und nur eine Schicht Klarlack zu verwenden; Da aber in diesem Fall die Collodion-Seite oben bleibt, ist das Bild notwendigerweise umgekehrt.

ABSCHNITT II.

Diejenigen, die mit der Wissenschaft der Optik vergleichsweise wenig vertraut sind, benötigen einfache Regeln, die ihnen bei der Wahl eines fotografischen Objektivs und bei der richtigen Verwendungsweise helfen.

Es werden zwei Arten von achromatischen Objektiven verkauft: das Porträtobjektiv und das Ansichtsobjektiv. Ersteres ist so konstruiert, dass es viel Licht einlässt, um lebende Objekte usw. zu kopieren.

Eine praktisch dimensionierte Kamera für kleine Porträts ist die „Halbplattenkamera" mit einem Objektiv von etwa 2¼ Zoll Durchmesser, die auf einer Fläche von 5 x 4 Zoll ein einigermaßen flaches Bildfeld liefert. In dieser Hinsicht hängt jedoch vieles von der Qualität ab das Glas und auch von seiner Brennweite; Ein Objektiv mit kurzer Brennweite nimmt ein Bild schneller auf, liefert aber ein kleineres Bild und ein Bildfeld, das zum Rand hin neblig ist. Auch bei Porträtobjektiven mit großer Blende und kurzer Brennweite, wie sie zum Beispiel bei trübem Licht zum Einsatz kommen, besteht eine große Tendenz zur *Bildverzerrung*.

Es ist zu erwarten, dass das „Ganzplatten"-Porträtobjektiv 6½ x 4¾ Zoll abdeckt und einen Durchmesser von etwa 3¼ Zoll hat. Es werden größere Bilder als beim letzten Mal aufgenommen, aber nicht unbedingt in kürzerer Zeit; denn obwohl die Apertur für den Lichteinfall größer ist, ist die Brennweite proportional größer und das Licht weniger gebündelt.

Das „Viertelplatten"-Porträtobjektiv mit 1¼ Zoll Durchmesser eignet sich für stereoskopische Motive und kleine Porträts; die normalerweise schärfer sind, wenn sie mit einem kleinen Objektiv aufgenommen werden.

Der Abstand, in dem die Kamera bei der Aufnahme eines Porträts vom Porträtierten platziert werden muss, hängt von der Brennweite des Objektivs ab. Wenn Sie die Kamera näher heranrücken, vergrößert sich das Bild, gleichzeitig erhöht sich aber auch die Wahrscheinlichkeit einer Verzerrung. Daher gibt es bei jedem Objektiv mit voller Blendenöffnung eine praktische Grenze für die Größe des Bildes, das aufgenommen werden kann.

Wenn es erforderlich ist, mit einem kleinen Objektiv ein großes Bild zu erhalten, muss vor dem Objektiv eine Blende mit zentraler Öffnung angebracht werden (die leicht aus einem mit Tusche geschwärzten Stück kreisförmigem Karton hergestellt werden kann). Dadurch verringert sich die Lichtmenge, aber das Bild wird zum Rand hin klarer und gleichzeitig werden verschiedene Objekte in unterschiedlichen Entfernungen scharfgestellt. Mit einer angebrachten Blende kann das Objektiv auch näher an das Objekt herangeführt werden, ohne dass es zu Verzerrungen kommt.

Bezüglich dieses Themas der Verzerrung, die häufig durch Objektive hervorgerufen wird, ist insbesondere zu beachten, dass bei der Porträtkombination mit voller Blendenöffnung und insbesondere dann, wenn die Leistung des Glases dadurch, dass es zu nah an den Dargestellten herangeführt wird, ziemlich beansprucht wird, alle Objekte in der Nähe sind zum Objektiv werden *vergrößert* , und diejenigen, die weiter entfernt sind, werden verkleinert erscheinen; Da die Position des Dargestellten daher nie ganz vertikal ist, muss die Kamera ein wenig *nach unten geneigt sein* , sonst werden die Hände und Füße vergrößert, wodurch die Figur tatsächlich eine Pyramide mit der Basis nach unten erhält; Wenn andererseits die Neigung der Kamera zu groß ist, werden Kopf und Stirn vergrößert und die Figur wird zu einer Pyramide mit der Basis darüber.

Wenn Sie Gruppen aufnehmen, ordnen Sie die Objekte möglichst gleich weit vom Objektiv entfernt an und verwenden Sie, wenn möglich, eine Blende. Für diesen Zweck eignen sich Objektive mit langer Brennweite am besten, da sie es ermöglichen, das Foto aus größerer Entfernung aufzunehmen und gleichzeitig eine größere Vielfalt an Objekten scharfzustellen.

schlecht beleuchteter Stilllebenobjekte können Porträtobjektive oft vorteilhaft durch Ansichtsobjektive ersetzt werden . Da die Apertur des Objektivs groß ist, kann ein Negativ mit einer Lichtmenge erhalten werden, die bei Verwendung einer kleinen Blende nicht ausreichen würde. Wenn andererseits das Licht ungewöhnlich hell ist, ist es aufgrund der Größe der reflektierenden Oberfläche immer wahrscheinlicher, dass das Objektiv mit voller Blendenöffnung ein verschwommenes und undeutliches Bild erzeugt. Daher sollte das Objekt gut mit etwas neutraler Farbe hinterlegt werden , oder, wenn das nicht möglich ist, kann ein Papptrichter, der etwa anderthalb Fuß vorsteht, vor der Linse befestigt werden, um Lichtstrahlen auszuschließen unmittelbar an der Entstehung des Bildes beteiligt. Wenn die Linse auf weit entfernte, hell erleuchtete Objekte gerichtet wäre und ein Teil des Himmels eingeschlossen wäre, gäbe es wahrscheinlich diffuses Licht und daraus resultierend ein Beschlagen der Platte beim Auftragen des Entwicklers. Dieser Effekt wird auch immer dann auftreten, wenn die Sonnenstrahlen direkt auf das Glas fallen.

Anweisungen zum Finden der Ebene, auf der das schärfste Bild erhalten werden kann. — Es ist allgemein bekannt, dass bei nicht-achromatischen Linsen eine Korrektur des chemischen Fokus erforderlich ist. aber von den Verbundgläsern sagt man gewöhnlich, dass ihre beiden Brennpunkte übereinstimmen. Um Enttäuschungen zu vermeiden, wird dem Amateur empfohlen, die Richtigkeit dieser Aussage zu überprüfen und sicherzustellen, dass seine Kamera sorgfältig konstruiert ist. Gehen Sie dazu wie folgt vor:—

Stellen Sie zunächst sicher, dass die vorbereitete empfindliche Platte genau in die Ebene fällt, die von der Mattscheibe eingenommen wird. Hängen Sie eine Zeitung oder eine kleine Gravur in einem Abstand von etwa einem Meter von der Kamera auf und fokussieren Sie die Buchstaben, die die Mitte des Feldes einnehmen. Setzen Sie dann den Objektträger ein, ersetzen Sie die normale Platte durch ein Quadrat aus *geschliffenem Glas* (die raue Oberfläche des Glases zeigt nach innen) und beobachten Sie, ob die Buchstaben noch deutlich zu erkennen sind. Anstelle des Mattglases kann auch eine transparente Platte mit einem Quadrat aus geöltem oder angefeuchtetem Silberpapier verwendet werden, ersteres ist jedoch vorzuziehen.

Wenn das Ergebnis dieses Versuchs zu zeigen scheint, dass die Kamera in Ordnung ist, testen Sie die Korrektheit des Objektivs.—

Machen Sie ein Positivfoto mit der vollen Blende des Porträtobjektivs, wobei die zentralen Buchstaben der Zeitung wie zuvor sorgfältig fokussiert werden. Untersuchen Sie dann, an welcher Stelle der Platte die Konturen am deutlichsten zu erkennen sind. Es kommt manchmal vor, dass die genaue Mitte visuell scharfgestellt wurde , die Buchstaben an einer Stelle in der Mitte zwischen der Mitte und dem Rand jedoch auf dem Foto am schärfsten sind. In diesem Fall ist der chemische Brennpunkt länger als der andere, und zwar um eine Strecke, die dem Raum entspricht, aber in der entgegengesetzten Richtung, den die Mattscheibe bewegen muss, um diese bestimmten Buchstaben für das Auge scharf zu definieren.

Wenn der chemische Fokus der kürzere von beiden ist, sind die Buchstaben auf dem Foto an jedem Teil der Platte undeutlich; Das Experiment muss daher wiederholt werden, wobei die Linse um einen Achtel Zoll oder weniger verschoben wird. Tatsächlich ist es angebracht, viele Fotos mit geringfügigen Variationen der Brennweite zu machen, bevor die Leistungsfähigkeit des Objektivs voll zur Geltung kommt.

Das Ziel, den Punkt zu finden, an dem das schärfste Bild entsteht, wird auch dadurch unterstützt, dass man mehrere kleine Figuren in verschiedenen Ebenen platziert und diese in der Mitte fokussiert . Wenn dies geschieht, ist der chemische Fokus *länger als der visuelle* , wenn die weiter entfernten Figuren auf dem Foto deutlich hervortreten , oder *umgekehrt* , wenn die nächstgelegenen am schärfsten abgegrenzt sind .

Die einzelne achromatische Linse. — Ein nützliches Objektiv für die Landschaftsfotografie hat einen Durchmesser von etwa 3 Zoll und eine Brennweite von 15 Zoll, von dem erwartet werden kann, dass es ein Feld von 10 x 8 Zoll abdeckt. Mit dem Objektiv werden Blenden mit verschiedenen Durchmessern geliefert, von denen der größte ausreicht bei trübem Wetter nützlich sein; desto kleiner, wenn das Feld bis zum äußersten Rand scharf dargestellt werden soll.

Der Anschlag ist in einem bestimmten Abstand vor dem Objektiv angeordnet und darf nicht bewegt werden. Wenn es nah an das Glas gebracht würde, wäre das Feld nicht so flach; Der Effekt ist dann derselbe wie der einer Blende vor einem Porträtobjektiv, nämlich. einfach den äußeren Teil des Glases abschneiden. [38]

[38] Siehe die Erläuterung dieses Themas in „Photographic Journal", Bd. ii. P. 133.

Beim Fotografieren von Architektur- und anderen Motiven mit vertikalen Umrissen ist es sehr wichtig, dass die Kamera perfekt horizontal ausgerichtet ist. denn wenn es entweder nach oben oder nach unten geneigt wird, werden die Senkrechten zerstört und der Gegenstand erscheint wie eine Pyramide, die nach innen oder außen fällt, wie zuvor gezeigt. Es ist praktisch, das geschliffene Fokussierglas mit einer Reihe paralleler Linien in beide Richtungen zu versehen , damit der Bediener sofort erkennen kann, dass die Position des Instruments korrekt ist.

ABSCHNITT III.

Art des Kopierens von Gravuren, Radierungen usw.

Die zu fotografierende Gravur sollte aus dem Rahmen genommen werden (das Glas verursacht unregelmäßige Reflexionen) und vertikal und in umgekehrter Position in einem guten diffusen Licht aufgehängt werden. Ein schwarzes Tuch kann von Vorteil hinter dem Bild angebracht werden, wenn der Linse eine Oberfläche ausgesetzt ist, die Licht reflektieren könnte.

Die Kamera muss unverrückbar befestigt sein, damit sie beim Abnehmen des Objektivdeckels nicht im geringsten vibriert. Es sollte im rechten Winkel zum Bild ausgerichtet sein und der Fokus sollte auf übliche Weise bestimmt werden. Es kann entweder ein Porträtobjektiv oder ein Einzelobjektiv verwendet werden, wobei die Blende ausreichend klein ist, um das Bild bis zum Rand deutlich abzubilden.

Es ist nicht wünschenswert, ein zu dünnes Kollodium zu verwenden, da eine perfekte Deckkraft der dunkelsten Teile des Negativs unerlässlich ist. Ein altes Collodion mit freiem Jod ist besser als ein kontraktiles Collodion, da es ein intensiveres und klareres Bild liefert. Reines, mit Cadmiumjodid jodiertes Kollodium kann, wenn es an Intensität mangelt, sofort für die Verwendung beim Kopieren von Gravuren geeignet gemacht werden, indem Glycyrrhizin hinzugefügt wird (S. 209), bis die dunklen Teile des Negativs sehr undurchsichtig werden und anschließend der Überschuss aufgeweicht wird Härten Sie ggf. die Härte aus, indem Sie eine alkoholische Jodlösung in das Collodion tropfen, bis es einen strohgelben Farbton erreicht. Eine zweite Formel, die für die Jodierung von Kollodium für einen ähnlichen Zweck nützlich ist, lautet wie folgt.

Jodid von Kalium   4 Körner.

Bromid von Kalium 1 Getreide.

Zusammen mit der Zugabe von Glycyrrhizin ergibt sich ein sehr schwarzes Bild.

Radierungen, Diagramme und Zeichnungen mit Bleistift oder Tinte, ohne viel Mitteltönung, können auf dünnem Papier leicht ohne die Hilfe der Kamera kopiert werden, indem man die Skizze einfach auf ein Blatt Negativpapier legt und es kurz belichtet Licht und Entwickeln mit Gallussäure. Dabei entsteht ein Negativ, das wie üblich zum Drucken von Positiven verwendet wird. Ausführliche Anweisungen zu diesem Thema finden Sie im zweiten Abschnitt des folgenden Kapitels.

Ein einfacherer Plan, der auch dann gelingt, wenn keine große Feinheit erforderlich ist, besteht darin, die Skizze auf ein Blatt Positivdruckpapier zu legen (ein stark gesalzenes Papier eignet sich am besten, da es die größte Intensität verleiht) und es dem Licht auszusetzen, bis es fertig ist eine Kopie wird erhalten. Alle Details werden auf diese Weise originalgetreu wiedergegeben, allerdings ist es manchmal schwierig, ein Negativ zu erhalten, das ausreichend schwarz ist, um einen *kräftigen* Druck zu erzielen.

ABSCHNITT IV.

Regeln für die Aufnahme stereoskopischer Fotografien.

Fernglasbilder großer Größe für das reflektierende Stereoskop können mit einem gewöhnlichen View-Objektiv mit einer Brennweite von etwa 15 Zoll aufgenommen werden. Nachdem die Mattscheibe der Kamera in der auf Seite 231 beschriebenen Weise mit Kreuzlinien versehen wurde , wird die Position eines markanten Objekts auf einer der Linien mit einem Bleistift markiert und die erste Ansicht aufgenommen. Anschließend wird der Ständer seitlich auf den richtigen Abstand verschoben und die Kamera durch Verschieben in ihre zweite Position gebracht, bis das markierte Objekt die gleiche Stelle wie zuvor einnimmt. Der Abstand zwischen den beiden

Positionen sollte etwa einen Fuß betragen, wenn der Vordergrund des Bildes fünfundzwanzig Fuß vom Instrument entfernt ist, oder vier Fuß, wenn er dreißig oder vierzig Meter vom Instrument entfernt ist. Aber wie bereits auf Seite 71 gezeigt , darf diese Regel nicht unbedingt befolgt werden, da dies stark vom Charakter des Bildes und der gewünschten Wirkung abhängt.

Fotos für das Lentikular-Stereoskop werden mit kleinen Objektiven mit einer Brennweite von etwa 4½ Zoll aufgenommen. Für Porträts kann eine Kamera vorteilhafterweise mit zwei Doppelkombinationsobjektiven mit einem Durchmesser von 1¾ Zoll ausgestattet sein, die hinsichtlich Brennweite und Aktionsgeschwindigkeit genau gleich sind. Die Kappen werden gleichzeitig entfernt und die Bilder im selben Moment eingedruckt. Die Mittelpunkte der Linsen können um drei Zoll voneinander entfernt sein, wenn die Kamera in einer Entfernung von etwa sechs Fuß zum Modell platziert wird, oder um vier Zoll, wenn der Abstand auf acht Fuß erhöht wird.

Bilder, die mit einer binokularen Kamera dieser Art aufgenommen werden, müssen in einer umgekehrten Position zu der Position montiert werden, die sie auf dem Glas einnehmen: Denn da das Bild der Kamera *umgekehrt ist* , wird sie, wenn sie umgedreht und aufgerichtet wird, in die rechte Position gebracht Das Bild wird *zwangsläufig* auf der linken Seite stehen und *umgekehrt* .

Herr Latimer Clark hat eine Anordnung zum Aufnehmen stereoskopischer Bilder mit einer einzigen Kamera entwickelt, die äußerst genial ist. Sein wichtigstes Merkmal ist eine Vorrichtung zum schnellen Bewegen der Kamera in seitlicher Richtung, ohne die Position des Bildes auf der Mattscheibe zu stören. Dies wird durch einen Verweis auf den folgenden Holzschnitt verständlich.

„Ein Kamerastativ mit starkem Rahmen trägt einen flachen Tisch, etwa 20 Zoll breit und 16 Zoll breit, der mit den üblichen Einstellungen ausgestattet ist. Darauf werden zwei flache Holzstangen in Richtung des Objekts und parallel und etwa in der Breite gelegt Die Kamera auseinander. Sie sind 18 Zoll lang; ihre vorderen Enden tragen kräftige Stifte, die in den Tisch hineinragen und Zentren bilden , um die sie sich drehen. Ihre gegenüberliegenden Enden tragen ebenfalls ähnliche Stifte, aber diese sind nach oben gerichtet und passen in zwei entsprechende Löcher in der Rückwand der Kamera.

„Wenn nun die Kamera auf diese Stifte gesetzt und seitlich hin- und herbewegt wird , ähnelt das gesamte System genau dem gewöhnlichen Parallellineal. Die beiden Stangen bilden die Führungen, und die Kamera behält, obwohl sie sich seitlich frei bewegen kann, immer eine Parallele bei.“ In diesem Zustand ist es nur geeignet, stereoskopische Bilder eines Objekts in unendlicher Entfernung aufzunehmen; um es jedoch in einem Bogen zu bewegen und auf ein Objekt in näherer Entfernung *zu konvergieren* , ist es nur erforderlich, die beiden Führungen vorzunehmen -Stäbe nähern sich an ihrem näheren Ende an, so dass sie leicht zum Objekt hin konvergieren; und durch einige Versuche wird man leicht einen gewissen Grad an Konvergenz finden, bei dem das Bild sozusagen auf dem Fokussierglas *fixiert bleibt* , während die Kamera nach und nach bewegt wird her . Um diese Einstellung zu ermöglichen, führt einer der Stifte durch einen Schlitz im Tisch und trägt eine Klemmschraube, mit der er leicht in jeder gewünschten Position fixiert werden kann.

„Um jedoch die Bewegung der Kamera gleichmäßiger zu machen, ist es ratsam, sie nicht direkt auf die beiden Führungen zu legen, sondern zwei dünne Holzstücke im rechten Winkel darüber liegend unter die Vorder- und Rückseite der Kamera zu legen (und die bei Bedarf an der Kamera befestigt werden können) und die Oberflächen mit Seifensteinpulver oder französischer Kreide zu bestäuben.

Zusätzlich zu dieser Anordnung zum seitlichen Bewegen der Kamera muss der *Schlitten* zum Halten der empfindlichen Platten von der üblichen Form abgeändert werden. Es hat eine längliche Form und ist etwa zehn bis elf Zoll lang. Es bedarf einiger kleiner Anpassungen, um es an das Ende einer gewöhnlichen Kamera anzupassen. Die Gläser sind auf etwa 6¾ Zoll mal 3¼ Zoll zugeschnitten; und wenn sie mit Jodsilber beschichtet sind, werden die beiden Bilder nebeneinander eingeprägt, wobei die Platte gleichzeitig und in derselben Richtung wie die Kamera selbst um etwa 2½ Zoll seitlich verschoben wird.

Damit ist der Vorgang der Porträtaufnahme durchgeführt. Nachdem der Fokus für beide Positionen eingestellt wurde und die Kamera und der Schlitten beide nach links gezogen wurden, wird die Tür angehoben und die Platte freigelegt; Anschließend werden die Kamera und der Schlitten nach rechts verschoben, die Platte in ihrer neuen Position erneut belichtet, die Tür geschlossen und der Vorgang abgeschlossen. [39]

[39] Siehe „Photographic Journal", Bd. ich . Seite 59.

Mit diesem Instrument aufgenommene Bilder müssen bei der Montage nicht umgekehrt werden, da das linke Bild absichtlich auf der rechten Seite des Glases abgebildet wird.

ABSCHNITT V.

Zur fotografischen Darstellung mikroskopischer Objekte.

Viele ausgestellte Exemplare der Mikrofotografie sind überaus kunstvoll und schön; und ihre Herstellung ist für jemanden, der mit der Verwendung des Mikroskops und den Manipulationen des Kollodiumprozesses gründlich vertraut ist, nicht schwierig. Es ist jedoch wichtig, über ein gutes Gerät zu verfügen und es richtig einzurichten.

Das Objektglas des gewöhnlichen zusammengesetzten Mikroskops ist der einzige Teil, der tatsächlich in der Fotografie benötigt wird, aber es ist nützlich, das *Gehäuse* für die Einstellungen und die für die Beleuchtung verwendeten Spiegel beizubehalten. Das *Okular* Eine bloße Vergrößerung des durch das Objektglas erzeugten Bildes ist jedoch nicht notwendig, da der gleiche Vergrößerungseffekt durch eine Verlängerung der Dunkelkammer und eine weitere Entfernung des Bildes erzielt werden kann.

Anordnung des Geräts. — Das Mikroskop wird mit seinem Körper in eine horizontale Position gebracht und das Okular entfernt. Ein Papierrohr, das im Inneren ordnungsgemäß geschwärzt oder mit schwarzem Samt ausgekleidet ist, wird in das Instrument eingeführt, um eine unregelmäßige Lichtreflexion zu verhindern von den Seiten.

Anschließend wird eine dunkle Kammer von etwa zwei Fuß Länge angebracht, die an einem Ende eine Öffnung zum Einsetzen des Okularendes des Körpers und am anderen Ende eine Nut zum Tragen des Objektträgers mit der empfindlichen Platte aufweist. Es wird darauf geachtet, dass keine Spalten vorhanden sind, in die diffuses Licht eindringen könnte. Als Dunkelkammer kann eine gewöhnliche Kamera verwendet werden, wobei die Linse entfernt und der Körper bei Bedarf durch eine konische Röhre aus Guttapercha verlängert wird, die im Flansch der vorderen Linse befestigt wird. Der gesamte Apparat sollte genau in einer geraden Linie aufgestellt werden, damit die zur Fokussierung verwendete Mattscheibe im rechten Winkel zur Achse des Mikroskops fallen kann.

Die Länge der Kammer, gemessen vom Objektglas, kann je nach der Größe des benötigten Bildes zwei bis drei Fuß betragen; aber wenn man es darüber hinaus ausdehnt, wird das vom Objektglas durchgelassene Lichtbündel über eine zu große Fläche gestreut, und das Ergebnis ist ein schwaches und unbefriedigendes Bild. Das Objekt sollte mit Sonnenlicht beleuchtet werden, sofern dies möglich ist. Helles, diffuses Tageslicht gelingt jedoch auch mit Gläsern mit geringer Stärke, insbesondere bei der Aufnahme von Positivaufnahmen. Verwenden Sie im letzteren Fall den Hohlspiegel, um das Licht auf das Objekt zu reflektieren. aber im ersteren ist der *Planspiegel* der beste, außer bei Stärken über einem Viertel Zoll und einer großen Winkelöffnung.

Das Bild auf der Mattscheibe sollte hell und deutlich erscheinen und das Feld kreisförmig und gleichmäßig beleuchtet sein; Wenn dies der Fall ist, ist alles zum Einsetzen der empfindlichen Platte bereit.

Die Belichtungszeit muss entsprechend der Intensität des Lichts, der Empfindlichkeit des Kollodiums und dem Grad der Vergrößerungsstärke variiert werden; In ein paar Sekunden bis einer Minute geht es um die Extreme; genaue Anweisungen sind jedoch nicht erforderlich, da der Bediener, wenn er ein guter Fotograf ist, leicht den richtigen Zeitpunkt für die Belichtung ermitteln kann (siehe Seite 224).

An diesem Punkt wird wahrscheinlich eine Schwierigkeit auftreten, weil die Ebene des chemischen Fokus in der Regel nicht mit der des visuellen Fokus übereinstimmt. Dies liegt daran, dass die Objektivgläser von Mikroskopen farblich „überkorrigiert" sind , um eine kleine chromatische Aberration im Okular auszugleichen. Die violetten Strahlen werden infolge der Überkorrektur *über die gelben hinaus* projiziert , und daher liegt der Brennpunkt der chemischen Wirkung weiter vom Glas entfernt als das sichtbare Bild.

Dies kann durch Verschieben der empfindlichen Platte oder, was auf dasselbe hinausläuft, durch Entfernen des Objektglases ein wenig vom Objekt *weg* mit der Feineinstellungsschraube erfolgen; Letzteres ist am bequemsten. Der genaue Abstand muss für jedes Glas durch sorgfältige Versuche ermittelt werden; aber bei den niederen Mächten ist sie am größten und nimmt ab, wenn sie aufsteigen.

Herr Shadbolt gibt Folgendes als Richtlinie : „ Ein anderthalb Zoll großes Objektiv von Smith und Beck musste um $^{1/50}$ Zoll oder zwei Umdrehungen der *Feineinstellung verschoben werden* , also um $^{2/3}$ Zoll Zoll, $^{1} / _{200\text{stel}}$ Zoll oder eine halbe Umdrehung; und ein $^{4} / _{10\text{stel}}$ Zoll, $^{1} / _{1000\text{stel}}$ Zoll oder etwa zwei Teilungen der Einstellung. Mit der $\frac{1}{4}$ten Potenz und höheren Potenzen beträgt der Unterschied zwischen den Brennpunkten war so klein, dass er praktisch unwichtig war.

Es gibt auch Grund zu der Annahme, dass die *Art des* verwendeten Lichts einen Einfluss auf die Trennung der Brennpunkte hat. Herr Delves stellt fest, dass der Unterschied zwischen ihnen beim Sonnenlicht selbst bei den niedrigen Leistungen sehr gering und bei den höheren unmerklich ist; Bei der Verwendung von diffusem Tageslicht, das zuvor von weißen Wolken reflektiert wurde, ist es dagegen beträchtlich.

Auch die Objektgläser desselben Herstellers und insbesondere die verschiedener Hersteller sind sehr unterschiedlich; Daher ist es notwendig, jedes Glas einzeln zu testen und die erforderliche Toleranz zu registrieren.

Nachdem der chemische Fokus gefunden wurde, ist die Hauptschwierigkeit überwunden und die verbleibenden Schritte sind in jeder Hinsicht die gleichen wie bei gewöhnlichen Kollodium-Fotografien.

Für diejenigen, die sich tagsüber nicht der Fotografie widmen können, könnten Herrn Shadbolts Beobachtungen zum Einsatz von künstlichem Licht von Nutzen sein. Er verwendet *Camphin* , das eine weißere Flamme als Gas erzeugt, oder eine Moderatorlampe; Platzieren Sie die Lichtquelle im Fokus einer plankonvexen Linse mit einem Durchmesser von 2½ bis 3 Zoll (die flache Seite zeigt zur Lampe) und bündeln Sie die so erhaltenen parallelen Strahlen auf dem Objekt mit einer zweiten Linse mit einem Durchmesser von etwa 1½ Zoll und 3-Zoll-Fokus.

Da diese Art der Beleuchtung in chemischen Strahlen schwach ist, eignet sie sich am besten für Objektgläser mit geringer Stärke. Die erforderliche Belichtung, um mit dem 1-Zoll-Glas einen Negativabdruck zu erzeugen, kann zwischen drei und fünf Minuten betragen. Da die empfindliche Platte während dieser Zeit leicht austrocknen kann, wird empfohlen, sie mit einer Konservierungslösung auf die im sechsten Kapitel beschriebene Weise zu beschichten. Da Mr. Crookes kürzlich gezeigt hat, dass das Silberbromid gegenüber künstlichem Licht empfindlicher ist als das Jodid, kann bequem eine Mischung der beiden Salze verwendet werden (siehe S. 66 und 232).

Die Entwicklung kann auf die gleiche Weise wie bei konservierten empfindlichen Platten durchgeführt werden; Fixieren mit Kaliumcyanid, bevor die Entwicklung vollständig abgeschlossen ist, wenn eine Tendenz zum Beschlagen beobachtet wird (siehe Seite 224).

Rev. W. Towler Kingsley hat ein Verfahren vorgestellt, mit dem sehr schöne mikroskopische Fotografien erhalten wurden. Er beleuchtet (ohne Sonnenlicht) mit dem brillanten Licht, das entsteht, wenn ein Strahl aus gemischten Sauerstoff- und Wasserstoffgasen auf einen kleinen Kegel aus Kalk oder Magnesia geworfen wird. Besonderer Wert wird darauf gelegt, dass das Objektglas des Mikroskops für diesen Zweck geeignet ist; und in der Tat sind sich alle, die sich mit diesem Thema befasst haben, darin einig, dass es einen erheblichen Unterschied im fotografischen Wert von Objektiven gibt, und zwar unabhängig von der Winkelöffnung des Glases.

KAPITEL IV.

Die praktischen Details des Fotodrucks.

DIESES Kapitel ist wie folgt unterteilt:

Abschnitt I. – Der gewöhnliche direkte Prozess des Positivdrucks.
Abschnitt II. – Positivdruck durch Entwicklung.
Abschnitt III. – Die Art und Weise, Positive durch Sel d'or zu tönen.
Abschnitt IV. – Zum Drucken vergrößerter oder verkleinerter Positive, Transparentfolien usw.

ABSCHNITT I.

Positivdruck durch direkte Lichteinwirkung.

Dazu gehören – die Vorbereitung von empfindlichem Papier, – von Fixier- und Tönungsbädern, – und die manipulativen Details des Prozesses.

Auswahl von Papier für den Fotodruck. — Die im Handel erhältlichen gewöhnlichen Papiersorten eignen sich nicht gut für die Herstellung von Positivdrucken. Es werden gezielt Papiere hergestellt, die eine glattere und gleichmäßigere Textur haben. Viele Proben selbst feinster Papiere weisen jedoch Mängel auf. Daher sollte jedes Blatt separat untersucht werden, indem man es gegen das Licht hält. Wenn Flecken oder Unregelmäßigkeiten in der Struktur erkennbar sind, sollte das Blatt aussortiert werden. Diese Flecken bestehen normalerweise aus kleinen Messing- oder Eisenpartikeln, die, wenn das Papier empfindlich gemacht wird, das Nitratsilber zersetzen und nach dem Fixieren einen kreisförmigen Fleck hinterlassen, der sehr gut sichtbar ist.

Die ausländischen Papiere, Französisch und Deutsch, unterscheiden sich von den englischen. Sie sind porös und mit Stärke geleimt, während die englischen mit gallertartigem tierischem Material geleimt sind. In allen Fällen gibt es einen Unterschied in der Glätte zwischen den beiden Seiten des Papiers, was man feststellen kann, indem man jedes Blatt so hält, dass das Licht schräg darauf trifft; Die Rückseite ist diejenige, auf der dunkle, wellenförmige Streifen von einem bis anderthalb Zoll Breite zu sehen sind, die durch die Filzstreifen verursacht werden, auf denen das Papier getrocknet wurde. Bei den meisten Papierqualitäten wird es überhaupt keine Schwierigkeiten geben, die oben erwähnten breiten und regelmäßigen Streifen zu erkennen; Wenn sie jedoch nicht sichtbar sind, kann die falsche Seite des Blattes an einander kreuzenden Drahtmarkierungen erkannt werden, oder wenn das Papier an der Ecke nass ist, kann eine Seite offensichtlich glatter erscheinen als die andere.

VORBEREITUNG VON EMPFINDLICHEM PAPIER.

Es gibt drei Hauptarten von empfindlichem Papier, die allgemein verwendet werden, nämlich: das albuminisierte, das einfache und das Ammonio -Nitrat-Papier.

Formel I. *Herstellung von albuminisiertem Papier.* — Dazu gehören das Salzen und Albuminieren sowie die Sensibilisierung mit Silbernitrat.

Das Salzen und Albuminisieren. – Ausziehen

Ammoniumchlorid
oder reines Natriumchlorid $\underline{200}$ Körner.

Wasser   10 Flüssigunzen.

Eiweiß   10 Flüssigunzen.

Wenn kein destilliertes Wasser erhältlich ist, reicht Regenwasser oder sogar normales Quellwasser [40]. Um das Eiweiß zu gewinnen, verwenden Sie frisch gelegte Eier und achten Sie darauf, dass beim Öffnen der Schale das Eigelb nicht zerbricht; Jedes Ei ergibt etwa eine Flüssigunze Eiweiß.

[40] Wenn das Wasser viel Sulfatkalk enthalten würde, wäre die Empfindlichkeit des Papiers wahrscheinlich beeinträchtigt (?).

Wenn die Zutaten vermischt sind, nehmen Sie ein Bündel Federkiele oder eine Gabel und schlagen Sie das Ganze zu einem perfekten Schaum. Sobald sich Schaum bildet, muss dieser abgeschöpft und zum Abklingen in eine flache Schüssel gegeben werden. Der Erfolg der Operation hängt vollständig von der Art und Weise ab, wie dieser Teil des Prozesses durchgeführt wird. Wenn das Eiweiß nicht gründlich geschlagen wird, bleiben Flocken tierischer Membranen in der Flüssigkeit zurück und verursachen Streifen auf dem Papier. Wenn der Schaum teilweise nachgelassen hat, geben Sie ihn in ein hohes, schmales Glas und lassen Sie ihn mehrere Stunden lang stehen, damit sich die häutigen Fetzen am Boden absetzen können. Anschließend den oberen, gebrauchsfertigen, klaren Anteil abgießen. Albuminhaltige Flüssigkeiten sind zu klebrig, um gut durch einen Papierfilter zu laufen, und werden durch Absinken besser gereinigt.

Ein einfacherer und ebenso wirksamer Plan als der obige besteht darin, eine Flasche zu etwa drei Teilen mit der gesalzenen Mischung aus Eiweiß und Wasser zu füllen und sie zehn Minuten oder eine Viertelstunde lang gut zu schütteln, bis sie ihre Klebrigkeit verliert und lässt sich problemlos aus dem Flaschenhals ausgießen. Anschließend wird es in ein offenes Gefäß umgefüllt und wie zuvor absetzen gelassen.

Die nach den obigen Anweisungen hergestellte Lösung enthält genau zehn Salzkörner pro Unze, gelöst in einer gleichen Menge Eiweiß und Wasser. Einige Betreiber verwenden das Eiweiß allein ohne Zusatz von Wasser; Dies führt jedoch häufig zu einem stark lackierten Aussehen, das von den meisten als anstößig empfunden wird. Vieles wird jedoch von der Art des verwendeten Papiers abhängen, da bestimmte Sorten mehr Glanz annehmen als andere; Beispielsweise erfordert Papier Rive häufig, dass das Albumin nahezu oder völlig unverdünnt ist.

Die Hauptschwierigkeit beim Albuminisieren von Papier besteht darin, das Auftreten *streifiger Linien zu vermeiden* , die, wenn das Papier empfindlich gemacht wird, unter dem Einfluss des Lichts stark *bronzen* . Um dies zu vermeiden, verwenden Sie die Eier ganz frisch und senken Sie das Papier mit einer gleichmäßigen Bewegung auf die Flüssigkeit. Wenn eine Pause gemacht wird, wird wahrscheinlich eine Zeile gebildet. Manche Papiere werden vom Eiweiß nicht leicht benetzt, und wenn das der Fall ist, können ein paar Tropfen einer alkoholischen Gallenlösung oder ein Fragment der zubereiteten Ochsengalle, die von den Farbmännern der Künstler verkauft wird , ein nützlicher Zusatz sein . Es muss jedoch darauf geachtet werden, nicht zu viel hinzuzufügen, da das Albumin sonst zu flüssig wird und in das Papier eindringt, ohne dass es einen Glanz hinterlässt.

Beim Salzen und Albuminisieren von Fotopapier nach der oben angegebenen Formel wird festgestellt, dass jedes Viertelblatt mit den Maßen 11 x 9 Zoll eineinhalb flüssige Drachmen aus dem Bad entfernt, was etwa einem Gran und drei Viertel Salz entspricht (einschließlich Kot). Bei gesalzenem Normalpapier nimmt jedes Viertelblatt nur eine Drachme ein; so dass die klebrige Natur des Eiweißes dazu führt, dass ein Drittel mehr Salz vom Papier zurückgehalten wird.

Englische Papiere eignen sich nicht zum Albuminisieren; Sie nehmen das Eiweiß nicht richtig auf und kräuseln sich, wenn es auf die Flüssigkeit gelegt wird. Auch das Tonen der Abdrücke ist langsam und langwierig. Das dünne Negativpapier von Canson , das Papier Rive und das Papier Saxe haben beim Schreiber bessere Ergebnisse erzielt als das oft empfohlene Positivpapier von Canson ; Sie haben eine feinere Textur und sorgen für eine glattere Maserung.

Um das Eiweiß aufzutragen, gießen Sie einen Teil der Lösung bis zu einer Tiefe von einem halben Zoll in eine flache Schüssel. Nachdem Sie das Papier zuvor auf die richtige Größe zugeschnitten haben, nehmen Sie ein Blatt an den beiden Ecken, biegen Sie es in eine gebogene Form mit der Konvexität nach unten und legen Sie es auf das Albumin, wobei der Mittelteil zuerst die Flüssigkeit berührt und die Ecken abgesenkt werden schrittweise. Auf diese Weise werden alle Luftblasen nach vorne gedrückt und ausgeschlossen. Nur eine Seite des Papiers wird benetzt, die andere bleibt trocken. Lassen Sie das Blatt *eineinhalb Minuten* lang auf der Lösung ruhen , heben Sie es dann ab und stecken Sie es an zwei Ecken fest. Wenn durch Luftblasen verursachte kreisförmige, eiweißfreie Flecken zu sehen sind, ersetzen Sie das Blatt für die gleiche Zeit wie beim ersten Mal.

Das Papier darf nicht länger als die angegebene Zeit auf dem Salzbad verbleiben, da die Albuminlösung *alkalisch ist* (was durch den starken Ammoniakgeruch, der sich bei der Zugabe des Ammoniumchlorids entwickelt, gezeigt wird), dazu neigt, das Papier zu entfernen Größe vom Papier abziehen und zu tief einsinken; Dadurch verliert es seinen Oberflächenglanz.

Albuminiertes Papier ist an einem trockenen Ort lange haltbar. Einige haben empfohlen, mit einem erhitzten Eisen darauf zu drücken, um die Eiweißschicht auf der Oberfläche zu koagulieren; aber diese Vorsichtsmaßnahme ist unnötig, da die Gerinnung durch das bei der Sensibilisierung verwendete salpetersaure Silber vollkommen bewirkt wird; und es ist zweifelhaft, ob eine Schicht *trockenen* Eiweißes durch die einfache Anwendung eines erhitzten Eisens koaguliert werden könnte.

Um das Papier empfindlich zu machen. — Dieser Vorgang muss bei Kerzenlicht oder gelbem Licht durchgeführt werden. Ausziehen

Geschmolzenes Silbernitrat   60 Körner.

Eisessig $^1/_3$ minimal.

Destilliertes Wasser   1 Unze.

Bereiten Sie eine ausreichende Menge dieser Lösung vor und legen Sie das Blatt auf die gleiche Weise wie zuvor darauf. Drei Minuten Kontakt mit dem dünnen Negativpapier reichen aus, wenn jedoch das Canson-Positivpapier verwendet wird, müssen vier bis fünf Minuten für die Zersetzung eingeplant werden. Die Papiere werden mit einer Knochenzange oder einer gewöhnlichen Pinzette mit Siegellackspitze aus der Lösung herausgehoben; oder man kann eine Nadel verwenden, um die Ecke anzuheben, die man dann mit Finger und Daumen nimmt und *ein wenig abtropfen lässt* , bevor man die Nadel wieder hineinsteckt, andernfalls wird durch die Zersetzung des Salpeters ein weißer Fleck auf dem Papier entstehen aus Silber. Wenn das Blatt aufgehängt ist, dient ein kleiner Streifen Löschpapier, der an der Unterkante des Papiers hängt, dazu, den letzten Tropfen Flüssigkeit abzutropfen.

Ein nach der oben genannten Formel zubereitetes Bad ist stärker als wirklich nötig. Vierzig Gran Nitrat pro Unze Wasser sind völlig ausreichend, wenn die Probe rein ist; Es muss jedoch berücksichtigt werden, dass die *Stärke* des Bades durch die Verwendung *schnell abnimmt. Daher muss, wenn die Abdrücke an* Kraft verlieren , blasse Schatten und möglicherweise ein fleckiges Aussehen aufweisen, ein Zusatz von Silbernitrat vorgenommen werden. Geschmolzenes Silbernitrat wird dem kristallisierten Nitrat vorgezogen, da letzteres gelegentlich mit einer auf Seite 101 erwähnten Verunreinigung verunreinigt ist . Wenn es vorhanden ist, kann es dazu führen, dass die Bilder gerötet werden und die Bräunungsgeschwindigkeit beeinträchtigt wird.

Die Lösung von salpetersaurem Silber verfärbt sich nach einiger Zeit durch das Eiweiß, kann aber zur Sensibilisierung verwendet werden, bis sie fast schwarz ist. Die Farbe kann mit Tierkohle entfernt werden [41], besser ist jedoch die Verwendung von „Kaolin" oder reiner weißer Porzellanerde . Diese Substanz enthält oft kohlensäurehaltigen Kalk und sprudelt mit Säuren; in einem solchen Fall muss sie durch Waschen in Essig gereinigt werden, sonst wird das Bad alkalisch und löst das Eiweiß auf. Es wurde festgestellt, dass ein Zusatz von Alkohol zum Nitratbad eine Verfärbung durch Eiweiß verhindert.

[41] Gewöhnliche Tierkohle enthält Karbonat und Kalkphosphat, wobei ersteres das Silbernitrat alkalisch macht; Gereinigte Tierkohle ist normalerweise Säure aus Salzsäure.

Empfindliches Albuminpapier ist in der Regel mehrere Tage haltbar, wenn es vor Licht geschützt wird, verfärbt sich danach jedoch durch teilweise Zersetzung gelb.

Formel II. *Vorbereitung von Normalpapier* . – Ausziehen

Ammonium- oder Natriumchlorid 160 Körner.

Gereinigte Gelatine 20 Körner.

Islandmoos [42] 60 Körner.

Wasser 20 Unzen.

[42] Island Moss wird empfohlen, weil der Autor feststellt, dass so gedruckte Positive der Wirkung zerstörender Tests besser standhalten als Abzüge auf Normalpapier und gleichwertig mit Abzügen auf Ammoniumnitratpapier .

Gießen Sie kochendes Wasser über das Moos und die Gelatine und rühren Sie, bis sich letztere aufgelöst hat. Decken Sie dann das Gefäß ab und stellen Sie es beiseite, bis es kalt ist. Salz hinzufügen und abseihen.

Benutzen Sie Papier Saxe oder Towgood's Papier, [43] das auf dem Salzbad auf die gleiche Weise geschwommen wird, wie es für Albumen auf S. 243 .

[43] Der Autor empfiehlt das Positivpapier von De Canson nicht , da er festgestellt hat, dass Drucke auf diesem Papier der Wirkung von Schwefelungsmitteln nicht so gut standhalten wie andere (?).

Machen Sie es empfindlich, indem Sie zwei oder drei Minuten lang auf einer Lösung von Silbernitrat (40 Grain pro Unze) schwimmen. Dreißig Grains pro Unze oder weniger reichen aus, wenn die Probe rein ist; In diesem Fall müssen jedoch gelegentlich frische Salpetersilberzusätze hinzugefügt werden, da das Bad an Festigkeit verliert.

Eine zweite Formel für Normalpapier . – Ausziehen

Ammoniumchlorid 200 Körner.

Citrat von Soda [44] 200   "

Gelatine   20   "

Wasser   20 Flüssigunzen.

[44] Dieses Salz kann in der Apotheke erworben werden; oder es kann spontan hergestellt werden, indem 112 Körner reine Zitronensäure, frei von Weinsäure, mit 133 Körnern getrocknetem Bikarbonat oder „Sesquikarbonat" von Soda neutralisiert werden, das zum Brausen von Tränken verwendet wird.

Wenn Towgood's oder anderes englisches Papier verwendet wird, können Zitronensäure, kohlensäurehaltiges Natron und Gelatine weggelassen werden. Bei einem ausländischen Papier neigt das Citrat dazu, dem Positiv einen violetten Farbton zu verleihen, wenn es mit Sel d'or getönt wird, aber das Goldtönungsbad muss aktiv sein, sonst werden die Drucke zu rot. Auch die Zitronensäure sollte gegenüber dem alkalischen Carbonat nicht im Überschuss vorhanden sein.

Machen Sie es empfindlich, indem Sie drei Minuten lang auf einem Nitratbad mit 60 Gran pro Unze Wasser schwimmen.

Formel III. *Ammonio - Nitratpapier.* — Dies wird immer ohne Albumin zubereitet, das durch Ammoniumnitrat von Silber gelöst wird . Ausziehen

Ammoniumchlorid 100 Körner.

Citrat von Soda   200   "

Gelatine   20   "

Wasser   20 Flüssigunzen.

Lösen Sie die Gelatine mithilfe von Hitze auf; Die anderen Zutaten hinzufügen und filtern. Die Lösung ist nicht länger als zwei bis drei Wochen haltbar, ohne zu schimmeln . Es kann das sächsische Papier oder das englische Papier von Towgood verwendet werden; Gelatine und Citrat werden beibehalten oder weggelassen, je nach dem Geschmack des Anwenders und der verwendeten Tönungsart.

Machen Sie es empfindlich durch eine Lösung von Ammoniumnitratsilber , 60 Grains pro Unze Wasser, die wie folgt zubereitet wird:

Lösen Sie das Silbernitrat in der Hälfte der Gesamtwassermenge auf. Nehmen Sie dann eine reine Ammoniaklösung und tropfen Sie sie vorsichtig hinein, während Sie mit einem Glasstab umrühren. Zunächst bildet sich ein brauner Niederschlag von Silberoxid, der sich jedoch bei Zugabe von mehr Ammoniak wieder auflöst. [45] Wenn sich die Flüssigkeit zu klären scheint, fügen Sie das Ammoniak sehr vorsichtig hinzu, um keinen Überschuss zu erzeugen. Um die Abwesenheit von freiem Ammoniak noch weiter zu gewährleisten, ist es üblich, vorzuschreiben, dass, wenn die Flüssigkeit völlig klar wird, ein oder zwei Tropfen einer Lösung von salpetersaurem Silber hinzugefügt werden sollten, bis wieder eine *leichte Trübung* entsteht. Zum Schluss mit Wasser auf die richtige Menge verdünnen. Wenn die verwendeten Kristalle von salpetersaurem Silber einen großen Überschuss an freier Salpetersäure enthalten, wird sich bei der ersten Zugabe von Ammoniak kein Niederschlag bilden. Die freie Salpetersäure, die mit dem Alkali *Ammoniaknitrat erzeugt* , hält das Silberoxid in Lösung. Diese Fehlerursache dürfte jedoch nicht häufig auftreten, da die Menge an Ammoniaknitrat, die zur Verhinderung jeglicher Ausfällung erforderlich wäre, beträchtlich wäre. Aus dem gleichen Grund, nämlich. Bei Vorhandensein von nitrathaltigem Ammoniak ist es oft sinnlos, zu versuchen, ein altes Nitratbad, das bereits zur Sensibilisierung verwendet wurde, in Ammoniumnitrat umzuwandeln .

[45] Wenn der Überschuss an Ammoniak es nicht leicht auflöst, ist das Nitrat von Silber wahrscheinlich unrein.

Ammoniumnitratsilber sollte an einem dunklen Ort aufbewahrt werden, da es anfälliger für Reduktionen ist als Silbernitrat.

Sensibilisieren von Papier mit Ammoniumnitrat . – Es ist nicht üblich, das Papier zu schwimmen, wenn Ammoniumnitrat von Silber verwendet wird. Wenn ein Bad dieser Flüssigkeit verwendet würde, würde sich diese nicht nur durch die Wirkung der aus den Papieren gelösten organischen Stoffe schnell verfärben , sondern würde auch bald reichlich freies Ammoniak enthalten (siehe Vokabular, Teil III., Art. „ Ammonio – Nitrat"); und ein Überschuss an Ammoniak in der Flüssigkeit erzeugt eine schädliche Wirkung, indem es das empfindliche Silberchlorid auflöst.

Das Ammoniumnitrat wird daher mit einem Glasstab oder durch Bürsten aufgetragen, und in keinem Fall darf etwas von der Flüssigkeit, die einmal das Papier berührt hat, in die Flasche zurückkehren.

Pinsel werden speziell zum Auftragen von Silberlösungen hergestellt , aber die Haare werden schnell zerstört, wenn der Pinsel nicht peinlich sauber gehalten wird. Legen Sie das gesalzene Blatt auf Löschpapier und befeuchten Sie es gründlich, indem Sie mit dem Pinsel zuerst der Länge nach und dann quer streichen. Lassen Sie es etwa eine Minute flach liegen, damit eine ausreichende Menge der Lösung aufgesaugt werden kann (ob es gleichmäßig nass ist, sehen Sie an der Oberfläche entlang) und stecken Sie es dann wie gewohnt an der Ecke fest . Wenn beim Trocknen weiße Linien an den Stellen erscheinen, die der Pinsel zuletzt berührt hat, ist es wahrscheinlich, dass das Ammoniumnitrat freies Ammoniak enthält.

Der Einsatz eines Glasstabes ist eine sehr einfache und kostengünstige Möglichkeit, Silberlösungen aufzutragen . Besorgen Sie sich ein flaches Stück Pappe, das etwas kleiner als das zu operierende Blatt ist, drehen Sie die Kanten des Papiers um und befestigen Sie sie mit einer Stecknadel. Als nächstes bringen Sie das Brett in die Nähe der Tischecke, legen den Glasstab entlang der Kante des Papiers und lassen die Flüssigkeit in die so entstandene Rille tropfen. Führen Sie dann den Stab direkt über das Blatt, woraufhin sich eine gleichmäßige Flüssigkeitswelle über die Oberfläche ausbreitet. Wenn man eine Pipette aus Glasrohr in die Flasche eintaucht und das obere Ende mit dem Finger verschließt, kann man so viel Ammoniumnitrat entnehmen, wie nötig ist; und wenn auf der Röhre an einer Stelle, die 30 oder 40 Minims entspricht, ein Kratzer gemacht wird, wird sich herausstellen, dass dieser für ein Viertelblatt Papier Saxe ausreicht.

Ammoniumnitratpapier kann, wie auch immer es zubereitet wird, nicht viele Stunden lang aufbewahrt werden, ohne braun zu werden und sich zu verfärben .

Verwendung einer Lösung von Silberoxid in Ammoniaknitrat . – Der große Einwand gegen die Verwendung von Ammoniumnitratsilber ist die *Zersetzung* , die es manchmal erfährt, wenn es zurückgehalten wird, wobei metallisches

Silber abgeschieden wird und Ammoniak freigesetzt wird. Um diese Freisetzung von Ammoniak zu verhindern, verwendet der Autor nitrathaltiges Ammoniak als Lösungsmittel für das Silberoxid. Die Lösung wird wie folgt hergestellt: – Lösen Sie 60 Gran *Silbernitrat* in einer halben Unze Wasser und tropfen Sie Ammoniak hinein, bis das ausgefällte Silberoxid genau wieder aufgelöst ist. Dann teile diese Lösung von Ammoniumnitratsilber in zwei gleiche Teile und füge zu einem davon vorsichtig Salpetersäure hinzu, bis ein Stück eingetauchtes Lackmuspapier durch einen Überschuss der Säure gerötet ist; Dann vermischen Sie die beiden, füllen Sie bis zu einer Unze mit Wasser auf und filtern Sie die milchige Ablagerung von Chlorid oder Silberkarbonat heraus, falls sich welche gebildet hat.

Diese Lösung von Silberoxid in salpetersaurem Ammoniak scheint alle Vorzüge des Ammoniumnitrats zu besitzen, ohne die Unannehmlichkeit, so viel freies Ammoniak auf der Oberfläche der empfindlichen Schichten freizusetzen.

Hinweise zur Auswahl aus den oben genannten Formeln . — Albuminiertes Papier ist das einfachste und allgemein nützlichste; Es eignet sich gut für kleine Porträts und stereoskopische Fotografien. Das Ammonio -Nitrat-Verfahren erfordert mehr Erfahrung, liefert jedoch hervorragende Ergebnisse, wenn Schwarztöne erforderlich sind: Es kann für größere Porträts, Gravuren usw. verwendet werden.

Normales Papier, das durch Aufschwimmen auf einem Bad aus salpetersaurem Silber empfindlich gemacht wurde, ist leichter zu handhaben als Ammoniumnitrat und eignet sich, wie sich herausstellt, besser für die Tönung durch das Bad von Sel d'or (S. 267) als das mit Albumin behandelte Papier.

VORBEREITUNG DES FIXIER- UND TONISCHEN BADES.

Ausziehen

Goldchlorid   4 Körner.

Silbernitrat   16 Körner.

Hyposulfit von Soda [46] 4 Unzen.

Wasser   8 Flüssigunzen.

[46] Die übliche Art von Hyposulfit von Soda, die in gelben und verfärbten Massen vorkommt, ist für die Verwendung in der Fotografie zu unrein und erfordert eine Umkristallisation.

Lösen Sie das Hyposulfit von Soda in vier Unzen Wasser, das Chlorid von Gold in drei Unzen und das Nitrat von Silber in der restlichen Unze; Gießen Sie dann das verdünnte Chlorid nach und nach in das Hyposulfit und rühren Sie mit einem Glasstab um. und danach das salpetersaure Silber auf die gleiche Weise. Diese Reihenfolge des Mischens der Lösungen muss genau eingehalten werden: Würde man sie umkehren und das Hyposulfit von Soda dem Chlorid von Gold hinzufügen, so würde das Ergebnis die Reduktion von metallischem Gold sein; Es entsteht Hyposulfit von Gold, das eine instabile Substanz ist und nicht in der Lage ist, in Kontakt mit unverändertem Goldchlorid zu existieren. Wenn es jedoch sofort bei seiner Bildung durch Hyposulfit von Soda aufgelöst wird , wird es durch die Umwandlung in ein Doppelsalz von Soda und Gold dauerhafter gemacht.

Anstelle des in der Formel empfohlenen Silbernitrats kann auch Silberchlorid verwendet werden, nicht jedoch Silberjodid, da die Bildung von Natriumjodid störend wäre (S. 136). Aus dem gleichen Grund ist es besser, keinen Teil des Hyposulfitbades , das zum Fixieren von Negativen verwendet wird, der Positiv- Färbelösung zuzusetzen .

Dieses Tonisierungsbad darf nicht sofort nach dem Mischen verwendet werden, sondern sollte beiseite gestellt werden, bis ein Teil des Schwefels (erzeugt durch freie Salzsäure und Tetrathionat von Soda, das auf das Hyposulfit reagiert) abgeklungen ist. Nach einigen Tagen oder einer Woche wird es sehr aktiv sein; aber wenn es über einen längeren Zeitraum aufbewahrt wird, verliert es durch einen Prozess spontaner Veränderung viel von seiner Wirksamkeit.

Das Eintauchen von Drucken verringert auch die Goldmenge; und daher muss, wenn das Bad langsam zu arbeiten beginnt, mehr Chlorid hinzugefügt werden, wobei der Schwefel wie zuvor abgelagert werden kann. Eine Filtration durch Löschpapier ist nicht erforderlich.

Der Autor stellt fest, dass es nach einer gewissen Zeit, wenn das Bad lange Zeit benutzt wurde und sich organische Stoffe, Eiweiß usw. darin angesammelt haben, besser und wirtschaftlicher ist, das, was übrig bleibt, wegzuwerfen und ein neues zuzubereiten Lösung. Die Zugabe von Goldchlorid zu einem alten Bad führt nicht immer dazu, dass es so schnell wirkt wie bei einem kürzlich gemischten Bad.

DIE MANIPULATORISCHEN DETAILS DES FOTOGRAFISCHEN DRUCKS.

Dazu gehören: die Einwirkung von Licht oder das eigentliche Drucken; das Fixieren und Tonen; und das Waschen, Trocknen und Montieren des Probedrucks.

Die Belichtung. Zu diesem Zweck werden Wenderahmen verkauft, die sich an der Rückseite öffnen lassen, um den Fortschritt der Verdunkelung durch Licht zu untersuchen, ohne dass es zu einer Störung der Lage kommt.

Mit etwas Erfahrung gelingen aber auch einfache Glasquadrate. Sie können durch Holzklammern zusammengehalten werden, die in den amerikanischen Lagerhäusern für einen Schilling pro Dutzend verkauft werden. Die untere Platte sollte mit schwarzem Stoff oder Samt bedeckt sein.

Unter der Annahme, dass der Rahmen verwendet werden soll, wird der Verschluss an der Rückseite entfernt und das Negativ flach auf das Glas gelegt, wobei die Kollodiumseite nach oben zeigt. Dann wird ein Blatt empfindliches Papier auf das Negativ mit der empfindlichen Seite nach unten gelegt und das Ganze durch Wiedereinsetzen und Festschrauben des Verschlusses fest zusammengedrückt.

Dieser Vorgang kann im dunklen Raum durchgeführt werden; aber wenn das Licht nicht stark ist, ist eine solche Vorsichtsmaßnahme nicht erforderlich. Die Dauer der Lichteinwirkung variiert stark mit der Dichte des Negativs und der Stärke der aktinischen Strahlen, abhängig von der Jahreszeit und anderen offensichtlichen Überlegungen. Generell gilt, dass die besten Negative langsam gedruckt werden; Unterbelichtete und unterentwickelte Negative hingegen werden schneller gedruckt.

Im frühen Frühling oder Sommer, wenn das Licht stark ist, werden wahrscheinlich etwa zehn bis fünfzehn Minuten benötigt; aber in den Wintermonaten können sogar bei direkter Sonneneinstrahlung dreiviertel bis anderthalb Stunden erlaubt sein.

Es lässt sich immer leicht beurteilen, wie lange es ausreicht, indem man einen kleinen Streifen des empfindlichen Papiers ohne Schutz den Sonnenstrahlen aussetzt und beobachtet, wie lange es dauert, bis das kupferfarbene Reduktionsstadium erreicht ist. Was auch immer diese Zeit sein mag, fast die gleiche Zeit wird für den Druck in Anspruch genommen, wenn das Negativ ein gutes ist.

Wenn die Verdunkelung des Papiers deutlich fortgeschritten zu sein scheint, muss der Rahmen aufgenommen und das Bild untersucht werden. Wenn Quadrate aus Glasplatten verwendet werden, um das Negativ und das empfindliche Papier in Kontakt zu halten, kann es zunächst zu Schwierigkeiten kommen, das Negativ nach Abschluss der Untersuchung wieder genau in seine ursprüngliche Position zu bringen, diese lassen sich jedoch durch Übung leicht überwinden. Finger und Daumen sollten an den unteren Ecken bzw. Kanten fixiert werden und die Platte gleichmäßig und schnell angehoben werden.

Bei ausreichend langer Lichteinwirkung erscheint der Druck etwas dunkler, als er bleiben soll. Das Tönungsbad löst die helleren Farbtöne auf und verringert die Intensität, was bei der Lichteinwirkung berücksichtigt wird. Eine kleine Erfahrung lehrt bald, was der richtige Punkt ist; aber vieles wird vom Zustand des Tonisierungsbades abhängen; und Albuminpapier muss etwas tiefer bedruckt werden als Normalpapier.

Wenn beim Entfernen vom Druckrahmen ein eigentümliches *fleckiges* Aussehen zu sehen ist, das durch eine ungleichmäßige Verdunkelung des Chlorsilbers entsteht, ist entweder das Salpeterbad zu schwach, das Blatt wurde zu schnell von seiner Oberfläche entfernt, oder das Papier ist minderwertig Qualität.

Wenn andererseits das allgemeine Erscheinungsbild des Drucks bei Albumin ein sattes Schokoladenbraun, bei Ammoniumnitratpapier ein dunkles Schieferblau oder bei mit Chlorid und Citratsilber präpariertem Papier ein rötliches Lila ist, ist dies wahrscheinlich der Fall Die nachfolgenden Teile des Prozesses werden gut verlaufen.

Wenn bei der Belichtung die Schatten des Probedrucks sehr deutlich *kupferfarben werden* , bevor die Lichter ausreichend gedruckt werden, ist das Negativ schuld. Stark gesalzenes Ammoniumnitratpapier ist besonders anfällig für diesen Fehler übermäßiger Reduktion, und zwar besonders dann, wenn das Licht stark ist; Daher ist es am besten, in den Sommermonaten nicht in der direkten Sonneneinstrahlung zu drucken. Dieser Punkt ist auch deshalb wichtig, weil die übermäßige Hitze der Sonnenstrahlen oft durch ungleichmäßige Ausdehnung zu Rissen in den Gläsern führt und das Negativ fest auf dem empfindlichen Papier festklebt. Bei Negativen großer Intensität kann jedoch eine Ausnahme gemacht werden; die am erfolgreichsten gedruckt werden, ein schwach sensibilisiertes Papier (S. 124), das den vollen Sonnenstrahlen ausgesetzt ist; ein schwaches Licht, das die dunklen Teile nicht vollständig durchdringt.

Die Fixierung und Tonung des Proofs. — Es entsteht kein Schaden, wenn dieser Teil des Prozesses um viele Stunden verschoben wird, vorausgesetzt, der Druck wird an einem dunklen Ort aufbewahrt.

Hyposulfitbad einzutauchen, in dem es aus dem Druckrahmen kommt; Bewegen Sie es in der Flüssigkeit, um Luftblasen zu verdrängen, die, wenn sie zurückbleiben, Flecken erzeugen. Der Autor empfiehlt jedoch aus den im ersten Teil des Werkes (S. 129 und 165) genannten Gründen, dass der Druck zunächst in gewöhnlichem Wasser gewaschen werden sollte, bis das lösliche Silbernitrat entfernt ist. [47] Dies ist bekanntermaßen der Fall, wenn die Flüssigkeit klar abfließt; Die erste Milchigkeit wird durch die löslichen Carbonate und Chloride im Wasser verursacht, die das Nitrat von Silber ausfällen. Dadurch wird eine größere Sicherheit dafür gegeben, dass der Druck wirklich dauerhaft getönt wird, da das Bad nach dem Entfernen des Silbernitrats aus dem Probedruck nur dann schnell wirkt, wenn die Goldversorgung gut aufrechterhalten wird.

[47] Dieses Wasser muss frei von Hyposulfit von Soda sein, sonst verfärbt sich der Druck .

Bei Kontakt mit dem Hyposulfit von Natron im Fixier- und Tönungsbad verschwindet sofort der schokoladenbraune oder violette Farbton des Positivs und hinterlässt das Bild eines Rottons. Eiweißabzüge werden ziegelrot; Ammonio -Nitrat in Sepia oder Braunschwarz. Wenn die Farbe zu diesem Zeitpunkt ungewöhnlich *blass* ist , ist das Silberbad wahrscheinlich zu schwach oder die Menge an Ammonium- oder Natriumchlorid reicht nicht aus.

Nachdem der Druck gründlich gerötet wurde, beginnt die *Tönungswirkung* , die fortgesetzt werden muss, bis der gewünschte Effekt erreicht ist. Dies kann in zehn Minuten bis zu einer Viertelstunde geschehen, wenn die Lösung in gutem Zustand ist und das Thermometer 60° anzeigt; aber vieles hängt von der Temperatur und der Aktivität des Bades ab. Englische Papiere, und insbesondere solche, die mit Albumin hergestellt wurden, tönen langsamer als ausländische, einfach gesalzene Papiere.

Bei den Braun- und Violetttönen handelt es sich um ein früheres Färbestadium als bei den Schwarztönen, weshalb letztere mehr Zeit benötigen. Es muss jedoch berücksichtigt werden, dass ein längeres Eintauchen in das Bad die Schwefelung und Vergilbung begünstigt ; Dies führt außerdem dazu, dass das Bild instabil wird und die Halbtöne leicht verblassen. Dieses Ausbleichen ist möglicherweise nicht deutlich sichtbar, während sich der Druck im Bad befindet, macht sich aber beim Nachwaschen und Trocknen bemerkbar.

Die endgültige Farbe des Drucks hängt stark von der Dichte des Negativs und dem Charakter des Motivs ab. Kopien von Strichgravuren, die nur wenig Halbton aufweisen , lassen sich leicht mit einem dunklen Farbton anfertigen, der dem Originalabdruck ähnelt.

Einige empfehlen , den Druck nach der Entnahme aus dem Tönungsbad zehn Minuten lang in neuem Hyposulfit einzuweichen , um die Fixierung abzuschließen. Diese Vorsichtsmaßnahme ist jedoch bei einem Bad mit der in der Formel angegebenen Stärke nicht erforderlich. Eine Analyse eines alten Bades, das ausgiebig genutzt wurde, ergab nur zehn Körner Hyposulfitsilber pro Unze, sodass es alles andere als gesättigt war.

Die gelegentliche Zugabe frischer Kristalle von Hyposulfit von Soda, um die Stärke des Bades aufrechtzuerhalten, ist nützlich, wobei die genaue Zugabemenge nicht ausschlaggebend ist.

Das Waschen, Trocknen und Aufziehen der Positivabzüge . — Es ist wichtig, jede Spur von Hyposulfit von Soda aus dem Druck auszuwaschen, damit er nicht verblasst, und um dies richtig zu machen, ist erhebliche Sorgfalt erforderlich.

Waschen Sie immer mit fließendem Wasser, wenn es verfügbar ist, und wählen Sie ein großes, flaches Gefäß, das eine beträchtliche Oberfläche freigibt, einem Gefäß mit geringerem Durchmesser vor. Es muss vier bis fünf Stunden lang ein ständiges Tropfen von Wasser aufrechterhalten werden, und die Abdrücke sollten nicht zu eng aneinander liegen, sonst findet das Wasser nicht den Weg zwischen ihnen (siehe die Bemerkungen auf S. 162).

Wenn kein fließendes Wasser verfügbar ist, gehen Sie wie folgt vor: Waschen Sie die Drucke zunächst vorsichtig, um den größten Teil der Hyposulfitlösung zu entfernen . Übertragen Sie sie dann in eine große, flache Pfanne, in die Sie so viele Abzüge legen können, wie bequem Platz finden. Lassen Sie sie unter gelegentlichem Bewegen etwa eine Viertelstunde einwirken und gießen Sie das Wasser anschließend ganz trocken ab. Dieser Punkt ist wichtig, nämlich. Lassen Sie die letzte Flüssigkeitsmenge vollständig ab, bevor Sie frisches Wasser hinzufügen. Wiederholen Sie den Vorgang des Wechselns mindestens fünf bis sechs Mal oder öfter, je nach Wassermenge, Anzahl der Drucke und Grad der ihnen gewidmeten Aufmerksamkeit.

Zum Schluss entfernen Sie die Leimmasse vom Druck, indem Sie sie in kochendes Wasser tauchen. [48] Dieser Vorgang gibt einen Eindruck von der Beständigkeit der Farbtöne, denn wenn sie matt und rot werden *und beim Trocknen nicht dunkler werden* , ist der Druck wahrscheinlich ohne Gold getönt. Ammonio -Nitrat- und Normalpapierdrucke, die mit den in dieser Arbeit beschriebenen Methoden auf ausländischen Papieren erstellt wurden, können dem Test mit kochendem Wasser standhalten; Albumindrucke und Positive auf englischem Papier sind leicht gerötet, wenn auch nicht in einem unerwünschten Ausmaß.

[48] Der Druck muss vor der Verwendung von heißem Wasser gut in kaltem Wasser gewaschen werden, um das Hyposulfit zu entfernen.

Andernfalls besteht die Gefahr, dass die Halbtöne durch Schwefelung dunkler werden oder sich in eine beginnende Gelbfärbung verwandeln. Dieser Punkt ist im Hinblick auf die Dauerhaftigkeit wichtig.

Die Leimmasse kann auch durch das beim Waschen übliche kohlensäurehaltige Soda effektiv vom Druck entfernt werden, obwohl das erstere Verfahren als das sicherste empfohlen wird. Lösen Sie etwa eine Handvoll Soda in einem halben Liter Wasser auf, und wenn die milchige Ablagerung, falls vorhanden, abgeklungen ist, tauchen Sie die gewaschenen Positive zwanzig Minuten oder eine halbe Stunde lang ein. Das Soda macht das Papier recht porös, verändert aber den Farbton nicht. Wenn der Vorgang ordnungsgemäß durchgeführt wird, läuft Tinte *aus* und versucht, auf die Rückseite des fertigen Bildes zu schreiben. Nach der Entnahme aus dem Sodabad ist ein zweites Waschen erforderlich, die Zeit des ersten Waschens kann sich jedoch proportional verkürzen. Hier wird es bei vielen Wasserarten zu Schwierigkeiten kommen; das kohlensäurehaltige Soda fällt *kohlensäurehaltigen Kalk* in Form eines weißen Pulvers aus, das das Bild verdeckt. Um dies zu vermeiden, verwenden Sie *Regenwasser*, bis der größte Teil des alkalischen Salzes entfernt ist, und lassen Sie eine stationäre Flüssigkeitsschicht nicht zu lange auf dem Druck ruhen. Das Wasser des New River, mit dem viele Teile Londons versorgt werden, ist verhältnismäßig weich, reagiert perfekt und erzeugt keine weißen Ablagerungen, wenn die Proben gelegentlich bewegt werden.

Wenn die Drucke gründlich gewaschen wurden, tupfen Sie sie zwischen porösen Papierbögen ab und hängen Sie sie zum Trocknen auf. Manche pressen sie mit einem heißen Bügeleisen, wodurch die Farbe leicht dunkler wird, dies geschieht jedoch auf schädliche Weise, wenn Hyposulfit von Natron im Papier zurückbleibt.

sind im trockenen Zustand ohne weitere Behandlung ausreichend hell; Bei normalem, einfach gesalzenem Papier lässt sich der Effekt jedoch verbessern, indem man den Druck mit der Vorderseite nach unten auf eine quadratische Glasplatte legt und die Rückseite mit einem Achatpolierer abreibt, der bei den Malern der Künstler erhältlich ist . Dadurch wird die Maserung des Papiers härter und die Details des Bildes werden hervorgehoben. Heißpressen hat einen ähnlichen Effekt und wird häufig eingesetzt.

Befestigen Sie die Probedrucke mit einer frisch zubereiteten Gelatinelösung in heißem Wasser. Der beste Scotch-Kleber antwortet gut. Es kann auch Gummiwasser verwendet werden, das aus feinstem handelsüblichem Gummi hergestellt und säurefrei ist, aber es sollte sehr dick sein, damit es nicht in das Papier einsinkt und auch kein unangenehmes

„Wellen" des Kartons verursacht, was zu einer Verklumpung führen kann wird dadurch verursacht, dass sich der feuchte und ausgedehnte Druck beim Trocknen zusammenzieht.

Kautschuk wird in mineralischem Naphtha zu einer Konsistenz von dickem Leim oder Goldschlägergröße aufgelöst und wird von vielen zum Aufziehen von Fotoabzügen verwendet. Es ist in den Lackgeschäften erhältlich und wird in Blechdosen verkauft. Die Anwendungsweise ist wie folgt: Tragen Sie den Kitt mit einem breiten Pinsel aus steifen Borsten auf die Rückseite des Bildes auf. Nehmen Sie dann einen Glasstreifen mit einer geraden Kante und ziehen Sie ihn über das Papier, um so viel überschüssiges Material wie möglich abzukratzen. Der Druck haftet dann sehr gut auf dem Karton, ohne dass es zu einer Ausdehnung oder Wellenbildung kommt; und jeder Teil des Zements, der beim Pressen austritt, kann nach dem Trocknen mit einem Taschenmesser entfernt werden, ohne einen Fleck zu hinterlassen.

Anmerkungen zum Mangel an Übereinstimmung zwischen den Formeln verschiedener Operatoren.

Die in den Werken zur praktischen Fotografie angegebenen Formeln für den Positivdruck weisen eine große Vielfalt auf; und es wurde vorgeschlagen, zu versuchen, sie auf einheitlichere Proportionen zu reduzieren. Dies ist jedoch nicht ohne weiteres möglich, da die verschiedenen Fotopapiere unterschiedlich aufgebaut und vorbereitet sind und die Art und Weise der Anwendung der Lösungen nicht immer gleich ist.

Nehmen Sie zur Veranschaulichung das folgende Verfahren, das seit langem wegen seiner Einfachheit empfohlen wird und in jeder Hinsicht gut ist : – Lösen Sie 40 Körner Ammoniumchlorid in 20 Unzen destilliertem Wasser und *tauchen Sie* etwa ein Dutzend Blätter Towgood's ein Positivpapier, Luftblasen mit einer Kamelhaarbürste entfernen. Wenn das letzte Blatt in die Flüssigkeit gelegt wurde, drehen Sie die Charge um und nehmen Sie sie einzeln heraus, sodass jedes Blatt, das mindestens zehn Minuten in der Flüssigkeit verbleibt, vollständig gesättigt sein kann. Nach dem Trocknen durch Bürsten mit einer 40- oder 60-Korn-Lösung von Ammonio -Nitrat-Silber auf übliche Weise anregen.

Nun enthält diese Formel weniger als ein Fünftel der häufig verwendeten Salzmenge, und wenn ein dickes, mit Stärke geleimtes ausländisches Papier, wie etwa Canson's Positive, auf einem solchen Salzbad *schwimmen würde* , wäre es schwierig, ein gutes Bild zu erhalten. Durch *Eintauchen* Bei einem mit Gelatine geleimten Papier wie dem empfohlenen bleibt jedoch eine viel größere Menge Salz auf der Oberfläche zurück und der Film ist ausreichend empfindlich. Es gibt drei Arten der Anwendung von Lösungen, nämlich. durch Bürsten, Schweben und Eintauchen. Die auf dem Papier verbleibende

Lösungsmenge variiert je nach Methode und erfordert daher jeweils eine andere Formel. Das Eintauchen in ein stark salzhaltiges Bad führt tendenziell zu einem groben Bild, dem es an Definition mangelt; wohingegen das Auftragen einer schwachen Salzlösung ein Papier mit mangelnder Empfindlichkeit erzeugt und ein blassrotes Bild ohne angemessene Schattentiefe ergibt.

Aber unabhängig von diesen Unterschieden beeinflusst auch die chemische Natur des verwendeten *Leims* die Tönung des Drucks. Wenn zum Beispiel bei dem oben beschriebenen Verfahren die Positive, nachdem sie im Goldbad vollständig getönt und in kaltem Wasser gewaschen wurden, mit *kochendem Wasser behandelt werden* , ändert sich die Tönung sofort in ein mattes Rot; aber durch Abtupfen zwischen saugfähigen Papierblättern und Pressen mit einem heißen Bügeleisen werden die dunklen Töne wiederhergestellt.

Diese Zerstörung des Farbtons durch kochendes Wasser und seine Wiederherstellung durch *trockene Hitze* ist zum großen Teil auf die zum Leimen des Papiers verwendete tierische Substanz zurückzuführen; und man wird finden, dass Drucke auf einem ausländischen Papier, wie zum Beispiel dem Saxony Positive, das mit einer Zehnkornlösung gesalzen und mit Ammoniumnitrat sensibilisiert wurde , ihre Farbtöne in heißem Wasser nicht verlieren und durch Bügeln nicht stark nachgedunkelt werden.

Daher muss die Besonderheit der Leimung der englischen Fotopapiere berücksichtigt und die zusätzliche Empfindlichkeit und Farbveränderung, die sie hervorruft, berücksichtigt werden. Wenn eine Formel angegeben wird, sollte ausschließlich das Papier verwendet werden, das für diese bestimmte Formel empfohlen wird.

ABSCHNITT II.

Positiver Druck durch Entwicklung.

Negativdruckverfahren erweisen sich in den trüben Wintermonaten und zu anderen Zeiten, in denen das Licht schwach ist oder wenn in kurzer Zeit eine große Anzahl von Abzügen von einem Negativ erstellt werden muss, als nützlich. Der Entwicklungsplan ermöglicht es dem Bediener auch, Positive mit größerer Stabilität zu erhalten, als sie durch die direkte Einwirkung von Licht erzielt werden.

Es können drei Prozesse beschrieben werden, von denen der erste Positive von angenehmer Farbe liefert , der zweite jedoch auf Jodsilber die größte Beständigkeit unter ungünstigen Bedingungen aufweist.

NEGATIVES DRUCKVERFAHREN AUF SILBERCHLORID.

Positive können erhalten werden, indem man mit Silberchlorid präpariertes Papier der Einwirkung von Licht aussetzt, bis ein schwaches Bild erkennbar ist, und anschließend mit Gallussäure entwickelt; aber bei diesem Verfahren ist es schwierig, einen ausreichenden *Kontrast* von Licht und Schatten zu erzielen ; Der Eindruck ist, wenn er ausreichend belichtet und nicht zu stark entwickelt ist, schwach und weist einen Mangel an Intensität in den dunklen Teilen auf. Durch die Verbindung eines organischen Silbersalzes wie Citrat mit dem Chlorid kann diese Schwierigkeit überwunden werden und die Schatten mit großer Tiefe und Deutlichkeit hervorgehoben werden.

Die Papiere werden mit einer Mischung aus Chlorid und Citrat gesalzen, wie in der Formel für den Ammonio -Nitrat-Prozess. [49] Sie werden dann in einem Bad aus nitrathaltigem Silber, das entweder Zitronensäure oder *Essigsäure enthält* , empfindlich gemacht. Diese werden in Negativverfahren verwendet, um die Klarheit der weißen Teile unter dem Einfluss des Entwicklers zu bewahren.

[49] Die Formel auf S. 246 kann mit Vorteil modifiziert werden: Verwenden Sie die doppelte Menge Gelatine und die halbe Menge Citrat und Chlorid.

Das Acetonitratbad wird wie folgt zubereitet:

Silbernitrat 30 Körner.

Eisessig   30 Minim.

Wasser   1 Flüssigunzen.

Lassen Sie die Papiere (Papier Saxe oder Papier Rive) drei Minuten lang auf dem Bad schweben und hängen Sie sie zum Trocknen in einem Raum auf, in dem aktinische Strahlen *vollkommen* ausgeschlossen sind.

Die Belichtung , die im gewöhnlichen Druckrahmen durchgeführt wird, wobei das Negativ und das empfindliche Papier auf die übliche Weise in Kontakt gebracht werden, wird selten länger als drei oder vier Minuten dauern, selbst an einem trüben Tag. Sie kann durch die Farbe reguliert werden , die der vorstehende Rand des Papiers annimmt; Es ist jedoch durchaus möglich, anhand des Erscheinungsbilds des Bildes zu erkennen, wann es ausreichend belichtet wurde : Das gesamte Bild sollte mit Ausnahme der *hellsten Farbtöne* zu sehen sein , und es wird festgestellt, dass nur sehr wenige Details hervorgehoben werden können in der Entwicklung, die vor der Anwendung der Gallussäure völlig unsichtbar waren.

Die Entwicklungslösung wird wie folgt vorbereitet:

Gallussäure 2 Körner.

Wasser   1 Flüssigunzen.

Bei sehr kaltem Wetter kann es notwendig sein, eine gesättigte Gallussäurelösung zu verwenden, die etwa vier Gran pro Unze enthält; Bei warmem Wetter hingegen entwickelt sich das Bild zu schnell und es muss Essigsäure hinzugefügt werden (siehe die Bemerkungen am Ende des Prozesses, <u>S. 266</u>).

Um die Lösung der Gallussäure zu erleichtern, stellen Sie die Flasche an einen warmen Ort in der Nähe des Feuers. Ein in der Flüssigkeit schwimmendes Stück Kampfer oder ein hinzugefügter Tropfen Nelkenöl verhindern weitgehend, dass es schimmelt, indem Sie es aufbewahren; Wenn sich jedoch einmal Schimmel gebildet hat, muss die Flasche gründlich mit Salpetersäure gereinigt werden, da sonst die Zersetzung der frischen Gallussäure beschleunigt wird.

Gießen Sie die Gallussäurelösung in eine flache Schüssel und tauchen Sie die Abdrücke zu zweit oder zu dritt ein, bewegen Sie sie hin und her und entfernen Sie Luftblasen mit einem Glasstab. Die Entwicklung erfolgt schnell und ist in drei bis vier Minuten abgeschlossen. Wenn sich der Druck langsam entwickelt , durch die weitere Einwirkung der Gallussäure *eine sehr dunkle Farbe annimmt* , aber keine Halbtöne aufweist, wurde er nicht ausreichend lange dem Licht ausgesetzt. Ein überbelichteter Probedruck hingegen entwickelt sich ungewöhnlich schnell, und es ist notwendig, ihn schnell aus dem Bad zu entfernen, um die Klarheit der weißen Teile zu bewahren; Wenn man es ans Licht bringt, erscheint es blass und rot, ohne tiefe Schatten.

Das Ausmaß, in dem die Entwicklung durchgeführt werden sollte, hängt von der Art des gewünschten Drucks ab. Durch die Verstärkung der Wirkung der Gallussäure entsteht ein dunkles Bild, das durch das Fixierbad nicht wesentlich verändert wird. Ein besseres Ergebnis in Bezug auf Farbe und Tonabstufung wird jedoch erzielt, wenn der Druck im hellroten Stadium aus der Entwicklungslösung entfernt und anschließend mit Gold getönt wird. In diesem Fall entspricht es sowohl im Aussehen als auch in den Eigenschaften einem Positiv, das durch direkte Einwirkung von Licht erhalten wird (siehe die Bemerkungen auf <u>Seite 167</u>).

Wenn beabsichtigt wird, dem letztgenannten Plan zu folgen, muss die Aktion des Entwicklers an einem Punkt eingestellt werden, an dem der Beweis leichter erscheint, als er bleiben soll; da das Sel d'or Bath etwas mehr Intensität verleiht und das Bild beim Trocknen etwas kräftiger wird.

Waschen Sie die Abdrücke in kaltem Wasser, um die gesamte Gallussäure zu extrahieren. Anschließend mit *Sel d'or* auf die im nächsten Abschnitt beschriebene Weise tönen und wie gewohnt fixieren. Die Weißweine werden sorgfältig reingehalten; oder mit nur einem schwachen Gelbstich, was nicht zu beanstanden ist.

Beim Vergleich der entwickelten Drucke mit anderen, die durch direkte Einwirkung von Licht auf dasselbe empfindliche Papier erhalten wurden, ist es offensichtlich, dass der Vorteil *leicht* auf der Seite des letzteren liegt; aber der Unterschied ist so gering, dass er beim Drucken großer Motive übersehen würde, für die das Negativverfahren besonders geeignet ist. Die *Farbe* beider Arten von Positiven ist gleich oder vielleicht eine Nuance dunkler in den entwickelten Probeabzügen, die normalerweise einen violett-violetten Ton, manchmal aber auch ein dunkles Schokoladenbraun haben.

Ein Entwicklungsprozess mit Milchserum . — Die Verwendung von „Molke" als Vehikel für Silberchlorid hat in etwa die gleiche Wirkung wie die Zugabe eines Citrats. Dies kann auf das Vorhandensein von Milchzucker und einem Teil des im Serum verbliebenen unkoagulierten Kaseins zurückgeführt werden.

Die einzige Schwierigkeit bei diesem Verfahren besteht darin, die Milch so zu koagulieren, dass der größte Teil, aber nicht das gesamte Kasein abgetrennt wird . Milch, die sauer geworden ist oder der eine Säure zugesetzt wurde, gilt als nicht so gut für diesen Zweck wie Milch, die mit Lab behandelt wurde; Und selbst wenn Lab verwendet wird, muss es von bester Qualität sein, sonst ist seine Wirkung unzureichend. Das Serum muss klar durch das Löschpapier filtern; aber es sollte nicht sehr schnell laufen, sonst ist aller Wahrscheinlichkeit nach das gesamte Casein abgetrennt und die Flüssigkeit enthält außer Zucker nur noch wenig. Die Molke, die nach der Käseherstellung zurückbleibt, erfüllt im Allgemeinen ihren Zweck, wenn sie durch Aufschlagen mit dem Eiweiß eines Eies und anschließendes Kochen und Filtern geklärt wird. Ölkügelchen müssen so weit wie möglich abgetrennt werden, da sie sonst zu einer Fettigkeit des Papiers führen. [50]

[50] Siehe das Vokabular, Teil III, Art. Weitere Einzelheiten finden Sie unter „Milch".

Salzen Sie das vorbereitete Serum mit Natrium- oder Ammoniumchlorid; in einer Menge von etwa acht oder zehn Körnern pro Flüssigunze und machen Sie es in demselben Bad empfindlich, wie es für das Citratverfahren empfohlen wird.

EIN NEGATIVES DRUCKVERFAHREN AUF SILBERJODID.

Silberjodid reagiert empfindlicher auf die Aufnahme des unsichtbaren Bildes als die anderen Verbindungen dieses Metalls; und daher wird es nützlich verwendet , um mit Hilfe der Kamera *vergrößerte Positive aus kleinen Negativen* zu drucken . Die große Stabilität der Probeabzüge auf Silberjodid ist auch dann eine Empfehlung für dieses Verfahren, wenn ungewöhnliche Beständigkeit erforderlich ist.

Ausziehen

Jodid von Kalium 160 Körner.

Wasser   20 Flüssigunzen.

Das beste Papier ist entweder Turner's Calotype oder Whatman's oder Hollingworth's Negative; Den ausländischen Papieren gelingt es mit obiger Formel nicht (S. 258).

Schweben Sie das Papier auf dem Jodbad, bis es sich nicht mehr kräuselt und flach auf der Flüssigkeit liegt: Stecken Sie es dann zum Trocknen auf die übliche Weise fest.

Machen Sie es empfindlich mit einem Bad aus Aceto-Nitrat-Silber, das 30 Körner Silbernitrat mit 30 Minim Eisessig pro Unze Wasser enthält.

Wenn das Blatt ganz trocken ist, legen Sie es in einem Druckrahmen in Kontakt mit dem Negativ und setzen Sie es *einem schwachen Licht aus* . An einem trüben Wintertag beträgt die durchschnittliche Zeit etwa 30 Sekunden, an der ein normales Drucken überhaupt nicht möglich wäre. Beim Entfernen des Negativs ist überhaupt nichts auf dem Papier zu sehen, das Bild bleibt bei diesem Vorgang völlig unsichtbar, es sei denn, die Belichtung wurde zu weit getrieben.

Entwickeln Sie es durch Eintauchen in eine gesättigte Gallussäurelösung, die auf die auf Seite 261 beschriebene Weise hergestellt wurde . Das Bild erscheint langsam und der Vorgang kann zwischen 15 Minuten und einer halben Stunde dauern. Wenn die Einwirkung zum richtigen Zeitpunkt erfolgt, scheint es, als würde die Gallussäure am Ende fast ihre Wirkung verlieren; aber wenn der Beweis überbelichtet wurde, geht die Entwicklung ununterbrochen weiter, und das Bild wird zu dunkel und nimmt eher den Charakter eines Negativs als eines Positivs an. Die übliche Regel, dass sich *unterbelichtete* Probedrucke langsam entwickeln , aber keine Halbtöne zeigen, und dass sich *überbelichtete* Probedrucke ungewöhnlich schnell entwickeln , wird auch bei dem Verfahren mit Jodsilber beobachtet.

Nachdem das Bild vollständig herausgekommen ist, waschen Sie es in kaltem und anschließend in warmem Wasser, um die Gallussäure zu entfernen, die, wenn sie zurückbleibt, das Hyposulfitbad verfärben würde .

Dann fixieren Sie den Abdruck in einer Lösung aus Hyposulfitnatron und einem bis zwei Teilen Wasser und setzen Sie die Aktion fort, bis die gelbe Farbe des Jodids verschwindet. Das Fixierbad sollte den Farbton nicht wesentlich verändern. Wenn das Positiv beim Eintauchen in das Hyposulfit seine dunkle Farbe verliert und blass und rot wird, ist es nicht ausreichend entwickelt. Die Theorie dieses Teils des Prozesses sollte verstanden werden: – Es ist insbesondere die *zweite Phase* der Entwicklung einer Fotografie (siehe S. 144), auf die das Fixierbad keine Wirkung hat; und daher zeigt eine beträchtliche Farbänderung im Hyposulfit an , dass zu wenig Silber abgelagert wurde, und die Abhilfe wird darin bestehen, die Entwicklung voranzutreiben, indem man der Gallussäure etwas Acetonitrat hinzufügt, wenn sich herausstellt, dass die Stärke des Bades nicht ausreicht, um nachzugeben dunkle Töne.

Die Farbe der auf Silberjodid entwickelten Positive ist nicht angenehm und sie werden blau und tintenfarben, wenn sie mit Gold getönt werden. Durch die Fixierung des Proofs in Hyposulfit von Natron, das seit langem verwendet wird und schwefelmachende Eigenschaften erlangt hat, wird die Tönung erheblich verbessert; Die Beständigkeit des Drucks unter ungünstigen Bedingungen wird jedoch durch die Verwendung dieser Tonungsart verringert.

EIN NEGATIVES DRUCKVERFAHREN AUF BROMID VON SILBER.

Durch Ersetzen des Bromids durch das Jod des Silbers im obigen Verfahren, wobei die Proportionen und Einzelheiten der Manipulation in anderer Hinsicht gleich bleiben, wird eine angenehmere Farbe erhalten.

Mit Silberbromid präpariertes Papier ist weniger empfindlich als Jodid, aber eine Belichtung von einer Minute (im Druckrahmen) reicht normalerweise selbst an einem trüben Tag aus. Das Bild ist nahezu latent, aber manchmal sind nur sehr schwache Umrisse der dunkelsten Schatten zu erkennen. Der Anteil des verwendeten Bromids dürfte diesen Punkt beeinflussen; Die Empfindlichkeit nimmt ab, aber das Bild zeigt vor der Entwicklung mehr Details, wenn die Menge des Silbersalzes auf ein Minimum reduziert wird.

Es können entweder englische oder französische Papiere verwendet werden, aber im letzteren Fall sollte das Bromid in Milchserum gelöst werden (S. 262), sonst wird es schwierig sein, ein gutes Oberflächenbild zu erhalten. Der Anteil an Bromid kann fünf Gran pro Unze Serum betragen.

Selbst wenn diese Proben einfach in reinem Hyposulfitnatron fixiert werden , sind sie farblich den Positiven überlegen, die nach der letzten Formel auf Jodsilber gedruckt wurden; und die Beständigkeit ist sehr groß, wenn die Entwicklung ausreichend vorangetrieben wird. Die Verwendung des Milchserums bietet einen Vorteil bei der Widerstandsfähigkeit gegen oxidierende Einflüsse, denen Positive ausgesetzt sein können (S. 150).

ALLGEMEINE BEMERKUNGEN ZUM NEGATIVDRUCK.

Drucken durch Entwicklung sollte erst dann versucht werden, wenn die Manipulation des gewöhnlichen Prozesses durch direkte Lichteinwirkung erlernt wurde.

Perfekte Sauberkeit ist unerlässlich. Die Salz- oder Jodlösung und das Aceto-Nitrat-Bad müssen klar gefiltert werden, da die Wirkung kleiner suspendierter Partikel bei der Bildung von Flecken stärker sichtbar wird, wenn das Bild mit einem Entwickler hervorgehoben wird.

Beim Ausschluss von weißem Licht muss man weitaus sorgfältiger vorgehen als beim gewöhnlichen Verfahren; und wenn Jodsilber verwendet wird, müssen alle Vorsichtsmaßnahmen getroffen werden, die im Falle von Kollodium-Negativen erforderlich sind.

Achten Sie besonders darauf, dass das Geschirr sauber gehalten wird, da sich das Gallonitrat von Silber sonst schnell verfärbt (lesen Sie die Bemerkungen auf Seite 179).

Stereoskopische Negative und kleine Porträts werden von der Entwicklung nicht erfolgreich gedruckt; da es schwierig ist, die genaueste Definition zu erhalten, und es eine leichte Tendenz zur Vergilbung in den weißen Teilen gibt. Positive können auf Albuminpapier entwickelt werden, aber die Gallussäure neigt dazu, die Lichter zu verfärben .

Beim Drucken durch Entwicklung auf Silberchlorid muss die Theorie des Themas besonders studiert werden. Bei kaltem Wetter und schlechtem Licht geht die Entwicklung des Bildes langsam voran, das Gallussäurebad bleibt klar und es werden gute Halbtöne erhalten; Unter entgegengesetzten Bedingungen kann der Entwickler jedoch trübe werden und die Schatten gehen durch übermäßige Silberablagerungen verloren. Diese *Überentwicklung* lässt sich beheben, indem man das Negativ bei schwächerem Licht ausdruckt (in der Nähe des offenen Fensters eines Zimmers) und dem Entwickler Essigsäure hinzufügt, etwa 5 bis 10 Minim pro Unze, um es hervorzuheben das Bild langsamer. Dadurch wird die Intensität der Wirkung verringert, und wenn das Bild nicht unterbelichtet wird, sind die Halbtöne gut.

Beachten Sie auch bei der Herstellung von Papieren mit Citrat, dass, wenn bei der Neutralisierung der Zitronensäure zu viel kohlensäurehaltiges Natron zugesetzt wird, sich kohlensäurehaltiges Silber im Papier ablagert, was zur Folge hat, dass der Säuregehalt des Nitratbads nach und nach entfernt wird zu Überentwicklung und übermäßiger Lichtempfindlichkeit führen.

Die Farbe der Proben sollte *hellrot* sein, wenn sie von der Gallussäure genommen werden ; Die Tonabstufung ist normalerweise nicht so perfekt, wenn die Entwicklung in die zweite oder schwarze Stufe übergeht.

Es wird nicht empfohlen, einen zu großen Vorrat an gesalzenen Blättchen vorzubereiten, da diese wahrscheinlich schimmeln und zerfallen, wenn sie nicht vollkommen trocken gehalten werden.

ABSCHNITT III.

Der Sel d'or-Prozess zum Tonen von Positiven.

Dieses Verfahren ist etwas aufwändiger als das Fixieren und Tonen in einer Lösung, weist jedoch Vorteile auf, die gleich aufgezählt werden. Die Beschreibung kann in die Vorbereitung des tonisierenden Bades und die manipulativen Details unterteilt werden.

DIE VORBEREITUNG DES TONISCHEN BADES.

Ausziehen

Goldchlorid	1 Getreide.
Reines Hyposulfit von Soda	3 Körner.
Salzsäure	4 Minim.

Wasser, destilliert oder gewöhnlich 4 Flüssigunzen.

Lösen Sie das Gold und das Hyposulfit von Soda jeweils in zwei Unzen Wasser auf; Mischen Sie dann schnell, indem Sie die erstere Lösung in die letztere gießen und die Salzsäure hinzufügen. Wenn das Goldchlorid neutral ist, hat die Flüssigkeit einen roten Farbton, wenn es jedoch *sauer ist*, kann die Lösung farblos sein . Das handelsübliche Goldchlorid, das normalerweise viel freie Salzsäure enthält , erfordert keinen Zusatz dieser Substanz. (Siehe den Wortschatz, Teil III.)

Anstelle der Herstellung eines spontanen Hyposulfits von Gold durch Mischen des Chlorids mit Hyposulfit von Soda kann das kristallisierte Sel d'or verwendet werden, indem man etwa ein halbes Korn zu der Unze

Wasser hinzufügt, angesäuert wie zuvor; Der Einwand gegen die Verwendung dieses Salzes besteht jedoch in seinen Kosten und auch in der Schwierigkeit, es in reiner Form zu erhalten. Einige Proben enthielten weniger als fünf Prozent Gold.

Es wird sich als sehr praktisch erweisen, die beiden Lösungen zum Mischen bereitzuhalten, d. h. das in Wasser gelöste Goldchlorid im Verhältnis von einem Gran zur Drachme und das Hyposulfit von Soda im Verhältnis von drei Körnern zur Drachme. Bei Bedarf eine flüssige Drachme davon abmessen, mit Wasser auf zwei Unzen verdünnen und mischen.

Es ist möglich, dass die dreikörnige Lösung von Hyposulfitnatron bei längerem Aufbewahren zersetzt wird und Schwefel ausfällt. Dies hätte zur Folge, dass es beim Mischen der Zutaten für das Bad zu einer Trübung und Ablagerung von Gold kommt, wobei das Chlorid des Goldes im Vergleich zum Hyposulfit der Soda im Überschuss vorhanden ist (siehe S. 250).

Das Sel d'Or-Bad ist immer dann am wirksamsten, wenn es erst kürzlich gemischt wurde, aber es bleibt einige Tage lang haltbar, wenn der Kontakt mit freiem Silbernitrat vermieden wird. Die Zugabe dieser Substanz erzeugt im Bad einen roten, goldhaltigen Niederschlag, und die Lösung wird dann unbrauchbar.

DETAILS DER MANIPULATION.

Das Papier kann entsprechend der gewünschten Tönung nach einer der im ersten Abschnitt dieses Kapitels angegebenen Formeln hergestellt werden. Die reinen Schwarztöne erhält man am leichtesten mit Ammoniumnitratpapier und die purpurnen Farbtöne ohne Glanz auf Papier, das mit einfachem Chlorid und citratsaurem Natron hergestellt wurde.

Der Druck erreicht nicht ganz die gewohnte Intensität, da die Halbtöne bei diesem Verfahren nur sehr wenig aufgelöst werden.

Nach der Entnahme aus dem Rahmen werden die Drucke gründlich in gewöhnlichem Wasser gewaschen, bis es nicht mehr milchig wird; das heißt, bis der größte Teil des nitrathaltigen Silbers entfernt wurde. Das Waschen muss an einem dunklen Ort durchgeführt werden, es ist jedoch nicht notwendig, es zu beschleunigen; Die Probeabzüge können in einen mit einem Tuch bedeckten Topf mit Wasser geworfen werden und dort stehen bleiben, bis sie zum Abtönen benötigt werden.

Gewöhnlich entgeht beim Waschen eine Spur von freiem salpetersaurem Silber; Dies würde zu einer gelben Ablagerung auf dem Druck und auch im Tönungsbad führen. Es muss daher entfernt werden, entweder durch

Zugabe von etwas *Kochsalz* zum Wasser beim letzten Waschen oder durch eine verdünnte Ammoniaklösung.

Für Normalpapierdrucke wird der erstere Plan am wenigsten störend sein; aber bei Albuminabzügen [51] ist Ammoniak erforderlich, um einen Teil des Silberalbuminats aufzulösen, das der Einwirkung des Lichts entgangen ist, bevor der Abdruck dem Gold ausgesetzt wird; Andernfalls würden die dunklen Töne im Fixierbad fast verschwinden, da das Hyposulfit das Gold mit dieser oberflächlichen Silbersalzschicht wegträgt.

[51] Dem Amateur wird empfohlen, bei diesem Verfahren kein Albuminpapier zu verwenden, bis er sich an die Handhabung gewöhnt hat; Die Normalpapierdrucke werden einfacher und sicherer getönt.

Um das Ammoniakbad vorzubereiten, nehmen Sie es aus

Alkohol Ammoniae   1 Drachme.

Gemeinsames Wasser 1 Pint.

Auf die genaue Menge kommt es nicht an; Wenn die Flüssigkeit leicht nach Ammoniak riecht, ist dies ausreichend. Legen Sie die gewaschenen Drucke jeweils zu zweit oder zu dritt in dieses Bad und lassen Sie sie dort stehen, bis der violette Farbton in einen roten Ton übergeht. Der Vorgang muss beobachtet werden, denn wenn das Ammoniakbad stark ist, wird der Andruck ungewöhnlich *blass und rot*, und wenn dies der Fall ist , geht bei der Nachtönung ein wenig Glanz verloren.

Da der Druck nach dem Abwaschen des Nitratüberschusses vergleichsweise lichtunempfindlich ist, ist eine Abdunkelung des Raumes nicht erforderlich; *helles Licht,* das von einer offenen Tür oder einem offenen Fenster ausgeht, sollte jedoch vermieden werden.

Nachdem Sie das Salz oder Ammoniak verwendet haben, weichen Sie die Drucke erneut etwa eine Minute lang in klarem Wasser ein. Dann legen Sie sie in das Tonisierungsbad aus Gold und Säure. Legen Sie nicht zu viele auf einmal ein und verschieben Sie sie gelegentlich, um zu verhindern, dass an der Stelle, an der die Blätter einander berühren, Stellen auftreten, an denen die Blätter nicht einwandfrei funktionieren.

Die ausländischen Papiere, einfach gesalzen, verfärben sich schnell in zwei oder drei Minuten. Englische Arbeiten dauern fünf bis zehn Minuten; Albuminisiert, zehn Minuten bis eine Viertelstunde. Die Tendenz des Goldbades besteht darin, dem Bild einen Blauton zu verleihen; Daher werden Proben, die nach Verwendung von Salz oder Ammoniak hellrot sind, im Sel d'or zunächst rotviolett und dann violettviolett . Albuminabzüge nehmen einen gewissen Braun- oder Violettton an, wenn sie nicht zu stark albuminisiert sind. Ammoniumnitratpapiere , stark gesalzen und ohne Citrat zubereitet, werden zunächst dunkelviolett und dann blau und tintenfarben; Das Citrat soll diesen Tintenstich verhindern.

Wenn die dunkelsten Töne erreicht sind, erzeugt das Bad keine weitere Wirkung, aber schließlich (besonders, wenn die Lösung nicht vor Licht geschützt wird [?]) kommt es zu einer leichten Zersetzung, die einen cremefarbenen Belag auf den Lichtern erzeugt.

Nach Abschluss der Tonung werden die Drucke noch einmal kurz in Wasser gewaschen, um den Überschuss an Goldlösung zu entfernen. Dieses Waschen darf nicht länger als zwei bis drei Minuten dauern, da sonst die Gefahr einer Gelbfärbung des Weißwäsches besteht. Dies sollte jedoch mit den entsprechenden Vorsichtsmaßnahmen nicht passieren.

Zuletzt werden die Proben in einer Lösung aus hyposulfitischer Natronlauge und einem bis vier Teilen Wasser fixiert; die mehrfach hintereinander verwendet werden kann. Dieses Bad verändert den Ton sehr wenig, wenn die Goldablagerung gut auf dem Druck fixiert ist; aber der Autor hat bei Albuminpapier und mit Citrat (Formel II.) hergestelltem Papier oft beobachtet, dass sich die Purpurtöne durch Eintauchen in Hyposulfit in ein Schokoladenbraun ändern, wenn sie zu schnell aus dem Sel d'or entfernt werden. Ammonio -Nitrat-Drucke neigen weniger dazu, sich auf diese Weise zu verändern.

Damit die Fixierung ordnungsgemäß durchgeführt werden kann, sollte die Eintauchzeit in ein poröses, einfach gesalzenes Papier nicht weniger als zehn Minuten betragen. oder fünfzehn Minuten im Falle eines englischen oder albuminisierten Papiers.

Ammoniak kann zum Fixieren von Normalpapierdrucken verwendet werden; etwa ein Teil des Liquor Ammoniae auf vier Teile Wasser. Normalerweise reicht ein zehnminütiges Eintauchen aus, und der Ton wird kaum beeinträchtigt. Dieses Verfahren ist gut, aber der stechende Geruch des Ammoniaks ist ein Einwand, und das Bad verfärbt sich durch den Gebrauch. Auch eine gewisse Sorgfalt ist erforderlich, um eine ordnungsgemäße Fixierung der Drucke zu gewährleisten (siehe Anmerkungen auf Seite 131).

Anweisungen zum Waschen und Anbringen der Probeabzüge finden Sie auf Seite 255 .

Beim Sel d'or-Verfahren kommt es manchmal vor, dass die Drucke nach dem Waschen und Trocknen zu dunkel erscheinen, da das Tönungsbad nur eine geringe Lösungsmittelwirkung auf die hellen Farbtöne hat. Dem kann abgeholfen werden, indem man sie einige Minuten lang in *eine sehr verdünnte Lösung* von Chlorgold legt (fünf oder sechs Tropfen der gelben Lösung des Chlorids auf ein paar Unzen Wasser) und eine weitere Viertelstunde lang wäscht. Oder ein überdrucktes Positiv kann gerettet werden, indem man es mit Goldchlorid anstelle von Sel d'or tönt. In diesem Fall sollten nach ordnungsgemäßer Entfernung des freien Silbernitrats einige Tropfen einer zitronengelben Lösung von Goldchlorid (mit einem Fragment von Sodakarbonat zur Entfernung von Säure, S. 132) darüber gegossen werden Druck, der nachträglich in gewohnter Weise fixiert werden soll.

Vorteile der Tönung durch Sel d'or. — Dieses Verfahren wird sich besonders für diejenigen als nützlich erweisen, die große Positive drucken. Die Lösungen lassen sich in wenigen Minuten mischen und sind aufgrund der hohen Verdünnung wirtschaftlich. Es ist nicht einmal notwendig, ein *Bad zum Tonen* zu verwenden , aber wenn die Sel d'or-Lösung etwa doppelt oder dreimal so stark ist wie in der Formel angegeben, reicht es aus, ein paar Drachmen auf die Oberfläche des Drucks zu gießen . Da die Goldlösung immer kurz nach dem Mischen verwendet wird, kann eine gleichmäßige und dauerhafte Tönung erzielt werden; wohingegen das einzelne Fixier- und Tönungsbad aus Gold und Hyposulfit durch die Aufbewahrung viel von seiner Wirksamkeit verliert und *ein Überdrucken* des Probedrucks in dem Maße erforderlich ist, in dem das Bad älter wird.

ABSCHNITT IV.

Über eine Methode zum Drucken vergrößerter und verkleinerter Positive, Transparentfolien usw. aus Kollodium-Negativen.

Um zu erklären, wie ein Foto beim Drucken vergrößert oder verkleinert werden kann, muss auf die Bemerkungen auf Seite 52 über die *konjugierten Brennpunkte* von Linsen verwiesen werden.

Wenn ein Kollodium-Negativ in einer bestimmten Entfernung vor einer Kamera platziert wird und (unter Verwendung eines Schlauchs aus schwarzem Stoff) das Licht nur durch das Negativ in die dunkle Kammer gelangt, entsteht auf der Mattscheibe ein verkleinertes Bild; Wenn das Negativ jedoch näher vorgeschoben wird, wird das Bild größer, bis es zunächst dem Originalnegativ gleicht und dann größer wird. Je näher man dem Negativ kommt, desto mehr entfernt sich der Fokus von der Linse oder er entfernt sich.

Wenn wiederum ein Negativporträt in den Kameraschlitten gelegt und das Instrument in einen dunklen Raum getragen wird, muss ein Loch in den Fensterladen geschnitten werden, um nach der Brechung durch die Linse Licht durch das Negativ, die Lichtstrahlen, einzulassen wird ein Bild von der exakten Größe des Lebens auf einem weißen Bildschirm erzeugen, der an der Position platziert wird, die ursprünglich der Dargestellte einnahm. Tatsächlich sind diese beiden Ebenen, die des Objekts und die des Bildes, streng *konjugierte Brennpunkte* , und was das Ergebnis betrifft, ist es unerheblich, von welcher der beiden, vorne oder hinten, die Lichtstrahlen ausgehen.

Um eine verkleinerte oder vergrößerte Kopie eines Negativs zu erhalten, ist es daher lediglich erforderlich, ein Bild in der erforderlichen Größe zu erstellen und das Bild auf eine empfindliche Oberfläche aus Kollodium oder Papier zu projizieren .

Eine gute Lösung für diesen Zweck kann darin bestehen, eine gewöhnliche Porträtkamera zu nehmen und sie vorne durch eine innen geschwärzte Holzschachtel mit einem doppelten Gehäuse zu verlängern, damit sie je nach Bedarf ·verlängert werden kann; oder, einfacher gesagt, durch Hinzufügen eines Rahmens aus Holz, der mit schwarzem Stoff bedeckt ist. Eine Rille vorne trägt das Negativ bzw. nimmt das Dia mit der empfindlichen Schicht auf, je nachdem.

Bei *der Verkleinerung* von Fotografien wird das Negativ vor der Linse an der Stelle platziert, an der sich normalerweise das Objekt befindet. aber um eine vergrößerte Kopie anzufertigen, muss es *hinter* der Linse befestigt werden, oder, was gleichbedeutend ist, die Linse muss umgedreht werden, so dass die vom Negativ durchgelassenen Lichtstrahlen in das hintere Glas der Kombination eindringen und dort austreten die Front. Dieser Punkt sollte beachtet werden, um Bildunschärfe aufgrund sphärischer Aberration zu vermeiden.

Eine Kombination von Porträtlinsen mit einem Durchmesser von 2½ oder 3¼ Zoll ist die beste Form, und die aktinischen und leuchtenden Brennpunkte sollten genau übereinstimmen, da der Unterschied zwischen ihnen durch die Vergrößerung vergrößert würde. Eine *zwischen den Linsen* angebrachte Blende mit einer Blendenöffnung von einem oder anderthalb Zoll vermeidet bis zu einem gewissen Grad den Verlust scharfer Konturen, der normalerweise nach einer Vergrößerung des Bildes auftritt.

Das Licht kann durch das Negativ einfallen, indem man die Kamera auf den Himmel richtet; oder es kann direktes Sonnenlicht verwendet werden, das durch einen ebenen Reflektor auf das Negativ geworfen wird. Ein gewöhnlicher Schaukelspiegel eignet sich sehr gut, wenn er klar und frei von Flecken ist. Es sollte so platziert werden, dass der Mittelpunkt , um den es sich dreht, auf einer Ebene mit der Achse der Linse liegt.

Die besten Negative zum Drucken vergrößerter Positive sind diejenigen, die deutlich und klar sind; und es ist wichtig, ein *kleines* Negativ zu verwenden , das die Linse weniger belastet und ein besseres Ergebnis liefert als ein Negativ mit größerem Format. Wenn Sie beispielsweise mit einer 2¼-Linse drucken, bereiten Sie das Negativ auf einer Platte von etwa zwei Zoll im Quadrat vor und vergrößern Sie es anschließend auf vier Durchmesser.

Papier, das Silberchlorid enthält, ist nicht empfindlich genug, um das Bild aufzunehmen, und der Druck sollte auf Kollodium oder auf jodiertem Papier, das mit Gallussäure entwickelt wurde, erstellt werden (siehe S. 263).

Die erforderliche Belichtung hängt nicht nur von der Intensität des Lichts und der Empfindlichkeit der verwendeten Oberfläche ab, sondern auch *vom Grad der Verkleinerung oder Vergrößerung des Bildes* .

Beim Drucken auf Kollodium ist das resultierende Bild bei durchscheinendem Licht positiv; Es sollte mit weißem Lack hinterlegt werden und wird dann durch reflektiertes Licht positiv. Der Farbton der Schwarztöne wird verbessert, indem die Platte zunächst mit Quecksilberchlorid und dann mit Ammoniak behandelt wird, wie auf den Seiten 113 und 207 beschrieben.

Herr Wenham, der einen Aufsatz über die Art und Weise geschrieben hat, lebensgroße Positive zu erhalten, geht folgendermaßen vor: Er stellt die Kamera mit dem Dia, das das Negativ enthält, in einen dunklen Raum und reflektiert das Sonnenlicht durch ein Loch im Verschluss, das zuerst durch das Negativ und dann durch die Linse geht; Das Bild wird auf jodiertem Papier aufgenommen und mit Gallussäure in der im zweiten Abschnitt dieses Kapitels (S. 263) beschriebenen Weise entwickelt.

Über das Drucken von Kollodium-Folien für das Stereoskop. – Dies kann erreicht werden, indem die Kamera verwendet wird, um ein Bild des Negativs in der auf der letzten Seite beschriebenen Weise zu erstellen; aber einfacher durch das folgende Verfahren: – Beschichten Sie das Glas, auf dem der Druck gebildet werden soll, auf die übliche Weise mit Collodio -Jodid von Silber; Dann legen Sie es mit der Kollodiumseite nach oben auf ein Stück schwarzen Stoff und legen Sie zwei Papierstreifen von etwa der Dicke von Pappe und einem Viertel Zoll Breite entlang der beiden gegenüberliegenden Kanten, um zu verhindern, dass das Negativ durch Kontakt damit verschmutzt wird der Film. Beide Gläser müssen *vollkommen flach sein* , und selbst dann kann es vorkommen, dass das Negativ unvermeidlich nass wird; Wenn ja, waschen Sie es sofort mit Wasser, und wenn es richtig lackiert ist, entsteht kein Schaden.

Ein wenig Einfallsreichtum lässt einen einfachen Rahmen aus Holz vermuten, auf dem das Negativ und die empfindliche Platte nur durch die Dicke eines Blattes Papier voneinander getrennt gehalten werden; und die Verwendung davon wird besser sein, als die Kombination in der Hand zu halten.

Der Druck erfolgt durch das Licht eines Gases, einer Camphin- oder Moderatorlampe; diffuses Tageslicht wäre zu stark.

Die Verwendung eines konkaven Reflektors, der für ein paar Schilling erworben werden kann, gewährleistet die Parallelität der Strahlen und stellt eine große Verbesserung dar. Die Lampe wird in den Brennpunkt des Spiegels gestellt, was sofort festgestellt werden kann, indem man sie hin- und herbewegt, bis ein gleichmäßig beleuchteter Kreis auf einen davor gehaltenen weißen Schirm geworfen wird. Dies ist in der Tat einer der Nachteile des Druckens mit offener Flamme – dass das Licht am stärksten auf den zentralen Teil und weniger auf die Ränder des Negativs fällt.

Verhalten während der Entwicklung länger oder kürzer belichtet werden (durchschnittlich etwa zehn Sekunden) ; Dieser Vorgang sowie die Fixierung erfolgen auf die gleiche Weise wie bei Kollodiumbildern allgemein.

Einige übernehmen den Plan, durch ätzendes Sublimat aufzuhellen und dann durch verdünntes Ammoniak zu schwärzen, um die Farbe der dunklen Schatten zu verbessern (siehe S. 113).

Wenn diese Art des Druckens auf Kollodium sorgfältig durchgeführt wird und das Negativ nur durch den kleinsten Abstand vom Film getrennt ist, wird der Verlust der Deutlichkeit in den Umrissen kaum wahrgenommen.

Stereoskopische Transparentfolien können auch mit dem in Kapitel VI beschriebenen trockenen Collodion-Verfahren oder mit dem Collodio - Albumen-Verfahren gedruckt werden. Herr Llewellyn empfiehlt die Verwendung einer Oxymellösung, die so verdünnt ist, dass die Platte fast trocken wird und ohne Angst vor Verletzungen mit dem Negativ in Kontakt gebracht werden kann (siehe die Fußnote auf Seite 302).

KAPITEL V.

KLASSIFIZIERUNG DER FEHLERURSACHEN IM KOLLODIONPROZESS.

Abschnitt I. – Unvollkommenheiten in Kollodiumfotografien.
Abschnitt II. – Unvollkommenheiten in Papierpositiven.

ABSCHNITT I.

Unvollkommenheiten in Negativ- und Positiv-Kollodiumfotografien.

Zu nennen sind: – Beschlagen – Flecken – Markierungen usw.

URSACHEN FÜR DAS BESCHLAGEN VON KOLLODIONPLATTEN.

1. *Überbelichtung der Platte.* — Dies ist wahrscheinlich der Fall, wenn die volle Blende eines Doppelkombinationsobjektivs für entfernte, hell beleuchtete Objekte verwendet wird, da das Kollodium sehr empfindlich ist. Außerdem ist der Film sehr blau und durchsichtig, mit zu wenig Silberjodid (S. 114).

2. *Diffuses Licht. - A.* Im Entwicklungsraum. Dies ist eine häufige Ursache für Schleierbildung, insbesondere wenn der gewöhnliche gelbe Kattun verwendet wird, der zum Ausbleichen neigt. Verwenden Sie eine dreifache Dicke oder besorgen Sie sich wasserfestes Material, dessen Poren mit Guttapercha verschlossen sind. – b . In der Kamera. Der Schieber passt möglicherweise nicht richtig oder die Tür lässt sich nicht schließen. Während der Belichtung der Platte ein schwarzes Tuch über die Kamera werfen . – *c.* Von direkten Sonnenstrahlen oder dem Licht des Himmels, das auf die Linse fällt. Bei voller Blendenöffnung eines Doppelkombinationsobjektivs kann ein im Bildfeld enthaltener Teil des Himmels (z. B. als Hintergrund eines Porträts) leicht zu Nebel führen. Das Porträt wird wahrscheinlich brillanter, wenn vor der Kamera eine trichterförmige Segeltuchtasche oder ein Vorhang mit einer länglichen Öffnung angebracht wird, der nur die vom Dargestellten ausgehenden Strahlen durchlässt.

3. *Alkalität des Bades.* — Dieser auf Seite 88 erläuterte Zustand kann eine der folgenden Ursachen haben: *a.* Die Verwendung von zu stark geschmolzenem Silbernitrat (S. 13). – *b.* Ständiger Einsatz eines Kollodiums, das freies Ammoniak oder Ammoniakkarbonat enthält (S. 89). – *c.* Zugabe von Kali, Ammoniak oder kohlensaurem Natron zum Nitratbad, um freie Salpetersäure zu entfernen (S. 89). – *d.* Verwendung von Regenwasser oder hartem Wasser zur Herstellung des Nitratbades (Regenwasser enthält

normalerweise Spuren von Ammoniak; hartes Wasser ist oft reich an Kalkkarbonat).

In beiden Fällen kann die Alkalität leicht durch Zugabe von Essigsäure (ein Tropfen auf 110 ml) der Lösung entfernt werden. Die richtige Methode zum Testen der Alkalität ist auf <u>S. 10 beschrieben. 89</u> .

4. *Zersetzung des Nitratbades* . - *A.* Durch ständige Lichteinwirkung (die schädlichen Auswirkungen werden vor allem bei der Aufnahme von Positiven sichtbar). – *b.* Durch organische Substanz: Diese kommt manchmal in Silbernitrat vor, das aus den Rückständen alter Bäder hergestellt wurde; oder es kann durch schwimmende Papiere für den Druckvorgang auf dem Bad oder durch Auflösen der Silbernitratkristalle in fauligem Regenwasser oder in unreinem destilliertem Wasser, das aus dem Kondenswasser von Dampfkesseln gesammelt und mit öligen Stoffen verunreinigt wurde, eingeführt werden .- *C.* Zersetzung des Bades durch Kontakt mit metallischem Eisen oder Kupfer oder mit einem Fixiermittel oder einem Entwicklungsmittel (<u>S. 90</u>).

5. *Fehler der Entwicklungslösung* . - A. Braune und zersetzte Lösung von Pyrogallussäure; Dies kann manchmal ungestraft angewendet werden, trägt aber in der Regel dazu bei, die unregelmäßige Reduzierung von Silber zu erleichtern. – h. Unreine Essigsäure, die nach Knoblauch riecht und wahrscheinlich Schwefel in organischer Verbindung enthält. – ca. Weglassen der Essigsäure im Entwickler: Dadurch entsteht eine universelle Schwärze.

6. *Verschiedene andere Ursachen für Beschlagen.* - *A.* Ammoniakdampf oder Ammoniakhydrosulfat oder die Produkte der Verbrennung von Kohlegas, die in den Entwicklungsraum entweichen. – *b.* Entwicklung des Bildes durch Eintauchen in eine Eisensulfatlösung: Dies ist ein sicherer Plan, wenn die Filme in einem sauren Nitratbad gebildet werden; aber bei blassen Filmen, die sich in einem chemisch neutralen Bad bilden, ist es besser, die Flüssigkeit über die Platte zu gießen und nicht dieselbe Portion zweimal zu verwenden. – *c.* Tauchen Sie die Platte vor der Entwicklung erneut in das Bad: Dies kann bei Verwendung eines alten Bads zu einem verschwommenen Bild führen und wird nicht empfohlen.

Systematischer Ablaufplan zur Ermittlung der Beschlagursache . — Wenn der Amateur nur wenig Erfahrung mit dem Kollodiumverfahren hat und mäßig empfindliches Kollodium und ein neues Bad verwendet, ist die Wahrscheinlichkeit groß, dass die Schleierbildung durch Überbelichtung verursacht wird. Nachdem Sie dies verhindert haben, testen Sie das Bad. *Wenn es aus reinen Materialien hergestellt ist und nicht die blaue Farbe eines Stücks Lackmuspapier wiederherstellt, das zuvor gerötet wurde, indem man es über die Öffnung einer Eisessigsäureflasche hielt* , kann es als funktionsfähig angesehen werden.

Bereiten Sie als Nächstes eine empfindliche Platte vor und lassen Sie sie zwei bis drei Minuten an einem dunklen Ort abtropfen. Gießen Sie den Entwickler darauf: Waschen Sie, fixieren Sie und bringen Sie ihn ans Licht. Wenn Nebel wahrnehmbar ist, ist entweder der Entwicklungsraum nicht ausreichend dunkel, oder das Bad wurde mit einer schlechten Probe von salpetersaurem Silber, mit unreinem Alkohol oder mit unreinem Wasser zubereitet.

Bleibt die Platte unter diesen Umständen hingegen absolut klar, *kann die Fehlerursache in der Kamera liegen* ;- bereiten Sie daher einen anderen empfindlichen Film vor, legen Sie ihn in die Kamera ein und verfahren Sie mit der Ausnahme genauso wie beim Fotografieren Entfernen Sie die Messingkappe der Linse nicht: Lassen Sie sie zwei bis drei Minuten einwirken und nehmen Sie sie dann wie gewohnt ab und entwickeln Sie sie .

Wenn auf keine dieser Arten Hinweise auf die Ursache des Beschlagens erhalten werden, gibt es allen Grund zu der Annahme, dass es sich um diffuses Licht handelt, das durch die Linse eindringt. Diese Fehlerursache kann oft erkannt werden, wenn man von vorne in die Kamera schaut und eine unregelmäßige Reflexion auf dem Glas sieht.

FLECKEN AUF KOLLODIONPLATTEN.

Es gibt zwei Arten von Flecken: undurchsichtige Flecken, die bei durchfallendem Licht schwarz und bei reflektiertem Licht weiß erscheinen; und transparente Flecken, das Gegenteil der anderen, die auf Negativen weiß und auf Positiven schwarz sind.

Undurchsichtige Flecken beziehen sich auf eine übermäßige Entwicklung an der Stelle, an der der Fleck sichtbar ist. sie können verursacht werden durch –

1. *Die Verwendung von Kollodium, das kleine Partikel in Suspension hält.* – Jedes Teilchen wird zu einem Zentrum chemischer Wirkung und erzeugt einen Fleck oder einen Fleck mit einem Schwanz daran. Das Kollodium sollte zum Absetzen mehrere Stunden lang beiseite gestellt werden, danach kann der obere Teil abgegossen werden.

2. *Trübung der Nitratlösung* . - *A.* Aus Jodsilberflocken, die in die Lösung gefallen sind, unter Verwendung eines überjodierten Collodions . – *b.* Aus einer nach und nach gebildeten Ablagerung an den Seiten des Guttapercha-Trogs . – *c.* Das Innere des Trogs ist zum Zeitpunkt des Einfüllens der Lösung staubig.

Um diesen Unannehmlichkeiten vorzubeugen, ist es gut, mindestens die Hälfte der notwendigen Menge der Nitratlösung noch einmal herzustellen und sie in einer Vorratsflasche aufzubewahren, aus der bei Bedarf der obere Teil abgegossen werden kann. Von einer häufigen Filtrierung von Silberbädern ist abzuraten, da das verwendete Papier mit Verunreinigungen verunreinigt sein kann.

3. *Staub auf der Oberfläche des Glases beim Aufgießen des Kollodiums.* — Perfekt gereinigte Gläser, wenn sie einige Minuten lang beiseite gestellt werden, bilden sich kleine Staubpartikel; Daher sollte jeder Teller unmittelbar vor der Verwendung vorsichtig mit einem Seidentaschentuch abgewischt werden.

4. *Mängel der Folie.* – Manchmal existiert ein kleines Loch, das einen Lichtstrahl durchlässt und einen Fleck erzeugt, den man daran erkennt, dass er sich immer an derselben Stelle der Platte befindet; Gelegentlich arbeitet die Tür zu fest, sodass kleine Holzpartikel usw. abgestreift werden und beim Anheben gegen die Platte geschleudert werden. Oder vielleicht schließt der Bediener nach Beendigung der Belichtung die Tür mit einem Ruck und verursacht so einen Spritzer in der Flüssigkeit, die heruntergelaufen ist und sich in der Rille darunter angesammelt hat; Obwohl diese Ursache nicht häufig vorkommt, kann sie manchmal auftreten.

5. *Unlösliche Partikel in der Pyrogallussäure* . — Die Pyrogallussäurelösung muss normalerweise nicht gefiltert werden. Wenn jedoch Metagallussäureflecken vorhanden sind, sollte der Entwickler vor der Verwendung durch Löschpapier geleitet werden.

TRANSPARENZFLECKEN KÖNNEN IM ALLGEMEINEN AUF EINE BESTIMMTE Ursache zurückgeführt werden *Dadurch wird das Jodsilber an bestimmten Stellen lichtunempfindlich* , so dass beim Auftragen des Entwicklers keine Reduktion erfolgt.

1. *Konzentration des Silbernitrats auf der Oberfläche des Films durch Verdunstung.* — Wenn der Film nach dem Herausnehmen aus dem Bad zu trocken wird, erhöht sich die Lösungskraft des Nitrats so sehr, dass es das Jodid auffrisst und Flecken erzeugt.

2. *Kleine Teilchen ungelösten Kaliumjodids im Kollodium.* — Diese treten wahrscheinlich auf, wenn wasserfreier Ether und Alkohol verwendet werden. Sie erzeugen an jedem Teil der Platte transparente Flecken. Lassen Sie das Kollodium absetzen oder fügen Sie einen Tropfen Wasser hinzu, um das Jodid aufzulösen.

3. *Alkohol oder Äther, die zu viel Wasser enthalten* . – Dies führt zu einem netzartigen Aussehen des Films, der faul und voller Löcher ist.

4. *Verwendung von unsachgemäß gereinigten Gläsern.* — Diese Ursache ist
vielleicht die häufigste von allen, wenn der Pyroxylinfilm sehr dünn und das
Bad neutral ist. Nach längerem Gebrauch ist es oft schwierig, die Brille so
gründlich zu reinigen, dass der Atem glatt bleibt; aber die Verwendung von
Kali bietet die besten Chancen.

MARKIERUNGEN VERSCHIEDENER ART AUF KOLLODIONPLATTEN.

1. *Ein netzförmiges Aussehen auf dem Film nach der Entwicklung.* — Wenn dies
allgemein ist, hängt es oft von der Verwendung von kollodiumhaltigem
Wasser ab. Wenn dies nicht der Fall ist, wurde die Platte möglicherweise zu
schnell in das Bad eingetaucht und das lösliche Pyroxylin fiel teilweise aus.

2. *Fettige Flecken oder Linien.* - *A.* Vom Herausheben der Platte aus dem
Nitratbad, bevor sie ausreichend lange eingetaucht war, um vollständig
benetzt zu werden . – *b.* Entfernen der Platte aus dem Bad, bevor der Äther
auf der Oberfläche abgewaschen wurde. – *c.* Nachdem die Platte dem Licht
ausgesetzt wurde, wird sie erneut in das Nitratbad getaucht und *sofort mit dem
Entwickler übergossen* . Wenn das überschüssige Nitrat einige Minuten lang
nicht abfließen kann, wird sich die Pyrogallussäure nicht leicht mit der
Oberfläche des Films vermischen. – *d.* Aus dem Nitratbad wird ein öliger
Schaum gebildet, der von der Platte nach unten getragen wird. Ziehen Sie
einen Streifen Löschpapier vorsichtig über die Oberfläche der Flüssigkeit,
bevor Sie sie verwenden.

3. *Gerade Linien, die den Film horizontal durchziehen.* – Aufgrund einer
Kontrolle, die beim Eintauchen der Platte in das Bad durchgeführt wurde.

4. *Geschwungene Linien der Überentwicklung* . — Durch zu konzentrierten
Einsatz des Entwicklers; oder indem man es nicht schnell genug aufgießt,
um die Oberfläche zu bedecken, bevor die Aktion beginnt; oder indem man
zu wenig Essigsäure verwendet und den Alkohol weglässt. Die Zugabe von
Alkohol zum Entwickler ist bei der Neuherstellung des Bades in der Regel
nicht erforderlich; Wenn sich jedoch viel Äther darin angesammelt hat, neigt
der Entwickler dazu, ölige Linien zu bilden, es sei denn, er enthält Alkohol.

5. *Flecken durch zu geringe Flüssigkeitsmenge, die zur Entwicklung des Bildes
verwendet wurde.* — Da in diesem Fall die gesamte Platte während der
Entwicklung nicht vollständig abgedeckt wird, verläuft die Aktion nicht
immer regelmäßig.

6. *Unregelmäßige Streifen* . - Von Bruchstücken getrockneten Kollodiums,
die sich im Flaschenhals ansammeln und auf den Film gespült werden; Um
dies zu vermeiden, sollte der Finger vor der Anwendung sanft über die
Innenseite des Halses geführt werden.

7. *Markierungen wie im Holzschnitt dargestellt.* — Sie werden durch die Verwendung einer minderwertigen Pyroxylinprobe aus zu heißen Säuren verursacht und treten am häufigsten bei der Verwendung eines alten Bades auf.

8. *Flecken auf dem oberen Teil der Platte, verursacht durch die Verwendung eines schmutzigen Objektträgers.* — Um dies zu vermeiden, legen Sie ggf. Löschpapierstreifen zwischen die Träger und das Glas.

9. *Wellenspuren im unteren Teil der Platte.* - *A.* Wenn das Kollodium durch ständigen Gebrauch dick und klebrig wird, verdünnen Sie es mit etwas Äther, der ein Achtel Alkohol enthält. – b . Von der Umkehrung der Richtung der Platte nach ihrer Entfernung aus dem Bad, so dass das salpetersaure Silber wieder über die Oberfläche zurückfließt und bei der Anwendung von Pyrogallussäure einen Fleck verursacht. – c . Verunreinigungen auf der Holzkonstruktion des Rahmens steigen durch Kapillaranziehung auf der Folie auf. Dies ist eine häufige Ursache für Flecken.

10. *Abdrücke vom Entwickler reichen nicht bis zum Filmrand* (S. 212). Beheben Sie dies so weit wie möglich, indem Sie das Kollodium etwas fester aushärten lassen, bevor Sie die Platte in das Bad tauchen.

UNVOLLKOMMENHEITEN IN KOLLODION-NEGATIVEN.

1. *Ein Mangel an Intensität.* - A. Da die Entwicklung nicht ausreichend vorangetrieben wurde (S. 224).— b. Da der Kollodiumfilm für Negative zu blau und durchsichtig ist . – c. Das aus reinen Materialien neu hergestellte Collodion (S. 114). – d. Die Platte blieb zu lange zwischen Erregung und Entwicklung (S. 100). – e. Das aus handelsüblichem kristallisiertem Silbernitrat neu zubereitete Bad (S. 101). – f. Das Licht ist zu schwach, z. B. an sehr dunklen Wintertagen oder beim Kopieren von Innenräumen usw.

2. *Niedrige Halbtöne mit großer Intensität der hohen Lichter.* - *A.* Da die Platte nicht ausreichend belichtet ist. – b. Das Kollodium von minderer Qualität, entweder zu stark mit Jod gefärbt oder aus unreinen Materialien hergestellt . – c. Das Nitratbad ist alt und teilweise zersetzt. – d. Das Licht wird vom Objekt zu stark reflektiert. Wenn das Licht ungewöhnlich hell ist, wird sich herausstellen, dass ein schwaches Kollodium und ein neu gemischtes Nitratbad bei hellem Licht eine bessere Definition liefern als ein intensives Kollodium, das kreidige Negative erzeugen kann.

3. *Das Bild ist blass und neblig.* — Die Platte ist überbelichtet (falls dies der Fall ist, wird das Bild im Durchlicht wahrscheinlich eine rötlich-braune Farbe haben), oder es herrscht diffuses Licht in der Kamera oder im Entwicklungsraum. Das Vorhandensein von Bromiden oder Chloriden im Kollodium kann gelegentlich den gleichen Effekt hervorrufen.

4. *Die hellen Lichter des Bildes werden solarisiert.* — Eine Farbänderung zu einem hellbraunen oder roten Farbton bei durchfallendem Licht und zu einem dunklen Farbton bei reflektiertem Licht wird durch Überbelichtung der Platte, durch organische Zersetzung des Kollodiums sowie durch Silberacetat und andere organische Körper begünstigt im Bad.

5. *Das Bild löst sich beim Auftragen von Kaliumcyanid auf.* — Das Kollodium ist wahrscheinlich überjodiert. Das Gleiche kann auch beim Honigkonservierungsprozess passieren, wenn die Platten lange aufbewahrt wurden und die verhärtete Sirupschicht vor dem Auftragen des Entwicklers nicht ordnungsgemäß entfernt wurde.

6. *Der Entwickler läuft nicht bis zum Rand des Films.* — Dies ist wahrscheinlich, wenn nahezu wasserfreies Collodion verwendet wird; und das insbesondere bei einem neuen Bad, das nicht viel Alkohol enthält. Der Film wird weniger abweisend sein, wenn vor dem Eintauchen in das Bad eine längere Zeit verstrichen ist.

7. *Die Folie klebt nicht am Glas.* — Reinigen Sie die Platten sehr sorgfältig und verdünnen Sie das Kollodium bei Bedarf etwas. Warten Sie länger, bevor Sie in das Bad eintauchen. Ein sehr wirksamer Plan besteht darin, die Oberfläche der Platten etwa einen Achtel Zoll an den Kanten aufzurauen.

UNVOLLKOMMENHEITEN IN KOLLODION-POSITIVEN.

Die Hauptschwierigkeit bei der Herstellung von Negativen besteht darin, den richtigen Zeitpunkt der Belichtung und den richtigen Punkt für die Entwicklung des Bildes zu ermitteln. Ein geringfügiger Schleier, Flecken usw. sind von geringerer Bedeutung und fallen im Druck kaum auf.

Bei direkten Positiven ist die Sache jedoch anders. Die Schönheit dieser Bilder hängt ausschließlich davon ab, dass sie sauber und brillant sind, ohne Schleier, Flecken oder Unvollkommenheiten jeglicher Art. Andererseits ist die Belichtung und Entwicklung von Positiven vergleichsweise einfach und leicht zu ermitteln.

1. *Die Schatten sind dunkel und schwer.* – Die Platte wurde in der Kamera nicht ausreichend belichtet; – oder der Film ist sehr transparent und die Silberlösung schwach, Salpetersäure ist im Bad vorhanden, oder das

Kollodium ist durch freies Jod braun; Im letzteren Fall das Collodion etwas dicker machen und mit Eisensulfat anstelle von Pyrogallussäure entwickeln .

2. *Die Schatten sind gut, aber die Lichter sind übertrieben.* – Möglicherweise wurde die Entwicklungsflüssigkeit zu lange einwirken gelassen; oder das Objekt ist nicht richtig beleuchtet (S. 220); oder das Collodion ist nicht für Positive geeignet.

3. *Die hohen Lichter sind blass und flach, die Schatten neblig.* — Die Platte ist überbelichtet. Die durch Überbelichtung verursachte Unschärfe der Umrisse unterscheidet sich von der Unschärfe, die dadurch entsteht, dass die Platte gegen das Licht gehalten wird; Im ersteren Fall wird das Bild als Negativ angezeigt.

Wenn das Kollodium farblos ist , werden wahrscheinlich klarere Schatten erzielt, wenn man Jodtinktur hineinträufelt, bis eine gelbe Farbe entsteht.

4. *Das Bild entwickelt sich langsam; Es bilden sich Pailletten aus metallischem Silber.* – Im Verhältnis zur Stärke des Bades, zur Menge des Jodids im Film und zur Menge des Eisenprotosalzes im Entwickler ist zu viel Salpetersäure vorhanden (S. 112).

5. *Kreisförmige Flecken von schwarzer Farbe nach dem Zerhacken mit dem Lack.* — Diese werden häufig dadurch verursacht, dass die Platte zu schnell aus dem Bad gehoben wird; oder indem man den Entwickler an einer Stelle aufgießt, um das nitrathaltige Silber wegzuwaschen; oder durch die Verwendung unvollständig gereinigter Gläser.

6. *Das Bild wird beim Trocknen metallisch.* — Wenn Eisensulfat verwendet wird, ist die Lösung zu schwach oder es wurde im Übermaß freie Salpetersäure zugesetzt. Wird zur Entwicklung Pyrogallussäure verwendet , ist der Anteil an Salpetersäure zu groß.

7. *Ein grüner oder blauer Farbton in bestimmten Teilen des Bildes.* – Dies wird dadurch verursacht, dass die Ablagerung von Silber zu gering ist, was durch übermäßige Einwirkung des Lichts oder dadurch entstehen kann, dass der Film von Pyroxylin *sehr dünn* ist ; – wenn das Collodion über einen bestimmten Punkt hinaus verdünnt wird, wird die gleiche Menge an freies Silbernitrat wird nicht auf der Oberfläche des Films zurückgehalten. Geben Sie ein paar Tropfen des Bades zum Entwickler hinzu, bevor Sie es auf den Teller gießen.

8. *Vertikale Linien und Nebel auf dem Bild.* – Wenn das Bad häufig benutzt wurde, fügen Sie einen dritten Teil einer einfachen Lösung von

salpetersaurem Silber in Wasser ohne Alkohol oder Jodid hinzu. Bereiten Sie den Entwickler außerdem mit Alkohol vor, damit er leichter fließt (S. 211).

ABSCHNITT II.

Unvollkommenheiten in Papierpositiven.

1. *Der Druck marmoriert und fleckig.* — Die Qualität des Papiers ist oft minderwertig, was dazu führt, dass es an verschiedenen Stellen Flüssigkeiten ungleichmäßig aufnimmt; oder die Silbermenge im Nitratbad reicht nicht aus. In diesem Fall fehlen die Flecken oft am unteren und am weitesten herabhängenden Teil des Blattes, wo die überschüssige Flüssigkeit abfließt.

2. *Der Druck ist auf der Oberfläche sauber, aber fleckig, wenn er gegen das Licht gehalten wird.* — In diesem Fall sind die Flecken wahrscheinlich auf eine mangelhafte Fixierung zurückzuführen (siehe S. 129).

3. *Der Druck wird im Hyposulfitbad blass und sieht nach der Fertigstellung kalt und verblasst aus .* — Das Chlorsilber im Papier könnte im Verhältnis zum freien Silbernitrat im Überschuss gewesen sein; Dies ist besonders wahrscheinlich, wenn durch längere Einwirkung des Lichts keine Bräunung erzielt werden konnte oder wenn eine schwache Lösung von salpetersaurem Silber mit einem Pinsel oder einem Glasstab aufgetragen wurde. Abdrücke, die auf Papier entstehen, das nach der Sensibilisierung zu lange aufbewahrt wurde, zeigen das gleiche Aussehen, da das freie Silbernitrat mit der organischen Substanz eine Verbindung eingegangen ist.

4. *Gelbfärbung der hellen Teile des Probedrucks.* – Die folgenden Ursachen führen wahrscheinlich zu einer Gelbfärbung: – Säuregehalt des Fixier- und Tönungsbades (S. 139), – seine Wirkung dauerte zu lange an, – die ersten Waschgänge des Proofs wurden nicht schnell durchgeführt, – das Tönungsbad legte sich Beiseite legen, bis es zersetzt und fast unbrauchbar geworden war – das Papier blieb nach der Sensibilisierung mehrere Tage lang haltbar.

Ein cremiger Gelbstich ist auch bei mit Sel d'or getönten Drucken üblich, wenn die Salzsäure in der Formel weggelassen wurde; der Probedruck, der während des Tonungs- und Fixiervorgangs Licht ausgesetzt wurde; oder es darf zu viel Zeit zwischen dem Tonen und Fixieren vergehen. Es kommt auch häufiger auf Albuminpapier vor.

5. *Intensive Bräunung der tiefen Schatten.* – In diesem Fall ist das Negative schuld; Beheben Sie das Übel so weit wie möglich, indem Sie auf Papier drucken, das nur wenig Salz enthält.

6. *Die Definition des Drucks ist unvollkommen, das Negativ ist gut .* — Viel wird von der Qualität des Papiers abhängen. Towgood's Positive bietet eine gute

Definition. Die Verwendung von Albumin wird ein großer Vorteil sein. Citrat of Soda (S. 246) verbessert auch die Auflösung auf Normalpapier.

7. *Markierungen einer gelben Tönung in den dunklen Teilen des Positivs.* — Diese treten häufig bei Drucken auf, die ohne Gold getönt wurden. Es sollte darauf geachtet werden, das Papier weder vor noch nach der Sensibilisierung zu stark zu berühren. die Abdrücke in einem sauberen Gefäß waschen; und legen Sie sie nicht nass auf einen Holztisch oder in Kontakt mit Gegenständen, die Verunreinigungen übertragen könnten.

8. *Kleine Flecken und Flecken verschiedener Hinterteile.* — Wenn diese nicht mit ähnlichen Markierungen auf dem Negativ übereinstimmen, sind sie gewöhnlich auf Metallflecken im Papier zurückzuführen; oder zu unlöslichen Partikeln, die im Bad schwimmen.

9. *Markierungen des Pinsels in Ammonio -Nitrat- Bildern.* — In diesem Fall liegt wahrscheinlich ein Überschuss an Ammoniak vor, der das Chlorid des Silbers auflöst. Fügen Sie etwas frisches Silbernitrat hinzu oder verwenden Sie das in Ammoniak gelöste Silberoxid (S. 249).

10. *Marmorierte Flecken auf der Oberfläche des Drucks.* — Ziehen Sie einen Streifen Löschpapier vorsichtig über die Oberfläche des Nitratbades, bevor Sie das Papier sensibilisieren. und achten Sie darauf, dass das Blech den Boden der Schüssel nicht berührt.

11. *Streifen auf Albuminpapier .* — Tragen Sie das Albumin schneller und gleichmäßiger auf das Papier auf. Gelingt dies nicht, geben Sie etwas Ochsengalle hinzu (S. 243).

12. *Entfernung des Eiweißes vom Papier während der Sensibilisierung.* — Das Nitratbad ist wahrscheinlich alkalisch (siehe Seite 89).

KAPITEL VI.

LANDSCHAFTSFOTOGRAFIE AUF KONSERVIERTEM KOLLODION UND KOLLODIO-ALBUMEN.

DAS Kollodiumverfahren kann mit Erfolg auf die Landschaftsfotografie angewendet werden; Da die Platten jedoch kurz nach der Entnahme aus dem Bad trocknen und ihre Empfindlichkeit verlieren, muss sich der Bediener ein gelbes Zelt oder ein tragbares Fahrzeug zur Verfügung stellen, in dem die Sensibilisierungs- und Entwicklungsvorgänge durchgeführt werden können. Da es beim Kollodiumverfahren von großer Bedeutung ist, dass die Platte in der Kamera genau die richtige Menge an Belichtung erhält – ein paar Sekunden mehr oder weniger genügen, um den Charakter des Bildes zu beeinflussen –, werden sich viele große Mühe machen und Unannehmlichkeiten, um das Gerät an der Stelle, an der die Ansicht aufgenommen wird, vollständig zu haben.

Ziel der „Kollodium-Konservierungsverfahren" ist es, die Empfindlichkeit des Films nach der Anregung im Bad für eine bestimmte Zeit aufrechtzuerhalten. Dies ist mit einigen Schwierigkeiten verbunden, denn wenn man die Platte spontan trocknen lässt, wird die Lösung von freiem salpetersaurem Silber auf der Oberfläche durch Verdunstung konzentriert, frisst das Jodsilber weg und erzeugt durchsichtige Flecken.

Einige Bediener haben versucht, eine zweite Glasplatte so zu verwenden, dass der empfindliche Film mit einer dazwischenliegenden Flüssigkeitsschicht umschlossen wird. Allerdings ist die Schwierigkeit, die Gläser wieder zu trennen, ohne die Folie zu zerreißen, beträchtlich.

Im Verfahren der Herren Spiller und Crookes machte man sich die Eigenschaft bestimmter salzhaltiger Substanzen zunutze, lange Zeit in feuchtem Zustand zu bleiben. Solche Salze werden als „zerfließend" bezeichnet, und viele von ihnen üben eine so große Anziehungskraft auf Wasser aus, dass sie es eifrig aus der Luft absorbieren: Nachdem sich die Lösung gebildet hat, kann das Wasser nur durch die Anwendung beträchtlicher Hitze vollständig entfernt werden.

In jüngerer Zeit war Honey bei Mr. Shadbolt angestellt. [52] Diese Substanz kann kaum als zerfließend bezeichnet werden, besitzt aber, wie andere nicht kristallisierbare Zucker, die Eigenschaft, lange Zeit feucht und klebrig zu bleiben. Nach Ansicht des Autors ist Honig den anorganischen zerfließenden Salzen als Konservierungsmittel überlegen, da er eine Affinität zu Silberoxiden besitzt und somit chemisch wirkt, indem er dem Bild organische Intensität verleiht. – Kollodiumplatten, wenn sie lange in einem feuchten Zustand gehalten werden und empfindlicher Zustand ergeben oft ein blasses und blaues Bild, auch wenn das Nitrat von Silber auf dem Film verbleibt; und weder Magnesianitrat noch Glycerin scheint in der Lage zu sein, das fehlende Element zu liefern, da beide gegenüber den Salzen des Silbers fast oder ganz gleichgültig sind.

[52] Kürzlich hat Herr Maxwell Lyte behauptet, er sei der Entdecker des Honigprozesses. Dieser Herr scheint gleichzeitig mit Mr. Shadbolt zusammengearbeitet zu haben und ihm bei der Veröffentlichung vorausgegangen zu sein; Aber das Ziel von Mr. Lytes Verfahren bestand eher darin, die Empfindlichkeit der Platten zu erhöhen, als ihnen Haltbarkeitseigenschaften zu verleihen.

DIE VERFAHREN ZUR AUFBEWAHRUNG VON HONIG UND OXYMEL.

Bei kühlem Wetter können Kollodiumplatten mit einiger Sicherheit einige Stunden lang haltbar gemacht werden, indem einfach Honig in dem Zustand aufgetragen wird, in dem sie aus dem Silbernitratbad entnommen wurden.

Den besten reinen nativen Honig erhalten Sie, indem Sie ihn sofort aus der Wabe tropfen lassen. Dieser Punkt ist wichtig, denn wenn die Honigprobe von minderer Qualität oder verfälscht ist, kann der Prozess möglicherweise nicht erfolgreich sein. Die zuzugebende Wassermenge variiert je nach Konsistenz des Honigs und reicht von etwa der gleichen Menge bis zu zwei Teilen: Sie sollte ausreichen, um die Konservierungslösung langsam durch Filterpapier laufen zu lassen.

Nachdem die Platte aus dem Nitratbad genommen wurde, ist sie wie gewohnt abzutropfen und auf der Rückseite abzuwischen. Der Honig wird dann am Rand entlang gegossen, sodass eine breite Welle entsteht, die die Silbernitratlösung vor sich her drückt und den Film bedeckt. Anschließend den Teller in ein Maß abtropfen lassen und wie zuvor eine zweite Portion Honig darübergießen. Diese zweite Dosis kann für die erste Anwendung auf der folgenden Platte erneut verwendet werden.

Stellen Sie das Glas schließlich etwa eine Viertelstunde oder zwanzig Minuten lang auf Löschpapier an einen dunklen Ort und wischen Sie den unteren Rand ab, bevor Sie es in die Plattenbox legen.

Die erforderliche Einwirkungszeit wird wahrscheinlich etwa vier- bis fünfmal so lang sein wie die für neues und empfindliches Collodion oder doppelt so lang wie die Einwirkungszeit für altes und braunes Collodion.

Tauchen Sie die Platte vor dem Auftragen des Entwicklers fünf Minuten lang in ein Regenwasserbad und bewegen Sie sie dabei gelegentlich, um den Honig weicher zu machen. Dies wird wahrscheinlich für Teller ausreichen, die nicht länger als vier Stunden aufbewahrt wurden, und darüber hinaus gilt der Vorgang nicht als sicher, da der Honig eine langsam reduzierende Wirkung auf das Silbernitrat ausübt.

Die Lösung von Pyrogallussäure kann in normaler Stärke mit einer vollen Dosis Essigsäure verwendet werden. Zuerst kommt nur ein schwaches Bild heraus, aber wenn man über die Platte eine frische Portion des Entwicklers gießt und zu jeder flüssigen Drachme zwei oder drei Tropfen des Nitratbades hinzufügt, kann es beliebig intensiviert werden.

Hyposulfit von Soda fixieren und wie gewohnt waschen.

Wenn der Prozess aufgrund der Hitze des Wetters oder aus anderen Gründen fehlschlägt, wird das Bild im durchfallenden Licht wahrscheinlich schwach und rot sein und die Schatten sind fehlerhaft und neblig. Dies ist besonders wahrscheinlich, wenn das Nitratbad sehr alt ist und viel Silberacetat enthält; oder wenn dieselbe Portion Honig mehr als einmal verwendet wird und durch die Wirkung von Silbernitrat teilweise zersetzt wurde. Die Verwendung von *reinem* Honig, frei von Schimmel und Gärung, wird *bei kühlem Wetter* mit ziemlicher Sicherheit zum Erfolg führen.

Eine Modifikation des Prozesses, wenn die Platten länger als vier Stunden aufbewahrt werden sollen. — In diesem Fall muss das gesamte oder der größte Teil des Nitratsilbers entfernt werden, bevor das Konservierungsmittel aufgetragen wird. Waschen Sie die empfindliche Platte in Wasser, wie auf der nächsten Seite für das Oxymel-Verfahren beschrieben. Anschließend den Sirup wie zuvor so dick wie möglich auftragen. Honigteller, die kein Silbernitrat enthalten, können im Allgemeinen fünf oder sechs Tage lang aufbewahrt werden; oft viel länger. Dr. Mansell, der dieses Verfahren mit großem Erfolg angewendet hat, spricht von der *Temperatur* als einem Punkt, auf den man achten muss. Bei heißem Wetter wird die gleiche Haltbarkeitsdauer nicht erreicht.

Verwendung von Oxymel zur Konservierung von Kollodiumplatten . — Die Hauptschwierigkeit bei der Verwendung von Honig in der Fotografie ist seine Neigung zur Gärung oder zur Schimmelbildung . Die Fermentation erfolgt am leichtesten in einer verdünnten Lösung und wird verhindert, indem der Sirup so dick und wasserfrei wie möglich verwendet wird. Herr Llewellyn verwendet „Oxymel“, eine Mischung aus Honig und Essig, als Konservierungsmittel. Dieser Stoff bleibt auch in verdünnter Lösung lange

Zeit ohne Zersetzung haltbar; Da es sich sehr leicht von den Platten entfernen lässt, beeinträchtigt es die Entwicklung des Bildes nicht. Die Herstellung von Oxymel ist im Vokabular Teil III beschrieben; Es muss mit drei oder vier Teilen Wasser verdünnt und filtriert werden.

Bestimmte Tatsachen, auf die Dr. Norris und Mr. Barnes in letzter Zeit bei der Arbeit mit trockenem Collodion aufmerksam gemacht haben, können bei der Verwendung von Oxymel vorteilhaft berücksichtigt werden; Die Konservierungslösung wird in so verdünntem Zustand eingesetzt, dass das Verfahren weitgehend einem trockenen Kollodiumverfahren ähnelt. Die oben genannten Beobachtungen beziehen sich auf die Qualität des für diesen Zweck am besten geeigneten Kollodiums und sind auf Seite 298 zu finden, auf die der Leser verwiesen wird.

Die Handhabung des Oxymel-Prozesses ist sehr einfach. Es stehen zwei flache Guttaperchaschalen zur Verfügung, eine mit klarem Wasser und die andere mit verdünntem und gefiltertem Oxymel. Die Kollodiumplatte wird nach der Entnahme aus dem Bad in die erste Schale gelegt und vorsichtig auf und ab gekippt, um das freie Silbernitrat abzuwaschen. Nach einigen Sekunden, wenn die Flüssigkeit milchig geworden ist, wird sie weggegossen und mit frischem Wasser versetzt. Der Vorgang wird wiederholt, *bis die öligen Linien verschwinden und die Oberfläche des Films glatt und glasig wird*. Die Platte wird dann, nach einem leichten Abtropfen, auf das zweite Tablett gestellt und das Oxymel etwa eine halbe Minute lang hin und her geschwenkt. Danach wird das Glas herausgehoben und senkrecht auf Löschpapier gestellt, das nach dem Einlegen erneuert werden muss wird nass und gesättigt.

Die Platten können jederzeit innerhalb von zwei Wochen ab dem Datum ihrer Herstellung verwendet werden und es ist nicht notwendig, sie unmittelbar nach der Belichtung zu entwickeln . Die Empfindlichkeit ist erheblich geringer als die von frischem Kollodium: Mit einem stereoskopischen Objektiv mit einer Viertelzoll-Membran können zwei bis fünf Minuten vergehen.

Vor dem Entwickeln sollte der Film einige Sekunden lang vorsichtig mit klarem Wasser gewaschen werden. Dann kann eine Lösung von Pyrogallussäure in gewöhnlicher Stärke, die jedoch zuvor mit einem Teil der Nitratbadlösung gemischt wurde, ein oder zwei Tropfen pro Drachme, auf übliche Weise darüber gegossen werden. Bei heißem Wetter weniger Silbernitrat und mehr Essigsäure verwenden. Wenn es zu einer Verfärbung des Entwicklers kommt, mischen Sie eine frische Portion an und verfahren Sie wie zuvor.

VORSICHTSMASSNAHMEN, DIE BEI DER Aufrechterhaltung DER PROZESSE ZU BEACHTEN SIND.

Damit die Folie haftet, müssen die Platten an den Rändern und auch an der Oberfläche aufgeraut werden.

Es empfiehlt sich, ein einigermaßen dickes Kollodium zu verwenden, das einen gelben Film ergibt; Die blassen opaleszierenden Filme werden durch Markierungen auf dem Glas leichter angegriffen und halten nicht so viel Sirup oder salpetersaures Silber auf der Oberfläche zurück.

Der Raum, in dem die Teller zubereitet werden, muss sorgfältig vor verstreuten weißen Lichtstrahlen geschützt werden; Die Filme sind durch diese Ursache während der gesamten Zeit, in der der Konservierungssirup aufgetragen wird, einer Schädigung ausgesetzt; und daher wird alles, was weniger als die absolute chemische Dunkelheit ist, wahrscheinlich Nebel verursachen; besonders dann, wenn freies Silbernitrat auf dem Film zurückbleibt.

Das Wasser, das zum Abwaschen des freien Silbernitrats vor dem Auftragen der Konservierungsflüssigkeit verwendet wird, muss nicht destilliert werden. Gewöhnliches hartes Wasser, das Karbonate und Chloride enthält und mit Silbernitrat *Milchigkeit erzeugt, reicht oft aus.* Das Wasser des New River und der Themse , mit denen viele Teile Londons versorgt werden, kann sicherlich genutzt werden; aber im Falle eines sehr *harten* Wassers, das viel Sulfatkalk enthält, könnte es vielleicht ratsam sein, es durch sauberes Regenwasser zu ersetzen, das frei von braunen organischen Verfärbungen ist.

Das Konservierungsmittel Oxymel muss sorgfältig gefiltert und *abgedeckt aufbewahrt werden* , um es vor Staub zu schützen. Gelegentlich muss man es auch vor der Verwendung durch ein Stück weißes Batist laufen lassen, um suspendierte Partikel zurückzuhalten, die, wenn man sie zurückbehält, eine Quelle von Flecken darstellen würden. Wenn es schimmelig wird , sich durch Silber verfärbt oder gärt und Gase entwickelt, werfen Sie es weg.

Nachdem der Sirup aufgetragen und die Teller abgetropft sind, verstauen Sie sie in einer gerillten Box, die perfekt vor Licht geschützt ist. oder legen Sie sie in Objektträger, die peinlich sauber gehalten werden müssen, da jede Spur von Verunreinigung wahrscheinlich zu Flecken führen würde, wenn die Platte längere Zeit im Objektträger belassen würde. Wenn die konservierten Teller in einem Schrank oder einer Kiste aufbewahrt werden, achten Sie darauf, dass keine flüchtigen Stoffe wie Ammoniak, Kohlengas usw. eindringen können.

Zum Auswechseln der Platten nach der Belichtung in der Kamera verwenden Sie einen großen Beutel aus schwarzem Kattun *verschiedener Stärken* , in den oben ein Quadrat aus gelbem Kattun eingelassen ist. ein elastisches Band, das es um die Taille befestigt.

DER KOLLODIO-ALBUMEN-VERFAHREN.

Dieses Verfahren, dessen Theorie auf Seite 181 kurz erläutert wurde , ist empfindlicher als das zuletzt beschriebene und hat den zusätzlichen Vorteil, dass man *trockene* Platten erhält, die keinen Staub anziehen und weniger anfällig für Verletzungen sind. Die Details der Manipulation sind komplex, aber diese Unannehmlichkeiten sind bei der Zubereitung einer großen Anzahl von Tellern nicht so sehr spürbar.

Reinigung der Brille. — Der Erfolg hängt stark von der Art und Weise ab, in der dieser Teil des Prozesses durchgeführt wird. Die Albuminschicht, die auf den Kollodiumfilm aufgetragen wird, neigt dazu, anzuschwellen und diesen in Blasen zu stürzen; Die wirksamste Möglichkeit, dies zu vermeiden, besteht darin, das Glas so zu reinigen, dass der Film mit ungewöhnlicher Zähigkeit haftet.

Der Liquor Potassæ der Drogisten, mit drei oder vier Teilen Wasser verdünnt und mit einer Flanellrolle auf das Glas gerieben (Seite 214), ist sehr wirksam. Falls gewünscht, kann jedoch auch eine Mischung aus Tripoliswasser und Salpetersäure verwendet werden :

Tripolis   1 Drachme.

Salpetersäure 30 Minim.

Wasser   1 Unze.

Legen Sie das Glas flach auf ein Tuch und reiben Sie die Oberfläche sorgfältig mit einem in Tripoli getauchten Wattebausch ab. Anschließend, bevor die Creme trocknet, mit einem zweiten Büschel abwischen und mit einem dritten polieren. Zum Schluss hauchen Sie auf das Glas und nachdem Sie sich vergewissert haben, dass es chemisch rein ist, tragen Sie das Kollodium auf.

Beschichtung mit Kollodium. — Wählen Sie ein eher dünnes Kollodium, das fest am Glas haftet. Ein Präparat, das nach der Jodierung lange Zeit aufbewahrt wurde, erfüllt den Zweck normalerweise sehr gut, und in der Regel ist ein nicht kontraktiles, strukturloses Collodion besser als eines, das klebrig und wellig ist. Es wird angenommen, dass der Grad der

Empfindlichkeit des Kollodiums keinen großen Einfluss auf das Ergebnis hat.

Beschichten der Platte. — Tragen Sie das Kollodium wie gewohnt auf und lassen Sie es vollständig aushärten, bevor Sie es in das Bad eintauchen, um die Haftung am Glas zu verbessern . Bei aus wasserfreiem Alkohol zubereitetem Collodion kann bei kühlem Wetter etwa eine halbe Minute eingenommen werden.

Das Nitratbad . – Ausziehen

Geschmolzenes Silbernitrat 40 Körner.

Eisessig   30 Minim.

Alkohol   20 Minim.

Wasser   1 Flüssigunzen.

Mit Silberjodid sättigen, wie auf Seite 204 beschrieben , und filtrieren. Ein Eintauchen von einer Minute reicht aus; Bewegen Sie die Platte anschließend auf und ab und waschen Sie sie in klarem Wasser, wie für das Oxymel-Konservierungsverfahren auf Seite 292 empfohlen . Stellen Sie es dann auf ein Löschpapier, lassen Sie es ein oder zwei Minuten lang abtropfen, wischen Sie die Rückseite des Glases ab und gießen Sie das Albumen darüber.

Dieses Bad kann sich mit der Zeit verfärben ; Benutzen Sie es weiter, bis es eine dunkle Sherryfarbe hat , und behandeln Sie es dann mit „Kaolin" auf die Art und Weise und mit den Vorsichtsmaßnahmen, die auf den Seiten 91 und 245 empfohlen werden.

Das jodierte Eiweiß. — Beschaffen Sie Eier, die frisch gelegt oder nicht älter als zwei bis drei Tage sind. Trennen Sie die Weißen auf die gleiche Weise wie bei Albuminpapier (S. 241) und mischen Sie sie nach der folgenden Formel:

Eiweiß   9 Flüssigunzen.

Wasser   3 Flüssigunzen.

Alkohol Ammoniae   2 flüssige Drachmen.

Jodid von Kalium   48 Körner.

Bromid von Kalium 12 Körner.

Das Jodid und Bromid sollten frei von Kalikarbonat sein, das angeblich Nadellöcher in den Negativen verursacht. Um sicherzustellen, dass dieses

Salz nicht vorhanden ist, lösen Sie die gesamte Menge an Jodid und Bromid in den in der Formel empfohlenen drei Unzen Wasser auf; Fügen Sie dann vor der Zugabe von Ammoniak und Eiweiß *ein sehr kleines Jodteilchen hinzu* , das gerade ausreicht, um die Flüssigkeit zu färben . Das Jod zersetzt das kohlensaure Kali, darf aber nicht im Übermaß verwendet werden, da freies Jod die Eigenschaft besitzt, Eiweiß zu koagulieren. Jodid von Cadmium koaguliert auch Albumen, so dass die Jodide von Kalium und Ammonium die besten sind.

Nachdem Sie die Zutaten in der oben angegebenen Reihenfolge vermischt haben, geben Sie sie in eine Flasche und schütteln Sie sie kräftig, bis sie vollständig vermischt sind. Dann in ein hohes, schmales Glas umfüllen; Lassen Sie es 24 Stunden ruhen und entnehmen Sie den oberen, durchsichtigen Teil zur Verwendung. Einzelheiten zu diesem Teil des Prozesses wurden bereits unter der Überschrift „Albuminisiertes Papier" aufgeführt, auf die der Leser verwiesen wird (S. 241).

Die ammoniakalische Eiweißlösung kann in einer verschlossenen Flasche einige Zeit ohne größere Zersetzung aufbewahrt werden. Sollten sich Schleimfäden darin bilden, durch feines Leinen filtern.

Art der Anwendung des Eiweißes. – Bedecken Sie den feuchten Film mit Albumin auf die gleiche Weise, wie es für Collodion (S. 216) empfohlen wurde, und gießen Sie auf einmal eine ausreichende Menge darauf, damit es sich in einer gleichmäßigen und ungeteilten Schicht ausbreitet; Andernfalls kann ein geädertes Aussehen entstehen, das sich in der Entwicklung bemerkbar macht. Geben Sie den überschüssigen Eiweißstoff in die Flasche zurück und gießen Sie ihn erneut auf den Teller: Der Film bleibt klar und durchsichtig, wenn das gesamte salpetersaure Silber ordnungsgemäß vom Collodion abgewaschen wurde. Zum Schluss stellen Sie die Platte zum Trocknen nahezu senkrecht auf Löschpapier. Dies wird fünf bis sechs Stunden in Anspruch nehmen; aber der Prozess kann durch künstliche Hitze beschleunigt werden.

Nachdem die Eiweißlösung nacheinander zum Beschichten mehrerer Platten verwendet wurde, wird sie mit Wasser verdünnt; Dies hat zur Folge, dass am oberen und unteren Rand des Films eine ungleiche Bildintensität entsteht.

Die jodierten Albuminplatten sind in diesem Stadium des Prozesses nahezu oder völlig lichtunempfindlich und können viele Wochen lang unverändert aufbewahrt werden.

Sensibilisierung des Eiweißfilms . — Wenn die Platte völlig trocken geworden ist, wird sie erneut in das Bad aus acetonitrathaltigem Silber gegeben und eine

Minute dort belassen; dann wird sie mit Wasser auf die gleiche Weise wie zuvor, aber mit noch größerer Sorgfalt, der Reihe nach gewaschen um Trübungen in der Entwicklung zu vermeiden. Sollten sich beim Trocknen Blasen bilden, kann es nützlich sein, den Vorgang zu beschleunigen, indem man die Teller ans Feuer hält – oder ein heißes Bügeleisen in die Mitte einer abgedeckten Kiste stellt und die Gläser an den Seiten aufrichtet. Dadurch trocknen sie schnell und es bleibt keine Zeit, dass das Albumen durch das Aufsaugen stark anschwillt.

Belichtung in der Kamera. — Dies kann jederzeit innerhalb weniger Wochen ab dem Datum der Plattenvorbereitung erfolgen. Für eine Landschaftsaufnahme mit einem kleinen stereoskopischen Einzelobjektiv sollten Sie im Winter etwa drei Minuten und im Sommer eineinhalb Minuten einplanen.

Entwicklung des Bildes. — Dies kann mit erfolgreichen Ergebnissen bis zu vierzehn Tage nach der Exposition hinausgezögert werden. Gießen Sie Wasser über die Platte, bis der Film vollständig benetzt ist. Bedecken Sie es dann mit einer Lösung von Pyrogallussäure, die ein Gran Säure auf eine Unze Wasser und zwanzig Minim Eisessig enthält. Zwei Tropfen einer neutralen Lösung von Nitratsilber, hergestellt aus vierzig Körnern Nitrat pro Unze Wasser, müssen zuvor zu jeder flüssigen Drachme des Pyrogallus gegeben werden. Die Entwicklung beginnt im Falle einer mit Sonnenlicht aufgenommenen Landschaftsaufnahme fast sofort und kann in etwa zehn Minuten abgeschlossen sein, aber die für die Entwicklung benötigte Zeit hängt stark von der Belichtungsdauer, der Menge an Nitratsilber usw. ab die Art des Motivs wurde kopiert – ein schlecht beleuchteter Innenraum zum Beispiel, bei dem es oft eine Stunde oder länger dauert, bis alle Details sichtbar sind. Sollte sich der Entwickler verfärben , bevor die richtige Intensität erreicht ist, schütten Sie ihn ab und mischen Sie eine neue Menge an.

Das Bild reparieren . — Hyposulfit von Soda (eine bis vier Unzen Wasser) wird dem Cyanid von Kalium vorzuziehen sein, da letzteres eine lösende Wirkung auf das Eiweiß hat. Es wird eine ungewöhnlich lange Zeit erforderlich sein, da das Fixiermittel das Eiweiß durchdringen muss, um das darunter liegende Collodion zu erreichen.

Durch sorgfältiges Waschen in Wasser für fünf bis zehn Minuten wird der Überschuss an Hyposulfit entfernt , und die Platte kann dann wie gewohnt lackiert werden.

DER TROCKENKOLLODION-VERFAHREN.

Die früheren Versuche, empfindliche Kollodiumplatten im ausgetrockneten Zustand einzusetzen, blieben erfolglos. Der Pyroxylinfilm schrumpft beim Trocknen und wird nahezu undurchlässig für Feuchtigkeit. Da die Entwicklungslösung nicht richtig eindringt, kann die Dichte nicht leicht erreicht werden. Wir sind Dr. Hill Norris aus Birmingham zu Dank verpflichtet, dass er die Theorie des Themas auf eine korrektere Grundlage gestellt hat. Er hat darauf hingewiesen, wie wichtig es ist, zwei verschiedene Zustände der Kollodiumoberfläche zu unterscheiden, [53] nämlich. die *kontraktile Form*, die in frisch gemischtem Collodion häufig vorkommt, und die *kurze* oder *pulverförmige Form* in Collodion, das mit den alkalischen Jodiden jodiert und so lange aufbewahrt wurde, bis viel Jod freigesetzt wurde. Letzteres ist die am besten geeignete Bedingung für den Trockenprozess; und die praktische Art und Weise, zwischen ihnen zu unterscheiden, besteht darin, eine Platte zu sensibilisieren und mit dem Finger darüber zu fahren; Wenn es in einer festen und verbundenen Haut leicht weggedrückt werden kann, ist es für den erforderlichen Zweck ungeeignet . Um den Film weiterhin in einem für den Entwickler durchlässigen Zustand zu erhalten, empfiehlt es sich, ihn im feuchten Zustand mit einer Gelatinelösung zu beschichten .

[53] Eine ausführlichere Beschreibung dieser Zustände des Films finden Sie auf Seite 83 .

Das trockene Collodion-Verfahren ist zwar weniger empfindlich, aber einfacher als das auf Collodi -Albumen und weist viele seiner Vorteile auf; Es ist jedoch weniger universell anwendbar, da sein Erfolg ausschließlich vom besonderen Zustand des Kollodiums abhängt und in dieser Hinsicht dem bereits beschriebenen Oxymel-Prozess ähnelt.

Zubereitungsart der Teller. — Die Gläser werden in üblicher Weise mit dem Kollodium beschichtet. Da es bei diesem wie auch beim letzten Prozess leicht zu Blasenbildung während der Entwicklung kommen kann, muss sorgfältig darauf geachtet werden, dass die Filme mit der größtmöglichen Zähigkeit haften, sowohl durch besonders sorgfältiges Reinigen der Gläser (siehe S. 294) als auch durch Einwirken lassen Lassen Sie das Kollodium vor dem Eintauchen in das Bad fest aushärten. Die Platte kann zwanzig bis dreißig Sekunden vor dem Eintauchen oder sogar länger gehalten werden, vorausgesetzt, dass der Film beim Herausheben aus dem Bad überall eine gleichmäßige Dicke aufweist (siehe Seite 218).

Nach Abschluss der Sensibilisierung waschen Sie die Platten mit klarem Wasser, genau wie bei Oxymel (S. 292). Bleibt Silbernitrat übrig, kommt es während der Entwicklung zu einer Trübung. Nach dem Waschen einige Sekunden abtropfen lassen und in die Gelatinelösung eintauchen .

Um dieses Bad vorzubereiten, nehmen Sie es aus

Nelsons Patentgelatine 128 Körner.

Destilliertes Wasser   14 Unzen.

Alkohol   2½ Unzen.

Geben Sie die Gelatine in das kalte Wasser und lassen Sie sie eine Viertelstunde lang weich werden und quellen. Bei sanfter Hitze löst es sich dann leicht auf. Dies kann in einem glasierten Topf oder einem Stück Steingut erfolgen. Achten Sie darauf, dass der untere Teil nicht durch zu starke Hitze verbrennt. Als nächstes klären Sie die Lösung, indem Sie noch warm einen Teelöffel Eiweiß (zuvor mit einer silbernen Gabel aufgeschlagen) hinzufügen und anschließend fast bis zum Siedepunkt erhitzen . Nun muss der Alkohol hinzugefügt werden, um die Gerinnung des Eiweißes zu erleichtern. Wenn dies geschieht und die Flüssigkeit klar wird, filtern Sie sie durch ein sauberes Stück Batist, das drei- oder viermal gefaltet ist. Wenn ein Filtergerät für heißes Wasser erhältlich ist, kann die Lösung durch *Papier* geleitet werden ; Da es jedoch beim Abkühlen zur Gelatinierung neigt, versagt die gewöhnliche Filtrationsmethode häufig. Die Alkoholmenge in der obigen Formel ist größer als normalerweise empfohlen, da eine teilweise Verdunstung des Spiritus berücksichtigt wurde.

Die gefilterte Flüssigkeit kann in eine flache Porzellanschale oder eine vertikale Wanne gegossen werden. In beiden Fällen muss das Gefäß jedoch in warmes Wasser gestellt werden, um eine Gelatinierung zu verhindern.

Die gründlich gewaschene Kollodiumplatte wird in diese Lösung eingetaucht und zwei bis drei Minuten lang auf und ab bewegt. Anschließend wird es entnommen, auf Löschpapier abgetropft und getrocknet. Der Einsatz künstlicher Wärme beim Trocknen wird sich als großer Vorteil erweisen; Es verhindert, dass sich die Gelatine ungleichmäßig auf dem Teller absetzt. Wer ein Gerät besitzt, das speziell zum Trocknen von Tellern mit Heißluft entwickelt wurde, wird keine Schwierigkeiten haben, aber mit ein wenig Kontrolle lässt sich auch ein gewöhnlicher Koffer aus Holz herstellen. Decken Sie den Boden der Schachtel mit Löschpapier ab, und nachdem Sie ein oder zwei „Bügeleisen" erhitzt haben, platzieren Sie sie in der Mitte . Stellen Sie dann die Gläser nebeneinander auf, wobei die beschichtete Oberfläche nach innen zeigt. In einer Viertelstunde oder bis zu zwanzig Minuten ist die Austrocknung abgeschlossen. Wenn die Kollodiumplatten in einem Raum mit Feuer vorbereitet werden, können sie in einem Abstand von zwei bis drei Fuß nebeneinander aufgestellt werden und auf diese Weise ohne Angst vor Verletzungen sicher getrocknet werden, vorausgesetzt, weißes Licht wird ausgeschlossen.

Im trockenen Zustand können sie in einer Box verstaut werden; Dabei sind alle auf Seite 293 aufgeführten Vorsichtsmaßnahmen zu beachten. Die Empfindlichkeit bleibt über viele Tage, bei kaltem Wetter möglicherweise über Wochen oder Monate erhalten.

Belichtung in der Kamera. — Ermöglichen Sie die vier- bis achtfache Belichtung des empfindlichsten feuchten Kollodiums. An einem klaren Sommertag kann eine sonnenbeschienene Ansicht mit einem stereoskopischen Objektiv mit kurzer Brennweite und einer Blende von einem Viertel Zoll Durchmesser eine oder eineinhalb Minuten dauern. Die durchschnittliche Zeit wäre jedoch mit dem gleichen Objektiv etwa doppelt so lang, nämlich. drei Minuten.

Entwicklung des Bildes. — Stellen Sie eine gesättigte Lösung von Gallussäure in Wasser gemäß den Anweisungen auf Seite 261 her . Dann lösen Sie vierzig Gran reines Silbernitrat in einer Unze destilliertem Wasser auf. Gießen Sie in eine flache Porzellanschale eine ausreichende Menge der Gallussäurelösung, um die Platte vollständig zu überfluten. Dann messen Sie es ab und fügen Sie zu jeder Flüssigunze *zehn Minim* der Silberlösung hinzu, oder fünf Minim bei heißem Wetter. Es ist wichtig, dass beim Mischen dieser Flüssigkeiten keine Verfärbungen auftreten. Um dies zu vermeiden, beachten Sie die folgenden Vorsichtsmaßnahmen: – Reinigen Sie das Porzellangefäß vor dem Gebrauch sorgfältig mit Salpetersäure oder Cyanid. Verwenden Sie eine reine Lösung von Nitratsilber; und mischen Sie es mit der Gallussäure, anstatt die Gallussäure zur Silberlösung hinzuzufügen (lesen Sie die Bemerkungen auf S. 179).

Es kann damit gerechnet werden, dass das Bild in fünf oder zehn Minuten erscheint, und in einer Stunde oder in weiteren vier Stunden (S. 298) wird die Entwicklung abgeschlossen sein. Es ist nicht notwendig, die Platten in Bewegung zu halten, sondern sie einfach nebeneinander in die Gallussäurelösung zu legen. Wenn der Entwickler trotz aller Vorsichtsmaßnahmen zu schwärzen beginnt, bevor die Intensität den gewünschten Wert erreicht hat, muss er abgegossen und eine neue Mischung hergestellt werden. Dies wird jedoch nicht oft passieren.

Wenn schließlich die volle Opazität erreicht ist, waschen Sie die Platte mit Wasser und fixieren Sie sie in einer Lösung von Hyposulfitnatron oder einer verdünnten Lösung von Cyanidkalium.

Fehler im Prozess. — Flecken in der Entwicklung können durch die Verwendung von schmutzigem Geschirr oder Gläsern entstehen, die in Gallo-Nitrat-Silber eingelegt und unsachgemäß gereinigt wurden. Es ist zu beachten, dass diese Verunreinigungen für das Auge nicht sichtbar sind, obwohl sie den Effekt haben, dass sie den Entwickler verfärben . Eine gründliche Reinigung mit starker Salpetersäure oder Kali schafft Abhilfe.

Blasen können, sofern sie nicht groß sind, häufig vernachlässigt werden, da sie beim Trocknen verschwinden. Eine allgemeine Trübung kann darauf zurückzuführen sein, dass der Film nicht perfekt gewaschen wurde. Eine unregelmäßige Reduzierung an bestimmten Stellen kann darauf zurückzuführen sein, dass die Gelatine vor dem Trocknen der Platte ausgehärtet wurde, oder auf Flecken, die durch das Anfassen des Fingers am oberen Rand der Platte entstanden sind. [54]

[54] Seitdem das Obige geschrieben wurde, hat Herr Maxwell Lyte dem „Photographic Journal" (Bd. III.) einen trockenen Prozess mitgeteilt, bei dem ein *modifizierter* Es wird Gelatine verwendet. Die Veränderung entsteht durch Kochen einer Gelatinelösung mit verdünnter Schwefelsäure , die anschließend mit Kreide neutralisiert und entfernt wird. Das Ergebnis ist die Zerstörung der gelatinierenden Eigenschaft der tierischen Substanz; Die Lösung behält beim Abkühlen ihre Fließfähigkeit und die Notwendigkeit, künstliche Wärme zum Trocknen der Platten einzusetzen, wird vermieden.

TEIL III.

ÜBERBLICKE oder ALLGEMEINE CHEMIE.

KAPITEL I.

DIE CHEMISCHEN ELEMENTE UND IHRE KOMBINATIONEN.

DIE Grenzen der vorliegenden Arbeit erlauben nur eine einfache Skizze der Themen, die in diesem Kapitel behandelt werden sollen. Unsere Aufmerksamkeit muss sich daher auf die Erläuterung bestimmter Punkte beschränken, auf die im ersten Teil des Werkes hingewiesen wird und ohne deren richtiges Verständnis es für den Leser unmöglich sein wird, Fortschritte zu machen.

Die folgende Einteilung kann übernommen werden: – Die wichtigeren Elementarkörper mit ihren Symbolen und Atomgewichten; die durch ihre Vereinigung gebildeten Verbindungen; die Klasse der Salze; Illustrationen zur Natur der chemischen Affinität; Chemische Nomenklatur; Symbolische Notation; die Gesetze der Kombination; die Atomtheorie; die Chemie organischer Körper.

DIE CHEMISCHEN ELEMENTE MIT IHREN SYMBOLEN UND ATOMGEWICHTEN.

Die Klasse der Elementarkörper umfasst alle Stoffe, die sich nach dem heutigen Stand unseres Wissens nicht in einfachere Formen der Materie auflösen lassen.

Die chemischen Elemente werden je nach Besitz bestimmter allgemeiner Merkmale in „metallische" und „ nichtmetallische" unterteilt.

Im Folgenden sind einige der wichtigsten nichtmetallischen Elemente mit den zu ihrer Bezeichnung verwendeten Symbolen und ihren Atomgewichten aufgeführt: [55] –

		Symbol.	Atomgewicht.
Gase.	Sauerstoff	Ö	8
	Wasserstoff	H	1
	Stickstoff	N	14
	Chlor	Cl	36
Feststoffe.	Jod	ICH	126
	Kohlenstoff	C	6

	Schwefel	S	16
	Phosphor	P	32
Flüssig.	Brom	Br	78
Unbekannt.	Fluor	F	19

Die metallischen Elemente sind zahlreicher. Die folgende Liste enthält nur diejenigen, die allgemein bekannt sind:

		Symbol.	Atomgewicht.
Metalle der Alkalien .	Kalium	K	40
	Natrium	N / A	24
Metalle der alkalischen Erden	Barium	Ba	69
	Kalzium	Ca	20
	Magnesium	Mg	12
Metalle richtig.	Eisen	Fe	28
	Zink	Zn	32
	Cadmium	CD	56
	Kupfer	Cu	32
	Führen	Pb	104
	Zinn	Sn	59
	Arsen	Als	75
	Antimon	Sb	129
Nobelmetalle .	Quecksilber	Hg	202
	Silber	Ag	108
	Gold	Au	197
	Platin	Pt	99

[55] Die Atomgewichte, mit Ausnahme des Goldes, stammen aus der letzten Ausgabe von Brandes „Manual of Chemistry".

ÜBER DIE BINÄREN VERBINDUNGEN DER ELEMENTE.

Viele der Elementarkörper neigen stark dazu, sich miteinander zu verbinden und Verbindungen zu bilden, die sich in ihren Eigenschaften von denen ihrer einzelnen Elemente unterscheiden. Diese Anziehung, die „chemische Affinität" genannt wird, wird hauptsächlich zwischen Körpern ausgeübt, die einander in ihren allgemeinen Charakteren entgegengesetzt sind. Nehmen wir zum Beispiel die Elemente Chlor und Jod – sie reagieren in ihren Reaktionen analog und daher besteht zwischen ihnen nur eine geringe Anziehungskraft, während sich jedes der beiden eifrig mit Silber verbindet, das ein Element einer anderen Klasse ist. Also nochmal. Schwefel verbindet sich mit den Metallen, aber zwei metallische Elemente sind einander vergleichsweise gleichgültig.

Sauerstoff ist mit Abstand das wichtigste in der Liste der chemischen Elemente. Es verbindet sich mit allen anderen, mit der einzigen Ausnahme vielleicht von Fluor. Die ausgeübte Anziehung oder chemische Affinität ist jedoch in den verschiedenen Fällen sehr unterschiedlich. Die Metalle als Klasse werden leicht oxidiert; während viele der nichtmetallischen Elemente, wie Chlor, Jod, Brom usw., nur eine geringe Affinität zu Sauerstoff aufweisen. Stickstoff ist auch ein besonders negatives Element und zeigt kaum oder gar keine Tendenz, sich mit den anderen zu verbinden.

Klassifizierung binärer Verbindungen, die Sauerstoff enthalten . – Wenn sich ein einfaches Element mit einem anderen verbindet, wird das Produkt als „binäre" Verbindung bezeichnet.

Es gibt drei verschiedene Klassen binärer Sauerstoffverbindungen : Neutrale Oxide, basische Oxide und saure Oxide.

Neutrale und basische Oxide. – Nehmen wir als Beispiele das Wasserstoffoxid oder Wasser, ein neutrales Oxid; das Oxid von Kalium oder Pottasche, ein basisches Oxid.

Wasser wird als neutrales Oxid bezeichnet, weil seine Affinitäten gering sind und es gegenüber anderen Körpern vergleichsweise gleichgültig ist. Kali und Silberoxid sind Beispiele für basische Oxide; aber es gibt einen großen Unterschied zwischen den beiden in der chemischen Energie , wobei erstere zu einer höheren Klasse von Basen gehört, nämlich. das Alkalische.

Durch das Studium der allen bekannten Eigenschaften eines Alkalis (wie Kali oder Soda) gewinnen wir eine korrekte Vorstellung von der gesamten

Klasse der basischen Oxide. Ein Alkali ist eine in Wasser leicht lösliche Substanz, die aufgrund ihrer Lösungsmittelwirkung auf der Haut eine Lösung ergibt, die sich schleimig anfühlt. Es stellt sofort die blaue Farbe von gerötetem Lackmus wieder her und verwandelt den blauen Kohlaufguss in Grün. Schließlich wird es neutralisiert und verliert durch Zugabe einer Säure alle seine charakteristischen Eigenschaften.

Die *schwächeren Basen* sind in der Regel schlecht oder gar nicht wasserlöslich und haben auch nicht die gleiche ätzende und lösende Wirkung auf die Haut; aber sie stellen die Farbe von gerötetem Lackmus wieder her und neutralisieren Säuren auf die gleiche Weise wie die stärkeren Basen oder Alkalien .

Der SÄURE *Oxide.* — Diese Klasse kann, wenn man die stärkeren Säuren als Typ nimmt, wie folgt beschrieben werden: – sehr wasserlöslich, die Lösung besitzt einen intensiv säuerlichen Geschmack und eine eher *ätzende* als lösende Wirkung auf die Haut; Ändert die blaue Farbe von Lackmus und anderen pflanzlichen Substanzen in Rot und neutralisiert im Allgemeinen die Alkalien und basischen Oxide.

Beachten Sie jedoch, dass diese Eigenschaften bei verschiedenen Säuren in sehr unterschiedlichem Ausmaß vorhanden sind. Blausäure und Kohlensäure zum Beispiel schmecken nicht sauer, und da sie nur schwach reagieren, röten sie Lackmus kaum oder gar nicht. Allerdings neigen ausnahmslos alle Säuren dazu, sich mit Basen zu verbinden und sich selbst zu neutralisieren; so dass man sagen kann, dass dies die charakteristischste Eigenschaft der Klasse ist.

Chemische Zusammensetzung saurer und basischer Oxide im Vergleich. — Es ist ein allgemein, wenn auch mit vielen Ausnahmen, beobachtetes Gesetz, dass Basen durch die Vereinigung von Sauerstoff mit *Metallen* entstehen ; und Säuren, indem sich Sauerstoff mit *nichtmetallischen Elementen verbindet* . Somit ist Schwefelsäure eine Verbindung aus Schwefel und Sauerstoff; Salpetersäure aus Stickstoff und Sauerstoff. Aber das Alkali, Pottasche, ist ein Oxid des *Metalls* Kalium; und die Oxide von Eisen, Silber, Zink usw. sind Basen und keine Säuren.

Auch hier ist die Zusammensetzung von Säuren und Basen in anderer Hinsicht unterschiedlich; Erstere enthalten im Verhältnis zum anderen Element stets mehr Sauerstoff als Letztere. Wenn man die gleichen Beispiele wie zuvor verwendet, können die beiden Klassen folgendermaßen dargestellt werden:

Säuren	Vitriolöl,	Schwefel	1	Atom,	Sauerstoff	3	Atome.

		Aqua-fortis,	Stickstoff	1	"	Sauerstoff	5	"
Basen		Silberoxid,	Silber	1	Atom,	Sauerstoff	1	Atom.
		Eisenoxid,	Eisen	1	"	Sauerstoff	1	"

Die Klasse der Wasserstoffsäuren. – Sauerstoff ist im Wesentlichen das Element, das das säuernde Prinzip von Säuren bildet, dass sein Name von dieser Tatsache abgeleitet ist (ὀξύς , Säure, und γεννάω, erzeugen). Dennoch gibt es Ausnahmen von dieser Regel, und zwar bei einigen Säuren *Wasserstoff* scheint die gleiche Rolle zu spielen; Die *Hydracide* , wie sie genannt werden, entstehen hauptsächlich durch die Verbindung von Wasserstoff mit Elementen wie Chlor, Brom, Jod, Fluor usw. Daher enthält Salz- oder Salzsäure Chlor und Wasserstoff; Jodwasserstoffsäure enthält Jod und Wasserstoff.

Beachten Sie jedoch, dass die Position des Wasserstoffs in diesen Verbindungen eine andere ist als die des Sauerstoffs in den „ Oxysäuren ", was die Anzahl der normalerweise vorhandenen Atome betrifft; daher-

Aqua-fortis = Stickstoff 1 Atom, Sauerstoff   5 Atome,

Salzsäure   =   Chlor 1   "   Wasserstoff 1 Atom;

so dass die Zusammensetzung der Hydracide analog zu den *basischen* Oxiden ist, da sie ein einzelnes Atom jedes Bestandteils enthält.

Die ternären Verbindungen der Elemente.

So wie sich die verschiedenen Elementarstoffe miteinander verbinden, um binäre Verbindungen zu bilden, so vereinigen sich diese binären Verbindungen erneut und bilden *ternäre* Verbindungen.

Zusammengesetzte Körper verbinden sich jedoch in der Regel nicht mit einfachen Elementen. Nehmen Sie zur Veranschaulichung die Wirkung von Salpetersäure auf Silber, die auf Seite 12 beschrieben wird . Es wird keine Wirkung auf das Metall erzeugt, bis *Sauerstoff* zugeführt wird; dann löst sich das so gebildete Silberoxid in der Salpetersäure auf. Mit anderen Worten: Es ist notwendig, dass zunächst eine binäre Verbindung gebildet wird, bevor die Lösung stattfinden kann. Die gegenseitige Anziehung oder chemische Verwandtschaft zusammengesetzter Körper ist, wie bei den Elementen, am stärksten ausgeprägt, wenn die beiden Stoffe in ihren allgemeinen Eigenschaften einander entgegengesetzt sind.

So verbinden sich *Säuren* nicht mit anderen Säuren, wohl aber augenblicklich mit *Alkalien* ; die beiden neutralisieren sich gegenseitig und bilden ein „Salz".

Salze sind daher ternäre Verbindungen, die durch die Verbindung von Säuren und Basen entstehen; Kochsalz, das durch Neutralisieren von Salzsäure mit Soda entsteht, wird als Typus der gesamten Klasse angesehen.

Allgemeine Charaktere der Salze. – Eine wässrige Lösung von Natriumchlorid oder Kochsalz besitzt die Eigenschaften, die man gewöhnlich als Kochsalzlösung bezeichnet; Es ist weder sauer noch ätzend, hat aber andererseits einen kühlenden, angenehmen Geschmack. Es hat keine Wirkung auf Lackmus und andere Pflanzenfarben und es fehlen jene energetischen Reaktionen, die sowohl für Säuren als auch für Alkalien charakteristisch sind ; Obwohl es durch die Vereinigung zweier binärer Verbindungen entsteht, unterscheidet es sich daher in seinen Eigenschaften wesentlich von beiden.

Allerdings entsprechen nicht alle Salze dieser Beschreibung der Eigenschaften von Natriumchlorid. Das kohlensäurehaltige Kalisalz zum Beispiel ist ein scharfes und alkalisches Salz, und das nitrathaltige Eisen färbt Lackmuspapier rötlich. Ein vollkommen neutrales Salz entsteht, wenn sich eine starke Säure mit einer energiereichen Base verbindet; Wenn jedoch einer der beiden Bestandteile stärker ist als der andere, werden die Eigenschaften dieses einen oft im resultierenden Salz sichtbar. So ist das kohlensaure Kali auf Testpapier *alkalisch* , *weil die* Kohlensäure in ihren Reaktionen schwach ist; Wenn jedoch *Salpetersäure* und *Kali* zusammengebracht werden, entsteht ein Kalinitrat, das in jeder Hinsicht neutral ist.

Das Natriumchlorid und Salze ähnlicher Art sind in Wasser frei löslich, nicht jedoch alle Salze. Manche lösen sich nur sparsam auf, andere überhaupt nicht. Das Chlorid und Jodid des Silbers sind Beispiele für die letztere Klasse; Sie sind nicht bitter und ätzend wie das Silbernitrat, sondern völlig geschmacklos, da sie in der Mundflüssigkeit unlöslich sind.

Aus diesen Beispielen und vielen anderen, die angeführt werden könnten, geht daher hervor, dass die weit verbreitete Vorstellung eines salzhaltigen Körpers bei weitem nicht korrekt ist und dass in der Sprache der strengen Definition jede Substanz ein Salz ist, das vom Körper produziert wird Vereinigung einer Säure mit einem Alkali, unabhängig von den Eigenschaften, die sie besitzen mag.

Daher ist *Kaliumcyanid* ein echtes Salz, wenn auch sehr giftig; Silbernitrat ist ein Salz; das grüne Eisensulfat ist ein Salz; Das gilt auch für Kreide oder Kalkkarbonat, das weder Geschmack noch Farbe noch Geruch hat.

Über die Salzklasse „Hydracid". – Auf den Unterschied zwischen Oxyaciden und Hydraciden wurde bereits hingewiesen (S. 309), wobei gezeigt wurde, dass letztere aus Wasserstoff bestehen, der mit Elementen verbunden ist, die in ihren Reaktionen zu Chlor, Jod, Brom usw. analog sind.

In einem durch eine Sauerstoffsäure gebildeten Salz kommen sowohl die basischen als auch die sauren Elemente vor. So wurde durch Analyse festgestellt, dass das gewöhnliche Salpeter , ein Kalinitrat, Kaliumoxid als Base in einem mit Salpetersäure verbundenen Zustand enthält. Wenn jedoch ein Salz durch Neutralisieren eines Alkalis mit einer *Wasserstoffsäure* gebildet wird , enthält das Produkt in diesem Fall nicht alle Elemente. Dies geht aus dem folgenden Beispiel hervor:

Salzsäure   + Limonade

= Natriumchlorid + Wasser;

   oder, ausführlicher ausgedrückt , –

(Chlorwasserstoff) + (Sauerstoff-Natrium)

= (Chlor-Natrium)   + (Sauerstoff Wasserstoff).

Beachten Sie, dass sich Wasserstoff und Sauerstoff im richtigen Verhältnis zu Wasser vereinen, einem Wasserstoffoxid. Dieses Wasser verflüchtigt sich beim Verdampfen der Lösung und hinterlässt trockene Salzkristalle. Bei den Oxysäuresalzen hingegen wird kein Wasser gebildet, da der elementare Wasserstoff fehlt und der Sauerstoff zurückbleibt.

Es muss daher berücksichtigt werden, dass Salze wie Chloride, Bromide, Jodide usw. nur *zwei* Elemente enthalten; aber dass in den Oxysäuresalzen, wie Sulfaten, Nitraten, Acetaten, *drei* vorhanden sind. So besteht Silbernitrat aus Stickstoff, Sauerstoff und Silber, Silberchlorid hingegen enthält einfach Chlor und metallisches Silber vereint, ohne Sauerstoff.

Die Hydracid-Salze ergeben jedoch bei der Zersetzung ähnliche Produkte wie die Oxyacid-Salze. Wenn man zum Beispiel Jodkalium in Wasser auflöst und verdünnte Schwefelsäure hinzufügt, neigt diese Säure aufgrund ihrer starken chemischen Affinität dazu, sich das Alkali anzueignen; aber es entfernt nicht *Kalium* und setzt *Jod frei* , sondern nimmt das *Oxid* von Kalium und setzt *Jodwasserstoffsäure frei* . Mit anderen Worten: So wie bei der *Bildung eines Hydracid-Salzes* ein Wasseratom entsteht , wird auch ein Atom zerstört und zum Nachgeben gebracht seine Elemente bei der *Zersetzung* eines Hydracid-Salzes auf .

Die Reaktion von verdünnter Schwefelsäure auf Kaliumjodid kann wie folgt beschrieben werden:

Schwefelsäure _   *plus* (Jod Kalium)
                     plus (Wasserstoff Sauerstoff)

gleicht (Schwefelsäure , Sauerstoff Kalium) oder Kalisulfat,

und (Wasserstoffjod)   oder Jodwasserstoffsäure.

Die Natur der chemischen Affinität wird weiter veranschaulicht.

Illustration aus den nichtmetallischen Elementen. – Wenn ein Chlorgasstrom in eine Lösung eingeleitet wird, die das gleiche Salz wie zuvor erwähnt enthält, nämlich. Das Ergebnis ist die Freisetzung eines bestimmten Teils von Jod, das sich in der Flüssigkeit auflöst und ihr eine braune Farbe verleiht . Das Element Chlor, das über eine höhere chemische Energie als Jod verfügt, überwiegt es und entfernt das Kalium, mit dem sich das Jod zuvor verbunden hatte.

Chlor + Jodid von Kalium

= Jod   + Kaliumchlorid.

Das gleiche Gesetz wird durch die Metalle veranschaulicht. – Ein Eisenstreifen, der in eine Lösung von nitrathaltigem Silber getaucht wird, wird sofort mit metallischem Silber überzogen; aber ein Stück Silberfolie kann längere Zeit in Eisensulfat belassen werden, ohne dass es eine Veränderung erfährt: Der Unterschied beruht auf der Tatsache, dass metallisches Eisen eine größere Anziehungskraft auf Sauerstoff als Silber ausübt und ihn daher aus seiner Lösung verdrängt .

Eisen + Silbernitrat

= Silber + Eisennitrat.

Illustrationen zwischen binären Verbindungen. — Wenn man einer Lösung von salpetersaurem Silber einige Tropfen einer Kalilösung hinzufügt, entsteht ein brauner Niederschlag, bei dem es sich um Silberoxid handelt, das in Wasser kaum löslich ist. Das heißt, wenn ein stärkeres Metall *metallisches Silber verdrängt* , verdrängt auch ein Oxid desselben Metalls *Silberoxid* . Daher können Basen wie Alkalien , Erdalkalien usw. in Lösungen der Salze schwächerer Basen nicht in freiem Zustand vorliegen – eine Flüssigkeit, die Silbernitrat enthält, könnte nicht auch freies Kali oder Ammoniak enthalten.

In der auf Seite 306 angegebenen Liste sind die metallischen Elemente hauptsächlich in der Reihenfolge ihrer chemischen Affinitäten angeordnet; diejenigen von Kalium, Natrium, Barium usw. sind am ausgeprägtesten.

So wie die Alkalien die schwächeren Basen aus ihrer Verbindung mit Säuren verdrängen , so verdrängen die starken *Säuren* die schwachen Säuren aus ihrer Verbindung mit Basen. So, als

Kaliumoxid + Silberacetat

= Silberoxid   + Kaliacetat;

Also

Salpetersäure + Silberacetat

= Essigsäure   + Silbernitrat.

In der Liste der Säuren. Schwefelsäure steht als stärkste Substanz meist an erster Stelle und Kohlensäure, eine gasförmige Substanz, an letzter Stelle. Die pflanzlichen Säuren wie Essigsäure, Weinsäure usw. sind *mittelschwer* und schwächer als die Mineralsäuren, aber stärker als Kohlensäure oder Blausäure.

Die Reihenfolge der Zersetzungen wird durch die Unlöslichkeit oder Flüchtigkeit der möglicherweise gebildeten Produkte beeinflusst. – Aus den bereits gemachten Bemerkungen könnte man schließen, dass beim Mischen von Salzlösungen ein allmählicher Austausch der Elemente stattfinden würde, bis die stärksten Säuren mit den stärksten Basen verbunden wären *und umgekehrt* . Es gibt jedoch viele Ursachen, die dies verhindern können; Eine davon ist *die Volatilität* .——

Carbonats jeglicher Art mit einer Säure auftritt, ist auf die *gasförmige* Natur der Kohlensäure und ihr Entweichen in dieser Form zurückzuführen, was die Zersetzung erheblich erleichtert.

die Unlöslichkeit ist eine Ursache, die einen großen Einfluss auf das Ergebnis beim Mischen von Lösungen hat. Wenn die Bildung einer unlöslichen Substanz durch irgendeinen Austausch von Elementen möglich ist, wird sie stattfinden. Eine Lösung von Natriumchlorid, zugesetzt zu Silbernitrat, erzeugt unweigerlich Silberchlorid; Die *Unlöslichkeit* des Silberchlorids ist die Ursache für seine Bildung.

So wiederum werden Bleisulfat und Eisennitrat durch Mischen von Bleinitrat mit Eisensulfat hergestellt; aber wenn man nitrathaltiges *Kali* anstelle von nitrathaltigem Blei einsetzt, ist das Ergebnis ungewiss, weil keine Elemente vorhanden sind, die durch Austausch ein unlösliches Salz bilden könnten; Kalisulfat ist zwar in Wasser *schwer löslich, aber nicht unlöslich* , wie das Bleisulfat oder das Barytsulfat.

ÜBER CHEMISCHE NOMENKLATUR.

Die Nomenklatur der chemischen *Elemente* ist weitgehend regelunabhängig; Es wurde jedoch versucht, dies bei später entdeckten Exemplaren zu vermeiden. Daher enden die Namen der neu gefundenen *Metalle* normalerweise auf *um* , z. B. Kalium, Natrium, Barium, Kalzium usw.; und jenen Elementen, die analoge Charaktere besitzen, sind entsprechende Endungen zugeordnet, wie Chlor, Brom, Jod, Fluor usw.

Nomenklatur binärer Verbindungen. – Diese werden oft benannt, indem die *Endidee* an das wichtigere Element der beiden angehängt wird; als das Oxid *von* Wasserstoff oder Wasser; das Chlorid *von* Silber; die Sulfide *von* Silber. Binäre Schwefelverbindungen werden jedoch manchmal als Sulfurete bezeichnet, egal ob *Sulfuret* oder *Silbersulfid* .

Wenn sich derselbe Körper mit Sauerstoff oder dem entsprechenden Element in mehr als einem Verhältnis verbindet, wird das Präfix *proto* demjenigen hinzugefügt, der am wenigsten Sauerstoff enthält; *sesqui* dazu mit anderthalb so viel wie der *Proto* ; *bi* oder *bin* dazu mit doppelt so viel; und *je* nach demjenigen, der den meisten Sauerstoff von allen enthält. Nehmen Sie als Beispiele Folgendes: – Das Protoxid aus Eisen; das Sesquioxid von Eisen: das Protochlorid von Quecksilber; das Bichlorid von Quecksilber. In diesen Beispielen ist das Sesquioxid des Eisens ebenfalls ein *Peroxid* , da kein höheres einfaches Oxid bekannt ist, und das Bichlorid des Quecksilbers ist aus einem ähnlichen Grund ein Perchlorid .

Wenn eine minderwertige Verbindung entdeckt wird, wird sie oft als *sub* bezeichnet ; als das Suboxid des Silbers, das Subchlorid des Silbers. Diese Körper enthalten die geringste bekannte Menge an Sauerstoff bzw. Chlor und haben daher Anspruch auf die Vorsilbe *proto* ; Da sie jedoch von untergeordneter Bedeutung sind, sind sie von der allgemeinen Regel ausgenommen.

Die Kombinationen metallischer Elemente untereinander werden als „Legierungen" bezeichnet; oder wenn es Quecksilber enthält, „Amalgame".

Nomenklatur binärer Verbindungen mit sauren Eigenschaften. — Diese sind nach einem anderen Prinzip benannt. Der Abschluss *-IC* wird auf ein Element angewendet. Nehmen wir als Beispiel die Flüssigkeit, *die* als „Vitriolöl" bekannt ist, handelt es sich tatsächlich um ein *Schwefeloxid* , aber da es stark saure Eigenschaften besitzt, wird es Schwefelsäure genannt . Salpetersäure ist also ein Stickstoffoxid; Kohlensäure ist ein Kohlenstoffoxid usw. Wenn es zwei Oxide desselben Elements gibt, die beide saure Eigenschaften besitzen, hat das wichtigste die Endung *ic* und das andere *ous* ; als Schwefelsäure , Schwefelsäure ; _ Salpetersäure, salpetrige *Säure* .

Nomenklatur der Hydraciden. — Die Wasserstoffsäuren unterscheiden sich von den Oxysäuren dadurch, dass die Namen beider Bestandteile beibehalten werden und die Endung *wie* üblich angehängt wird. Also *Salzsäure* oder das Chlorid des Wasserstoffs; *Jodwasserstoffsäure* oder das Jodid von Wasserstoff.

Weitere Abbildungen der Nomenklatur binärer Verbindungen. — Die Oxide des Stickstoffs und auch des Schwefels bieten eine interessante Veranschaulichung der Prinzipien der Nomenklatur. Erstere lauten wie folgt:

	Stickstoff.		Sauerstoff.	
Stickstoffprotoxid	1	Atom.	1	Atom.
Stickstoffbinoxid _	1	"	2	"
Salpetersäure	1	"	3	"
Stickstoffperoxid	1	"	4	"
Salpetersäure	1	"	5	"

Beachten Sie, dass nur zwei der fünf Säureeigenschaften besitzen, während die anderen einfache Oxide sind. Streng genommen ist Salpetersäure das „Peroxid", aber da es zur Klasse der Säuren gehört, fällt dieser Begriff natürlich auf die unten stehende Verbindung.

Die binären Verbindungen von Schwefel und Sauerstoff besitzen alle saure Eigenschaften; Sie können (teilweise) wie folgt dargestellt werden:

	Schwefel.		Sauerstoff.	
Hyposchwefelige Säure	2	Atome.	2	Atome.
Schwefelige Säure	1	"	2	"
Hyposchwefelsäure _	2	"	5	"
Schwefelsäure _	1	"	3	"

In diesem Fall waren die Schwefelsäure und die Schwefelige Säure allgemein bekannt, bevor die anderen, deren Zusammensetzung mittelmäßig war, entdeckt wurden. Um die Verwirrung zu vermeiden, die sich aus einer Änderung der Nomenklatur ergeben würde, werden die neuen Körper daher als *Hypo-* Schwefelsäure und *Hypo-* Schwefelsäure bezeichnet (von ὐ πο, *unter*).

Nomenklatur der Salze. — Salze werden nach der Säure benannt, die sie enthalten; Die Terminierung *ic wird in ate* und *ous* in *ite* geändert . So bildet Schwefelsäure *Sulfate* ; Salpetersäure, *Nitrate* ; aber schweflige *Säure* bildet Sulfite und salpetrige *Säure Nitrite* .

nach der Säure gesetzt , der Begriff *Oxid* wird weggelassen; daher. *Nitrat von Silberoxid* wird kürzer als „Nitrat von Silber" bezeichnet, wobei die Anwesenheit von Sauerstoff gemeint ist.

Wenn es zwei Oxide derselben Base gibt, die beide *versalzungsfähig sind* , wird bei der Benennung der Salze der Begriff „ *proto* " der Säure des Salzes vorangestellt, das durch das niedrigste gebildet wird, und „per" dem des höheren Oxids; wie das *Protosulfat des Eisens oder* das Sulfat des Protoxids; das *Persulfat* des Eisens oder Sulfat des Peroxids.

Viele Salze enthalten mehr als ein Säureatom pro Basenatom. In diesem Fall werden die üblichen Präfixe zur Angabe der Menge verwendet: So enthält das *Bisulfat* von Kali doppelt so viel Schwefelsäure wie das neutrale Sulfat usw.

Andererseits gibt es Salze, bei denen die Base im Verhältnis zur Säure im Überschuss vorliegt und die üblicherweise als „basische Salze" bezeichnet werden; Somit ist das rote Pulver, das sich aus einer Eisensulfatlösung abscheidet, ein *basisches* Eisenpersulfat oder ein Eisenperoxidsulfat mit mehr als dem normalen Oxidanteil.

Nomenklatur der Hydracid -Salze. — Die Zusammensetzung dieser Salze unterscheidet sich von denen, die von Sauerstoffsäuren gebildet werden, und auch die Nomenklatur variiert. So wird bei der Neutralisierung von Salzsäure mit Soda das gebildete Produkt nicht als Hydrochlorat von Soda, sondern als *Chlornatrium bezeichnet* ; Dieses Salz und andere mit ähnlicher Konstitution sind *binäre* und nicht *ternäre* Verbindungen. Das aus Salzsäure und *Ammoniak erzeugte Salz* wird jedoch oft als „Muriat oder Hydrochlorat von Ammoniak" bezeichnet, obwohl es streng genommen das *Chlorid von Ammonium sein sollte* .

ÜBER SYMBOLISCHE NOTATION.

Die Liste der Symbole, die zur Darstellung der verschiedenen Elementarkörper verwendet werden, ist auf Seite 306 aufgeführt . — Üblicherweise wird der Anfangsbuchstabe des lateinischen Namens verwendet, ein zweiter oder kleinerer Buchstabe wird hinzugefügt, wenn zwei Elemente in ihren Initialen übereinstimmen: C steht also für Kohlenstoff, Cl für Chlor, Cd für Cadmium und Cu für Kupfer.

Das chemische Symbol repräsentiert jedoch nicht einfach nur ein bestimmtes Element; es bezeichnet auch ein bestimmtes Gewicht oder einen äquivalenten Anteil dieses Elements. Dies wird auf den folgenden Seiten ausführlicher erläutert, wenn von den Kombinationsgesetzen die Rede ist.

Formeln der Verbindungen. — In der *Nomenklatur* der Verbindungen ist es üblich, bei binären Verbindungen den Sauerstoff oder ein analoges Element an die *erste Stelle zu setzen* und bei ternären Verbindungen oder Salzen die Säure vor der Base; aber bei der *symbolischen* Darstellung ist diese Reihenfolge umgekehrt: So wird Silberoxid als AgO geschrieben und niemals als OAg ; Silbernitrat als AgO NO $_5$, nicht NO $_5$ AgO.

Das Nebeneinander von Symbolen drückt Kombination aus; Somit ist FeO eine Verbindung aus einem Anteil von Eisen und einem Anteil von Sauerstoff, oder das „Protoxid von Eisen". Wenn mehr als ein Äquivalent vorhanden ist, werden kleine Zahlen unter den Symbolen platziert: Somit stellt Fe $_2$ O $_3$ zwei Äquivalente dar Eisen vereint mit drei Sauerstoffatomen oder dem „Peroxid des Eisens"; SO $_3$, ein Äquivalent Schwefel mit drei Äquivalenten Sauerstoff oder Schwefelsäure .

Größere Zahlen, die vor und in derselben Zeile mit den Symbolen platziert werden, beeinflussen die *gesamte Verbindung* , die die Symbole ausdrücken: So bedeutet 2 SO $_3$ zwei Äquivalente Schwefelsäure ; 3 NO $_5$, drei Äquivalente Salpetersäure. Durch die Zwischenschaltung eines Kommas wird verhindert, dass sich der Einfluss der großen Zahl weiter ausdehnt. Somit wird das doppelte Hyposulfit von Soda und Silber wie folgt dargestellt :

$$2\,\text{NaO S}_2\text{O}_2, \text{AgO S}_2\text{O}_2,$$

oder *zwei* Äquivalente Hyposulfit von Soda mit einem Äquivalent Hyposulfit von Silber; die große Zahl bezieht sich nur auf die erste Hälfte der Formel. Manchmal werden Klammern usw. verwendet, um eine komplizierte Formel einfacher darzustellen . Zum Beispiel könnte die Formel für das doppelte Hyposulfit von Gold und Soda oder „ Sel d'or" folgendermaßen geschrieben werden :

$$3\,(\text{NaO S}_2\text{O}_2)\,\text{AuO S}_2\text{O}_2 + 4\,\text{HO}.$$

In dieser Formel bedeutet das *Pluszeichen* (+), dass die vier folgenden Wasseratome weniger eng mit dem Gerüst des Salzes verbunden sind als die anderen Bestandteile.

Die Verwendung eines Pluszeichens wird üblicherweise zur Darstellung von Salzen verwendet, die Kristallwasser enthalten. Somit lautet die Formel für das kristallisierte Eisenprotosulfat wie folgt :

$$FeO\,SO_3 + 7\,HO.$$

Diese Wasseratome werden durch die Anwendung von Hitze ausgetrieben und hinterlassen eine weiße Substanz, das wasserfreie Salz, das einfach als $FeO\,SO_3$ geschrieben werden würde ·

Das *Pluszeichen* wird jedoch oft als Symbol für eine einfache *Addition verwendet* , wobei keinerlei Kombination beabsichtigt ist. Daher kann die Zersetzung, die beim Mischen von Natriumchlorid mit Silbernitrat auftritt, wie folgt geschrieben werden:

$$NaCl + AgO\,NO_5 = AgCl + NaO\,NO_5\,;$$

das ist,-

Natriumchlorid zu Silbernitrat *hinzugefügt* .

= Silberchlorid *und* Sodanitrat.

AUF Äquivalenten Proportionen.

Wenn elementare oder zusammengesetzte Körper eine chemische Verbindung miteinander eingehen, verbinden sie sich nicht in unbestimmten Verhältnissen, wie im Fall einer Mischung zweier Flüssigkeiten oder der Lösung eines salzhaltigen Körpers in Wasser. Andererseits verbindet sich ein gewisses bestimmtes Gewicht des einen mit einem ebenso bestimmten Gewicht des anderen; und wenn ein Überschuss von beidem vorhanden ist, bleibt es frei und unverbunden.

Nehmen wir also ein *einzelnes Körnchen* des Elements Wasserstoff – um dieses Körnchen in Wasser umzuwandeln, sind genau 8 Körnchen Sauerstoff erforderlich; und wenn eine größere Menge als diese hinzugefügt würde, beispielsweise *zehn Körner*, dann wären zwei Körner mehr. Um also Salzsäure zu bilden, braucht 1 Korn Wasserstoff 36 Körner Chlor: – für die *Jodwasserstoffsäure* verbindet sich 1 Korn Wasserstoff mit 126 Körnern Jod.

Wenn wiederum einzelne Portionen metallischen Silbers von jeweils 108 Körnern abgewogen würden , wäre für die Umwandlung in Silberoxid, Chlorid bzw. Jodid Silber erforderlich

Sauerstoff   8 Körner.

Chlor   36   "

Jod   126   "

Daher scheint es, dass 8 Gran Sauerstoff 36 Gran Chlor und 126 Gran Jod *entsprechen* , da diese Mengen alle die gleiche Rolle bei der Kombination spielen; und so verhält es sich auch mit den anderen Elementen: Jedem von ihnen kann eine Zahl zugeordnet werden, die die Anzahl der Gewichtsteile angibt, in denen sich dieses Element mit anderen verbindet. Diese Zahlen sind die „Äquivalente" oder „kombinierenden Proportionen" und werden durch das *Symbol* des Elements bezeichnet. Ein Symbol steht nicht als einfacher Repräsentant eines Elements, sondern als Repräsentant eines *Äquivalents* eines Elements. Somit bedeutet „O" 8 Gewichtsteile Sauerstoff; „Cl" ein Äquivalent oder 36 Gewichtsteile Chlor; und so mit dem Rest.

Beachten Sie jedoch, dass sich diese als „Äquivalente" bezeichneten Zahlen nicht auf die *tatsächliche Anzahl* der Gewichtsteile beziehen, sondern nur auf das *Verhältnis*, das zwischen ihnen besteht: Wenn Sauerstoff 8 ist, dann ist Chlor 36; aber wenn wir Sauerstoff als 100 bezeichnen, wie einige vorgeschlagen haben, dann wäre Chlor 442,65.

In der heute üblicherweise verwendeten Äquivalentskala wird Wasserstoff als der niedrigste von allen als Einheit angenommen und die anderen werden mit ihm in Beziehung gesetzt.

Äquivalente von Verbindungen. — Das Gesetz der äquivalenten Proportionen gilt sowohl für Verbindungen als auch für einfache Körper, wobei das verbindende Verhältnis einer Verbindung immer die Summe der Äquivalente ihrer Bestandteile ist. Somit beträgt Schwefel 16 und Sauerstoff 8, daher entspricht Schwefelsäure oder SO$_3$ 40. Das Äquivalent von Stickstoff beträgt 14, das von Salpetersäure oder NO$_5$ beträgt 54.

Die gleiche Regel gilt für Salze. Nehmen wir zum Beispiel das Nitrat von Silber: Es enthält

	Äquivalent.
Stickstoff	14
6 Sauerstoff	48
Silber	108
Gesamtäquivalente oder Äquivalent des Silbernitrats }	170

Praktische Anwendung der Kombinationsgesetze. – Der Nutzen der Kenntnis des Gesetzes der Kombination von Proportionen wird offensichtlich, wenn man deren Natur versteht. Da sich Körper in Äquivalenten miteinander verbinden und einander ersetzen, zeigt eine einfache Berechnung sofort, wie viel von jedem Element oder jeder Verbindung in einer bestimmten Reaktion benötigt wird. Unter der Annahme, dass man 100 Gran salpetersaures Silber in *Silberchlorid umwandeln möchte*, lässt sich das erforderliche Gewicht an Natriumchlorid wie folgt ableiten: Ein Äquivalent oder 170 Teile salpetersaures Silber werden durch Zersetzung zersetzt Äquivalent oder 60 Teile Natriumchlorid. daher

$$\text{als } 170 : 60 :: 100 : 35{\cdot}2;$$

das heißt, 35,2 Körner Salz werden das gesamte in 100 Körnern Nitrat enthaltene Silber im Chloridzustand ausfällen.

Um also das Jod des Silbers zu bilden, werden die Verhältnisse gezeigt, in denen die beiden Salze gemischt werden müssen. Das Äquivalent von Kaliumjodid beträgt 166 und das von Silbernitrat 170. Diese Zahlen stimmen so nahezu überein, dass es üblich ist, vorzuschreiben, dass gleiche Gewichte der beiden Salze genommen werden sollten.

Eine weitere Illustration wird genügen. Angenommen, es müssten 20 Körner Silberjodid gebildet werden – wie viel Kaliumjodid und Silbernitrat müssen verwendet werden? Ein Äquivalent oder 166 Teile Kaliumjodid ergeben ein Äquivalent oder 234 Teile Silberjodid; daher

$$\text{als } 234 : 166 :: 20 : 14{\cdot}2.$$

Wenn also 14,2 Gran Jodkalium in Wasser gelöst werden und eine äquivalente Menge, d. h. Nach Zugabe von 14,5 Gran salpetersaurem Silber wiegt der gelbe Niederschlag nach dem Waschen und Trocknen genau 20 Gran.

Zur Atomtheorie.

Die ursprünglich von Dalton vorgeschlagene Atomtheorie erleichtert das Verständnis chemischer Reaktionen im Allgemeinen so sehr, dass es nützlich sein kann, einen kurzen Überblick darüber zu geben.

Es wird angenommen, dass alle Materie aus einer unendlichen Anzahl winziger Atome besteht, die elementar sind und keine weitere Teilung zulassen. Jedes dieser Atome besitzt ein tatsächliches Gewicht, obwohl es mit unseren gegenwärtigen Untersuchungsmethoden nicht messbar ist. Einfache Atome bilden durch Vereinigung miteinander zusammengesetzte *Atome* ; und wenn diese Verbindungen aufgebrochen werden, werden die elementaren Atome, aus denen sie bestehen, nicht zerstört, sondern voneinander getrennt und behalten alle ihre ursprünglichen Eigenschaften.

Zur Darstellung der einfachen atomaren Struktur von Körpern können *Kreise* verwendet werden, wie im folgenden Diagramm.

Abb. 1.Abb. 2Abb. 3.

Abb. 1 ist ein zusammengesetztes Schwefelsäureatom , bestehend aus einem Schwefelatom, das mit drei Sauerstoffatomen innig verbunden ist; Feige. 2 ist ein Atom von Stickstoffperoxid, NO $_4$; und Abb. 3, ein Atom Salpetersäure, bestehend aus Stickstoff 1 Atom. Sauerstoff 5 Atome oder in Symbolen NO $_5$.

Der Begriff „Atomgewicht" ersetzt das äquivalente Verhältnis. – Wenn wir annehmen, dass die einfachen Atome verschiedener Arten von Materie *ein unterschiedliches Gewicht haben* und dass dieser Unterschied durch ihre äquivalenten Zahlen ausgedrückt wird, ergeben sich die gesamten Kombinationsgesetze aus dem einfachsten Grund. Es ist leicht zu verstehen, dass ein Atom eines Elements oder einer Verbindung ein einzelnes Atom eines anderen Elements oder einer anderen Verbindung verdrängen oder ersetzen würde; Wenn wir also die Zersetzung von Kaliumjodid durch Chlor als Beispiel nehmen, beträgt das Gewicht des letztgenannten Elements, das zur Freisetzung von 126 Körnern Jod erforderlich ist, 36 Körnchen, weil *die Gewichte der Atome dieser beiden Elementarkörper 36 zu 126 betragen* . Auch bei der Reaktion zwischen Natriumchlorid und Silbernitrat reagiert ein zusammengesetztes Atom des ersteren, dargestellt durch das Gewicht 60, auf ein zusammengesetztes Atom des letzteren, das 170 entspricht.

Daher ist es üblicher, anstelle des Begriffs „Äquivalent" oder „kombinierendes Verhältnis" den Begriff „Atomgewicht" zu verwenden. Somit beträgt das Atomgewicht von Sauerstoff 8, dargestellt durch das Symbol O; der von Schwefel beträgt 16; daher ist das Atomgewicht des zusammengesetzten Atoms der Schwefelsäure oder SO $_3$ notwendigerweise gleich den kombinierten Gewichten der vier einfachen Atome; *id est* , 16 + 24 = 40.

ÜBER DIE CHEMIE ORGANISCHER STOFFE.

Leben mit bestimmten Organen und Geweben besessen haben , im Gegensatz zu den verschiedenen Formen toter anorganischer Materie, in denen keine strukturelle Organisation dieser Art zu finden ist.

Der Begriff „organisch" wird jedoch auch für Stoffe verwendet, die durch chemische Prozesse aus dem Pflanzen- und Tierreich gewonnen werden, obwohl sie selbst nicht als lebende Körper bezeichnet werden können; Daher sind Essigsäure, die durch Destillation von Holzfasern gewonnen wird , und Alkohol, die durch Gärung aus Zucker gewonnen wird, streng organische Substanzen.

Die Klasse der organischen Körper umfasst eine große Vielfalt an Produkten; die, wie anorganische Oxide, in neutrale, saure und basische unterteilt werden können.

Es gibt zahlreiche organische *Säuren* , darunter Essigsäure, Weinsäure, Zitronensäure und eine Vielzahl anderer.

Die *neutralen Substanzen* lassen sich nicht ohne weiteres einer Klasse anorganischer Verbindungen zuordnen; Nehmen Sie als Beispiele Stärke, Zucker, Lignin usw.

die *Basen* sind eine große Klasse. Dabei handelt es sich meist um seltene, unbekannte Substanzen: Morphia, gewonnen aus Opium; Quinia , aus Chinin; Nikotin aus Tabak sind Beispiele.

Zusammensetzung organischer und anorganischer Körper im Gegensatz. — Im anorganischen Reich gibt es mehr als fünfzig Elementarstoffe, im organischen Reich allgemein jedoch nur *vier : Diese vier sind Kohlenstoff, Wasserstoff, Stickstoff und Sauerstoff.*

Einige organische Körper, wie Terpentinöl, Naphtha usw., enthalten nur Kohlenstoff und Wasserstoff; viele andere, wie Zucker, Gummi, Alkohol, Fette, pflanzliche Säuren – Kohlenstoff, Wasserstoff und Sauerstoff. Die sogenannten *stickstoffhaltigen Körper* , die zusätzlich zu den anderen Elementen Stickstoff enthalten, sind hauptsächlich Substanzen, die aus tierischen und pflanzlichen Geweben stammen, wie Albumin, Kasein , Gelatine usw.; Auch Schwefel und Phosphor kommen in vielen stickstoffhaltigen Körpern vor, jedoch nur in geringem Umfang.

Obwohl organische Substanzen einfach hinsichtlich der *Anzahl* der an ihrer Bildung beteiligten Elemente sind, sind sie in der Anordnung der Atome oft sehr komplex; Dies kann durch die folgenden Formeln veranschaulicht werden :

Stärke	$C_{24} H_{20} O_{20}$
Lignin	$C_{24} H_{20} O_{20}$
Rohrzucker	$C_{24} H_{22} O_{22}$
Traubenzucker	$C_{24} H_{28} O_{28}$

Anorganische Körper vereinigen sich, wie bereits gezeigt, *paarweise* — zwei Elemente verbinden sich zu einer binären Verbindung; zwei binäre

Verbindungen ergeben ein Salz; Zwei Salze bilden zusammen ein Doppelsalz. Bei organischen Körpern ist die Anordnung jedoch anders: Die Elementaratome sind alle gleichermaßen in einem zusammengesetzten Atom zusammengefasst, das eine sehr komplexe Struktur aufweist und nicht in binäre Produkte zerlegt werden kann.

Beachten Sie auch die scheinbare Ähnlichkeit in der Zusammensetzung von Körpern, die sich in ihren Eigenschaften stark unterscheiden, was für die organische Chemie charakteristisch ist. Nehmen wir als Beispiele *Lignin* oder Baumwollfaser und Stärke – jedes davon enthält die drei Elemente, die als $C_{24}H_{20}O_{20}$ vereint sind ·

Art der Unterscheidung zwischen organischer und anorganischer Materie. – Ein einfaches Mittel, dies zu tun, ist wie folgt: – Legen Sie die verdächtige Substanz auf ein Stück Platinfolie und erhitzen Sie sie mit einer Spirituslampe bis zur Rötung: Wenn sie zuerst *schwarz wird* und dann vollständig verbrennt, handelt es sich wahrscheinlich um eine Substanz organischen Ursprungs. Dieser Test beruht auf der Tatsache, dass die Bestandteile organischer Körper alle entweder selbst flüchtig sind oder flüchtige Verbindungen mit Sauerstoff eingehen können. Anorganische Stoffe hingegen bleiben Hitze oft unbeeinflusst oder verflüchtigen sich, wenn sie flüchtig sind, ohne vorherige Verkohlung.

Die Einwirkung von Wärme auf organische Stoffe kann weiter durch die Verbrennung von Kohle oder Holz in einem gewöhnlichen Ofen veranschaulicht werden: Zunächst entweichen Kohlenstoff und Wasserstoff, die in Form flüchtiger gasförmiger Stoffe vereint sind, und hinterlassen eine schwarze Asche , das aus Kohlenstoff und anorganischer Materie besteht; Danach verbrennt dieser Kohlenstoff zu Kohlensäure und es bleibt eine graue Asche zurück, die aus anorganischen Salzen besteht und durch Hitze unzerstörbar ist.

KAPITEL II.

WORTSCHATZ FOTOGRAFISCHER CHEMIKALIEN.

ESSIGSÄURE.

Symbol: $C_4H_3O_3 + HO$. Atomgewicht, 60.

ESSIGSÄURE ist ein Produkt der *Oxidation* von Alkohol. Spirituosen werden, wenn sie vollkommen rein sind, nicht durch Lufteinwirkung beeinträchtigt; Wenn jedoch ein Teil Hefe oder stickstoffhaltiges organisches Material jeglicher Art hinzugefügt wird, wirkt es bald als *Ferment* und bewirkt, dass sich der Alkohol mit dem aus der Atmosphäre stammenden Sauerstoff verbindet und so durch die Bildung von Essigsäure sauer wird "Essig."

Essigsäure wird auch in großem Maßstab durch Erhitzen *von Holz* in geschlossenen Gefäßen hergestellt: Es destilliert eine Substanz, über die sich Essigsäure befindet, die mit empyreumatischen und teerigen Stoffen verunreinigt ist; es wird pyrolige Säure genannt und wird häufig im Handel verwendet.

Die konzentrierteste Essigsäure kann durch Neutralisieren von gewöhnlichem Essig mit kohlensäurehaltigem Natron und Auskristallisieren des so gebildeten Essigsäure-Natrons erhalten werden; Dieses Sodaacetat wird dann mit Schwefelsäure destilliert , wodurch das Soda entfernt und Essigsäure freigesetzt wird: Da die Essigsäure flüchtig ist, destilliert sie über und kann kondensiert werden.

Eigenschaften von Essigsäure . — Die stärkste Säure enthält nur ein einziges Atom Wasser; Es wird unter dem Namen „Eisessig" verkauft, weil es bei mäßig niedriger Temperatur erstarrt. Bei etwa 50° schmelzen die Kristalle und bilden eine klare Flüssigkeit mit stechendem Geruch und einer Dichte, die nahezu der von Wasser entspricht; Das spezifische Gewicht der Essigsäure ist jedoch kein Beweis für ihre tatsächliche Stärke, die nur durch Analyse geschätzt werden kann.

Der handelsübliche *Eisessig* wird häufig mit Wasser verdünnt, was vermutet werden kann, wenn er in den kalten Wintermonaten nicht fest wird. Schwefelsäure und Salzsäure sind ebenfalls häufige Verunreinigungen. Sie sind bei photographischen Verfahren schädlich, da sie die Eigenschaft haben, salpetersaures Silber auszufällen. Um sie zu entdecken, gehen Sie wie folgt vor: Lösen Sie einen kleinen Kristall von salpetersaurem Silber in einigen Tropfen Wasser auf und geben Sie etwa eine halbe Drachme Eissäure hinzu. Die Mischung sollte auch unter Lichteinwirkung recht klar bleiben. Salzsäure und schwefelige Säure erzeugen einen weißen Niederschlag aus

Chlorid oder Silbersulfit ; und wenn in der Essigsäure *Aldehyd oder flüchtige teerartige Stoffe vorhanden sind, so* verfärbt sich die Mischung mit salpetersaurem Silber, obwohl sie zunächst klar ist, durch die Einwirkung von Licht.

Eisessig riecht manchmal nach Knoblauch. In diesem Zustand enthält es wahrscheinlich eine organische Schwefelsäure und ist für den Gebrauch unbrauchbar.

Viele verwenden eine billigere Form der Essigsäure, die von Drogisten als „Beaufoy-Säure" verkauft wird; Es sollte die Stärke der Essigsäure-Fortiss haben . des London Pharmacopœia , enthält 30 Prozent echte Säure. Es ist ratsam, es vor der Verwendung auf Schwefelsäure (siehe Schwefelsäure) und andere Verunreinigungen zu testen.

Acetat aus Silber. *Sehen* SILBER, ACETAT VON .

EIWEISS.

Albumin ist ein organischer Wirkstoff, der sowohl im Tier- als auch im Pflanzenreich vorkommt. Seine Eigenschaften lassen sich am besten am *Eiweiß* untersuchen , das eine sehr reine Form von Eiweiß ist.

Albumin kann in zwei Zuständen existieren; In einem davon ist es in Wasser löslich, in dem anderen unlöslich. Die wässrige Lösung der löslichen Sorte reagiert auf Testpapier leicht alkalisch; Es ist etwas dickflüssig und klebrig, wird aber durch Zugabe einer kleinen Menge Alkali, wie Kali oder Ammoniak, flüssiger.

Lösliches Eiweiß kann auf folgende Weise in die *unlösliche Form umgewandelt werden* :

1. *Durch die Anwendung von Wärme.* — Eine mäßig starke Albuminlösung wird opaleszierend und gerinnt, wenn sie auf etwa 150° Fahrenheit erhitzt wird, aber eine Temperatur von 212° ist erforderlich, wenn die Flüssigkeit sehr verdünnt ist. Eine Schicht *getrockneten* Eiweißes kann nicht einfach durch bloße Anwendung von Hitze koaguliert werden.

2. *Durch Zugabe starker Säuren.* — Salpetersäure koaguliert Albumen perfekt ohne die Hilfe von Hitze. Essigsäure wirkt jedoch anders, sie scheint mit dem Eiweiß eine Verbindung einzugehen und eine Verbindung zu bilden, die in warmem, mit Essigsäure angesäuertem Wasser löslich ist.

3. *Durch die Wirkung von Metallsalzen* . — Viele Salze der Metalle koagulieren Albumin vollständig. Nitrat von Silber tut dies; auch das Bichlorid von Quecksilber. Ammoniakalisches Silberoxid koaguliert jedoch kein Albumen.

Der weiße Niederschlag, der sich beim Mischen von Albumin mit salpetersaurem Silber bildet, ist eine chemische Verbindung der tierischen Substanz mit Silberoxyd. Diese Substanz, die als Silberalbuminat bezeichnet wird, ist in Ammoniak und Hyposulfit von Natron löslich; aber nach Einwirkung von Licht oder Erhitzen in einem Wasserstoffgasstrom nimmt es eine ziegelrote Farbe an und wird wahrscheinlich auf den Zustand einer organischen Verbindung eines *Silbersuboxids reduziert* . In Ammoniak ist es dann nahezu unlöslich, es löst sich jedoch genug auf, um die Flüssigkeit weinrot zu färben. Die *rote Färbung* der Lösung von salpetersaurem Silber, die zur Sensibilisierung des albuminisierten Fotopapiers verwendet wird, wird wahrscheinlich durch dieselbe Verbindung hervorgerufen, obwohl sie oft auf die Anwesenheit von Silberschwefel zurückgeführt wird.

Albumin verbindet sich auch mit Kalk und Baryt. Wenn Bariumchlorid mit Albumin verwendet wird, bildet sich gewöhnlich ein weißer Niederschlag dieser Art.

Chemische Zusammensetzung von Eiweiß. — Eiweiß gehört zur Klasse der *stickstoffhaltigen* organischen Substanzen (siehe Seite 325). Es enthält auch geringe Mengen Schwefel und Phosphor.

ALKOHOL.

Symbol: $C_4H_6O_2$. Atomgewicht, 46.

Alkohol wird durch sorgfältige Destillation von Spirituosen oder vergorenen Spirituosen gewonnen. Wenn Wein oder Bier in eine Retorte gegeben und erhitzt werden, steigt der Alkohol, der flüchtiger als Wasser ist, zuerst auf und wird in einem geeigneten Behälter kondensiert; Ein Teil des Wasserdampfes geht jedoch mit dem Alkohol über und verdünnt ihn bis zu einem gewissen Grad, wodurch sogenannte „Weingeister" entstehen. Ein Großteil dieses Wassers kann durch Redestillation aus kohlensaurem Kali entfernt werden, wie auf Seite 196 dieser Arbeit beschrieben; aber um den Alkohol völlig *wasserfrei zu machen, ist es notwendig, Branntkalk* zu verwenden , der eine noch größere Anziehungskraft für Wasser besitzt. Ein gleiches Gewicht dieses pulverisierten Kalks wird mit starkem Alkohol von ·823 vermischt und beide werden zusammen destilliert.

Eigenschaften von Alkohol. – Reiner wasserfreier Alkohol ist eine klare Flüssigkeit mit angenehmem Geruch und scharfem Geschmack; sp. GR. bei 60°, ·794. Es absorbiert Wasserdampf und verdünnt sich, wenn es feuchter Luft ausgesetzt wird. kocht bei 173° Fahrenheit . Es war noch nie eingefroren.

Aus Kalikarbonat destillierter Alkohol hat ein spezifisches Gewicht von ·815 bis ·823 und enthält 90 bis 93 Prozent echten Alkohol.

Das spezifische Gewicht gewöhnlicher rektifizierter Spirituosen liegt normalerweise bei etwa 840 und enthält 80 bis 83 Prozent absoluten Alkohol.

AMMONIAK.

Symbol: NH_3 oder NH_4O. Atomgewicht: 17.

Die so genannte Flüssigkeit ist eine wässrige Lösung des flüchtigen Gases Ammoniak. Ammoniakgas enthält ein Stickstoffatom kombiniert mit drei Wasserstoffatomen: Diese beiden Elementarkörper haben keine Affinität zueinander, können aber unter bestimmten Umständen dazu gebracht werden, sich zu vereinen, und das Ergebnis ist Ammoniak.

Eigenschaften von Ammoniak. — Ammoniakgas ist weitgehend wasserlöslich; Die Lösung besitzt jene Eigenschaften, die als alkalisch bezeichnet werden (siehe Seite 308). Ammoniak unterscheidet sich jedoch von den anderen Alkalien in einem wichtigen Punkt: Es ist flüchtig: Daher wird die ursprüngliche Farbe des durch Ammoniak beeinflussten Kurkumapapiers bei der Anwendung von Hitze wiederhergestellt. Ammoniaklösung absorbiert schnell Kohlensäure aus der Luft und wird in kohlensäurehaltiges Ammoniak umgewandelt; Es sollte daher in verschlossenen Flaschen aufbewahrt werden. Neben Karbonat enthält handelsübliches Ammoniak häufig Ammoniumchlorid, erkennbar an dem weißen Niederschlag, den Silbernitrat nach dem Ansäuern mit reiner Salpetersäure bildet.

Die Stärke von handelsüblichem Ammoniak variiert stark; das für pharmazeutische Zwecke unter dem Namen Liquor Ammoniae verkauft wird , enthält etwa 10 Prozent echtes Ammoniak. Die sp. GR. Die Menge an wässrigem Ammoniak nimmt mit dem Anteil des vorhandenen Ammoniaks ab, wobei der Liquor- Ammoniak normalerweise bei etwa ·936 liegt.

Obwohl Ammoniak eine große Klasse von Salzen darstellt, scheint es auf den ersten Blick in seiner Zusammensetzung einen starken Kontrast zu den eigentlichen Alkalien wie Kali und Soda zu bilden. Mineralbasen sind im Allgemeinen *Protoxide von Metallen* , *wie bereits auf* Seite 308 gezeigt , aber Ammoniak besteht einfach aus Stickstoff und Wasserstoff, die ohne Sauerstoff verbunden sind. Die folgenden Bemerkungen mögen vielleicht dazu beitragen, die Schwierigkeit etwas zu verdeutlichen :

Theorie des Ammoniums. – Diese Theorie geht von der Existenz einer Substanz aus, die die Eigenschaften eines *Metalls besitzt* , sich jedoch von metallischen Körpern im Allgemeinen dadurch unterscheidet, dass sie in der Struktur *zusammengesetzt ist* : Die ihr zugeordnete Formel lautet NH_4 , ein Stickstoffatom, verbunden mit vier Wasserstoffatomen. Dieses hypothetische Metall wird „Ammonium" genannt; und Ammoniak, verbunden mit einem Wasseratom, kann als dessen *Oxid angesehen werden* , denn NH $_3$ + HO entspricht eindeutig NH $_4$ O. So wie Kali das Oxid von *Kalium ist* , ist Ammoniak das Oxid von *Ammonium* .

Die Zusammensetzung der *Ammoniaksalze* ist nach dieser Auffassung derjenigen der eigentlichen Alkalien ähnlich. Somit ist Ammoniaksulfat ein Sulfat des Ammoniumoxids; Muriat oder Hydrochlorat von Ammoniak ist ein Chlorid von Ammonium usw.

Ammoniumnitrat aus Silber. *Sehen* <u>SILBER, AMMONIO -NITRAT VON</u> .

KÖNIGSWASSER. *Sehen* <u>NITROSALZSÄURE</u> .

BARYTA, NITRAT VON. *Sehen* <u>NITRAT VON BARYT</u> .

BICHLORID VON QUECKSILBER. *Sehen* <u>QUECKSILBER, BICHLORID VON</u> .

BROM.

Symbol, Br. Atomgewicht, 78.

Dieser elementare Stoff wird aus dem nicht kristallisierbaren Rückstand des Meerwassers, der sogenannten *Rohrdommel , gewonnen* . Es kommt im Wasser in sehr geringen Anteilen vor, kombiniert mit Magnesium in Form eines löslichen Magnesiumbromids.

Eigenschaften. — Brom ist eine dunkelrotbraune Flüssigkeit mit unangenehmem Geruch , die bei normalen Temperaturen stark raucht; in Wasser schwer löslich (1 Teil in 23, Löwig), aber häufiger in Alkohol und insbesondere in Ether. Es ist sehr schwer und hat ein spezifisches Gewicht von 3,0.

Brom ist in seinen chemischen Eigenschaften weitgehend mit Chlor und Jod vergleichbar. Es steht auf der Liste zwischen den beiden; seine Affinitäten sind stärker als die von Jod, aber schwächer als die von Chlor (siehe Chlor).

Es bildet eine große Klasse von Salzen, von denen die Bromide von Kalium, Cadmium und Silber den Fotografen am bekanntesten sind.

Bromid von Kalium.

Symbol, KBr. Atomgewicht, 118.

Kaliumbromid wird durch Zugabe von Brom zu Kalilauge und Erhitzen des Produkts, das eine Mischung aus Kaliumbromid und Kalibromat ist, bis zur Rötung hergestellt, um den Sauerstoff aus dem letztgenannten Salz auszutreiben. Es kristallisiert in wasserfreien Würfeln, wie das Chlorid und

Jodid des Kaliums; es ist in Wasser leicht löslich, in Alkohol jedoch weniger löslich; Bei Einwirkung von Schwefelsäure entstehen rote Bromdämpfe .

BROMID VON SILBER. *Sehen* SILBER, BROMID VON .

KARBONAT VON SODA.

Symbol, $NaO\ CO_2 + 10\ Aq$.

Dieses Salz wurde früher aus der Asche von Meeresalgen gewonnen, heute wird es jedoch kostengünstiger in großem Maßstab aus Kochsalz hergestellt. Das Chlorid des Natriums wird zunächst in Sulfat von Soda umgewandelt, und anschließend wird das Sulfat in Carbonat von Soda umgewandelt.

Eigenschaften. — Die perfekten Kristalle enthalten zehn Wasseratome, die durch Hitzeeinwirkung ausgetrieben werden und ein weißes Pulver zurücklassen – das wasserfreie Carbonat. *Gewöhnliches Waschsoda* ist ein neutrales Carbonat, das zu einem gewissen Grad mit Natriumchlorid und Sodasulfat verunreinigt ist. Das für Brausegetränke verwendete Karbonat ist entweder ein Bikarbonat mit einem Atom Wasser oder ein Sesquikarbonat, das etwa 40 Prozent echtes Alkali enthält; es ist daher fast doppelt so stark wie das Waschkarbonat, das etwa 22 Prozent Soda enthält. Kohlensäurehaltiges Natron ist bei 60°C in der doppelten Menge Wasser löslich, wobei die Lösung stark alkalisch ist.

KALBONAT VON KALI. Siehe KALI, KARBONAT VON .

KASEIN. *Sehen* MILCH .

KOHLE, TIER.

Tierkohle wird durch Erhitzen tierischer Substanzen wie Knochen, getrocknetes Blut, Hörner usw. in geschlossenen Gefäßen bis zur Rötung gewonnen, bis alle flüchtigen empyreumatischen Stoffe ausgetrieben sind und ein Kohlenstoffrückstand zurückbleibt. Wenn es aus Knochen hergestellt wird, enthält es eine große Menge an anorganischen Stoffen in Form von Kalkkarbonat und -phosphat, wobei ersteres durch Reaktion mit Silbernitrat *Alkalität erzeugt (siehe* S. 89). Tierkohle wird durch wiederholten Aufschluss in Salzsäure von diesen erdigen Salzen befreit; aber wenn es nicht sehr sorgfältig gewaschen wird, neigt es dazu, eine Säurereaktion beizubehalten und so freie Salpetersäure freizusetzen, wenn es einer Lösung von salpetersaurem Silber zugesetzt wird.

Eigenschaften. — Tierische Holzkohle besteht, wenn sie rein ist, ausschließlich aus Kohlenstoff und verbrennt an der Luft, ohne Rückstände zu hinterlassen: Sie ist bemerkenswert für ihre Eigenschaft, Lösungen zu entfärben; Der organische Farbstoff wird abgetrennt, aber nicht wirklich *zerstört* , wie dies bei der Verwendung von *Chlor* als Bleichmittel der Fall ist. Diese Fähigkeit, Farbstoffe zu absorbieren , ist nicht bei allen Arten von Holzkohle in gleichem Maße vorhanden, sondern ist in hohem Maße den aus dem Tierreich stammenden Arten eigen.

CHINA-TON ODER KAOLIN.

Dieser wird durch sorgfältige Levitation aus verrottendem Granit und anderen zerfallenen Felsgesteinen hergestellt. Es besteht aus *Silikat von Aluminiumoxid* , also aus Kieselsäure oder *Flint* , einem Siliziumoxid, verbunden mit der Basis Aluminiumoxid (Aluminiumoxid). Kaolin ist in Wasser und Säuren vollkommen unlöslich und führt in Lösung von salpetersaurem Silber zu keiner Zersetzung. Es wird von Fotografen verwendet, um Silbernitratlösungen zu entfärben, die durch die Einwirkung von Eiweiß oder anderen organischen Stoffen braun geworden sind.

Kommerzielles Kaolin kann Kreide enthalten, in diesem Zustand erzeugt es in einer Lösung von Silbernitrat Alkalität. Die durch Aufschäumen mit Säuren erkennbare Verunreinigung wird durch Waschen des Kaolins in verdünntem Essig und anschließend in Wasser entfernt.

CHLOR.

Symbol, Cl. Atomgewicht, 36.

Chlor ist ein in der Natur reichlich vorkommendes chemisches Element, kombiniert mit metallischem Natrium in Form von Natriumchlorid oder Meersalz.

Vorbereitung. — Durch die Destillation von Kochsalz mit Schwefelsäure entstehen Sodasulfat und Salzsäure. Salzsäure enthält Chlor in Kombination mit Wasserstoff; Durch die Wirkung von entstehendem Sauerstoff (siehe Sauerstoff) kann der Wasserstoff in Form von Wasser entfernt und das Chlor in Ruhe gelassen werden.

Eigenschaften. — Chlor ist ein grünlich-gelbes Gas mit stechendem und erstickendem Geruch ; weitgehend wasserlöslich, die Lösung besitzt den Geruch und die Farbe des Gases. Es ist fast zweieinhalbmal so schwer wie die entsprechende Menge atmosphärischer Luft.

Chemische Eigenschaften. — Chlor gehört zu einer kleinen natürlichen Gruppe von Elementen, die auch Brom, Jod und Fluor enthält. Sie zeichnen sich durch eine starke Affinität zu Wasserstoff und auch zu Metallen aus; sind aber vergleichsweise gleichgültig gegenüber Sauerstoff. Viele metallische Substanzen verbrennen tatsächlich , wenn sie in eine Chloratmosphäre geschleudert werden, wobei die Vereinigung der beiden mit äußerster

Heftigkeit erfolgt. Die charakteristischen Bleicheigenschaften von Chlorgas werden auf die gleiche Weise erklärt: Der organischen Substanz wird Wasserstoff entzogen, wodurch die Struktur aufgebrochen und die Farbe zerstört wird.

Chlor hat eine stärkere Affinität als Brom oder Jod. Die von diesen drei Elementen gebildeten Salze sind in ihrer Zusammensetzung und oft auch in ihren Eigenschaften sehr ähnlich. Die Stoffe der Alkalien , Erdalkalien und vieler Metalle sind wasserlöslich; aber die Silbersalze sind unlöslich; die Bleisalze sparsam verwenden.

Die Kombinationen von Chlor, Brom, Jod und Fluor mit Wasserstoff sind Säuren und neutralisieren Alkalien auf übliche Weise unter Bildung von alkalischem Chlorid und Wasser (siehe Seite 311).

Der Test, mit dem das Vorhandensein von Chlor, entweder frei oder in Kombination mit Basen, nachgewiesen wird, ist *Silbernitrat* ; Es entsteht ein weißer, geronnener Niederschlag von Chlorsilber, der in Salpetersäure unlöslich, aber in Ammoniak löslich ist. Die als Test verwendete Lösung von nitrathaltigem Silber darf kein Jodsilber enthalten, da diese Verbindung durch Verdünnung ausfällt.

CHLORID VON AMMONIUM.

Symbol, NH₄Cl. Atomgewicht, 54.

Hydrochlorat des Ammoniaks genannt , kommt im Handel in Form farbloser und durchscheinender Massen vor, die durch *Sublimation* gewonnen werden , wobei das trockene Salz bei starkem Erhitzen flüchtig ist. Es löst sich in einem gleichen Gewicht kochendem oder in drei Teilen kaltem Wasser auf. Es enthält im Verhältnis zum verwendeten Gewicht mehr Chlor als Natriumchlorid, wobei die Atomgewichte der beiden 54 bis 60 betragen.

CHLORID VON BARIUM.

Symbol: BaCl + 2 HO. Atomgewicht, 123.

Barium ist ein metallisches Element, das sehr eng mit Calcium, der elementaren Basis von Kalk, verwandt ist. Das Bariumchlorid wird üblicherweise als Test für Schwefelsäure verwendet , mit der es einen unlöslichen Niederschlag von Barytsulfat bildet. Es soll auch die Farbe des fotografischen Bildes beeinflussen, wenn es zur Herstellung von Positivpapier verwendet wird, was möglicherweise auf eine chemische Verbindung von Baryt mit Albumin zurückzuführen ist; Es muss jedoch berücksichtigt werden, dass dieses Chlorid aufgrund seines hohen Atomgewichts weniger Chlor enthält als die alkalischen Chloride (siehe Seite 124).

Eigenschaften von Bariumchlorid . — Bariumchlorid kommt in Form von weißen Kristallen vor, die bei gewöhnlicher Temperatur in etwa zwei Teilen Wasser löslich sind. Diese Kristalle enthalten zwei Atome Kristallwasser, die bei 212° ausgetrieben werden und das wasserfreie Chlorid zurücklassen.

CHLORID VON GOLD. Siehe GOLD, CHLORID VON .

NATRIUMCHLORID.

Symbol, NaCl. Atomgewicht, 60.

Kochsalz kommt in der Natur reichlich vor, sowohl in Form von festem Steinsalz als auch gelöst im Wasser des Ozeans.

Eigenschaften des reinen Salzes: Schmelzbar ohne Zersetzung bei geringer Rötung, sublimiert jedoch bei höheren Temperaturen; Beim Abkühlen verfestigt sich der geschmolzene Salzbeton zu einer harten weißen Masse. In absolutem Alkohol nahezu unlöslich, in rektifiziertem Alkohol jedoch in geringen Mengen löslich. Löslich in drei Teilen Wasser, sowohl heiß als auch kalt. Kristallisiert in wasserfreien Würfeln.

Verunreinigungen von Kochsalz . — Speisesalz enthält oft große Mengen der Chloride von Magnesium und Calcium, die zerfließend sind und durch Absorption von Luftfeuchtigkeit Feuchtigkeit erzeugen: Auch Sulfat von Soda ist häufig vorhanden. Das Salz kann durch wiederholte Umkristallisation gereinigt werden, es ist jedoch einfacher, die reine Verbindung *direkt* herzustellen , indem Salzsäure mit Soda neutralisiert wird.

CHLORID VON SILBER. *Sehen* SILBER, CHLORID VON .

ZITRONENSÄURE.

Diese Säure kommt reichlich in Zitronensaft und Limettensaft vor. Im Handel kommt es in Form großer Kristalle vor, die in Wasser von weniger als ihrem Eigengewicht bei 60° löslich sind.

Handelsübliche Zitronensäure wird manchmal mit Weinsäure gemischt. Die Verfälschung kann entdeckt werden, indem man eine konzentrierte Lösung der Säure herstellt und *acetathaltiges Kali hinzufügt* ; Kristalle von Kaliumbitartrat trennen sich, wenn Weinsäure vorhanden ist.

Zitronensäure ist dreibasisch. Es bildet mit Silber ein weißes unlösliches Salz, das 3 Atome Silberoxid auf 1 Atom Zitronensäure enthält. Wenn das Silbercitrat in einem Wasserstoffgasstrom erhitzt wird, wird ein Teil der Säure freigesetzt und das Salz wird zu einem Silbercitrat-Suboxid reduziert; welches eine rote Farbe hat . Der Autor zeigt, dass die Wirkung von weißem Licht bei der Rötung von Silbercitrat ähnlicher Natur ist.

Zyanid von Kalium.

Symbol, KC_2N oder KCy. Atomgewicht, 66.

Dieses Salz ist eine Verbindung von Cyangas mit dem Metall Kalium. Cyan ist kein Elementarkörper wie Chlor oder Jod, sondern besteht aus Kohlenstoff und Stickstoff, die auf besondere Weise miteinander verbunden sind. Obwohl es sich um eine zusammengesetzte Substanz handelt, reagiert es wie ein Element und stellt daher (wie das zuvor beschriebene Ammonium) eine Ausnahme von den üblichen Gesetzen der Chemie dar. Es sind viele andere Körper mit ähnlichem Charakter bekannt.

Eigenschaften von Kaliumcyanid. – Diese wurden auf Seite 44 ausreichend beschrieben, worauf der Leser verwiesen wird.

ÄTHER.

Symbol: C_4H_5O. Atomgewicht: 37.

Schwefelsäure und Alkohol gewonnen. Wenn man die Formel des Alkohols ($C_4H_6O_2$) mit der des Äthers vergleicht, erkennt man, dass sie sich von ihr durch den Besitz eines zusätzlichen Wasserstoff- und Sauerstoffatoms unterscheidet: Bei der Reaktion entfernt die Schwefelsäure diese Elemente in Form von Wasser und wandelt dabei ein Atom Alkohol in ein Atom Äther um. Der für den kommerziellen Äther verwendete Begriff Schwefelsäure bezieht sich nur auf die Art und Weise seiner Entstehung.

Eigenschaften von Äther. – Die Eigenschaften von Äther wurden teilweise auf den Seiten 85 und 195 beschrieben. Die folgenden Einzelheiten können jedoch hinzugefügt werden. Es ist weder sauer noch alkalisch gegenüber Testpapier. Spezifisches Gewicht bei 60° etwa ·720. Siedet bei 98° Fahrenheit. Der Dampf ist außerordentlich dicht und man kann beobachten, wie er aus der Flüssigkeit austritt und auf den Boden fällt. Daher besteht die Gefahr, Äther von einer Flasche in eine andere zu gießen, wenn eine Flamme in der Nähe ist.

Ether lässt sich nicht in jedem Verhältnis mit Wasser mischen; schüttelt man beides zusammen, steigt ersteres nach kurzer Zeit auf und schwimmt an der Oberfläche. Auf diese Weise kann eine Mischung aus Äther und Alkohol bis zu einem gewissen Grad gereinigt werden, wie beim üblichen Verfahren zum Waschen von Äther. Das verwendete Wasser behält jedoch immer einen gewissen Anteil Äther (etwa ein Zehntel seiner Masse) und nimmt einen starken ätherischen Geruch an; Gewaschener Äther enthält auch Wasser in geringen Mengen.

Sowohl Brom als auch Jod sind in Äther löslich und reagieren allmählich darauf und zersetzen ihn.

die starken Alkalien wie Kali und Soda zersetzen Äther nach einiger Zeit leicht, jedoch nicht sofort. Luft und Licht ausgesetzt. Äther wird oxidiert und nimmt einen eigenartigen Geruch an (<u>Seite 85</u>).

Äther löst fettige und harzige Substanzen leicht auf, anorganische Salze sind in dieser Flüssigkeit jedoch meist unlöslich. Daher kommt es, dass Kaliumjodid und andere in Alkohol gelöste Substanzen durch Zugabe von Äther bis zu einem gewissen Grad ausgefällt werden.

FLUORID VON KALIUM.

Symbol, KF. Atomgewicht, 59.

Vorbereitung. — Kaliumfluorid entsteht durch Sättigung von Flusssäure mit Kali und Eindampfen zur Trockne in einem Platingefäß. Flusssäure enthält Fluor in Kombination mit Wasserstoff; Es ist eine stark saure und ätzende Flüssigkeit, die durch Zersetzung von Fluor Spar, einem Fluorid von Kalzium, mit starker Schwefelsäure entsteht . Die dabei stattfindende Wirkung ist genau die gleiche wie bei der Herstellung von Salzsäure.

Eigenschaften. – Ein zerfließendes Salz, das in kleinen und unvollkommenen Kristallen vorkommt. Sehr wasserlöslich: Die Lösung wirkt auf Glas auf die gleiche Weise wie Flusssäure.

Ameisensäure.

Symbol, C_2HO_3 . Atomgewicht, 37.

Diese Substanz wurde ursprünglich in der *Roten Ameise (Formica rufa)* entdeckt, wird jedoch in großem Maßstab durch Destillation von Stärke mit Manganoxid und Schwefelsäure hergestellt .

Eigenschaften. — Die Stärke handelsüblicher Ameisensäure ist ungewiss, sie ist jedoch immer mehr oder weniger verdünnt. Die stärkste Säure, die man durch Destillation von Sodaformiat mit Schwefelsäure erhält , ist eine rauchende Flüssigkeit mit stechendem Geruch , die nur ein Atom Wasser enthält. Es entzündet die Haut auf die gleiche Weise wie der Biss einer Ameise.

Ameisensäure reduziert die Oxide von Gold, Silber und Quecksilber in den metallischen Zustand und wird selbst zu Kohlensäure oxidiert. Die gleichen Eigenschaften besitzen auch die alkalischen Formiate .

Gallussäure.

Symbol, $C_7H_3O_5 + H_3O$. Atomgewicht, 94.

Die Chemie der Gallussäure ist auf <u>Seite 27 ausreichend beschrieben</u>, auf die der Leser verwiesen wird.

GELATINE.

Symbol: $C_{13}H_{10}O_5N_2$. Atomgewicht, 156.

Dabei handelt es sich um eine organische Substanz, die in gewisser Weise dem Albumin ähnelt, sich jedoch in ihren Eigenschaften von ihm unterscheidet. Es wird gewonnen, indem Knochen, Hufe, Hörner, Kälberfüße usw. der Einwirkung von kochendem Wasser ausgesetzt werden. Das beim Abkühlen entstehende Gelee wird als Leim oder, wenn es getrocknet und in Scheiben geschnitten ist, *als Leim bezeichnet*. Gelatine, wie sie im Handel verkauft wird, ist eine reine Form von Leim. *Hausenblase* ist Gelatine, die hauptsächlich in Russland aus den Luftblasen bestimmter Störarten hergestellt wird.

Eigenschaften von Gelatine. — Gelatine wird in kaltem Wasser weich und quillt auf, löst sich aber erst beim Erhitzen auf: Die heiße Lösung bildet beim Abkühlen ein zitterndes Gelee. Eine Unze kaltes Wasser hält etwa drei Körner Hausenblase zurück, ohne zu gelieren; aber vieles hängt von der Temperatur ab, ein paar Grad beeinflussen das Ergebnis stark.

Gelatine lange in Wasser und insbesondere in Gegenwart einer Säure wie Schwefelsäure gekocht wird, erfährt sie eine besondere Veränderung, und die Lösung verliert teilweise oder vollständig ihre Eigenschaft, zu einem Gel zu erstarren.

GLYZERIN.

Fettkörper werden durch Behandlung mit einem Alkali in eine Säure aufgelöst – die sich mit dem Alkali verbindet und eine *Seife bildet* – und Glycerin, das in Lösung bleibt.

Reines Glycerin, wie es durch das patentierte Destillationsverfahren von Price gewonnen wird, ist eine zähflüssige Flüssigkeit aus sp. GR. etwa 1·23; In jedem Verhältnis mit Wasser und Alkohol mischbar. Es ist eine besonders neutrale Substanz und neigt nicht dazu, sich mit Säuren oder Basen zu verbinden. Im Dunkeln hat es kaum oder keine Wirkung auf Silbernitrat und reduziert es sehr langsam, selbst wenn es Licht ausgesetzt wird.

GLYCYRRHIZIN.

Glycyrrhizin, das aus der frischen Süßholzwurzel gewonnen wird, ist eine Substanz, die in ihren Eigenschaften zwischen einem Zucker und einem Harz liegt. In Wasser kaum löslich, in Alkohol jedoch sehr gut löslich. Es fällt eine starke weiße Lösung von Silbernitrat aus, die Ablagerung wird jedoch durch Lichteinwirkung rötlich. Seine Herstellung wird in den größeren Werken zur organischen Chemie beschrieben.

GOLD, CHLORID VON.

Symbol, AuCl $_3$. Atomgewicht, 303.

Dieses Salz entsteht durch Auflösen von reinem metallischem Gold in Nitrosalzsäure und Verdampfen bei sanfter Hitze. Die Lösung ergibt zerfließende Kristalle von tieforanger Farbe .

Goldchlorid in einem Zustand, der für den photographischen Gebrauch geeignet ist, kann leicht durch das folgende Verfahren erhalten werden: Geben Sie einen halben Souverän in ein beliebiges geeignetes Gefäß und gießen Sie eine halbe Drachme Salpetersäure, gemischt mit zweieinhalb Drachmen Salpetersäure, darauf Salzsäure und drei Drachmen Wasser; Durch leichte Hitze aufschließen, aber die Säure nicht *zum Sieden bringen* , da sonst ein Großteil des Chlors in Form von Gas ausgetrieben wird. Nach Ablauf einiger Stunden fügen Sie frisches Königswasser in der gleichen Menge wie zuvor hinzu, wodurch die Lösung wahrscheinlich vollständig ist. Wenn nicht, wiederholen Sie den Vorgang ein drittes Mal.

Zum Schluss neutralisieren Sie die Flüssigkeit durch Zugabe von kohlensäurehaltigem Soda, bis das Sprudeln aufhört und sich ein grüner Niederschlag bildet . Hierbei handelt es sich um *Kupferkarbonat* , dessen gründliche Trennung mehrere Stunden dauern muss. Das Chlorid des Goldes wird so von Kupfer und Silber befreit, mit denen das metallische Gold in der Standardmünze des Reiches legiert ist. Die so hergestellte Lösung ist *alkalisch* und neigt daher zu einer Reduktion des metallischen Goldes. Daher sollte eine geringfügige zusätzliche Menge Salzsäure hinzugefügt werden, die ausreicht, um ein Stück eingetauchtes Lackmuspapier zu röten.

Das Gewicht eines Halbsouveräns beträgt etwa 61 Körner, davon sind 56 Körner reines Gold. Dies entspricht 86 Körnern Goldchlorid, was der in der Lösung enthaltenen Menge entspricht.

Das folgende Verfahren zur Herstellung von Goldchlorid ist perfekter als das letzte: – Lösen Sie die Goldmünze wie zuvor in Königswasser auf; dann mit überschüssiger Salzsäure kochen, um die Salpetersäure zu zerstören, – weitgehend mit destilliertem Wasser verdünnen und eine filtrierte wässrige Lösung von gewöhnlichem Eisensulfat (6 Teile auf 1 Gold) hinzufügen; Sammeln Sie das ausgefällte Gold, das jetzt frei von Kupfer ist. In Königswasser wieder auflösen und im Wasserbad zur Trockne eindampfen.

Vermeiden Sie die Verwendung *von Ammoniak* zur Neutralisierung von Goldchlorid, da dies zu einer Ablagerung von „fulminierendem Gold" führen würde, dessen Eigenschaften auf der nächsten Seite beschrieben werden.

Eigenschaften von Goldchlorid . – Im Handel enthält es gewöhnlich einen Überschuss an Salzsäure und hat dann eine leuchtend gelbe Farbe ; aber wenn es neutral und einigermaßen konzentriert ist, ist es dunkelrot (*Leo ruber* der Alchemisten). Es gibt keinen Niederschlag mit kohlensäurehaltigem Soda, es sei denn, es wird Wärme angewendet; Die vorhandene freie Salzsäure bildet sich mit dem Alkali. Natriumchlorid, das sich mit dem Goldchlorid verbindet und ein wasserlösliches Doppelsalz, Goldchlorid und Natrium, erzeugt.

Goldchlorid wird durch Ausfällung von metallischem Gold durch Holzkohle, schweflige Säure und viele der pflanzlichen Säuren zersetzt; auch durch Protosulfat und Protonitrat von Eisen. Es verleiht der Nagelhaut einen unauslöschlichen violetten Farbton. Es ist in Alkohol und Ether löslich.

GOLD, FULMINIEREND.

Dies ist eine gelblich-braune Substanz, die bei Zugabe von Ammoniak zu einer starken Lösung von Goldchlorid ausfällt.

Es kann vorsichtig bei 212° getrocknet werden, explodiert jedoch heftig, wenn es plötzlich auf etwa 290° erhitzt wird. Durch Reibung explodiert es auch im trockenen Zustand; aber das feuchte Pulver kann ohne Gefahr gerieben oder gehandhabt werden. Es wird durch Schwefelwasserstoff zersetzt.

Knallgold ist wahrscheinlich ein Aurat von Ammoniak, das 2 Atome Ammoniak und 1 Atom Peroxid von Gold enthält.

GOLD, HYPOSULFIT VON.

Symbol: $AuO\,S_2O_2$. Atomgewicht, 253.

Hyposulfit von Gold entsteht durch die Reaktion von Goldchlorid mit Hyposulfit von Soda (siehe Seite 133).

Das im Handel als Sel d'or verkaufte Salz ist ein doppeltes Hyposulfit aus Gold und Soda, das ein Atom des ersteren Salzes und drei Atome des letzteren sowie vier Atome Kristallwasser enthält. Es wird gebildet, indem man einen Teil Goldchlorid in Lösung zu drei Teilen Natriumhyposulfit hinzufügt und das resultierende Salz mit Alkohol ausfällt: Das Goldchlorid muss dem Natriumhyposulfit zugesetzt werden und nicht das Natronsalz das Gold (siehe Seite 250).

Eigenschaften: Goldhyposulfit ist instabil und kann nicht in einem isolierten Zustand existieren, da es schnell in Schwefel, Schwefelsäure und metallisches Gold übergeht. In Kombination mit einem Überschuss an Hyposulfit von Soda in Form von Sel d'or ist es dauerhafter.

Sel d'or kommt kristallisiert in feinen Nadeln vor, die in Wasser sehr gut löslich sind. Der Handelsartikel ist oft unrein und enthält kaum etwas anderes als Hyposulfit von Soda mit einer Spur Gold. Es kann analysiert werden, indem man ein paar Tropfen starker Salpetersäure (chlorfrei) hinzufügt, mit Wasser verdünnt und anschließend das gelbe Pulver, das metallisches Gold ist, auffängt und entzündet.

TRAUBENZUCKER.

Symbol: $C_{24} H_{28} O_{28}$. Atomgewicht, 396.

Diese Modifikation des Zuckers, oft auch als *Kristallzucker* oder *Glukose bezeichnet* , kommt reichlich im Saft von Trauben und in vielen anderen Obstsorten vor. Es bildet die zuckerhaltige Konkretion, die in Honig, Rosinen, getrockneten Feigen usw. vorkommt. Es kann künstlich durch die Einwirkung fermentierender Substanzen und verdünnter Mineralsäuren auf Stärke hergestellt werden.

Eigenschaften. — Traubenzucker kristallisiert aus einer konzentrierten wässrigen Lösung langsam und schwierig in kleinen halbkugelförmigen Knötchen, die hart sind und sich zwischen den Zähnen körnig anfühlen. Er schmeckt viel weniger süß als Rohrzucker und ist in Wasser nicht so gut löslich (1 Teil löst sich in 1½ kaltem Wasser auf).

Traubenzucker neigt dazu, Sauerstoff zu absorbieren, und besitzt daher die Eigenschaft, die Salze der Edelmetalle zu zersetzen und sie nach und nach in den metallischen Zustand zu reduzieren, auch ohne die Hilfe von Licht. *Rohrzucker* besitzt diese Eigenschaften nicht in gleichem Maße und lässt sich daher leicht von der anderen Sorte unterscheiden. Das Produkt der Wirkung von Traubenzucker auf Silbernitrat scheint eine sehr geringe Form von Silberoxid in Kombination mit organischer Substanz zu sein.

HONIG.

Diese Substanz enthält zwei verschiedene Arten von Zucker, Traubenzucker und eine nicht kristallisierbare Substanz, die dem Melassesirup ähnelt oder mit diesem identisch ist, der zusammen mit gewöhnlichem Zucker im Rohrsaft gefunden wird. Der angenehme Geschmack von Honig hängt wahrscheinlich von Letzterem ab, aber seine reduzierende Wirkung auf Metalloxide ist auf Ersteres zurückzuführen.

Reiner Traubenzucker kann leicht aus eingeweichtem Honig gewonnen werden, indem man ihn mit Alkohol behandelt, der den Sirup auflöst, aber den kristallinen Anteil zurücklässt.

Ein Großteil der kommerziellen Artikel ist verfälscht, und für den fotografischen Gebrauch sollte der native Honig direkt aus der Wabe gewonnen werden.

SALZSÄURE.

Symbol, HCl. Atomgewicht, 37.

Salzsäure ist ein flüchtiges Gas, das durch die Einwirkung von Schwefelsäure aus den meisten als Chloride bezeichneten Salzen freigesetzt werden kann . Die Säure entfernt aufgrund ihrer überlegenen Affinität die Base; daher,-

$$NaCl + HO\ SO_3 = NaO\ SO_3 + HCl.$$

Eigenschaften: Reichlich wasserlöslich und bildet die handelsübliche flüssige Salz- oder Salzsäure. Die konzentrierteste Salzsäurelösung hat einen sp. GR. 1·2 und enthält etwa 40 Prozent Gas; das allgemein verkaufte ist etwas schwächer, sp. GR. 1·14 = 28 Prozent, echte Säure.

Reine Salzsäure ist farblos und raucht in der Luft. Die gelbe Farbe der handelsüblichen Säure hängt vom Vorhandensein von Spuren von Eisenchlorid oder organischer Substanz ab; Handelsübliche Salzsäure enthält oft auch einen Anteil an freiem Chlor und Schwefelsäure .

WASSERSTOFFSÄURE.

Symbol, HI. Atomgewicht, 127.

Dabei handelt es sich um eine gasförmige Verbindung aus Wasserstoff und Jod, deren Zusammensetzung der Salzsäure entspricht. Aufgrund seiner Instabilität kann es jedoch nicht auf die gleiche Weise gewonnen werden, da beim Destillieren eines Jodids mit Schwefelsäure die zunächst gebildete Jodwasserstoffsäure anschließend in Jod und Wasserstoff zersetzt wird. Eine wässrige Lösung von Jodwasserstoffsäure lässt sich leicht herstellen, indem man Jod zu Wasser hinzufügt, das Schwefelwasserstoffgas enthält; es findet eine Zersetzung statt und Schwefel wird freigesetzt: also HS + I = HI + s.

Eigenschaften: Jodwasserstoffsäure ist in Wasser sehr gut löslich und ergibt eine stark saure Flüssigkeit. Die zunächst farblose Lösung wird durch Zersetzung und Freisetzung von freiem Jod bald braun. Der ursprüngliche Zustand kann durch Zugabe einer Schwefelwasserstofflösung wiederhergestellt werden.

Schwefelwasserstoffsäure.

Symbol, HS. Atomgewicht, 17.

Diese Substanz, auch Schwefelwasserstoff genannt, ist eine gasförmige Verbindung aus Schwefel und Wasserstoff, deren Zusammensetzung der Salz- und Jodwasserstoffsäure ähnelt. Es wird gewöhnlich durch die Einwirkung verdünnter Schwefelsäure auf Eisenschwefel hergestellt , wie auf Seite 373 beschrieben; Die Zersetzung ähnelt im Allgemeinen derjenigen, die bei der Herstellung von Wasserstoffsäuren auftritt :

$$FeS + HO\ SO_3 = FeO\ SO_3 + HS.$$

Eigenschaften: Kaltes Wasser absorbiert das Dreifache seiner Menge an Schwefelsäure und nimmt den eigentümlichen fauligen Geruch und die giftigen Eigenschaften des Gases an. Die Lösung ist gegenüber Testpapier leicht sauer und wird beim Aufbewahren aufgrund der allmählichen Schwefelabscheidung opaleszierend. Es wird durch Salpetersäure, aber auch durch Chlor und Jod zersetzt. Aus seinen Lösungen fällt Silber in Form von schwarzem Schwefelsilber aus; auch Kupfer, Quecksilber, Blei usw.; Eisen und andere Metalle dieser Klasse werden jedoch nicht beeinträchtigt, wenn die Flüssigkeit freie Säure enthält. Für diese und andere Zwecke wird im chemischen Labor ständig Schwefelsäure eingesetzt .

HYDROSULFAT VON AMMONIAK.

Symbol: $NH_4S\ HS$. Atomgewicht, 51.

Die unter diesem Namen bekannte Flüssigkeit, die beim Übergang von Schwefelwasserstoffgas in Ammoniak entsteht, ist ein doppeltes Schwefelwasserstoff aus Wasserstoff und Ammonium. Bei der Zubereitung ist der Gasdurchgang so lange fortzusetzen, bis die Lösung keinen Niederschlag mehr mit sulfatischer Magnesia bildet und stark nach Schwefelwasserstoffsäure riecht .

Eigenschaften. — Zunächst farblos , wechselt aber später durch die Freisetzung und anschließende Lösung von Schwefel zu Gelb. Wird bei Zugabe von Säure milchig. Fällt in Form von Sulfuret alle Metalle aus, die durch geschwefelten Wasserstoff angegriffen werden, und darüber hinaus diejenigen der Klasse, zu der Eisen, Zink und Mangan gehören.

Hydrosulfat von Ammoniak wird in der Fotografie verwendet, um das Negativbild abzudunkeln, und auch bei der Herstellung von Jodid von Ammonium, der Abtrennung von Silber aus Hyposulfitlösungen usw.

HYPOSULFIT VON SODA.

Symbol: $NaO\ S_2O_2 + 5\ HO$. Atomgewicht, 125.

Die Chemie der hyposchwefeligen Säure und des Hyposulfits von Soda wurde auf den Seiten 43, 129 und 137 des vorliegenden Werkes ausreichend beschrieben. Das kristallisierte Salz enthält fünf Atome Kristallwasser.

HYPOSULFIT VON GOLD. *Sehen* GOLD, HYPOSULFIT VON .

HYPOSULFIT VON SILBER. *Sehen* SILBER, HYPOSULFIT VON .

ISLAND MOOS.

Cetraria Islandica . – Eine Flechtenart, die in Island und den gebirgigen Teilen Europas vorkommt; Beim Kochen in Wasser quillt es zunächst auf und ergibt dann eine Substanz, die beim Abkühlen gelatiniert.

Es enthält Flechtenstärke, einen in Alkohol löslichen Bitterstoff namens „ Cetrarine “ und gewöhnliche Stärke; Spuren von Gallussäure und Kaliumbitartrat sind ebenfalls vorhanden.

JOD.

Symbol, I. Atomgewicht, 126.

Jod wird hauptsächlich in Glasgow aus *Seetang hergestellt* , der geschmolzenen Asche, die beim Verbrennen von Meeresalgen anfällt. Das Wasser des Ozeans enthält winzige Mengen der Jodide von Natrium und Magnesium, die vom wachsenden Gewebe der Meerespflanze abgetrennt und gespeichert werden.

Bei der Herstellung wird die Mutterlauge des Seetangs zur Trockne eingedampft und mit Schwefelsäure destilliert ; Die zuerst freigesetzte Jodwasserstoffsäure wird durch die hohe Temperatur zersetzt und Joddämpfe kondensieren in Form undurchsichtiger Kristalle.

Eigenschaften. — Jod hat eine bläulich-schwarze Farbe und metallischen Glanz ; Es färbt die Haut gelb und hat einen stechenden Geruch, wie verdünntes Chlor. Im feuchten Zustand ist es äußerst flüchtig, siedet bei 350° und erzeugt dichte violette Dämpfe , die in glänzenden Platten kondensieren. Spezifisches Gewicht 4·946. Jod ist in Wasser sehr schwer löslich, für eine perfekte Lösung sind 7000 Teile von 1 Teil erforderlich; Selbst diese geringe Menge verleiht der Flüssigkeit jedoch einen braunen Farbton . Alkohol und Äther lösen es stärker auf und bilden dunkelbraune Lösungen. Jod löst sich auch frei in Lösungen alkalischer Jodide, wie etwa Kalium-, Natrium- und Ammoniumjodid.

Chemische Eigenschaften. — Jod gehört zur Gruppe der Chlorelemente und zeichnet sich dadurch aus, dass es mit Wasserstoff Säuren bildet und sich intensiv mit den Metallen verbindet (siehe Chlor). Sie sind jedoch gegenüber Sauerstoff und auch untereinander vergleichsweise gleichgültig. Die Jodide der Alkalien und Erdalkalien sind wasserlöslich; auch die von Eisen, Zink, Cadmium usw. Die Jodide von Blei, Silber und Quecksilber sind fast oder ganz unlöslich.

Jod besitzt die Eigenschaft, mit Stärke eine tiefblaue Verbindung zu bilden . Um dies als Test zu verwenden, ist es notwendig, zunächst das Jod (falls in Kombination) mit Chlor oder mit Stickstoffperoxid gesättigter Salpetersäure freizusetzen. Die Anwesenheit von Alkohol oder Ether beeinträchtigt das Ergebnis in gewissem Maße.

IODID VON AMMONIUM.

Symbol, NH$_4$I. Atomgewicht, 144.

Die Herstellung und Eigenschaften dieses Salzes sind auf Seite 198 beschrieben , auf die der Leser verwiesen wird.

IODID VON CADMIUM.

Symbol, CdI . Atomgewicht, 182.

Informationen zur Herstellung und den Eigenschaften dieses Salzes finden Sie auf Seite 199 .

IODID VON EISEN.

Symbol, FeI . Atomgewicht, 154.

Eisenjodid wird durch Aufschluss eines Überschusses an Eisenspänen mit einer Lösung von Jod in Alkohol hergestellt. Es ist in Wasser und Alkohol sehr gut löslich, aber die Lösung absorbiert schnell Sauerstoff und lagert Eisenperoxid ab; Daher ist es wichtig, es in Kontakt mit metallischem Eisen zu halten, mit dem sich das abgetrennte Jod rekombinieren kann. Durch sehr sorgfältiges Eindampfen können hydratisierte Kristalle von Protoiodid erhalten werden, aber auf die Zusammensetzung des festen Salzes, das normalerweise unter diesem Namen verkauft wird, kann man sich nicht verlassen.

Das dem *Perchlorid entsprechende Periodid des Eisens* wurde nicht untersucht, und es ist zweifelhaft, ob eine solche Verbindung existiert.

IODID VON KALIUM.

Symbol, KI. Atomgewicht, 166.

Dieses Salz wird normalerweise durch Auflösen von Jod in einer Kalilösung gebildet, bis es beginnt, eine braune Farbe anzunehmen ; Auf diese Weise entsteht eine Mischung aus Kaliumjodid und *Kalijodat* (KO IO $_5$), aber durch Verdunstung und Erhitzen bis zur Röte trennt sich das letztere Salz von seinem Sauerstoff und wird in Kaliumjodid umgewandelt.

Eigenschaften. — Es bildet kubische und prismatische Kristalle, die hart und *sehr leicht oder gar nicht zerfließend sein sollten* . Löslich in weniger als dem gleichen Gewicht Wasser bei 60°; es ist auch in Alkohol löslich, jedoch nicht in Ether. Der Anteil an Kaliumjodid, der in einer gesättigten alkoholischen Lösung enthalten ist, variiert mit der Stärke des Geistes: – bei gewöhnlichen Weinbränden sp. GR. ·836, es wären etwa 8 Grains pro Drachme; mit Alkohol, rektifiziert aus Kalikarbonat, sp. GR. ·823, 4 oder 5 Körner; mit reinem Alkohol, 1 bis 2 Körner. Die Lösung von Jodkalium wird durch freies Chlor sofort braun gefärbt ; auch sehr schnell durch Stickstoffperoxid (Seite 86); Gewöhnliche Säuren wirken jedoch weniger schnell, da zunächst Jodwasserstoffsäure entsteht und sich anschließend spontan zersetzt.

Die Verunreinigungen von handelsüblichem Kaliumjodid und die zu ihrer Entfernung anzuwendenden Mittel sind auf Seite 197 ausführlich aufgeführt .

Jodid von Silber. *Sehen* SILBER, JODID VON .

IODOFORM.

Die Zusammensetzung dieser Substanz ähnelt der von Chloroform, wobei Chlor durch Jod ersetzt wird. Es wird durch Zusammenkochen von Jod, kohlensaurem Kali und Alkohol gewonnen.

Iodoform kommt in gelben Perlmuttkristallen vor , die einen safranähnlichen Geruch haben . Es ist in Wasser unlöslich, in Spiritus jedoch löslich.

EISEN, PROTOSULFAT VON.

Symbol: FeO SO $_3$ + 7 HO. Atomgewicht, 139.

Die Eigenschaften dieses Salzes und der beiden versalzungsfähigen Eisenoxide werden auf Seite 29 beschrieben . Es löst sich in etwas mehr als der gleichen Menge kaltem Wasser oder in weniger kochendem Wasser auf.

Wässrige Lösung von Eisensulfat absorbiert das Stickstoffbinoxid und nimmt eine tiefe olivbraune Farbe an : Da dieses gasförmige Binoxid selbst ein Reduktionsmittel ist, wurde die so gebildete Flüssigkeit als energiereicherer Entwickler als das Eisensulfat allein vorgeschlagen (?).

EISEN, PROTONITRAT VON.

Symbol: FeO NO $_3$ + 7 HO. Atomgewicht, 153.

Dieses Salz bildet durch sorgfältiges Eindampfen *im Vakuum* über Schwefelsäure transparente Kristalle von hellgrüner Farbe , die wie das Protosulfat 7 Atome Wasser enthalten . Es ist äußerst instabil und wird durch Zersetzung bald rot, sofern es nicht vor dem Kontakt mit Luft geschützt wird. Die Herstellung einer Eisenprotonitratlösung zur Entwicklung von Kollodium-Positiven ist auf Seite 206 angegeben .

EISEN, PERCHLORID VON.

Symbol: Fe $_2$ Cl $_3$. Atomgewicht, 164.

Es gibt zwei Eisenchloride, deren Zusammensetzung dem Protoxid bzw. dem Sesquioxid entspricht. Das Protochlorid ist in Wasser sehr löslich und bildet eine grüne Lösung, die bei Zugabe eines Alkalis ein schmutzig weißes Protoxid ausfällt. Das Perchlorid hingegen ist dunkelbraun und ergibt mit Alkalien einen fuchsroten Niederschlag .

Eigenschaften. — Eisenperchlorid kann in fester Form durch Erhitzen von Eisendraht mit einem Überschuss an Chlor erhalten werden; es kondensiert in Form glänzender und schillernder brauner Kristalle, die flüchtig sind und sich in Wasser auflösen, wobei die Lösung für Testpapier sauer ist. Es ist auch in Alkohol löslich und bildet die Tinctura Ferri Sesquichloridi des Arzneibuchs . Handelsübliches Eisenperchlorid enthält normalerweise einen Überschuss an Salzsäure.

LACKMUS.

Lackmus ist eine pflanzliche Substanz, die aus verschiedenen *Flechten hergestellt wird* , die hauptsächlich auf Felsen am Meer gesammelt werden. Der Farbstoff wird durch ein besonderes Verfahren extrahiert und anschließend mit Kreide, Gips usw. zu einer Paste verarbeitet.

Lackmus kommt im Handel in Form kleiner Würfel von feiner violetter Farbe vor . Bei der Verwendung zur Herstellung von Testpapieren wird es in heißem Wasser digeriert und poröse Papierblätter werden in der so gebildeten blauen Flüssigkeit getränkt. Die roten Papiere werden zunächst auf die gleiche Weise hergestellt, dann aber in Wasser gelegt, das mit Schwefel- oder Salzsäure schwach angesäuert wurde .

Quecksilber, Bichlorid von.

Symbol, HgCl $_2$. Atomgewicht, 274.

Dieses Salz, auch ätzendes Sublimat und manchmal *Quecksilberchlorid* (wobei das Atomgewicht von Quecksilber halbiert wird) genannt, kann durch Erhitzen von Quecksilber im Überschuss zu Chlor oder, was wirtschaftlicher ist, durch Sublimieren einer Mischung aus Quecksilberpersulfat und Natriumchlorid gebildet werden .

Eigenschaften. – Ein sehr ätzendes und giftiges Salz, das normalerweise in halbtransparenten, kristallinen Massen oder in Pulverform verkauft wird. Löslich in 16 Teilen kaltem und in 3 Teilen heißem Wasser; häufiger in Alkohol und auch in Äther. Die Löslichkeit in Wasser kann durch Zugabe von freier Salzsäure oder Ammoniumchlorid erhöht werden.

Das Quecksilberprotochlorid ist ein unlösliches weißes Pulver, das allgemein unter dem Namen *Calomel bekannt ist* .

METHYLISCHER ALKOHOL.

Diese Flüssigkeit, auch unter den Namen *Wood Naphtha* und *Pyroxylic Spirit bekannt* , ist eines der flüchtigen Produkte der zerstörerischen Destillation von Holz. Es ist sehr flüchtig und klar und hat einen stechenden Geruch .

Gemäß einer kürzlich erlassenen Verbrauchsteuerverordnung wird gewöhnlicher Spiritus, gemischt mit zehn Prozent Holzbenzin, unter der Bezeichnung „Brennspiritus" zollfrei verkauft.

MILCH.

Die Milch pflanzenfressender Tiere enthält drei Hauptbestandteile: Fett, Kasein und Zucker; Darüber hinaus sind geringe Mengen Kaliumchlorid sowie Phosphate von Kalk und Magnesia vorhanden.

Die Fettmasse ist in kleinen Zellen enthalten und bildet den größten Teil des Rahms, der beim Stehen an die Oberfläche der Milch steigt; Daher ist für den fotografischen Gebrauch Shim-Milch zu bevorzugen.

Der zweite Bestandteil, Kasein , ist ein organisches Prinzip, das in seiner Zusammensetzung und seinen Eigenschaften in gewisser Weise dem Albumin ähnelt. Seine wässrige Lösung *gerinnt* jedoch nicht wie Albumin beim Kochen, es sei denn, es ist *eine Säure* vorhanden, die wahrscheinlich einen kleinen Teil des Alkalis entfernt, mit dem das Casein zuvor verbunden war. Die als „Lab" bezeichnete Substanz, bei der es sich um den getrockneten Magen des Kalbes handelt, besitzt die Eigenschaft, Kasein zu gerinnen , die genaue Wirkungsweise ist jedoch unbekannt. Sherrywein wird auch häufig zum Gerinnen von Milch verwendet; aber Branntwein und andere Spirituosen haben keine Wirkung, wenn sie frei von Säure und adstringierenden Stoffen sind.

In all diesen Fällen verbleibt ein Teil des Kaseins normalerweise in löslicher Form in der *Molke* ; Wenn die Milch jedoch durch Zugabe von Säuren koaguliert wird, ist die verbleibende Menge sehr gering, und daher ist die Verwendung von Lab vorzuziehen, da die Anwesenheit von Casein die Reduktion der empfindlichen Silbersalze erleichtert .

Kasein verbindet sich mit Silberoxid auf die gleiche Weise wie Albumin und bildet ein weißes Koagulat, das bei Lichteinwirkung *ziegelrot wird.*

Milchzucker, der dritte Hauptbestandteil, unterscheidet sich sowohl vom Rohr- als auch vom Traubenzucker; Es kann durch Eindampfen *der Molke* bis zum Einsetzen der Kristallisation gewonnen werden. Es ist hart und kiesig und nur leicht süß; langsam löslich, ohne einen Sirup zu bilden, in etwa zweieinhalb Teilen kochendem und sechs Teilen kaltem Wasser. Es gärt nicht und bildet bei Zugabe von Hefe keinen Alkohol wie Traubenzucker, sondern wird durch die Zersetzung *tierischer Stoffe* in Milchsäure umgewandelt.

Wenn Magermilch einige Stunden lang der Luft ausgesetzt wird, wird sie aufgrund der auf diese Weise gebildeten Milchsäure allmählich *sauer ;* und wenn es dann bis zum Sieden erhitzt wird, gerinnt das Kasein sehr vollkommen.

SALPETERSÄURE.

Symbol, NEIN $_5$. Atomgewicht, 54.

Salpetersäure oder *Aqua-fortis* wird durch Zugabe von Schwefelsäure zu Kalinitrat und Destillation der Mischung in einer Retorte hergestellt. Es bildet sich schwefelsaures Kali und freie Salpetersäure, wobei die letztere, da sie flüchtig ist, in Verbindung mit einem zuvor mit der Schwefelsäure vereinigten Atom Wasser überdestilliert .

Eigenschaften. — Wasserfreie Salpetersäure ist eine feste, weiße und kristalline Substanz, die jedoch nur durch ein teures und kompliziertes Verfahren hergestellt werden kann.

Die konzentrierte *flüssige* Salpetersäure enthält 1 Atom Wasser und hat eine sp. GR. von etwa 1,5; Wenn es völlig rein ist, ist es farblos , hat aber normalerweise einen leichten Gelbstich, der auf die teilweise Zersetzung in Stickstoffperoxid zurückzuführen ist: Es raucht stark in der Luft.

Die Stärke handelsüblicher Salpetersäure unterliegt großen Schwankungen. Eine Säure von sp. GR. 1·42, das etwa 4 Atome Wasser enthält, ist häufig anzutreffen . Wenn das spezifische Gewicht viel niedriger ist (weniger als 1,36), ist es für die Herstellung von Pyroxylin kaum geeignet . Die sogenannte gelbe *salpetrige Säure* ist eine starke Salpetersäure, die teilweise mit den braunen Dämpfen von Stickstoffperoxid gesättigt ist; Es hat ein hohes spezifisches Gewicht, aber das täuscht etwas, da es zum Teil auf die Anwesenheit des Peroxids zurückzuführen ist. Beim Mischen mit Schwefelsäure verschwindet die Farbe und es entsteht eine Verbindung, die als *Sulfat der salpetrigen Säure* bezeichnet wird .

Im Anhang ist eine Tabelle angegeben, die die Menge an echter wasserfreier Salpetersäure angibt, die in Proben unterschiedlicher Dichte enthalten ist.

Chemische Eigenschaften. — Salpetersäure ist ein starkes Oxidationsmittel (siehe Seite 13); Es löst alle gängigen Metalle mit Ausnahme von Gold und Platin auf. Tierische Substanzen wie Nagelhaut, Nägel usw. verfärben sich dauerhaft gelb und korrodieren bei längerer Anwendung stark. Salpetersäure bildet eine zahlreiche Klasse von Salzen, *die alle in Wasser löslich sind* . Daher kann sein Vorhandensein nicht wie das von Salz- und Schwefelsäure durch ein Fällungsreagens bestimmt werden .

Verunreinigungen handelsüblicher Salpetersäure . — Dies sind hauptsächlich Chlor und Schwefelsäure ; auch Stickstoffperoxid, das die Säure gelb färbt, wie bereits beschrieben. Chlor wird nachgewiesen, indem man die Säure mit einer gleichen Menge destilliertem Wasser verdünnt und einige Tropfen Silbernitrat hinzufügt – eine *Milchigkeit* , bei der es sich um suspendiertes Silberchlorid handelt, weist auf die Anwesenheit von Chlor hin. Zur Prüfung auf Schwefelsäure verdünnen Sie die Salpetersäure wie zuvor und tropfen Sie *einen einzigen Tropfen* Bariumchloridlösung hinein; Wenn Schwefelsäure vorhanden ist, bildet sich ein unlöslicher Niederschlag von Barytsulfat.

SALPETERSÄURE. *Sehen* SILBER, NITRIT VON .

NITRAT VON KALI.

Symbol, KO NEIN $_5$. Atomgewicht, 102.

Dieses Salz, auch *Nitre* oder *Salpeter genannt* , ist ein reichlich vorhandenes Naturprodukt, das in bestimmten Teilen Ostindiens als Ausblühungen auf dem Boden vorkommt. Es wird auch künstlich in sogenannten Nitre -Lagen hergestellt.

Die Eigenschaften von salpetersaurem Kali werden, soweit erforderlich, auf Seite 190 beschrieben .

NITRAT VON BARYT.

Symbol: BaO NO $_5$. Atomgewicht, 131.

Barytnitrat bildet oktaedrische Kristalle, die wasserfrei sind. Es ist wesentlich weniger löslich als das Bariumchlorid und erfordert zur Lösung

12 Teile kaltes und 4 Teile kochendes Wasser. Es kann das Bleinitrat bei der Herstellung von Eisenprotonitrat ersetzen.

NITRAT VON BLEI.

Symbol, PbO NO$_5$. Atomgewicht, 166.

Bleinitrat wird durch Auflösen des Metalls oder Bleioxids in *einem Überschuss* an Salpetersäure, verdünnt mit 2 Teilen Wasser, erhalten. Beim Verdampfen kristallisiert es in weißen, wasserfreien Tetraedern und Oktaedern, die hart sind und beim Erhitzen zerfallen. sie sind in 8 Teilen Wasser bei 60° löslich.

Bleinitrat bildet mit Schwefelsäure oder löslichen Sulfaten einen weißen Niederschlag, der das unlösliche Bleisulfat ist. Auch das *Jodid* von Blei ist in Wasser nur sehr schwer löslich.

NITRAT VON SILBER, *siehe* SILBER, NITRAT ODER.

NITRO-GLUKOSE.

Wenn 3 Flüssigunzen kalte Nitroschwefelsäure , bestehend aus 2 Unzen Vitriolöl und 1 Unze hochkonzentrierte Salpetersäure, mit 1 Unze fein gepulvertem Rohrzucker vermischt werden, entsteht zunächst eine dünne, durchsichtige, pastöse Masse Masse. Wenn man mit einem Glasstab einige Minuten ununterbrochen rührt, gerinnt die Paste sozusagen und trennt sich von der Flüssigkeit als dicke, zähe Masse, die sich zu Klumpen zusammenballt, die sich leicht aus der Säuremischung entfernen lassen.

Diese Substanz hat einen sehr sauren und intensiv bitteren Geschmack. In warmem Wasser geknetet, bis dieses Lackmuspapier nicht mehr rötet, erhält es eine silberne Farbe und einen schönen seidigen Glanz . Es kann in der Fotografie verwendet werden, um neu gemischtem Kollodium Intensität zu verleihen; ist aber dem für den gleichen Zweck eingesetzten Glycyrrhizin unterlegen .

Nitro-Salzsäure.

Symbol, NO$_4$ + Cl.

Diese Flüssigkeit ist das Königswasser der alten Alchemisten. Es wird durch Mischen von Salpetersäure und Salzsäure hergestellt: Der in der ersteren enthaltene Sauerstoff verbindet sich mit dem Wasserstoff der letzteren, bildet Wasser und setzt Chlor frei, wodurch:

$$NO_5 + HCl = NO_4 + HO + Cl.$$

Das Vorhandensein von freiem Chlor verleiht der Mischung die Fähigkeit, Gold und Platin aufzulösen, die keine der beiden Säuren einzeln besitzt. Bei der Zubereitung von Königswasser ist es üblich, einen abgemessenen Teil Salpetersäure mit vier Teilen Salzsäure zu mischen und mit der gleichen Menge Wasser zu verdünnen. Die Anwendung sanfter Hitze unterstützt die Lösung des Metalls; Steigt die Temperatur jedoch bis zum Siedepunkt, kommt es zu einem heftigen Aufschäumen und Entweichen von Chlor.

NITRO-SCHWEFELSÄURE.

Informationen zur Chemie dieser sauren Flüssigkeit finden Sie auf Seite 77 .

SAUERSTOFF.

Symbol, O. Atomgewicht, 8.

Sauerstoffgas kann durch Erhitzen von Kalinitrat bis zur Rötung gewonnen werden, aber in diesem Fall ist es mit einem Teil Stickstoff verunreinigt. Das als Kalichlorat bezeichnete Salz (dessen Zusammensetzung der des Nitrats sehr ähnlich ist, wobei Stickstoff durch Chlor ersetzt wird) liefert bei Anwendung von Wärme reichlich reines Sauerstoffgas und hinterlässt Kaliumchlorid.

Chemische Eigenschaften. — Sauerstoff verbindet sich eifrig mit vielen chemischen Elementen und bildet Oxide. Diese chemische Affinität ist jedoch nicht deutlich zu erkennen, wenn der Elementarkörper der Einwirkung von *Sauerstoff in gasförmiger Form ausgesetzt wird* . Es ist der *entstehende* Sauerstoff, der als Oxidationsmittel am stärksten wirkt. Mit entstehendem Sauerstoff ist Sauerstoff gemeint, der kurz vor der Trennung von anderen Elementaratomen steht, mit denen er zuvor verbunden war; Man kann dann davon ausgehen, dass es in flüssiger Form vorliegt und daher besser mit den zu oxidierenden Körperteilchen in Kontakt kommt.

Es gibt zahlreiche Beispiele für die überlegene chemische Energie des entstehenden Sauerstoffs, aber keines ist vielleicht eindrucksvoller als der milde und allmähliche oxidierende Einfluss der atmosphärischen Luft im Vergleich zur heftigen Wirkung von Salpetersäure und Körpern dieser Klasse, die Sauerstoff in loser Verbindung enthalten.

OXYMEL.

Dieser Sirup aus Honig und Essig wird wie folgt zubereitet. Ausziehen

Honig   1 Pfund.

Säure, Essigsäure, Salz . (Beaufoys Säure) 11 Drachmen.

Wasser   13 Drachmen.

Stellen Sie den Topf mit dem Honig in kochendes Wasser, bis ein Schaum an die Oberfläche steigt, der zwei- oder dreimal entfernt werden muss. Anschließend Essigsäure und Wasser hinzufügen und bei Bedarf noch einmal abschöpfen. Abkühlen lassen, dann ist es gebrauchsfertig.

POTTASCHE.

Symbol, KO + HO. Atomgewicht, 57.

Kali wird durch Abtrennung der Kohlensäure aus Kalikarbonat mittels Ätzkalk gewonnen. Kalk ist eine schwächere Base als Kali, aber das in Wasser *unlösliche* Kalkkarbonat entsteht sofort, wenn man einer Kalikarbonatlösung Kalkmilch hinzufügt (siehe Seite 314).

Eigenschaften. – Normalerweise in Form von festen Klumpen oder in zylindrischen Stäbchen, die durch Schmelzen des Kalis und Eingießen in eine Form geformt werden . Es enthält immer ein Atom Wasser, das durch Hitzeeinwirkung nicht ausgetrieben werden kann.

Kali ist nahezu vollständig in Wasser löslich, wobei viel Wärme entsteht. Die Lösung ist stark alkalisch (S. 308) und wirkt schnell auf die Haut; es löst fettige und harzige Körper auf und wandelt sie in Seifen um. Kalilösung absorbiert schnell Kohlensäure aus der Luft und sollte daher in verschlossenen Flaschen aufbewahrt werden; Die Glasstopfen müssen gelegentlich abgewischt werden, um zu verhindern, dass sie durch die Lösungsmittelwirkung des Kalis auf die Kieselsäure des Glases unbeweglich fixiert werden.

Der Liquor Potassæ des London Pharmacopœia hat eine sp. GR. von 1,063 und enthält etwa 5 Prozent echtes Kali. Es ist normalerweise mit *Kalikarbonat verunreinigt* , was dazu führt, dass es bei Zugabe von Säuren sprudelt; in geringerem Maße auch mit Kalisulfat, Kaliumchlorid, Kieselsäure usw.

KALI, KARBONAT VON.

Symbol, KO CO$_2$. Atomgewicht, 70.

Das unreine Kalikarbonat, *Perlasche genannt* , wird aus der Asche von Holz und pflanzlichen Stoffen gewonnen, auf die gleiche Weise wie das Karbonat aus Soda aus der Asche von Meeresalgen hergestellt wird. Kali- und Sodasalze scheinen für die Vegetation essentiell zu sein und werden von den lebenden Geweben der Pflanze absorbiert und angenähert. Sie kommen in der pflanzlichen Struktur zusammen mit organischen Säuren in Form von

Salzen vor, wie Oxalat, Tartrat usw., die beim Verbrennen in Carbonate umgewandelt werden.

Eigenschaften. — Die im Handel erhältliche Perlasche enthält große und wechselnde Mengen an Kaliumchlorid, Kalisulfat usw. Es wird ein reineres Carbonat verkauft, das frei von Sulfaten ist und nur Spuren von Chloriden enthält. Karbonatkali ist ein stark alkalisches Salz, zerfließend und in der doppelten Menge an kaltem Wasser löslich; unlöslich in Alkohol und wird verwendet, um ihm Wasser zu entziehen (siehe Seite 196).

PYROGALLÄSÄURE.

Symbol: C $_8$ H $_4$ O $_4$ (Stenhouse). Atomgewicht, 84.

Die Chemie der Pyrogallussäure wurde auf Seite 28 beschrieben .

SEL D'OR. *Sehen* GOLD, HYPOSULFIT VON .

SILBER.

Symbol, Ag. Atomgewicht, 108.

Dieses Metall, die *Luna* oder *Diana* der Alchemisten, kommt heimisch in Peru und Mexiko vor; es kommt auch in Form von Silberschwefel vor.

Wenn es rein ist, hat es eine sp. GR. von 10,5 und ist sehr formbar und duktil; schmilzt bei leuchtend roter Hitze. Silber oxidiert nicht an der Luft, aber wenn es einer unreinen Atmosphäre ausgesetzt wird, die Spuren von schwefelhaltigem Wasserstoff enthält, wird es langsam durch die Bildung von schwefelhaltigem Silber getrübt. Es löst sich in Schwefelsäure , aber das beste Lösungsmittel ist Salpetersäure.

Die Standardmünze des Reiches ist eine Legierung aus Silber und Kupfer, die etwa ein Elftel des letztgenannten Metalls enthält.

Um daraus reines Silbernitrat herzustellen, löst man es in Salpetersäure und verdampft, bis Kristalle entstehen. Dann waschen Sie die Kristalle mit etwas verdünnter Salpetersäure, lösen sie erneut in Wasser auf und kristallisieren ein zweites Mal durch Verdampfen. Zum Schluss das Produkt bei mäßiger Hitze schmelzen, um die letzten Spuren von Salpetersäure und salpetriger Säure zu entfernen.

Silber, Ammonio-Nitrat von.

Kristallisiertes Silbernitrat absorbiert schnell Ammoniakgas und erzeugt dabei ausreichend Wärme, um die resultierende Verbindung zu schmelzen, die weiß ist und aus 100 Teilen Nitrat + 29,5 Ammoniak besteht. Die Verbindung, die Fotografen jedoch unter dem Namen Ammoniumnitrat von

Silber verwenden, kann einfacher als eine Lösung des Silberoxids in Ammoniak angesehen werden, ohne Bezug auf das bei der Reaktion notwendigerweise entstehende Ammoniaknitrat.

wandelt Silberoxid bei seiner Einwirkung in ein schwarzes Pulver um, das als *fulminantes Silber bezeichnet wird* und die gefährlichsten explosiven Eigenschaften besitzt. Seine Zusammensetzung ist ungewiss. Bei der Herstellung von Ammoniumnitratsilber nach dem gewöhnlichen Verfahren hinterlässt das zuerst ausgefällte Oxyd beim Wiederauflösen gelegentlich etwas schwarzes Pulver; Den Beobachtungen des Autors zufolge handelt es sich hierbei jedoch nicht um Fulminating Silver.

Bei der Sensibilisierung von gesalzenem Papier durch Ammoniumnitrat von Silber entsteht zwangsläufig *freies Ammoniak* . Daher-

Ammoniumchlorid + Silberoxid in Ammoniak

= Silberchlorid   + Ammoniak + Wasser.

SILBER, OXID VON.

Symbol, AgO . Atomgewicht, 116.

Diese Verbindung wurde bereits in Teil I., Seite 17 beschrieben .

SILBER, CHLORID VON.

Symbol, AgCl. Atomgewicht, 144.

Die Herstellung und Eigenschaften von Silberchlorid sind in Teil I auf Seite 14 angegeben .

SILBER, BROMID VON.

Symbol, AgBr . Atomgewicht, 186.

Siehe Teil I, Seite 17 .

SILBER, CITRAT VON. *Sehen* ZITRONENSÄURE .

Silber, Jodid von.

Symbol, AgI . Atomgewicht, 234.

Siehe Teil I, Seite 16 .

SILBER, FLUORID VON.

Symbol, AgF . Atomgewicht, 127.

Diese Verbindung unterscheidet sich von den zuletzt beschriebenen durch ihre Wasserlöslichkeit. Das trockene Salz schmilzt beim Erhitzen und wird bei höherer Temperatur oder durch Lichteinwirkung reduziert.

Silber, Schwefelsäure.

Symbol, AgS . Atomgewicht, 124.

Diese Verbindung entsteht durch die Einwirkung von Schwefel auf metallisches Silber oder von Schwefelwasserstoff oder Ammoniakhydrogensulfat auf die Silbersalze; Die Zersetzung von Hyposulfitsilber liefert auch das schwarze Sulfuret.

Silberschwefel ist in Wasser unlöslich und nahezu unlöslich in den Substanzen, die Chlorid, Bromid und Jodid auflösen, wie Ammoniak, Hyposulfit , Cyanide usw.; aber es löst sich in Salpetersäure auf und wird in lösliches Sulfat und Nitrat von Silber umgewandelt. (Eine weitere Beschreibung der Eigenschaften von Silberschwefel finden Sie auf Seite 146.)

SILBER, NITRAT VON.

Symbol, AgO NO $_5$. Atomgewicht, 170.

Die Herstellung und Eigenschaften dieses Salzes werden auf den Seiten 12 und 362 erläutert.

SILBER, NITRIT VON.

Symbol, AgO NO $_3$. Atomgewicht, 154.

Silbernitrit ist eine Verbindung von salpetriger Säure oder NO $_3$ mit Silberoxid. Es entsteht durch Erhitzen von Silbernitrat, um einen Teil seines Sauerstoffs auszutreiben, oder bequemer durch Mischen von Silbernitrat und Kalinitrit zu gleichen Teilen, starkes Verschmelzen und Auflösen in einer kleinen Menge kochendem Wasser: Beim Abkühlen kristallisiert das Nitrit aus und kann durch Einpressen von Löschpapier gereinigt werden. Herr Hadow beschreibt eine wirtschaftliche Methode zur Herstellung von Silbernitrit in großen Mengen, nämlich. durch Erhitzen von 1 Teil Stärke in 8 Teilen Salpetersäure mit einem spezifischen Gewicht von 1,25 und Einleiten der entwickelten Gase in eine Lösung aus reinem kohlensäurehaltigem Soda, bis das Sprudeln aufgehört hat. Das so gebildete salpetersaure Natron wird anschließend auf übliche Weise zu salpetersaurem Silber zugesetzt.

Eigenschaften. — Silbernitrit ist in 120 Teilen kaltem Wasser löslich; Es ist in kochendem Wasser leicht löslich und kristallisiert beim Abkühlen in langen, schlanken Nadeln. Es hat eine gewisse Affinität zu Sauerstoff und neigt dazu, in den Zustand von salpetersaurem Silber überzugehen; aber es ist wahrscheinlich, dass seine photographischen Eigenschaften eher von der Zersetzung des Salzes und der Freisetzung salpetriger Säure abhängen.

Eigenschaften von salpetriger Säure. — Diese Substanz besitzt sehr schwache Säureeigenschaften, ihre Salze werden sogar durch Essigsäure zersetzt. Es ist ein instabiler Körper und zerfällt bei Kontakt mit Wasser in Stickstoffmonoxid und Salpetersäure. Das Stickstoffperoxid NO_4 wird ebenfalls durch Wasser zersetzt und liefert die gleichen Produkte.

SILBER, ACETAT VON.

Symbol: AgO ($C_4H_3O_3$). Atomgewicht, 167.

Dies ist ein schwer lösliches Salz, das sich in lamellaren Kristallen ablagert, wenn Acetat zu einer starken Lösung von Silbernitrat hinzugefügt wird. Wenn anstelle eines *Acetats Essigsäure* verwendet wird, fällt das Acetat des Silbers nicht so leicht ab, da die dann frei werdende Salpetersäure die Zersetzung behindert. Seine Eigenschaften sind auf Seite 89 ausreichend beschrieben.

SILBER, HYPOSULFIT VON.

Symbol: $AgO\,S_2O_2$. Atomgewicht, 164.

Dieses Salz wird ausführlich in Teil I, Seite 129, beschrieben. Zu den Eigenschaften des löslichen Doppelsalzes von Hyposulfit von Silber und Hyposulfit von Soda siehe Seite 43.

ZUCKER DER MILCH. *Sehen* MILCH.

Schwefelwasserstoff. *Sehen* SCHWEFELSÄURE.

SCHWEFELSÄURE.

Symbol, SO_3. Atomgewicht, 40.

Schwefelsäure kann durch Oxidation von Schwefel mit siedender Salpetersäure entstehen; Dieser Plan wäre jedoch zu teuer, um ihn in großem Maßstab umzusetzen. Das kommerzielle Verfahren zur Herstellung von Schwefelsäure ist äußerst genial und schön, beinhaltet jedoch Reaktionen, die zu kompliziert sind, als dass eine oberflächliche Erklärung möglich wäre. Der Schwefel wird zunächst zu gasförmiger schwefeliger Säure (SO_2) verbrannt, und dann wird durch die Wirkung von Stickstoffbinoxid ein zusätzliches Sauerstoffatom aus der Atmosphäre zugeführt, um das SO_2 in SO_3 oder Schwefelsäure umzuwandeln.

Eigenschaften. — Wasserfreie Schwefelsäure ist ein weißer kristalliner Feststoff. Die stärkste flüssige Säure enthält immer ein Atom Wasser, das eng mit ihr verbunden ist und nicht durch Hitzeeinwirkung ausgetrieben werden kann.

Dieses *monohydratisierte* Schwefelsäure , dargestellt durch die Formel HO SO$_3$, ist eine dichte Flüssigkeit mit einem spezifischen Gewicht von etwa 1,845; siedet bei 620° und destilliert ohne Zersetzung. Es ist bei normalen Temperaturen nicht flüchtig und *raucht daher nicht* auf die gleiche Weise wie Salpetersäure oder Salzsäure. Die konzentrierte Säure kann sogar auf Null abgekühlt werden, ohne sich zu verfestigen; aber eine schwächere Verbindung, die die doppelte Menge Wasser enthält und als *Gletscher bezeichnet wird* Schwefelsäure kristallisiert bei 40 ° F . Schwefelsäure ist stark sauer und ätzend, aber sie zerstört die Haut nicht und löst Metalle nicht so schnell auf wie Salpetersäure. Es übt eine energetische Anziehungskraft auf Wasser aus, und wenn die beiden vermischt werden, kommt es zur Kondensation und es entsteht viel Wärme; Vier Teile Säure und ein Teil Wasser erzeugen eine Temperatur, die der von kochendem Wasser entspricht. Mit wässriger Salpetersäure vermischt, bildet es die Verbindung, die als Nitroschwefelsäure bekannt ist .

Schwefelsäure besitzt eine starke chemische Wirkung und verdrängt die meisten gewöhnlichen Säuren aus ihren Salzen. Es *verkohlt* organische Substanzen, indem es die Elemente des Wassers entfernt, und wandelt auf ähnliche Weise Alkohol in Äther um. Die *Stärke* einer bestimmten Schwefelsäureprobe kann nahezu aus ihrem spezifischen Gewicht berechnet werden, und Dr. Ure gibt zu diesem Zweck eine Tabelle an. (Siehe Anhang.)

Verunreinigungen von handelsüblicher Schwefelsäure Säure. — Die flüssige Säure, die als Vitriolöl verkauft wird, hat eine einigermaßen konstante Zusammensetzung und scheint für den photographischen Gebrauch ebenso gut geeignet zu sein wie die *reine* Schwefelsäure , die weitaus teurer ist. Das spezifische Gewicht sollte bei 60° etwa 1,836 betragen. Wenn ein auf Platinfolie verdampfter Tropfen einen festen Rückstand ergibt, ist wahrscheinlich Kalibisulfat vorhanden. Eine Milchigkeit bei Verdünnung weist auf Bleisulfat hin (siehe <u>Seite 186</u>).

Testen Sie auf Schwefelsäure Säure. — Wenn das Vorhandensein von Schwefelsäure oder einem löslichen Sulfat in einer Flüssigkeit vermutet wird, wird dies durch Zugabe einiger Tropfen verdünnter Lösung von Bariumchlorid oder Barytnitrat überprüft. Ein weißer Niederschlag, der *in Salpetersäure unlöslich ist* , weist auf Schwefelsäure hin . Wenn die zu prüfende Flüssigkeit sehr sauer ist, z. B. aus Salpeter- oder Salzsäure, muss sie vor der Prüfung stark verdünnt werden, da sich sonst ein kristalliner Niederschlag bildet, der durch die geringe Löslichkeit des Bariumchlorids selbst in sauren Lösungen verursacht wird.

SCHWEFELIGE SÄURE.

Symbol, SO_2. Atomgewicht, 32.

Dies ist eine gasförmige Verbindung, die durch Verbrennen von Schwefel in atmosphärischer Luft oder Sauerstoffgas entsteht, auch durch Erhitzen von Vitriolöl in Kontakt mit metallischem Kupfer oder mit Holzkohle.

Wenn eine Säure jeglicher Art zu Hyposulfit von Soda hinzugefügt wird, entsteht schwefelige Säure als Zersetzungsprodukt von Hyposulfitsäure , die jedoch anschließend durch eine sekundäre Reaktion aus der Flüssigkeit verschwindet, was zur Bildung von Trithionat und Tetrathionat von Soda führt.

Eigenschaften. – Schwefelige Säure besitzt einen eigenartigen und erstickenden Geruch , den jeder aus den Dämpfen brennenden Schwefels kennt. Es ist eine schwache Säure und entweicht wie Kohlensäure unter Schaumbildung, wenn ihre Salze mit Vitriolöl behandelt werden. Es ist wasserlöslich.

TETRATHIONSÄURE.

Symbol, S_4O_5. Atomgewicht, 104.

Die Chemie der Polythionsäuren und ihrer Salze wird im ersten Teil dieser Arbeit auf Seite 157 beschrieben .

WASSER.

Symbol, HO. Atomgewicht, 9.

Wasser ist ein Wasserstoffoxid, das einzelne Atome jedes Gases enthält.

Destilliertes Wasser ist Wasser, das verdampft und wieder kondensiert wurde; Dadurch wird es von erdigen und salzhaltigen Verunreinigungen befreit, die nicht flüchtig sind und im Retortenkörper verbleiben. *Reines* destilliertes Wasser hinterlässt beim Verdampfen keine Rückstände und sollte bei Zugabe von salpetersaurem Silber völlig klar bleiben, *selbst wenn es dem Licht ausgesetzt wird* ; es sollte auch neutral zum Testpapier sein.

Das kondensierte Wasser von Dampfkesseln, das als destilliertes Wasser verkauft wird, kann mit öligen und empyreumatischen Stoffen verunreinigt sein, die das Silbernitrat verfärben und daher schädlich sind.

Regenwasser , das einem natürlichen Destillationsprozess unterzogen wurde, ist frei von anorganischen Salzen, enthält jedoch normalerweise einen geringen Anteil *Ammoniak* , wodurch es gegenüber Testpapier alkalisch reagiert. Es eignet sich sehr gut für fotografische Zwecke, wenn es in sauberen Gefäßen gesammelt wird. Wenn es jedoch aus einem gewöhnlichen Regenwassertank entnommen wird, sollte es immer untersucht werden. Wenn viel organisches Material vorhanden ist, das eine braune Farbe und einen unangenehmen Geruch verursacht, muss es untersucht werden Abgelehnt werden.

Quell- oder *Flusswasser* , allgemein als „hartes Wasser" bekannt, enthält normalerweise in Kohlensäure gelöstes Kalksulfat und Kalkkarbonat; auch Natriumchlorid in mehr oder weniger großer Menge. Beim Kochen des Wassers entsteht Kohlensäuregas, und der größte Teil des Kalkkarbonats (sofern vorhanden) lagert sich ab und bildet eine erdige Verkrustung auf dem Kessel.

Wenn Sie Wasser auf Sulfate und Chloride testen, säuern Sie einen Teil davon mit ein paar Tropfen *reiner* , chlorfreier Salpetersäure an (wenn diese nicht zur Hand ist, verwenden Sie reine Essigsäure); Dann teile es in zwei Teile und füge dem ersten eine *verdünnte* Lösung von Bariumchlorid und dem zweiten salpetersaures Silber hinzu. Eine Milchigkeit weist im ersten Fall auf die Anwesenheit von Sulfaten oder im zweiten Fall von Chloriden hin. Das *fotografische Nitratbad* kann nicht als Test verwendet werden, da das darin enthaltene Jodsilber bei der Verdünnung ausfällt und eine milchige Konsistenz ergibt, die mit Silberchlorid verwechselt werden könnte.

Für die Herstellung eines Nitratbades kann häufig normales hartes Wasser verwendet werden, wenn nichts Besseres zur Verfügung steht. Die darin enthaltenen Chloride werden durch das Silbernitrat ausgefällt, so dass lösliche *Nitrate* in Lösung zurückbleiben, die nicht schädlich sind. Das Kalkcarbonat, falls vorhanden, neutralisiert freie Salpetersäure und macht das Bad auf die gleiche Weise alkalisch wie Natriumcarbonat. (Siehe Seite 89.) Sulfatkalk, der normalerweise in Brunnenwasser vorhanden ist, soll eine verzögernde Wirkung auf die empfindlichen Silbersalze haben, aber zu diesem Punkt ist der Autor nicht in der Lage, bestimmte Informationen zu geben.

Hartes Wasser ist oft nicht rein genug für die entstehenden Flüssigkeiten. Das darin enthaltene Natriumchlorid zersetzt das Silbernitrat auf dem Film, und das Bild kann nicht perfekt hervorgebracht werden. Das *Wasser des New*

River , mit dem viele Teile Londons versorgt werden, ist jedoch nahezu frei von Chloriden und reagiert sehr gut. In anderen Fällen können einige Tropfen Silbernitratlösung hinzugefügt werden, um das Chlor abzutrennen, wobei darauf zu achten ist, dass kein großer Überschuss verwendet wird.

ANHANG.

QUANTITATIVE TESTS VON LÖSUNGEN VON SILBERNITRAT.

Die Menge an Silbernitrat, die in Lösungen dieses Salzes enthalten ist, kann durch das folgende einfache Verfahren mit ausreichender Genauigkeit für gewöhnliche photographische Arbeiten abgeschätzt werden.

Nehmen Sie das *reine* kristallisierte Natriumchlorid und trocknen Sie es entweder stark oder schmelzen Sie es bei mäßiger Hitze, um jegliches Wasser auszutreiben, das zwischen den Zwischenräumen der Kristalle zurückgehalten werden könnte; Dann in destilliertem Wasser im Verhältnis 8½ Grain zu 6 Flüssigunzen auflösen.

Auf diese Weise wird eine Standardsalzlösung gebildet, von der jede Drachme (die etwas mehr als ein Sechstel Salzkörnchen enthält) genau ein halbes Korn salpeterhaltiges Silber ausfällt.

Um es zu verwenden, messen Sie genau eine Drachme des Bades in einem minimalen Maß ab und geben Sie es in ein verschlossenes Fläschchen mit einem Fassungsvermögen von zwei Unzen. Achten Sie darauf, das Maß mit einer Drachme destilliertem Wasser auszuspülen, das dem Bad hinzugefügt wird ehemalig; Gießen Sie dann die Salzlösung im Verhältnis einer Drachme pro 4 Körner Nitrat ein, von denen bekannt ist, dass sie in einer Unze des zu prüfenden Bades *vorhanden sind* . Schütteln Sie den Inhalt der Flasche kräftig, bis sich der weiße Quark vollständig getrennt hat und die überstehende Flüssigkeit klar und farblos ist . Geben Sie dann unter ständigem Schütteln jeweils 30 Portionen frische Standardlösung hinzu. Wenn die letzte Zugabe keine *Milchigkeit* verursacht, lesen Sie die Gesamtzahl der verwendeten Drachmen ab (wobei die letzte halbe Drachme abgezogen wird) und multiplizieren Sie diese Zahl mit 4, um das Gewicht in Körnern des in einer Unze des Bades enthaltenen Nitratsilbers zu erhalten.

Auf diese Weise wird die Stärke des Bades auf zwei Grain pro Unze oder sogar auf ein einziges Grain angegeben, wenn die letzten Zugaben der Standardsalzlösung in Portionen von 15 statt mindestens 30 erfolgen.

Drachmen der Standardlösung zu der abgemessenen Drachme hinzuzufügen ; Danach, wenn die Milchigkeit und der Niederschlag weniger ausgeprägt sind, muss der Vorgang vorsichtiger durchgeführt und die Flasche einige Minuten lang heftig geschüttelt werden, um eine klare Lösung zu erhalten. Ein paar Tropfen Salpetersäure, die dem salpetersauren Silber zugesetzt werden, erleichtern die Ablagerung des Chlorids; Es muss jedoch darauf geachtet werden, dass die verwendete Salpetersäureprobe rein und frei von Chlor ist, dessen Anwesenheit einen Fehler verursachen würde.

RÜCKGEWINNUNG VON SILBER AUS ABFALLLÖSUNGEN – AUS DER SCHWARZABLAGERUNG VON HYPO-BÄDERN USW.

Die Art der Abtrennung von metallischem Silber aus Abfalllösungen variiert je nach Vorhandensein oder Fehlen von alkalischen Hyposulfiten und Cyaniden.

A. *Abtrennung von metallischem Silber aus alten Nitratbädern* . — Das in Lösungen von Nitrat, Acetat usw. enthaltene Silber kann leicht ausgefällt werden, indem ein Streifen Kupferblech in der Flüssigkeit suspendiert wird. Die Wirkung ist in zwei oder drei Tagen abgeschlossen, wobei die gesamte Salpetersäure und der gesamte Sauerstoff auf das Kupfer übergehen und eine blaue Lösung des salpetersauren Kupfers bilden. Das auf diese Weise abgetrennte metallische Silber enthält jedoch immer einen Teil Kupfer und ergibt eine blaue Lösung, wenn es in Salpetersäure gelöst wird.

Ein besserer Prozess besteht darin, damit zu beginnen, das Silber vollständig in Form von *Silberchlorid auszufällen* , indem man Kochsalz hinzufügt, bis keine weitere Milchigkeit mehr erzeugt werden kann. Wenn die Flüssigkeit gut gerührt wird, sinkt das Chlorsilber auf den Boden und kann ausgewaschen werden, indem man das Gefäß wiederholt mit gewöhnlichem Wasser füllt und den oberen klaren Teil abgießt, sobald sich die Klumpen wieder gesetzt haben. Das so gebildete Silberchlorid kann anschließend durch einen Prozess, der gleich beschrieben wird, zu metallischem Silber reduziert werden (S. 374).

B. *Abtrennung von Silber aus Lösungen, die alkalische Hyposulfite , Cyanide oder Jodide enthalten.* — In diesem Fall kann das Silber nicht durch Zugabe von Chlornatrium ausgefällt werden, da das Chlorsilber in solchen Flüssigkeiten löslich ist. Es ist daher notwendig, geschwefelten Wasserstoff oder Ammoniakhydrosulfat zu verwenden und das Silber in Form von Sulfuret abzutrennen.

Schwefelwasserstoffgas lässt sich leicht herstellen, indem man einen Korken und einen flexiblen Schlauch am Hals einer Pint-Flasche anbringt und etwa so viel Eisenschwefel (von Betriebschemikern zu diesem Zweck verkauft) einführt, wie in die Handfläche passt , indem man 1½ Flüssigunzen Vitriolöl, verdünnt mit 10 Unzen Wasser, darüber gießt. Das Gas wird nach und nach ohne Wärmezufuhr erzeugt und muss durch die Flüssigkeit, aus der das Silber abgetrennt werden soll, aufsteigen. Der Geruch von Schwefelwasserstoff ist übelriechend und hochgiftig, wenn er in konzentrierter Form eingeatmet wird. Die Operation muss im Freien oder an einem Ort durchgeführt werden, an dem die Dämpfe entweichen können, ohne Verletzungen zu verursachen.

Geruch nach Schwefelwasserstoff annimmt , ist die Ausfällung von Sulfuret abgeschlossen. Die schwarze Masse muss dann auf einem Filter gesammelt und durch Übergießen mit Wasser gewaschen werden , bis die durchfließende Flüssigkeit mit einem Tropfen salpetersaurem Silber kaum oder gar keinen Niederschlag mehr bildet.

Das Silber kann auch in Form von Sulfuret aus alten Hypobädern abgetrennt werden, indem man Vitriolöl in ausreichender Menge hinzufügt, um das Hyposulfit von Soda zu zersetzen; und Abbrennen des freien Schwefels aus der braunen Ablagerung.

Umwandlung von schwefelhaltigem Silber in metallisches Silber. – Das schwarze schwefelhaltige Silber kann durch Rösten und anschließendes Verschmelzen mit kohlensäurehaltigem Soda in den Zustand von Metall reduziert werden. Bei Arbeiten in kleinem Maßstab ist es jedoch bequemer, auf folgende Weise vorzugehen: Zuerst das Sulfuret durch Kochen mit mit zwei Teilen Wasser verdünnter Salpetersäure in salpetersaures Silber umwandeln; Wenn die Entwicklung roter Dämpfe aufgehört hat, kann die Flüssigkeit verdünnt, abkühlen gelassen und von dem unlöslichen Teil filtriert werden, der hauptsächlich aus Schwefel besteht, aber auch eine Mischung aus Chlorid und Schwefelsilber enthält, sofern nicht Salpetersäure verwendet wurde frei von Chlor; Dieser Niederschlag kann erhitzt werden, um den Schwefel zu verflüchtigen, und dann mit Hyposulfit von Soda digeriert oder dem Hypobad hinzugefügt werden.

Die durch Auflösen von Schwefelsilber erhaltene Lösung von salpetersaurem Silber ist stets stark sauer mit Salpetersäure und enthält auch *schwefelsaures* Silber. Es kann durch Verdampfen kristallisiert werden; aber wenn die Menge des verarbeiteten Materials nicht groß ist, wird es besser sein, das Silber in der Form von Chlorid auszufällen, indem man gewöhnliches Salz hinzufügt, wie bereits empfohlen.

REDUZIERUNG VON SILBERCHLORID IN DEN
METALLISCHEN ZUSTAND.

Das Chlorsilber muss zunächst sorgfältig gewaschen werden, indem man das Gefäß, in dem es sich befindet, mehrmals mit Wasser auffüllt und die Flüssigkeit abgießt oder mit einem Siphon absaugt. Es kann dann bei sanfter Hitze getrocknet und mit dem Doppelten seines Gewichts an trockenem kohlensäurehaltigem Kali oder noch besser mit einer Mischung aus kohlensaurem Kali und Soda verschmolzen werden.

Das Verfahren zur Reduktion von Silberchlorid auf feuchtem Wege durch metallisches Zink und Schwefelsäure ist wirtschaftlicher und weniger mühsam als das eben beschriebene; Es wird wie folgt durchgeführt : Das Chlorid wird, nachdem es wie zuvor gut gewaschen wurde, in eine große flache Schüssel gegeben und ein Stück metallisches Zink damit in Berührung gebracht. Anschließend wird eine kleine Menge Vitriolöl, verdünnt mit vier Teilen Wasser, zugegeben, bis ein leichtes Aufschäumen von Wasserstoffgas zu beobachten ist. Das Gefäß wird für zwei oder drei Tage beiseite gestellt und darf weder durch Rühren noch durch Bewegen des Stabes gestört werden. Die Reduktion beginnt beim unmittelbaren Kontakt des Chlorids mit dem Zink und strahlt in alle Richtungen aus. Wenn die gesamte Masse eine graue Farbe angenommen hat , ist der Riegel vorsichtig zu entfernen und das anhaftende Silber mit einem Wasserstrahl abzuwaschen; Das Zink hat normalerweise ein wabenförmiges Aussehen mit Unregelmäßigkeiten auf der Oberfläche, die jedoch kein metallisches Silber sind; sie bestehen nur aus Zink oder Zinkoxid.

Um die Reinheit des Silbers zu gewährleisten, muss nach dem Entfernen des Zinkbarrens eine erneute Zugabe von Schwefelsäure erfolgen und der Aufschluss mehrere Stunden lang fortgesetzt werden, um eventuell unbeabsichtigt entstandene metallische Zinkfragmente aufzulösen losgelöst. Das graue Pulver muss wiederholt gewaschen werden, zuerst mit Schwefelsäure und Wasser (dies ist notwendig, um einen Teil eines unlöslichen Zinksalzes, wahrscheinlich eines Oxychlorids, aufzulösen) und dann mit Wasser allein, bis die Flüssigkeit *neutral abläuft* und keinen Niederschlag mehr bildet mit Sodacarbonat; Es kann dann zu einem Knopf geschmolzen werden, um organisches Material, falls vorhanden, zu verbrennen, und anschließend durch Kochen mit Salpetersäure, verdünnt mit zwei Teilen Wasser, in Silbernitrat umgewandelt werden.

Bei der Reduktion von Silberchlorid, das aus alten Nitratbädern *mit Jodsilber ausgefällt* wird, wird das graue Metallpulver manchmal mit nicht reduziertem Silberjodid verunreinigt, das sich in der Lösung von Silbernitrat löst, die bei der Behandlung der Masse mit Salpetersäure entsteht. Um dies zu vermeiden, waschen Sie das gereinigte Silber mit einer Lösung von Hyposulfit- Soda und dann erneut mit Wasser.

ART DER ERFASSUNG DES SPEZIFISCHEN GEWICHTS VON FLÜSSIGKEITEN.

Es werden Instrumente verkauft, die als „Hydrometer" bezeichnet werden und das spezifische Gewicht anhand des Ausmaßes anzeigen, in dem ein Glaskolben, der Luft enthält und ordnungsgemäß ausbalanciert ist, in der

Flüssigkeit steigt oder sinkt. aber ein genauerer und ebenso einfacher Vorgang ist die Verwendung der Flasche mit spezifischem Gewicht.

Diese Flaschen sind so hergestellt, dass sie genau 1000 Gran destilliertes Wasser enthalten, und mit jeder wird *ein Messinggewicht verkauft* , das das Gewicht ausgleicht, wenn sie mit reinem Wasser gefüllt ist.

Um das spezifische Gewicht einer Flüssigkeit zu messen, füllt man die Flasche ganz voll und setzt den Stopfen ein, der, wenn man ihn mit einem feinen Kapillarröhrchen durchsticht, das Entweichen des Überschusses ermöglicht. Nachdem Sie die Flasche ganz trocken gewischt haben, legen Sie sie in die Waagschale und ermitteln Sie die Anzahl der Körner, die erforderlich sind, um das Gleichgewicht herzustellen. Addiert oder subtrahiert man diese Zahl zur *Einheit* (dem angenommenen spezifischen Gewicht von Wasser), ergibt sich die Dichte der Flüssigkeit.

rektifiziertem Äther gefüllte Flasche benötigt 250 Grains, um das Gewicht des Messings auszugleichen , dann ist 1· *minus* ·250 oder ·750 das spezifische Gewicht; aber im Fall von *Vitriolöl* wird die Flasche, wenn sie voll ist, vielleicht um 836 Grains schwerer sein als das Gegengewicht; daher *ist 1· plus* ·836, *also* 1·836, die Dichte der untersuchten Probe.

Manchmal enthält die Flasche nur 500 Gran destilliertes Wasser anstelle von 1000 Gran; In diesem Fall muss die Anzahl der zu addierenden oder zu subtrahierenden Körner mit 2 multipliziert werden.

Achten Sie bei der Messung des spezifischen Gewichts darauf, dass die Temperatur innerhalb weniger Grad von 60° Fahrenheit liegt (wenn höher oder niedriger, tauchen Sie die Flasche in warmes oder kaltes Wasser). und spülen Sie die Flasche nach jedem Gebrauch gründlich mit Wasser aus.

ÜBER FILTRATION UND WASCHEN VON NÄLLUNGEN.

Wenn Sie Filter vorbereiten, schneiden Sie das Papier in ausreichend große Quadrate und falten Sie jedes Quadrat sauber über sich selbst, zuerst zu einem halben Quadrat und dann noch einmal im rechten Winkel zu einem Viertelquadrat . – Runden Sie die Ecken mit a ab Nehmen Sie eine Schere und öffnen Sie den Filter in einer konischen Form, bis Sie feststellen, dass er genau in den Trichter fällt und überall gleichmäßig abgestützt ist.

Bevor Sie die Flüssigkeit einfüllen, befeuchten Sie den Filter immer mit destilliertem Wasser, um die Fasern auszudehnen ; Wenn diese Vorsichtsmaßnahme vernachlässigt wird, besteht die Gefahr, dass die Poren beim Filtrieren von Flüssigkeiten verstopfen, die fein verteilte Stoffe in Suspension enthalten. Die zu filtrierende Lösung kann vorsichtig über einen

Glasstab gegossen werden, der in der linken Hand gehalten wird (bei Nitratbädern und allen Flüssigkeiten, die keine Salpeter- oder Salzsäure enthalten, kann im Bedarfsfall *ein Silberlöffel verwendet werden) und dagegen gerichtet werden* an der Seite des Trichters, nahe dem oberen Teil. Wenn es nicht sofort klar wird, geschieht dies normalerweise, wenn man es in den Filter zurückführt und es ein zweites Mal passieren lässt.

Art der Auswaschung von Niederschlägen. — Sammeln Sie den Niederschlag auf einem Filter und lassen Sie so viel Mutterlauge wie möglich abtropfen; Gießen Sie dann destilliertes Wasser in kleinen Portionen hinzu und lassen Sie es durch die Ablagerung sickern, bevor Sie eine neue Menge hinzufügen. Wenn das Wasser völlig rein durchläuft, ist die Wäsche abgeschlossen; Um es zu testen, kann man einen einzelnen Tropfen auf einen Glasstreifen geben und an einem warmen Ort spontan verdampfen lassen, oder man kann die richtigen chemischen Reagenzien anwenden und das Waschen fortsetzen, bis keine Verunreinigung mehr festgestellt werden kann. So ist zum Beispiel beim Waschen des aus einem Hypobad ausgefällten Schwefelsilbers mittels Ammoniakhydrosulfat der Vorgang abgeschlossen, wenn das durchlaufende Wasser mit einem Tropfen Silbernitratlösung keine Ablagerung verursacht.

ZUR VERWENDUNG VON TESTPAPIERN.

Die Natur des Farbstoffs , der bei der Herstellung von Lackmuspapier verwendet wird, wurde bereits auf Seite 353 beschrieben .

Bei der Prüfung auf Alkalien und basische Oxide im Allgemeinen kann das durch eine Säure gerötete blaue Lackmuspapier oder anstelle dessen das *Kurkumapapier verwendet werden* . Kurkuma ist eine gelbe pflanzliche Substanz, die die Eigenschaft besitzt, bei Behandlung mit Alkali braun zu werden; Es ist jedoch weniger empfindlich als der gerötete Lackmus und wird von schwächeren Basen wie Silberoxid kaum angegriffen.

Beachten Sie bei der Verwendung von Testpapieren die folgenden Vorsichtsmaßnahmen: Sie sollten an einem dunklen Ort aufbewahrt und vor der Einwirkung der Luft geschützt werden, da sie sonst durch Kohlensäure, die immer in geringen Mengen in der Atmosphäre vorhanden ist, bald violett werden. Durch Eintauchen in Wasser, das etwa einen Tropfen Kalium- oder Ammoniakwasser oder ein Körnchen kohlensäurehaltiges Natron auf 4 Unzen enthält, wird die blaue Farbe wiederhergestellt. Da die Mengen, auf die in der Fotografie geprüft wird, oft verschwindend gering sind, ist es wichtig, dass das Lackmuspapier in gutem Zustand ist; und Testpapiere, die mit porösem Papier hergestellt wurden, zeigen die Farbe besser als solche auf glasiertem oder stark geleimtem Papier. Die Art und Weise, wie das Papier verwendet wird, ist wie folgt: – Legen Sie einen kleinen Streifen in die zu untersuchende Flüssigkeit: Wenn sie sofort *hellrot wird* , ist eine starke

Säure vorhanden; Wenn es jedoch *langsam zu einem weinroten* Farbton übergeht, ist eine schwache Säure, wie Essigsäure oder Kohlensäure, angezeigt. Im Falle des mit Essigsäure leicht angesäuerten fotografischen Nitratbades ist nur eine violette Farbe zu erwarten, während eine deutlich rote Farbe auf die Anwesenheit von Salpetersäure schließen lässt. Im sauren Hypo-Fixier- und Tonisierungsbad wird das Lackmuspapier vielleicht in etwa drei bis vier Minuten rot.

Blaue Lackmuspapiere können durch Einweichen in mit Schwefelsäure angesäuertem Wasser (ein Tropfen bis ein halbes Pint) in rotes Papier für Alkalien umgewandelt werden. oder indem man eine Flasche mit Eisessig einen Moment lang in die Nähe der Öffnung hält. Bei der Überprüfung eines Nitratbades auf Alkalität anhand des geröteten Lackmuspapiers sollte man für die Einwirkung mindestens fünf bis zehn Minuten einplanen, da der Farbumschlag von Rot nach Blau sehr langsam erfolgt.

ENTFERNUNG VON SILBERFLECKEN VON DEN HÄNDEN, WÄSCHE USW.

Die durch Silbernitrat verursachten schwarzen Flecken auf den Händen lassen sich leicht entfernen, indem man sie anfeuchtet und mit einem Klumpen Kaliumcyanid einreibt. Da dieses Salz jedoch hochgiftig ist, bevorzugen viele möglicherweise den folgenden Plan: Befeuchten Sie die Stelle mit einer gesättigten Lösung von Kaliumjodid und anschließend mit Salpetersäure (die starke Salpetersäure wirkt auf die Haut und färbt sie gelb, daher muss sie verwendet werden). vor Gebrauch mit zwei Teilen Wasser verdünnen); dann mit einer Lösung von Hyposulfit von Soda waschen.

Flecken auf weißem Leinen lassen sich leicht entfernen, indem man sie mit einer Lösung von Jod in Jodkalium abbürstet, sie anschließend mit Wasser wäscht und in Hyposulfit von Soda oder Cyanid von Kalium einweicht, bis das gelbe Jodsilber herausgelöst ist; Auch das Bichlorid von Quecksilber (neutrale Lösung) reagiert in vielen Fällen gut und verwandelt den dunklen Fleck in Weiß (S. 151).

Eine Tabelle, die die Menge an wasserfreier Säure in verdünnter Schwefelsäure mit unterschiedlichen spezifischen Gewichten zeigt. (URE.)

	Echte Säure		Echte Säure		Echte Säure
Spezifisch	im 100	Spezifisch	im 100	Spezifisch	im 100
Schwere.	Teile des	Schwere.	Teile des	Schwere.	Teile des
	Flüssig.		Flüssig.		Flüssig.

1·8485	81·54	1·8115	73·39	1·7120	65·23
1·8475	80·72	1·8043	72·57	1·6993	64·42
1·8460	79·90	1·7962	71·75	1·6870	63·60
1·8439	79·09	1·7870	70·94	1·6750	62·78
1·8410	78·28	1·7774	70·12	1·6630	61·97
1·8376	77·46	1·7673	69·31	1·6520	61·15
1·8336	76·65	1·7570	68·49	1·6415	60·34
1·8290	75·83	1·7465	67·68	1·6321	59·52
1·8233	75·02	1·7360	66·86	1·6204	58·71
1·8179	74·20	1·7245	66·05	1·6090	57·89

Eine Tabelle, die die Menge an wasserfreier Säure in der flüssigen Salpetersäure mit unterschiedlichen spezifischen Gewichten zeigt. (URE.)

Spezifisch Schwere.	Echte Säure im 100 Teile des Flüssig.	Spezifisch Schwere.	Echte Säure im 100 Teile des Flüssig.	Spezifisch Schwere.	Echte Säure im 100 Teile des Flüssig.
1·5000	79·700	1·4640	69·339	1·4147	58·978
1·4980	78·903	1·4600	68·542	1·4107	58·181
1·4960	78·106	1·4570	67·745	1·4065	57·384
1·4940	77·309	1·4530	66·948	1·4023	56·587
1·4910	76·512	1·4500	66·155	1·3978	55·790
1·4880	75·715	1·4460	65·354	1·3945	54·993
1·4850	74·918	1·4424	64·557	1·3882	54·196
1·4820	74·121	1·4385	63·760	1·3833	53·399
1·4790	73·324	1·4346	62·963	1·3783	52·602
1·4760	72·527	1·4306	62·166	1·3732	51·805

1·4730	71·730	1·4269	61·369	1·3681	51·068
1·4700	70·933	1·4228	60·572	1·3630	50·211
1·4670	70·136	1·4189	59·775	1·3579	49·414

GEWICHTE UND MASSE.

Troja oder das Gewicht der Apotheker.

1 Pfund = 12 Unzen. 1 Unze = 8 Drachmen. 1 Drachme
= 3 Skrupel. 1 Skrupel = 20 Körner. (1 Unze Troy = 480 Grains oder 1
Unze Avoirdupois *plus* 42,5 Grains.)

Avoirdupois-Gewicht.

1 Pfund = 16 Unzen. 1 Unze = 16 Drachmen.
1 Drachme = 27·343 Grains. (1 Unze Avoirdupois = 437,5 Grains.) (1
Pfund Avoirdupois = 7000 Grains oder 1 Pfund Troy
plus 2½ Troy Unzen *plus* 40 Grains.)

Imperiales Maß.

1 Gallone = 8 Pints. 1 Pint = 20 Unzen. 1 Unze = 8 Drachmen.
1 Drachme = 60 Minims. (Ein Pint Wein misst 16 Unzen und *wiegt* ein
Pfund.)

Eine britische Gallone Wasser *wiegt* 10 Pfund Avoirdupois oder
70.000 Grains. Ein Imperial Pint Wasser *wiegt* 1¼
Pfund Avoirdupois. Eine flüssige Unze Wasser *wiegt* 1 Unze Avoirdupois
oder 437,5 Grains. Eine Drachme Wasser *wiegt* 54,7 Grains.

Französische Gewichtsmaße.

1 Kilogramm = 1000 Gramm = etwas weniger als
2¼ Pfund Avoirdupois.

1 Gramm = 10 Dezigramm – 100 Centigramm = 1000
Milligramm = 15·433 englische Grains.

Ein Gramm Wasser *misst* 17 englische Minims, fast
. 1000 Gramm Wasser *entsprechen* 35¼ englischen Flüssigunzen.

Französische Volumenmaße.

1 Liter = 13 Deziliter = 100 Zentiliter = 1000 Milliliter
= 35¼ englische Flüssigunzen.

1 Liter = 1 Kubikdezimeter = 1000 Kubikzentimeter .

1 Kubikzentimeter = 17 englische Minims.

Ein Liter Wasser *wiegt* ein Kilogramm oder etwas weniger als 2¼ Pfund Avoirdupois. Ein Kubikzentimeter Wasser *wiegt* ein Gramm.
